N. BOURBAKI

ÉLÉMENTS DE MATHÉMATIQUE

N. BOURBAKI

ÉLÉMENTS DE MATHÉMATIQUE

ALGÈBRE COMMUTATIVE

Chapitres 8 et 9

Springer

Réimpression inchangée de l'édition originale de 1983

ISBN-10 3-540-33942-6 Springer Berlin Heidelberg New York
ISBN-13 978-3-540-33942-7 Springer Berlin Heidelberg New York

Springer est membre du Springer Science+Business Media
springer.com

Maquette de couverture: *design & production*, Heidelberg
Imprimé sur papier non acide 41/3100/YL - 5 4 3 2 1 0 -

CHAPITRE VIII

Dimension

Dans ce chapitre, tous les anneaux sont supposés commutatifs, les algèbres sont associatives, commutatives et unifères.

Soit A *un anneau. Si* $\mathfrak{a}$ *est un idéal de* A *et n un entier négatif, on pose* $\mathfrak{a}^n = A$. *Pour tout idéal premier* $\mathfrak{p}$ *de* A, *on note* $\kappa(\mathfrak{p})$ *le corps résiduel de l'anneau local* $A_\mathfrak{p}$; *il est canoniquement isomorphe au corps des fractions de l'anneau* $A/\mathfrak{p}$ (II, § 3, nº 1, prop. 2). *Si* A *est local, on note* $\mathfrak{m}_A$ *son idéal maximal et* $\kappa_A = A/\mathfrak{m}_A = \kappa(\mathfrak{m}_A)$ *son corps résiduel.*

Soit $\rho : A \to B$ *un homomorphisme d'anneaux. On note* ${}^a\rho$ *l'application continue de* Spec(B) *dans* Spec(A) *associée à* ρ (II, § 4, nº 3). *On dit* (V, § 2, nº 1, déf. 1) *qu'un idéal premier* $\mathfrak{q}$ *de* B *est au-dessus de l'idéal premier* $\mathfrak{p}$ *de* A *si* $\mathfrak{p}$ *est l'image de* $\mathfrak{q}$ *par* ${}^a\rho$, *c'est-à-dire si* $\rho^{-1}(\mathfrak{q}) = \mathfrak{p}$. *Soit* M *un* B*-module ; lorsque nous considérerons* M *comme* A*-module, il s'agira toujours de la structure de* A*-module* $\rho_*(M)$ *définie par la loi externe* $(a, m) \mapsto \rho(a).m$ (A, II, p. 30).

Soit M *un* A*-module. Si* U (resp. V) *est un sous-groupe additif de* A (resp. M), *on note* UV *ou* U.V *le sous-groupe additif de* M *engendré par les produits uv, pour* $u \in U$ *et* $v \in V$. *Si* S *est une partie de* A, *on note* SM *le sous-module* $\sum_{s \in S} sM$ *de* M ; *l'idéal* $\mathfrak{S}$ *de* A *engendré par* S *est égal à* SA *et l'on a* $\mathfrak{S}.M = SM$.

§ 1. DIMENSION DE KRULL D'UN ANNEAU

1. Dimension de Krull d'un espace topologique

DÉFINITION 1. — *Soit* I *un ensemble ordonné. Une partie finie non vide et totalement ordonnée de* I *est appelée une* chaîne *de* I. *Soit c une chaîne de* I ; *le plus petit et le plus grand élément de c sont appelés les* extrémités *de c. L'entier* Card(*c*) − 1 *est appelé la* longueur *de c. La relation d'inclusion dans l'ensemble des parties de* I *induit une relation d'ordre dans l'ensemble des chaînes de* I. *Une chaîne c de* I *est dite* saturée *si elle est maximale parmi les chaînes de* I *ayant les mêmes extrémités que c.*

Pour désigner une chaîne c de longueur n, on écrira souvent : « la chaîne $i_0 < \cdots < i_n$ », où les i_k sont les éléments de c indexés de façon strictement croissante par les entiers de 0 à n.

Soit X un espace topologique. On munit l'ensemble des parties fermées irréductibles de X (II, § 4, nº 1, déf. 1) de la relation d'ordre définie par l'inclusion. Lorsque l'on parlera d'une chaîne de parties fermées irréductibles de X, il s'agira toujours d'une chaîne au sens de cette relation d'ordre.

DÉFINITION 2. — *On appelle* dimension de Krull *de l'espace topologique* X *et on note* dim kr(X) *ou simplement* dim(X) *la borne supérieure dans* $\overline{\mathbf{R}}$ *de l'ensemble des longueurs des chaînes de parties fermées irréductibles de* X.

Pour tout point x de X, *on appelle* dimension de Krull de X en x *et on note* $\dim_x(X)$ *la borne inférieure des dimensions des voisinages ouverts de x.*

On a $\dim(\varnothing) = -\infty$. Par contre, si X n'est pas vide, l'adhérence de tout point de X est une partie fermée irréductible de X (II, § 4, nº 1, prop. 2) et la dimension de X est donc $+\infty$ ou un entier positif. Supposons que X soit séparé et non vide ; alors toute partie irréductible de X est réduite à un point, et X est de dimension 0.

La définition de la dimension de Krull est donc dénuée d'intérêt pour les espaces séparés, mais elle est spécialement adaptée aux espaces topologiques rencontrés en Algèbre Commutative (spectres d'anneaux, * schémas $_*$, ...). Dans ce chapitre, aucune confusion n'est à craindre avec d'autres notions de dimension des espaces topologiques (par exemple, celle de Lebesgue), et nous dirons simplement « dimension » pour « dimension de Krull ».

PROPOSITION 1. — *Soit* X *un espace topologique.*

a) *Si* Y *est un sous-espace de* X, *on a* $\dim(Y) \leqslant \dim(X)$, *et* $\dim_y(Y) \leqslant \dim_y(X)$ *pour tout point y de* Y.

b) *Soient x un point de* X *et* V *un voisinage de x dans* X. *On a* $\dim_x(X) = \dim_x(V)$.

c) *Soit* $(X_i)_{i\in I}$ *une famille finie de parties fermées de* X *telle que* $X = \bigcup_{i\in I} X_i$. *On a alors* $\dim(X) = \sup_{i\in I} \dim(X_i)$ *et, pour tout point x de* X, *on a* $\dim_x(X) = \sup_{i\in J_x} \dim_x(X_i)$, *où* J_x *désigne l'ensemble des* $i \in I$ *tels que* $x \in X_i$.

Démontrons *a*). Si Z est une partie fermée irréductible de Y, son adhérence $\overline{Z}$ dans X est irréductible (II, § 4, nº 1, prop. 2) et l'on a $\overline{Z} \cap Y = Z$. Ainsi, toute chaîne c de parties fermées irréductibles de Y définit, par passage à l'adhérence dans X, une chaîne de parties fermées irréductibles de X, de même longueur que c. L'inégalité $\dim(Y) \leqslant \dim(X)$ résulte de cela. Si U est une partie ouverte de X contenant un point y de Y, on a donc $\dim(U \cap Y) \leqslant \dim(U)$, d'où $\dim_y(Y) \leqslant \dim_y(X)$.

Démontrons *b*). On a par définition $\dim_x(X) \leqslant \dim_x(V)$, et l'inégalité opposée résulte de *a*).

Démontrons *c*). Soit $Z_0 \subset \ldots \subset Z_n$ une chaîne de parties fermées irréductibles de X. On a $Z_n = \bigcup_{i\in I} (Z_n \cap X_i)$ et chacun des ensembles $Z_n \cap X_i$ est fermé dans Z_n ;

comme I est fini, Z_n est contenu dans l'un des X_i. Par suite, on a $\dim(X) \leqslant \sup_i \dim(X_i)$, d'où l'égalité d'après *a*).

Soient maintenant x un point de X et $n = \sup_{i \in J_x} \dim_x(X_i)$, où J_x est comme dans l'énoncé. On a $\dim_x(X) \geqslant n$ d'après *a*), et, pour établir l'égalité, on peut supposer n fini. Pour tout $i \in J_x$, soit U_i un voisinage ouvert de x dans X, tel que $\dim(U_i \cap X_i) \leqslant n$. Posons $U = (\bigcap_{i \in J_x} U_i) \cap (\bigcap_{i \in I - J_x} \complement X_i)$; l'ensemble U est ouvert dans X. De plus, on a $\dim(U) = \sup_{i \in J_x} \dim(U \cap X_i) \leqslant n$ d'après l'alinéa précédent, donc $\dim_x(X) \leqslant n$.

COROLLAIRE. — *a*) *La dimension de l'espace topologique* X *est la borne supérieure des dimensions de ses composantes irréductibles* (II, § 4, n° 1, déf. 2).

b) *Soit x un point de* X. *On a* $\dim_x(X) \geqslant \sup_i \dim_x(X_i)$, *où* X_i *parcourt la famille des composantes irréductibles de* X *qui contiennent x ; il y a égalité si x possède un voisinage* V *qui n'a qu'un nombre fini de composantes irréductibles* (*ce qui est le cas par exemple si* V *est noethérien*).

La première assertion est immédiate puisque les chaînes de parties fermées irréductibles de X sont les chaînes de parties fermées irréductibles des composantes irréductibles de X (II, § 4, n° 1, prop. 5). L'inégalité $\dim_x(X) \geqslant \sup_i \dim_x(X_i)$ résulte de la prop. 1, *a*). Soit V un voisinage de x qui ne possède qu'un nombre fini de composantes irréductibles, et soit $(V_j)_{j \in J}$ la famille des composantes irréductibles de V qui contiennent x. Il résulte de la prop. 1, *b*) et *c*) qu'on a

$$\dim_x(X) = \dim_x(V) = \sup_{j \in J} \dim_x(V_j) ;$$

on conclut en remarquant que chacun des V_j est contenu dans l'un des X_i, $i \in J_x$, et qu'on a par conséquent $\sup_{j \in J} \dim_x(V_j) \leqslant \sup_{i \in J_x} \dim_x(X_i)$.

PROPOSITION 2. — *Soit* X *un espace topologique. On a* $\dim(X) = \sup_{x \in X} \dim_x(X)$.

En effet, on a par définition $\dim(X) \geqslant \dim_x(X)$ pour tout $x \in X$. D'autre part, si $Z_0 \subset \ldots \subset Z_n$ est une chaîne de parties fermées irréductibles de X, pour tout $x \in Z_0$ et tout voisinage ouvert U de x, les ensembles $Z_0 \cap U, \ldots, Z_n \cap U$ constituent une chaîne de parties fermées irréductibles de U (II, § 4, n° 1, prop. 7). On a donc $\dim_x(X) \geqslant n$, d'où $\dim(X) \leqslant \sup_{x \in X} \dim_x(X)$.

COROLLAIRE. — *Si* $(X_\alpha)_{\alpha \in A}$ *est un recouvrement ouvert, ou un recouvrement fermé localement fini, d'un espace topologique* X, *on a*

$$\dim(X) = \sup_{\alpha \in A} \dim(X_\alpha) .$$

Il suffit de démontrer que, pour tout point x de X, on a $\dim_x(X) = \sup_{\alpha \in A_x} \dim_x(X_\alpha)$, où A_x est l'ensemble des $\alpha \in A$ tels que $x \in X_\alpha$. Ceci est clair dans le cas d'un recouvrement ouvert, et résulte de la prop. 1, *c*), dans le cas d'un recouvrement fermé localement fini.

2. Codimension d'une partie fermée

DÉFINITION 3. — *Soit* X *un espace topologique.*

a) Si Y *est une partie fermée irréductible de* X, *on appelle* codimension de Y dans X *la borne supérieure dans* $\overline{\mathbf{R}}$ *des longueurs des chaînes de parties fermées irréductibles de* X *dont* Y *est le plus petit élément.*

b) Si Y *est une partie fermée de* X, *on appelle* codimension de Y dans X, *et on note* codim(Y, X) *la borne inférieure dans* $\overline{\mathbf{R}}$ *des codimensions, dans* X, *des composantes irréductibles de* Y.

Remarques. — 1) La codimension d'une partie fermée Y de X est donc la borne inférieure des codimensions des parties fermées irréductibles de Y. On a $\operatorname{codim}(\varnothing, X) = +\infty$ et, si X n'est pas vide, $\operatorname{codim}(X, X) = 0$. Toute partie fermée non vide de X contient une partie fermée irréductible (II, § 4, nº 1, prop. 5) ; la codimension dans X d'une partie fermée Y est donc toujours un entier positif ou $+\infty$; elle est nulle si et seulement si Y contient une composante irréductible de X.

2) Si Y est une partie fermée non vide de X, on a $\operatorname{codim}(Y, X) \leqslant \dim(X)$. On a $\dim(X) = \sup\limits_{Y} \operatorname{codim}(Y, X)$, où Y parcourt l'ensemble des parties fermées irréductibles de X. Si Y et Y' sont deux parties fermées de X telles que $Y' \subset Y$, on a $\operatorname{codim}(Y, X) \leqslant \operatorname{codim}(Y', X)$.

3) Soient Y une partie fermée de l'espace topologique X et $(X_\alpha)_{\alpha\in A}$ (resp. $(Y_\beta)_{\beta\in B}$) la famille des composantes irréductibles de X (resp. de Y). Pour tout $\beta \in B$, notons $A(\beta)$ l'ensemble des $\alpha \in A$ tels que $Y_\beta \subset X_\alpha$. Du fait que toute partie irréductible de X est contenue dans l'un des X_α (II, § 4, nº 1, prop. 5), il résulte de la déf. 3 que l'on a :

$$\operatorname{codim}(Y, X) = \inf_{\beta\in B} \sup_{\alpha\in A(\beta)} \operatorname{codim}(Y_\beta, X_\alpha)\,.$$

4) Soient $(Y_i)_{i\in I}$ une famille *finie* de parties fermées de X et $Y = \bigcup\limits_{i\in I} Y_i$; on a

$$\operatorname{codim}(Y, X) = \inf_{i\in I} \operatorname{codim}(Y_i, X)\,.$$

En effet, toute composante irréductible de Y est contenue dans l'un des Y_i.

PROPOSITION 3. — *Soit* X *un espace topologique.*

a) Pour toute partie fermée non vide Y *de* X, *on a*

$$\dim(Y) + \operatorname{codim}(Y, X) \leqslant \dim(X)\,.$$

b) Si Y, Z, T *sont des parties fermées de* X *telles que* $Y \subset Z \subset T$, *on a*

$$\operatorname{codim}(Y, Z) + \operatorname{codim}(Z, T) \leqslant \operatorname{codim}(Y, T)\,.$$

Il suffit de démontrer l'assertion *a*) dans le cas où dim(X) est fini. Dans ce cas, dim(Y) et codim(Y, X) sont finis. Il existe une chaîne $Y_0 \subset \ldots \subset Y_n$ de parties fermées irréductibles de Y, de longueur $n = \dim(Y)$ et une chaîne $Y_n \subset \ldots \subset Y_{n+p}$ de parties fermées irréductibles de X, de longueur $p \geqslant \operatorname{codim}(Y, X)$. On en déduit que $\dim(X) \geqslant n + p$, d'où *a*). Pour établir *b*), on peut supposer Y irréductible. Comme on a $\operatorname{codim}(Y, Z) \leqslant \operatorname{codim}(Y, T)$, l'inégalité est démontrée si $\operatorname{codim}(Y, Z) = +\infty$. Sinon, soit Z_0 une composante irréductible de Z contenant Y et telle que $\operatorname{codim}(Y, Z) = \operatorname{codim}(Y, Z_0)$. On a $\operatorname{codim}(Z, T) \leqslant \operatorname{codim}(Z_0, T)$, et on voit, comme ci-dessus, que $\operatorname{codim}(Y, Z_0) + \operatorname{codim}(Z_0, T) \leqslant \operatorname{codim}(Y, T)$, d'où *b*).

DÉFINITION 4. — *Un espace topologique* X *est dit* caténaire *si, pour tout couple* (Y, Z) *de parties fermées irréductibles de* X *telles que* $Y \subset Z$, *toute chaîne saturée de parties fermées irréductibles d'extrémités* Y *et* Z *est de longueur* codim(Y, Z).

Il revient au même de dire que, pour tout couple (Y, Z) de parties fermées irréductibles de X tel que codim(Y, Z) soit fini, toutes les chaînes saturées d'extrémités Y et Z ont même longueur, et que, pour tout couple (Y, Z) tel que $\operatorname{codim}(Y, Z) = +\infty$, il n'existe aucune chaîne saturée d'extrémités Y et Z.

Tout sous-espace fermé d'un espace caténaire est caténaire. Pour qu'un espace soit caténaire, il faut et il suffit que ses composantes irréductibles le soient.

PROPOSITION 4. — *Soit* X *un espace topologique. Pour que* X *soit caténaire, il faut et il suffit que, pour tout triplet* (Y, Z, T) *de parties fermées irréductibles de* X *tel que* $Y \subset Z \subset T$, *on ait* :

$$\operatorname{codim}(Y, T) = \operatorname{codim}(Y, Z) + \operatorname{codim}(Z, T)\,.$$

Supposons X caténaire. Compte tenu de la prop. 3, *b*), il suffit de démontrer la relation lorsque codim(Y, Z) et codim(Z, T) sont finis. En mettant bout à bout une chaîne saturée de parties fermées irréductibles d'extrémités Y et Z, de longueur codim(Y, Z), et une chaîne saturée de parties fermées irréductibles d'extrémités Z et T, de longueur codim(Z, T), on obtient une chaîne saturée d'extrémités Y et T, de longueur $\operatorname{codim}(Y, Z) + \operatorname{codim}(Z, T)$. Mais, comme X est caténaire, cette longueur est nécessairement égale à codim(Y, T).

Réciproquement, supposons que l'on ait $\operatorname{codim}(Y, T) = \operatorname{codim}(Y, Z) + \operatorname{codim}(Z, T)$ quelles que soient les parties fermées irréductibles Y, Z, T de X telles que $Y \subset Z \subset T$, et démontrons que X est caténaire. Pour cela, démontrons par récurrence sur l'entier $n \geqslant 0$ que, pour toute chaîne saturée $Z_0 \subset \ldots \subset Z_n$ de parties fermées irréductibles de X, on a $\operatorname{codim}(Z_0, Z_n) = n$. Si $n = 0$, c'est clair. Soit $n > 0$, et supposons la propriété satisfaite pour les chaînes de longueur $\leqslant n - 1$. Si $Z_0 \subset \ldots \subset Z_n$ est une chaîne saturée de longueur *n*, alors $Z_0 \subset \ldots \subset Z_{n-1}$ est une chaîne saturée de longueur $n - 1$, donc $\operatorname{codim}(Z_0, Z_{n-1}) = n - 1$. Vu l'hypothèse faite sur X, on a $\operatorname{codim}(Z_0, Z_n) = \operatorname{codim}(Z_0, Z_{n-1}) + \operatorname{codim}(Z_{n-1}, Z_n) = (n - 1) + 1 = n$.

COROLLAIRE. — *Soit* X *un espace topologique irréductible et de dimension finie. Pour que* X *soit caténaire, il faut et il suffit que, pour tout couple* (Y, Z) *de parties fermées irréductibles de* X *telles que* Y ⊂ Z, *on ait* codim(Y, X) = codim(Y, Z) + codim(Z, X).

La condition est nécessaire d'après la prop. 4. Inversement, supposons-la vérifiée, et notons $c(Z)$ l'entier codim(Z, X) pour toute partie fermée irréductible Z de X. Si Y, Z, T sont trois parties fermées irréductibles de X telles que Y ⊂ Z ⊂ T, on a

$$\begin{aligned}\operatorname{codim}(Y, Z) + \operatorname{codim}(Z, T) &= (c(Y) - c(Z)) + (c(Z) - c(T)) \\ &= c(Y) - c(T) \\ &= \operatorname{codim}(Y, T),\end{aligned}$$

et X est caténaire d'après la prop. 4.

PROPOSITION 5. — *Soit* X *un espace topologique de dimension finie. Supposons que toutes les chaînes maximales de parties fermées irréductibles de* X *aient même longueur. Alors* X *est caténaire ; pour toute partie fermée irréductible* Z *de* X, *on a*

$$\operatorname{codim}(Z, X) = \dim(X) - \dim(Z);$$

pour tout couple (Y, Z) *de parties fermées irréductibles de* X *tel que* Y ⊂ Z, *on a*

$$\operatorname{codim}(Y, Z) = \dim(Z) - \dim(Y).$$

Soient Y et Z deux parties fermées irréductibles de X telles que Y ⊂ Z. Soient $Y_0 \subset \ldots \subset Y_p$ une chaîne telle que $Y_p = Y$ et $p = \dim(Y)$, $Z_0 \subset \ldots \subset Z_q$ une chaîne telle que $Z_0 = Z$ et $q = \operatorname{codim}(Z, X)$. Pour toute chaîne saturée $T_0 \subset \ldots \subset T_r$ telle que $T_0 = Y$ et $T_r = Z$, la chaîne

$$Y_0 \subset \ldots \subset Y_{p-1} \subset T_0 \subset \ldots \subset T_r \subset Z_1 \ldots \subset Z_q$$

est maximale, et de longueur $p + q + r$; d'après l'hypothèse faite sur X, on a donc $p + q + r = \dim(X)$, soit $r = \dim(X) - \dim(Y) - \operatorname{codim}(Z, X)$. Il en résulte que X est caténaire et que, pour Y et Z comme ci-dessus, on a

$$\dim(Y) + \operatorname{codim}(Y, Z) = \dim(X) - \operatorname{codim}(Z, X).$$

Prenant Y = Z, on voit que le second membre est égal à dim(Z), d'où la proposition.

3. Dimension d'un anneau, hauteur d'un idéal

DÉFINITION 5. — *On appelle* dimension de Krull, *ou simplement* dimension, *d'un anneau* (commutatif) A *et l'on note* dim(A), *la dimension de Krull de l'espace topologique* Spec(A) (II, § 4, nº 3, déf. 4). *Si* $\mathfrak{p}$ *est un idéal premier de* A, *on appelle* dimension de A en $\mathfrak{p}$, *et on note* $\dim_{\mathfrak{p}}(A)$, *le nombre* $\dim_{\mathfrak{p}}(\operatorname{Spec}(A))$.

L'application $\mathfrak{p} \mapsto V(\mathfrak{p})$ est une bijection décroissante de l'ensemble des idéaux premiers de A sur l'ensemble des parties fermées irréductibles de Spec(A) (*loc. cit.*, cor. 2 à la prop. 14). *La dimension de* A *est donc la borne supérieure de l'ensemble des longueurs des chaînes d'idéaux premiers de* A ; elle est égale à $-\infty$, $+\infty$ ou à un entier positif.

Soit $\mathfrak{p} \in \mathrm{Spec}(A)$; les ensembles $\mathrm{Spec}(A)_f$, où f parcourt A, forment une base de la topologie de Spec(A), et $\mathfrak{p}$ appartient à l'ouvert $\mathrm{Spec}(A)_f$ si et seulement si f n'appartient pas à $\mathfrak{p}$. Par conséquent, $\dim_{\mathfrak{p}}(A)$ est la borne inférieure des nombres $\dim(A_f)$, où f parcourt $A - \mathfrak{p}$ (II, § 5, n° 1, prop. 1).

Exemples. — 1) On a $\dim(A) < 0$ si et seulement si A est réduit à 0. Pour que l'on ait $\dim(A) \leqslant 0$, il faut et il suffit que tout idéal premier de A soit maximal. Les anneaux intègres de dimension 0 sont les corps. Un anneau noethérien est de dimension $\leqslant 0$ si et seulement s'il est artinien (IV, § 2, n° 5, prop. 9).

2) Les anneaux de Dedekind sont les anneaux noethériens intégralement clos de dimension $\leqslant 1$ (VII, § 2, n° 2, th. 1). Plus généralement, d'après V, § 1, n° 2, cor. 2 à la prop. 9, un anneau est un produit fini d'anneaux de Dedekind si et seulement s'il est noethérien, réduit, intégralement fermé dans son anneau total des fractions, et de dimension $\leqslant 1$.

3) Si A est un anneau de valuation (VI, § 1, n° 2, déf. 2), sa dimension est égale à la hauteur de la valuation (VI, § 4, n° 4, prop. 5).

4) Soit A un anneau. On a

$$\dim(A[X]) \geqslant \dim(A) + 1 .$$

En effet, si $\mathfrak{p}_0 \subset \ldots \subset \mathfrak{p}_n$ est une chaîne d'idéaux premiers de A, de longueur n, on obtient une chaîne $\mathfrak{p}'_0 \subset \ldots \subset \mathfrak{p}'_{n+1}$ d'idéaux premiers de A[X], de longueur $n+1$, en posant $\mathfrak{p}'_i = \mathfrak{p}_i A[X]$ pour $0 \leqslant i \leqslant n$, et $\mathfrak{p}'_{n+1} = \mathfrak{p}_n A[X] + XA[X]$.

Par le même raisonnement, on prouve l'inégalité $\dim(A[[X]]) \geqslant \dim(A) + 1$. On en déduit par récurrence les inégalités

$$\dim(A[X_1, \ldots, X_n]) \geqslant \dim(A) + n ,$$

$$\dim(A[[X_1, \ldots, X_n]]) \geqslant \dim(A) + n .$$

Nous démontrerons plus loin (§ 3, n° 4, cor. 3 de la prop. 7 et cor. 3 de la prop. 8) que l'on a égalité dans les deux formules précédentes lorsque A est noethérien.

* 5) Soit X une variété analytique complexe. Si X est de dimension complexe n en un point x de X, l'anneau local des germes en x de fonctions analytiques sur X est de dimension n. *

6) Soient k un corps et A une k-algèbre entière non nulle. Alors on a $\dim(A) = 0$. Cela résulte du cor. 1 à la prop. 1 de V, § 2, n° 1, et du fait que $\dim(k) = 0$.

7) Si $\mathfrak{n}$ est un nilidéal de A, Spec(A) est homéomorphe à $\mathrm{Spec}(A/\mathfrak{n})$ (II, § 4, n° 3, remarque). On a donc $\dim(A/\mathfrak{n}) = \dim(A)$; en particulier, on a $\dim(A) = \dim(A_{\mathrm{red}})$ où A_{red} est le quotient de l'anneau A par son nilradical.

8) Il existe des anneaux noethériens de dimension infinie (p. 83, exerc. 13). Nous verrons ci-dessous (§ 3, nº 1, cor. 1 à la prop. 2) que tout anneau local noethérien est de dimension finie.

PROPOSITION 6. — *Soit* A *un anneau.*

a) Si $\mathfrak{a}$ *est un idéal de* A, *on a* $\dim(A/\mathfrak{a}) \leqslant \dim(A)$.

b) Si S *est une partie multiplicative de* A, *on a* $\dim(S^{-1}A) \leqslant \dim(A)$.

c) On a $\dim(A) = \sup_{\mathfrak{p}} \dim(A/\mathfrak{p})$, *où* $\mathfrak{p}$ *parcourt l'ensemble des idéaux premiers minimaux de* A.

d) Si A *n'a qu'un nombre fini d'idéaux premiers minimaux* (*par exemple si* A *est noethérien* (II, § 4, nº 3, cor. 3 à la prop. 14)) *et si* $\mathfrak{p}$ *est un idéal premier de* A, *on a*

$$\dim_{\mathfrak{p}}(A) = \sup_{\mathfrak{q}} \dim_{\mathfrak{p}/\mathfrak{q}}(A/\mathfrak{q}),$$

où $\mathfrak{q}$ *parcourt l'ensemble des idéaux premiers minimaux de* A *contenus dans* $\mathfrak{p}$.

e) Soit $\mathfrak{a}$ *un idéal de* A *qui n'est contenu dans aucun idéal premier minimal de* A ; *on a alors* $\dim(A) \geqslant \dim(A/\mathfrak{a}) + 1$. *En particulier, si* A *est intègre, on a* $\dim(A) \geqslant \dim(A/\mathfrak{a}) + 1$ *pour tout idéal non nul* $\mathfrak{a}$ *de* A.

D'après la remarque de II, § 4, nº 3, si $\mathfrak{a}$ est un idéal de A, l'espace topologique Spec($A/\mathfrak{a}$) est homéomorphe au sous-espace fermé V($\mathfrak{a}$) de Spec(A). L'assertion *a*) résulte de cela et de la prop. 1, *a*) du nº 1. L'assertion *b*) résulte de *loc. cit.*, corollaire à la prop. 13. D'après *loc. cit.*, cor. 2 à la prop. 14, les composantes irréductibles de Spec(A) sont homéomorphes aux espaces Spec($A/\mathfrak{p}$), où $\mathfrak{p}$ est un idéal premier minimal de A, et l'assertion *c*) résulte du corollaire de la prop. 1 du nº 1. Sous l'hypothèse de *d*), l'espace Spec(A) n'a qu'un nombre fini de composantes irréductibles ; les composantes irréductibles de Spec(A) contenant $\mathfrak{p}$ sont les ensembles V($\mathfrak{q}$), où $\mathfrak{q}$ est un idéal premier minimal contenu dans $\mathfrak{p}$. L'assertion *d*) résulte alors du cor., *b*) de la prop. 1 du nº 1.

Démontrons enfin *e*). Il s'agit de prouver que, pour toute chaîne $\mathfrak{p}_0 \subset \ldots \subset \mathfrak{p}_n$ d'idéaux premiers de A telle que $\mathfrak{a} \subset \mathfrak{p}_0$, on a $\dim(A) \geqslant n + 1$. Vu l'hypothèse faite sur $\mathfrak{a}$, il existe un idéal premier $\mathfrak{p}_{-1}$ de A contenu dans $\mathfrak{p}_0$, distinct de $\mathfrak{p}_0$, et $\mathfrak{p}_{-1} \subset \mathfrak{p}_0 \subset \ldots \subset \mathfrak{p}_n$ est une chaîne d'idéaux premiers de A, de longueur $n + 1$.

Remarque 1. — Soit $\rho : A \to B$ un homomorphisme d'anneaux. Alors dim(B) est la borne supérieure des nombres $\dim(B/\rho(\mathfrak{p}).B)$, où $\mathfrak{p}$ parcourt l'ensemble des idéaux premiers minimaux de A : en effet, pour tout idéal premier minimal $\mathfrak{q}$ de B, il existe un idéal premier minimal $\mathfrak{p}$ de A contenu dans $\rho^{-1}(\mathfrak{q})$ (II, § 2, nº 6, lemme 2) et l'on a

$$\dim(B/\mathfrak{q}) \leqslant \dim(B/\rho(\mathfrak{p}).B) \leqslant \dim(B)$$

par la prop. 6, *a*) ; on conclut par la prop. 6, *c*).

DÉFINITION 6. — *Soit* $\mathfrak{a}$ *un idéal d'un anneau* A. *La codimension de* V($\mathfrak{a}$) *dans* Spec(A) *est appelée* hauteur *de l'idéal* $\mathfrak{a}$ *et notée* ht($\mathfrak{a}$).

Supposons A intègre. Alors les idéaux premiers de hauteur 1 de A au sens de la déf. 4 de VII, § 1, n° 6, sont les idéaux premiers de hauteur 1 au sens de la définition ci-dessus.

PROPOSITION 7. — *a) La hauteur d'un idéal premier* $\mathfrak{p}$ *de* A *est la borne supérieure des longueurs des chaînes d'idéaux premiers* $\mathfrak{p}_0 \subset \ldots \subset \mathfrak{p}_n$ *telles que* $\mathfrak{p}_n = \mathfrak{p}$.

b) Soient $\mathfrak{p}$ *un idéal premier de* A *et* $\mathfrak{a}$ *un idéal de* A. *Alors on a* $\dim(A_\mathfrak{p}/\mathfrak{a}A_\mathfrak{p}) = -\infty$ *si* $\mathfrak{a}$ *n'est pas contenu dans* $\mathfrak{p}$ *et* $\dim(A_\mathfrak{p}/\mathfrak{a}A_\mathfrak{p}) = \operatorname{codim}(V(\mathfrak{p}), V(\mathfrak{a}))$ *si* $\mathfrak{a}$ *est contenu dans* $\mathfrak{p}$. *En particulier, si* $\mathfrak{p}$ *est un idéal premier de* A, *on a* $\dim(A_\mathfrak{p}) = \operatorname{ht}(\mathfrak{p})$.

c) Si $\mathfrak{a}$ *est un idéal de* A, *on a* $\operatorname{ht}(\mathfrak{a}) = \inf_\mathfrak{p} \operatorname{ht}(\mathfrak{p}) = \inf_\mathfrak{p} \dim(A_\mathfrak{p})$ *où* $\mathfrak{p}$ *parcourt l'ensemble des idéaux premiers de* A *contenant* $\mathfrak{a}$.

L'assertion *a*) est la traduction de la déf. 3, *a*) du n° 2. L'assertion *b*) résulte du fait que l'application $\mathfrak{q} \mapsto \mathfrak{q}(A_\mathfrak{p}/\mathfrak{a}A_\mathfrak{p})$ est un isomorphisme croissant de l'ensemble des idéaux premiers $\mathfrak{q}$ de A tels que $\mathfrak{a} \subset \mathfrak{q} \subset \mathfrak{p}$ sur l'ensemble des idéaux premiers de l'anneau local $A_\mathfrak{p}/\mathfrak{a}A_\mathfrak{p}$ (II, § 2, n° 5, prop. 11). Soit $\mathfrak{a}$ un idéal de A ; les parties fermées irréductibles de $V(\mathfrak{a})$ sont les ensembles $V(\mathfrak{p})$, où $\mathfrak{p}$ est un idéal premier de A contenant $\mathfrak{a}$. L'assertion *c*) résulte donc de la remarque 1 du n° 2.

COROLLAIRE. — *Soient* $\mathfrak{p}$ *un idéal premier de* A *et* S *une partie multiplicative de* A *ne rencontrant pas* $\mathfrak{p}$. *Alors* $\operatorname{ht}(\mathfrak{p}) = \operatorname{ht}(S^{-1}\mathfrak{p})$.

Cela résulte de la prop. 7, *a*), et de II, § 2, n° 5, prop. 11.

PROPOSITION 8. — *Soit* A *un anneau.*

a) On a $\dim(A) = \sup_\mathfrak{m} \dim(A_\mathfrak{m}) = \sup_\mathfrak{m} \operatorname{ht}(\mathfrak{m})$, *où* $\mathfrak{m}$ *parcourt l'ensemble des idéaux maximaux* (resp. *premiers*) *de* A.

b) Soient $\mathfrak{b}$ *un idéal de* A *distinct de* A *et* $\mathfrak{a}$ *un idéal de* A *contenu dans* $\mathfrak{b}$. *Alors on a* $\operatorname{codim}(V(\mathfrak{b}), V(\mathfrak{a})) + \dim(A/\mathfrak{b}) \leqslant \dim(A/\mathfrak{a})$. *En particulier, pour tout idéal* $\mathfrak{b}$ *de* A *distinct de* A, *on a l'inégalité* $\operatorname{ht}(\mathfrak{b}) + \dim(A/\mathfrak{b}) \leqslant \dim(A)$.

La première assertion résulte de la remarque 2 du n° 2 et de la prop. 7, *b*). La seconde résulte de la prop. 3, *a*) du n° 2 et des relations $\dim(A/\mathfrak{b}) = \dim(V(\mathfrak{b}))$, $\dim(A/\mathfrak{a}) = \dim(V(\mathfrak{a}))$.

DÉFINITION 7. — *On dit qu'un anneau* A *est caténaire si l'espace topologique* Spec(A) *est caténaire* (n° 2, déf. 4).

Cela signifie donc que, pour tout couple $(\mathfrak{p}, \mathfrak{q})$ d'idéaux premiers de A tel que $\mathfrak{q} \subset \mathfrak{p}$, toutes les chaînes saturées d'idéaux premiers de A d'extrémités $\mathfrak{p}$ et $\mathfrak{q}$ ont pour longueur $\operatorname{codim}(V(\mathfrak{p}), V(\mathfrak{q})) = \dim(A_\mathfrak{p}/\mathfrak{q}A_\mathfrak{p})$.

Remarques. — 2) Tout anneau quotient d'un anneau caténaire est caténaire. Pour que l'anneau A soit caténaire, il faut et il suffit que, pour tout idéal premier $\mathfrak{p}$ de A, l'anneau $A_\mathfrak{p}$ soit caténaire.

3) D'après la prop. 7, *b*) et la prop. 4 du n° 2, l'anneau A est caténaire si et seulement si, pour tout triplet $(\mathfrak{p}, \mathfrak{q}, \mathfrak{r})$ d'idéaux premiers de A tel que $\mathfrak{r} \subset \mathfrak{q} \subset \mathfrak{p}$, on a

$\dim(A_\mathfrak{p}/\mathfrak{q}A_\mathfrak{p}) + \dim(A_\mathfrak{q}/\mathfrak{r}A_\mathfrak{q}) = \dim(A_\mathfrak{p}/\mathfrak{r}A_\mathfrak{p})$. Si A est intègre et de dimension finie, alors A est caténaire si et seulement si on a $\mathrm{ht}(\mathfrak{q}) + \dim(A_\mathfrak{p}/\mathfrak{q}A_\mathfrak{p}) = \mathrm{ht}(\mathfrak{p})$ pour tout couple $(\mathfrak{p}, \mathfrak{q})$ d'idéaux premiers de A tel que $\mathfrak{q} \subset \mathfrak{p}$. En effet, l'espace topologique Spec(A) est alors irréductible et de dimension finie, et on applique le corollaire à la prop. 4 du n° 2.

4) Soit A un anneau de dimension finie, dont toutes les chaînes maximales d'idéaux premiers ont même longueur. Alors A est caténaire, on a $\mathrm{ht}(\mathfrak{p}) + \dim(A/\mathfrak{p}) = \dim(A)$ pour tout idéal premier $\mathfrak{p}$ de A, et $\dim(A_\mathfrak{p}/\mathfrak{q}A_\mathfrak{p}) + \dim(A/\mathfrak{p}) = \dim(A/\mathfrak{q})$ pour tout couple $(\mathfrak{p}, \mathfrak{q})$ d'idéaux premiers de A tel que $\mathfrak{q} \subset \mathfrak{p}$ (n° 2, prop. 5).

5) Nous verrons au § 2, n° 4, que toute algèbre de type fini sur un corps est un anneau caténaire. Il existe des anneaux locaux noethériens qui ne sont pas caténaires (p. 83, exerc. 16).

4. Dimension d'un module de type fini

DÉFINITION 8. — *Soient* A *un anneau et* M *un* A*-module de type fini. On appelle* dimension de Krull (*ou simplement* dimension [1]) *du* A*-module* M *et on note* $\dim_A(M)$ (*ou* dim(M) *s'il n'y a pas d'ambiguïté*) *la dimension de Krull du support de* M (II, § 4, n° 4, déf. 5).

Le support du A-module A est Spec(A); la dimension du A-module A est donc égale à la dimension de l'anneau A.

Soient M un A-module de type fini et $\mathfrak{a}$ son annulateur ; on a

$$\mathrm{Supp}(M) = V(\mathfrak{a}) = \mathrm{Supp}(A/\mathfrak{a})$$

(II, § 4, n° 4, prop. 17). Par suite coïncident la dimension du A-module M, la dimension du A-module $A/\mathfrak{a}$, la dimension de l'anneau $A/\mathfrak{a}$ et la dimension du $(A/\mathfrak{a})$-module M ; c'est la borne supérieure de l'ensemble des longueurs des chaînes $\mathfrak{p}_0 \subset \ldots \subset \mathfrak{p}_n$ d'idéaux premiers de A telles que $\mathfrak{a} \subset \mathfrak{p}_0$. D'après la prop. 6, *c*) du n° 3, la dimension de M est aussi la borne supérieure des dimensions des anneaux (ou des A-modules) $A/\mathfrak{p}$, où $\mathfrak{p}$ parcourt l'ensemble des idéaux premiers de A, minimaux parmi ceux qui contiennent $\mathfrak{a}$.

Remarques. — 1) Soient A un anneau noethérien et M un A-module de type fini. Il est équivalent de dire que $\dim_A(M) \leqslant 0$, ou que les éléments de Supp(M) sont des idéaux maximaux de A, ou que M est de longueur finie (IV, § 2, n° 5, prop. 7).

2) Si M est un module de type fini sur un anneau noethérien A, $\dim_A(M)$ est la borne supérieure des nombres $\dim(A/\mathfrak{p})$, où $\mathfrak{p}$ parcourt l'ensemble $\mathrm{Ass}_A(M)$ des idéaux premiers de A associés à M (IV, § 1, n° 4, th. 2).

[1] Si A est un corps, la dimension de Krull de M est $\leqslant 0$. Il y aura lieu de ne pas confondre la dimension de Krull de M et la dimension (ou rang) de l'espace vectoriel M sur le corps A (A, II, p. 97, déf. 1).

Proposition 9. — *Soient* A *un anneau et* M *un* A-*module de type fini.*

a) Pour tout $\mathfrak{p} \in \mathrm{Supp}(M)$, *on a* $\dim_{A_\mathfrak{p}}(M_\mathfrak{p}) = \mathrm{codim}(V(\mathfrak{p}), \mathrm{Supp}(M))$.

b) $\dim_A(M)$ *est la borne supérieure des* $\dim_{A_\mathfrak{p}}(M_\mathfrak{p})$, *où* $\mathfrak{p}$ *parcourt* Spec(A) (resp. *où* $\mathfrak{p}$ *parcourt l'ensemble des idéaux maximaux de* A *appartenant à* Supp(M)).

c) Soit M′ *un sous-module de type fini de* M ; *alors*

$$\dim_A(M) = \sup(\dim_A(M'), \dim_A(M/M')) .$$

a) Soit $\mathfrak{a}$ l'annulateur de M ; alors l'annulateur du $A_\mathfrak{p}$-module $M_\mathfrak{p}$ est $\mathfrak{a}A_\mathfrak{p}$ (II, § 2, n° 4, formule (9)), d'où $\dim_{A_\mathfrak{p}}(M_\mathfrak{p}) = \dim(A_\mathfrak{p}/\mathfrak{a}A_\mathfrak{p})$. On conclut par la prop. 7, *b*) du n° 3.

b) Cela résulte aussitôt de *a*) et du fait que $\dim_{A_\mathfrak{p}}(M_\mathfrak{p}) = -\infty$ si $\mathfrak{p}$ n'appartient pas à Supp(M).

c) On a $\mathrm{Supp}(M) = \mathrm{Supp}(M') \cup \mathrm{Supp}(M/M')$ (II, § 4, n° 4, prop. 16), et on applique la prop. 1 du n° 1.

Remarque 3. — Sous les conditions de la prop. 9, *c*), on a $\mathrm{codim}(\mathrm{Supp}(M), \mathrm{Spec}(A)) = \inf(\mathrm{codim}(\mathrm{Supp}(M'), \mathrm{Spec}(A)), \mathrm{codim}(\mathrm{Supp}(M/M'), \mathrm{Spec}(A)))$. Cela résulte de la formule $\mathrm{Supp}(M) = \mathrm{Supp}(M') \cup \mathrm{Supp}(M/M')$ et de la remarque 4 du n° 2.

5. Cycles associés à un module

Dans ce numéro, on note A *un anneau noethérien.*

Soit Z(A) le **Z**-module libre de base l'ensemble des parties fermées irréductibles de Spec(A) ; pour toute partie fermée irréductible Y de Spec(A), on note [Y] l'élément correspondant de Z(A). Les éléments de Z(A) s'appellent parfois des *cycles*.

Soit M un A-module de type fini. Pour tout idéal premier $\mathfrak{p}$ de A qui est un élément minimal de Supp(M), on a $0 < \mathrm{long}_{A_\mathfrak{p}}(M_\mathfrak{p}) < \infty$ (IV, § 2, n° 5, cor. 2 à la prop. 7 et § 1, n° 4, th. 2) ; on pose

$$z(M) = \sum_{\mathfrak{p}} \mathrm{long}_{A_\mathfrak{p}}(M_\mathfrak{p}).[V(\mathfrak{p})] ,$$

où $\mathfrak{p}$ parcourt l'ensemble fini des idéaux premiers minimaux de Supp(M).

Remarque. — Pour tout $\mathfrak{p} \in \mathrm{Spec}(A)$, on a $z(A/\mathfrak{p}) = [V(\mathfrak{p})]$. Plus généralement, soit M un A-module de type fini, et soit $(M_i)_{0 \leqslant i \leqslant n}$ une suite de composition de M telle que pour $0 \leqslant i \leqslant n-1$, le module M_i/M_{i+1} soit isomorphe à $A/\mathfrak{p}_i$, où $\mathfrak{p}_i$ est un idéal premier de A (*cf.* IV, § 1, n° 4, th. 1) ; alors on a $z(M) = \sum_{i \in J} [V(\mathfrak{p}_i)]$, où J est la partie de I formée des i tels que $\mathfrak{p}_i$ soit un élément minimal de $\{\mathfrak{p}_0, \ldots, \mathfrak{p}_{n-1}\}$ (IV, § 1, n° 4, th. 2 et § 2, n° 5, remarque 1).

Pour tout entier d, notons $Z_{\leqslant d}$ (resp. Z_d, resp. $Z^{\geqslant d}$, resp. Z^d) le sous-**Z**-module de Z(A) engendré par les éléments $[V(\mathfrak{p})]$ où $\mathfrak{p}$ est un idéal premier de A tel que $\dim(A/\mathfrak{p}) \leqslant d$ (resp. $\dim(A/\mathfrak{p}) = d$, resp. $\mathrm{ht}(\mathfrak{p}) \geqslant d$, resp. $\mathrm{ht}(\mathfrak{p}) = d$). On dit que les éléments de Z_d (resp. Z^d) sont les cycles de dimension d (resp. de codimension d). On a évidemment

$$Z_{\leqslant d} = Z_{\leqslant d-1} \oplus Z_d, \quad Z^{\geqslant d} = Z^{\geqslant d+1} \oplus Z^d.$$

Soit par ailleurs $\mathcal{C}$ l'ensemble des classes de A-modules de type fini (A, VIII, § 3, nº 5), et pour chaque entier d, soit $\mathcal{C}_{\leqslant d}$ (resp. $\mathcal{C}^{\geqslant d}$) la partie de $\mathcal{C}$ formée des classes de A-modules de type fini de dimension $\leqslant d$ (resp. dont le support est de codimension $\geqslant d$ dans Spec(A)).

Lemme 1. — *Soient* M *un A-module de type fini et d un entier.*

a) Pour que M *soit de type* $\mathcal{C}_{\leqslant d}$, *il faut et il suffit que* $z(\mathrm{M}) \in Z_{\leqslant d}$; *la projection* $z_d(\mathrm{M})$ *de* $z(\mathrm{M})$ *sur* Z_d *parallèlement à* $Z_{\leqslant d-1}$ *est alors donnée par*

$$z_d(\mathrm{M}) = \sum_{\dim(\mathrm{A}/\mathfrak{p}) = d} \mathrm{long}_{\mathrm{A}_\mathfrak{p}}(\mathrm{M}_\mathfrak{p}).[\mathrm{V}(\mathfrak{p})].$$

b) Pour que M *soit de type* $\mathcal{C}^{\geqslant d}$, *il faut et il suffit que* $z(\mathrm{M}) \in Z^{\geqslant d}$; *la projection* $z^d(\mathrm{M})$ *de* $z(\mathrm{M})$ *sur* Z^d *parallèlement à* $Z^{\geqslant d+1}$ *est alors donnée par*

$$z^d(\mathrm{M}) = \sum_{\mathrm{ht}(\mathfrak{p}) = d} \mathrm{long}_{\mathrm{A}_\mathfrak{p}}(\mathrm{M}_\mathfrak{p}).[\mathrm{V}(\mathfrak{p})].$$

Pour que M soit de type $\mathcal{C}_{\leqslant d}$, c'est-à-dire de dimension $\leqslant d$, il faut et il suffit que pour tout idéal premier minimal $\mathfrak{p}$ de Supp(M), on ait $\dim(\mathrm{A}/\mathfrak{p}) \leqslant d$, ce qui signifie que $z(\mathrm{M}) \in Z_{\leqslant d}$. Supposons qu'on ait $\dim(\mathrm{M}) \leqslant d$, et soit $\mathfrak{p} \in \mathrm{Spec}(\mathrm{A})$ tel que $\dim(\mathrm{A}/\mathfrak{p}) = d$; alors, ou bien $\mathfrak{p} \notin \mathrm{Supp}(\mathrm{M})$ et donc $\mathrm{M}_\mathfrak{p} = 0$, ou bien $\mathfrak{p} \in \mathrm{Supp}(\mathrm{M})$, et $\mathfrak{p}$ est un élément minimal de Supp(M) ; le coefficient de $[\mathrm{V}(\mathfrak{p})]$ dans $z(\mathrm{M})$ est dans les deux cas $\mathrm{long}_{\mathrm{A}_\mathfrak{p}}(\mathrm{M}_\mathfrak{p})$, d'où *a*). La partie *b*) se démontre de façon analogue ; on notera qu'un module M de type fini est de type $\mathcal{C}^{\geqslant d}$ si et seulement si l'on a $\mathrm{M}_\mathfrak{p} = 0$ pour tout idéal premier $\mathfrak{p}$ de hauteur $< d$.

D'après la prop. 9, *c*) et la remarque 3 du nº 4, les ensembles $\mathcal{C}_{\leqslant d}$ et $\mathcal{C}^{\geqslant d}$ sont héréditaires (A, VIII, § 10, nº 1, déf. 1), et l'on peut considérer les groupes de Grothendieck $\mathrm{K}(\mathcal{C}_{\leqslant d})$ et $\mathrm{K}(\mathcal{C}^{\geqslant d})$ correspondants (*loc. cit.*, nº 2) ; pour tout A-module M de type $\mathcal{C}_{\leqslant d}$ (resp. $\mathcal{C}^{\geqslant d}$), notons $[\mathrm{M}]_{\leqslant d}$ (resp. $[\mathrm{M}]^{\geqslant d}$) l'élément associé dans $\mathrm{K}(\mathcal{C}_{\leqslant d})$ (resp. $\mathrm{K}(\mathcal{C}^{\geqslant d})$). D'après le lemme 1, les fonctions z_d et z^d sont additives ; il existe donc (*loc. cit.*, prop. 3) des homomorphismes

$$\zeta_d : \mathrm{K}(\mathcal{C}_{\leqslant d}) \to Z_d, \quad \zeta^d : \mathrm{K}(\mathcal{C}^{\geqslant d}) \to Z^d$$

tels que $\zeta_d([\mathrm{M}]_{\leqslant d}) = z_d(\mathrm{M})$ pour tout A-module M de type $\mathcal{C}_{\leqslant d}$ et $\zeta^d([\mathrm{N}]^{\geqslant d}) = z^d(\mathrm{N})$ pour tout A-module N de type $\mathcal{C}^{\geqslant d}$. Par ailleurs, puisque $\mathcal{C}_{\leqslant d-1} \subset \mathcal{C}_{\leqslant d}$ et $\mathcal{C}^{\geqslant d+1} \subset \mathcal{C}^{\geqslant d}$, on a des homomorphismes canoniques

$$i_d : \mathrm{K}(\mathcal{C}_{\leqslant d-1}) \to \mathrm{K}(\mathcal{C}_{\leqslant d}) \quad \text{et} \quad i^d : \mathrm{K}(\mathcal{C}^{\geqslant d+1}) \to \mathrm{K}(\mathcal{C}^{\geqslant d}).$$

Avec ces notations :

PROPOSITION 10. — *Les suites de* **Z**-*modules et d'homomorphismes*

$$K(\mathcal{C}_{\leqslant d-1}) \xrightarrow{i_d} K(\mathcal{C}_{\leqslant d}) \xrightarrow{\zeta_d} Z_d \longrightarrow 0$$

$$K(\mathcal{C}^{\geqslant d+1}) \xrightarrow{i_d} K(\mathcal{C}^{\geqslant d}) \xrightarrow{\zeta_d} Z^d \longrightarrow 0$$

sont exactes.

On a $\zeta_d \circ i_d = 0$ d'après le lemme 1. Pour tout $\mathfrak{p} \in \mathrm{Spec}(A)$ tel que $\dim(A/\mathfrak{p}) = d$, on a $\zeta_d([A/\mathfrak{p}]_{\leqslant d}) = z_d(A/\mathfrak{p}) = [V(\mathfrak{p})]$, donc l'homomorphisme ζ_d est surjectif. D'après IV, § 1, n° 4, th. 1, $K(\mathcal{C}_{\leqslant d})$ est engendré par les $[A/\mathfrak{p}]_{\leqslant d}$, où $\mathfrak{p} \in \mathrm{Spec}(A)$ et $\dim(A/\mathfrak{p}) \leqslant d$; par conséquent, tout élément ξ de $K(\mathcal{C}_{\leqslant d})$ peut s'écrire $\xi = i_d(\eta) + \sum_{i=1}^{k} n_i[A/\mathfrak{p}_i]_{\leqslant d}$, avec $\eta \in K(\mathcal{C}_{\leqslant d-1})$, $n_i \in \mathbf{Z}$ et $\dim(A/\mathfrak{p}_i) = d$ pour $1 \leqslant i \leqslant k$; on a $\zeta_d(\xi) = \sum_{i=1}^{k} n_i[V(\mathfrak{p}_i)]$ et par conséquent $\zeta_d(\xi) = 0$ implique $\xi = i_d(\eta) \in \mathrm{Im}(i_d)$, d'où $\mathrm{Ker}(\zeta_d) = \mathrm{Im}(i_d)$.

On raisonne de même pour la seconde suite.

Exemples. — 1) Supposons A *noethérien et intègre.* Alors on a $Z^0 = \mathbf{Z}.[\mathrm{Spec}(A)]$; on a $\mathcal{C}^{\geqslant 0} = \mathcal{C}$ et $z^0(M) = \mathrm{rg}(M).[\mathrm{Spec}(A)]$. Les modules de type $\mathcal{C}^{\geqslant 1}$ sont donc les modules de torsion.

2) Supposons A *noethérien et intégralement clos.* Alors Z^1 s'identifie au groupe D(A) des diviseurs de A introduit au chapitre VII (§ 1, n° 3, th. 2, et n° 6, th. 3). Les modules de type $\mathcal{C}^{\geqslant 2}$ sont les modules pseudo-nuls (VII, § 4, n° 4, déf. 2) ; si M est un module de torsion de type fini, alors $z^1(M) \in Z^1 = D(A)$ est le contenu $\chi(M)$ de M (VII, § 4, n° 5, déf. 4). Les prop. 10 et 11 de *loc. cit.* sont donc équivalentes à l'exactitude de la suite $K(\mathcal{C}^{\geqslant 2}) \to K(\mathcal{C}^{\geqslant 1}) \to Z^1 \to 0$.

3) Les modules de type $\mathcal{C}_{\leqslant 0}$ sont les modules de dimension $\leqslant 0$, c'est-à-dire les modules de longueur finie (n° 4, remarque 1). On a $\mathrm{long}_A(M) = \varepsilon(z_0(M))$ pour tout A-module de longueur finie M, où $\varepsilon : Z_0 \to \mathbf{Z}$ associe à la combinaison linéaire $\sum_{\mathfrak{m}} n_{\mathfrak{m}}[V(\mathfrak{m})]$ l'entier $\sum_{\mathfrak{m}} n_{\mathfrak{m}}$ (IV, § 2, n° 5, corollaire à la prop. 8).

4) Supposons A *intègre et de dimension finie.* Posons $d = \dim(A)$. Alors on a $\mathcal{C}_{\leqslant d} = \mathcal{C}$, $Z_d = \mathbf{Z}.[\mathrm{Spec}(A)] = Z^0$, $z_d(M) = \mathrm{rg}(M).[\mathrm{Spec}(A)] = z^0(M)$, et les modules de type $\mathcal{C}_{\leqslant d-1}$ sont les modules de torsion.

§ 2. DIMENSION DES ALGÈBRES

1. Dimension et platitude

Soit $\rho : A \to B$ un homomorphisme d'anneaux. On note (PM) la condition suivante :

(PM) *Il existe un* B-*module* N *fidèlement plat sur* A *tel que, pour tout idéal premier* $\mathfrak{q}$ *de* B, *on ait* $N \otimes_B \kappa(\mathfrak{q}) \neq 0$.

Remarques. — 1) La condition (PM) est satisfaite lorsqu'il existe un B-module de type fini, fidèlement plat sur A et de support égal à Spec(B). C'est le cas, en particulier, si le A-module B est fidèlement plat.

2) L'existence d'un B-module N fidèlement plat sur A implique l'injectivité de ρ (I, § 3, n° 5, prop. 8), et la surjectivité de l'application ${}^a\rho : \mathrm{Spec}(B) \to \mathrm{Spec}(A)$ (II, § 2, n° 5, cor. 4 à la prop. 11).

3) Supposons que $\rho : A \to B$ soit un homomorphisme local d'anneaux locaux et qu'il existe un B-module N *plat* sur A et tel que $N \otimes_B \kappa(\mathfrak{q}) \neq 0$ pour tout idéal premier $\mathfrak{q}$ de B. Alors N est *fidèlement plat* sur A et ρ jouit donc de la propriété (PM) : en effet on a $N/\mathfrak{m}_B N = N \otimes_B \kappa(\mathfrak{m}_B) \neq 0$, donc $N \neq \mathfrak{m}_B N$ et *a fortiori* $N \neq \mathfrak{m}_A N$, et la conclusion résulte de la prop. 1 de I, § 3, n° 1.

PROPOSITION 1. — *Soit* $\rho : A \to B$ *un homomorphisme d'anneaux satisfaisant à la condition* (PM).

a) Soit $h : A \to A'$ *un homomorphisme d'anneaux. Alors l'homomorphisme* $\rho' : A' \to A' \otimes_A B$ *déduit de* ρ *satisfait à la condition* (PM).

b) Soient $\mathfrak{q}$ *un idéal premier de* B *et* $\mathfrak{p} = \rho^{-1}(\mathfrak{q})$. *L'homomorphisme canonique* $\rho_\mathfrak{q} : A_\mathfrak{p} \to B_\mathfrak{q}$ *satisfait à la condition* (PM).

c) Soient $\mathfrak{q}$ *un idéal premier de* B *et* $\mathfrak{p} = \rho^{-1}(\mathfrak{q})$. *Pour tout idéal premier* $\mathfrak{p}'$ *de* A *contenu dans* $\mathfrak{p}$, *il existe un idéal premier* $\mathfrak{q}'$ *de* B *au-dessus de* $\mathfrak{p}'$ *et contenu dans* $\mathfrak{q}$.

Soit N un B-module fidèlement plat sur A et tel que $N \otimes_B \kappa(\mathfrak{q}) \neq 0$ pour tout idéal premier $\mathfrak{q}$ de B.

Démontrons *a*). Le A'-module $N' = A' \otimes_A N$ est fidèlement plat (I, § 3, n° 3, prop. 5) ; soient $\mathfrak{q}'$ un idéal premier de $B' = A' \otimes_A B$ et $\mathfrak{q}$ son image réciproque dans B. On a des isomorphismes

$$N' \otimes_{B'} \kappa(\mathfrak{q}') \to N \otimes_B \kappa(\mathfrak{q}') \to (N \otimes_B \kappa(\mathfrak{q})) \otimes_{\kappa(\mathfrak{q})} \kappa(\mathfrak{q}') ;$$

comme on a $N \otimes_B \kappa(\mathfrak{q}) \neq 0$, on a aussi $N' \otimes_{B'} \kappa(\mathfrak{q}') \neq 0$.

Démontrons *b*). D'après les prop. 13 et 14 de II, § 3, n° 4, le $A_\mathfrak{p}$-module $N_\mathfrak{q}$ est plat. D'autre part, soit $\mathfrak{b}'$ un idéal premier de $B_\mathfrak{q}$; il est de la forme $\mathfrak{b}B_\mathfrak{q}$ où $\mathfrak{b}$ est un idéal premier de B contenu dans $\mathfrak{q}$ (II, § 3, n° 1, prop. 3) ; on a $N \otimes_B \kappa(\mathfrak{b}) \neq 0$ vu l'hypothèse faite sur N, et comme $N_\mathfrak{q} \otimes_{B_\mathfrak{q}} \kappa(\mathfrak{b}')$ est isomorphe à $N \otimes_B \kappa(\mathfrak{b}')$, on a $N_\mathfrak{q} \otimes_{B_\mathfrak{q}} \kappa(\mathfrak{b}') \neq 0$. La remarque 3 permet de conclure.

Démontrons *c*). L'homomorphisme local $\rho_\mathfrak{q} : A_\mathfrak{p} \to B_\mathfrak{q}$ déduit de ρ satisfait à la condition (PM) d'après *b*). L'application $\mathrm{Spec}(B_\mathfrak{q}) \to \mathrm{Spec}(A_\mathfrak{p})$ est donc surjective (remarque 2), ce qu'on voulait démontrer.

COROLLAIRE. — *Soit* F *une partie fermée de* Spec(A). *Si* Y *est une composante irréductible de l'image réciproque de* F *par l'application* ${}^a\rho : \mathrm{Spec}(B) \to \mathrm{Spec}(A)$, *alors l'adhérence de* ${}^a\rho(Y)$ *est une composante irréductible de* F.

Soient en effet $\mathfrak{a}$ un idéal de A tel que $F = V(\mathfrak{a})$ et $\mathfrak{q}$ l'idéal premier de B tel que $Y = V(\mathfrak{q})$. L'image réciproque par ${}^a\rho$ de F est la partie $V(\rho(\mathfrak{a})B)$ de Spec(B) et l'adhérence de ${}^a\rho(Y)$ est la partie fermée irréductible $V(\rho^{-1}(\mathfrak{q}))$ de Spec(A).

Il s'agit de prouver que si $\mathfrak{q}$ est minimal parmi les idéaux premiers de B contenant $\rho(\mathfrak{a})$, alors $\rho^{-1}(\mathfrak{q})$ est minimal parmi les idéaux premiers de A contenant $\mathfrak{a}$. Dans le cas contraire, il existerait un idéal premier $\mathfrak{p}'$ de A avec $\mathfrak{a} \subset \mathfrak{p}' \subset \rho^{-1}(\mathfrak{q})$ et $\mathfrak{p}' \neq \rho^{-1}(\mathfrak{q})$; d'après la prop. 1, *c*), il existerait un idéal premier $\mathfrak{q}'$ de B tel que $\mathfrak{q}' \subset \mathfrak{q}$ et $\mathfrak{p}' = \rho^{-1}(\mathfrak{q}')$, d'où $\rho(\mathfrak{a}) \subset \mathfrak{q}' \subset \mathfrak{q}$ et $\mathfrak{q}' \neq \mathfrak{q}$ contrairement à l'hypothèse faite sur $\mathfrak{q}$.

PROPOSITION 2. — *Soit* $\rho : A \to B$ *un homomorphisme d'anneaux non nuls possédant la propriété* (PM). *On a l'inégalité*

$$\dim(B) \geqslant \dim(A) + \inf_{\mathfrak{m} \in S} \dim(B/\mathfrak{m}B) \tag{1}$$

où S *est l'ensemble des idéaux maximaux de* A.

On sait que l'on a $\dim(A) = \sup_{\mathfrak{m} \in S} \dim(A_{\mathfrak{m}})$ (§ 1, n° 3, prop. 8). Il suffit donc d'établir l'inégalité

$$\dim(B) \geqslant \dim(A_{\mathfrak{m}}) + \dim(B/\mathfrak{m}B) \tag{2}$$

pour tout idéal maximal $\mathfrak{m}$ de A. Autrement dit, il s'agit de prouver l'inégalité

$$\dim(B) \geqslant n + r \tag{3}$$

si $\mathfrak{p}_0 \subset \ldots \subset \mathfrak{p}_n$ est une chaîne d'idéaux premiers de A contenus dans $\mathfrak{m}$ et $\overline{\mathfrak{q}}_0 \subset \ldots \subset \overline{\mathfrak{q}}_r$ une chaîne d'idéaux premiers de $B/\mathfrak{m}B$. Pour $0 \leqslant i \leqslant r$, il existe un idéal premier $\mathfrak{q}_{n+i}$ de B au-dessus de $\mathfrak{m}$ tel que $\overline{\mathfrak{q}}_i = \mathfrak{q}_{n+i}/\mathfrak{m}B$, et $\mathfrak{q}_n \subset \ldots \subset \mathfrak{q}_{n+r}$ est une chaîne d'idéaux premiers de B. Posons $\mathfrak{p}'_i = \mathfrak{p}_i$ pour $0 \leqslant i \leqslant n-1$ et $\mathfrak{p}'_n = \mathfrak{m}$, de sorte que $\mathfrak{p}'_0 \subset \ldots \subset \mathfrak{p}'_n$ est une chaîne d'idéaux premiers de A et que $\mathfrak{q}_n$ est au-dessus de $\mathfrak{p}'_n$. Si $\mathfrak{q}_i$ est un idéal premier de B au-dessus de $\mathfrak{p}'_i$ $(1 \leqslant i \leqslant n)$, la prop. 1, *c*) prouve qu'il existe un idéal premier $\mathfrak{q}_{i-1}$ de B au-dessus de $\mathfrak{p}'_{i-1}$ et contenu dans $\mathfrak{q}_i$. Par récurrence descendante, on construit donc une chaîne $\mathfrak{q}_0 \subset \ldots \subset \mathfrak{q}_n$ d'idéaux premiers de B telle que $\mathfrak{q}_i$ soit au-dessus de $\mathfrak{p}_i$ pour $0 \leqslant i \leqslant n$. Comme $\mathfrak{q}_0 \subset \ldots \subset \mathfrak{q}_{n+r}$ est une chaîne d'idéaux premiers de B, on a prouvé l'inégalité (3).

Remarque 4. — Soit $\rho : A \to B$ un homomorphisme local d'anneaux locaux noethériens satisfaisant à la condition (PM). On verra plus loin (§ 3, n° 4, prop. 7) qu'on a dans ce cas égalité dans (1). Dans le cas général il peut y avoir inégalité stricte (p. 84, exercice 1).

COROLLAIRE. — *Pour tout idéal* $\mathfrak{a}$ *de* A, *on a* $\mathrm{ht}(\mathfrak{a}) \leqslant \mathrm{ht}(\rho(\mathfrak{a})B)$.

Soient $\mathfrak{q}$ un idéal premier de B contenant $\rho(\mathfrak{a})B$, et $\mathfrak{p} = \rho^{-1}(\mathfrak{q})$. D'après la prop. 1, l'homomorphisme local $\rho_{\mathfrak{q}} : A_{\mathfrak{p}} \to B_{\mathfrak{q}}$ déduit de ρ satisfait à (PM), et l'on a donc $\dim(A_{\mathfrak{p}}) \leqslant \dim(B_{\mathfrak{q}})$ d'après la prop. 2. D'après la prop. 7 du § 7, n° 3, on a $\mathrm{ht}(\mathfrak{a}) \leqslant \dim(A_{\mathfrak{p}})$ puisque $\mathfrak{p}$ contient $\mathfrak{a}$, d'où $\mathrm{ht}(\mathfrak{a}) \leqslant \dim(B_{\mathfrak{q}})$ pour tout idéal premier $\mathfrak{q}$ de B contenant $\rho(\mathfrak{a})B$. Le corollaire résulte alors de *loc. cit.*

Lemme 1. — *Soient* $\rho : A \to B$ *un homomorphisme d'anneaux et* $\mathfrak{p}$ *un idéal premier de* A. *L'application continue* ${}^a h : \mathrm{Spec}(B \otimes_A \kappa(\mathfrak{p})) \to \mathrm{Spec}(B)$, *associée à l'homomorphisme canonique* $h : \mathrm{B} \to \mathrm{B} \otimes_{\mathrm{A}} \kappa(\mathfrak{p})$, *induit un homéomorphisme de* $\mathrm{Spec}(\mathrm{B} \otimes_{\mathrm{A}} \kappa(\mathfrak{p}))$ *sur le sous-espace* $({}^a\rho)^{-1}(\mathfrak{p})$ *de* Spec(B) *formé des idéaux premiers de* B *au-dessus de* $\mathfrak{p}$.

L'homomorphisme h est composé de l'homomorphisme de passage au quotient de B dans $\mathrm{B}/\rho(\mathfrak{p})\,\mathrm{B}$ et de l'homomorphisme canonique de $\mathrm{B}/\rho(\mathfrak{p})\,\mathrm{B}$ dans son anneau de fractions $(\rho(\mathrm{A} - \mathfrak{p}))^{-1}(\mathrm{B}/\rho(\mathfrak{p})\,\mathrm{B})$. D'après la remarque et le corollaire à la prop. 13 de II, § 4, n° 3, ${}^a h$ induit donc un homéomorphisme de $\mathrm{Spec}(\mathrm{B} \otimes_{\mathrm{A}} \kappa(\mathfrak{p}))$ sur le sous-espace de Spec(B) formé des idéaux premiers $\mathfrak{q}$ de B qui contiennent $\rho(\mathfrak{p})$ et sont disjoints de $\rho(\mathrm{A} - \mathfrak{p})$, c'est-à-dire qui sont au-dessus de $\mathfrak{p}$.

Remarque 5. — D'après la prop. 2 et le lemme 1, on a donc, sous les hypothèses de la prop. 2, l'inégalité

$$\dim(\mathrm{Spec}(\mathrm{B})) \geqslant \dim(\mathrm{Spec}(\mathrm{A})) + \inf_{\mathfrak{p} \in \mathrm{Spec}(\mathrm{A})} \dim({}^a\rho^{-1}(\mathfrak{p}))\,. \tag{4}$$

2. Dimension d'une algèbre de type fini

PROPOSITION 3. — *Soit* $\rho : \mathrm{A} \to \mathrm{B}$ *un homomorphisme d'anneaux. Posons* $n = \sup_{\mathfrak{p} \in \mathrm{Spec}(\mathrm{A})} \dim(\mathrm{B} \otimes_{\mathrm{A}} \kappa(\mathfrak{p}))$. *On a l'inégalité*

$$\dim(\mathrm{B}) + 1 \leqslant (\dim(\mathrm{A}) + 1).(n + 1)\,.$$

On peut supposer $\dim(\mathrm{A}) \neq -\infty$ et $n < +\infty$. Soit $\mathfrak{q}_0 \subset \ldots \subset \mathfrak{q}_m$ une chaîne d'idéaux premiers de B ; posons $\mathfrak{p}_i = \rho^{-1}(\mathfrak{q}_i)$. La suite des $\mathfrak{p}_i$ est croissante, donc l'ensemble de ses valeurs est de cardinal $\leqslant \dim(\mathrm{A}) + 1$. Pour chaque $\mathfrak{p} \in \mathrm{Spec}(\mathrm{A})$, l'ensemble des $\mathfrak{q}_j$ tels que $\mathfrak{p}_j = \mathfrak{p}$ est une chaîne de la partie ${}^a\rho^{-1}(\mathfrak{p})$ de Spec(B), donc est de cardinal inférieur à $\dim(\mathrm{B} \otimes_{\mathrm{A}} \kappa(\mathfrak{p})) + 1$ (n° 1, lemme 1), et par conséquent à $(n + 1)$. Il en résulte que $m + 1 \leqslant (\dim(\mathrm{A}) + 1)(n + 1)$, d'où la proposition.

Remarque 1. — Si les anneaux A et B sont noethériens, nous verrons ci-dessous (§ 3, n° 4, cor. 2 à la prop. 7) qu'on a l'inégalité $\dim(\mathrm{B}) \leqslant \dim(\mathrm{A}) + n$, plus forte que celle de la prop. 3.

COROLLAIRE 1. — *Supposons qu'on ait* $\dim(\mathrm{A}) < +\infty$ *et qu'il existe un entier* n *tel que* $\dim(\mathrm{B} \otimes_{\mathrm{A}} \kappa(\mathfrak{p})) \leqslant n$ *pour tout* $\mathfrak{p} \in \mathrm{Spec}(\mathrm{A})$. *Alors on a* $\dim(\mathrm{B}) < +\infty$.

COROLLAIRE 2. — *Soient* A *un anneau et* B = A[X] *l'anneau des polynômes en une indéterminée à coefficients dans* A. *On a* :

$$1 + \dim(\mathrm{A}) \leqslant \dim(\mathrm{B}) \leqslant 1 + 2\dim(\mathrm{A})\,.$$

La première inégalité a déjà été démontrée (§ 1, n° 3, exemple 4). Démontrons la seconde. Pour tout idéal premier $\mathfrak{p}$ de A, l'anneau $\mathrm{B} \otimes_{\mathrm{A}} \kappa(\mathfrak{p})$, isomorphe à $\kappa(\mathfrak{p})[\mathrm{X}]$, est principal et n'est pas un corps, donc est de dimension 1 (§ 1, n° 3, exemple 2), et l'inégalité résulte de la prop. 3.

Remarque 2. — Nous verrons plus loin (§ 3, n° 4, cor. 3 à la prop. 7) que, si A est noethérien, on a $\dim(A[X]) = 1 + \dim(A)$.

Cependant, quels que soient les entiers n et q avec $n + 1 \leqslant q \leqslant 2n + 1$, il existe un anneau A de dimension n tel que $\dim(A[X]) = q$ (voir p. 84, exerc. 7).

COROLLAIRE 3. — *Si* A *est de dimension finie, toute* A*-algèbre non nulle de type fini est de dimension finie.*

On déduit en effet du cor. 2, par récurrence sur n, que l'anneau $A[T_1, ..., T_n]$ est de dimension finie si A est de dimension finie ; *a fortiori*, tout quotient non nul de $A[T_1, ..., T_n]$ est de dimension finie (§ 1, n° 3, prop. 6).

3. Dimension d'une algèbre entière

Lemme 2. — *Soit* $\rho : A \to B$ *un homomorphisme d'anneaux tel que, pour tout idéal premier* $\mathfrak{p}$ *de* A, *la* $\kappa(\mathfrak{p})$*-algèbre* $B \otimes_A \kappa(\mathfrak{p})$ *soit entière* (V, § 1, n° 1, déf. 2). *Soient* $\mathfrak{q}$ *et* $\mathfrak{q}'$ *deux idéaux premiers de* B *tels que* $\mathfrak{q} \subset \mathfrak{q}'$ *et* $\mathfrak{q} \neq \mathfrak{q}'$. *Alors* $\rho^{-1}(\mathfrak{q}) \neq \rho^{-1}(\mathfrak{q}')$.

En effet, si $\mathfrak{q}$ et $\mathfrak{q}'$ sont au-dessus d'un même idéal premier $\mathfrak{p}$ de A, on a $\dim(B \otimes_A \kappa(\mathfrak{p})) \geqslant 1$ d'après le lemme 1 du n° 1, ce qui contredit le fait que $\dim(B \otimes_A \kappa(\mathfrak{p})) \leqslant 0$ (§ 1, n° 3, exemple 6).

THÉORÈME 1. — *Soit* $\rho : A \to B$ *un homomorphisme d'anneaux faisant de* B *une* A*-algèbre entière.*

a) Soit M *un* A*-module de type fini. Alors on a* $\dim_B(M \otimes_A B) \leqslant \dim_A(M)$. *En particulier, on a* $\dim(B) \leqslant \dim(A)$. *Si l'application* ${}^a\rho : \mathrm{Spec}(B) \to \mathrm{Spec}(A)$ *est surjective, par exemple* (V, § 2, n° 1, th. 1) *si* ρ *est injectif, on a* $\dim_B(M \otimes_A B) = \dim_A(M)$, *et en particulier* $\dim(B) = \dim(A)$.

b) Soient $\mathfrak{b}$ *un idéal de* B *et* $\mathfrak{a} = \rho^{-1}(\mathfrak{b})$ *son image réciproque dans* A. *On a* $\mathrm{ht}(\mathfrak{b}) \leqslant \mathrm{ht}(\mathfrak{a})$ *et* $\dim(B/\mathfrak{b}) = \dim(A/\mathfrak{a})$. *Si* ${}^a\rho : \mathrm{Spec}\, B \to \mathrm{Spec}\, A$ *est surjective, on a* $\mathrm{ht}(\mathfrak{a}B) \leqslant \mathrm{ht}(\mathfrak{a})$ *pour tout idéal* $\mathfrak{a}$ *de* A.

c) Supposons B *finie sur* A *et soit* N *un* B*-module de type fini. Alors on a* $\dim_B(N) = \dim_A(N)$. *En particulier, on a* $\dim(B) = \dim_A(B)$.

Démontrons *a*). D'après la prop. 5 de V, § 1, n° 1, la $\kappa(\mathfrak{p})$-algèbre $B \otimes_A \kappa(\mathfrak{p})$ est entière pour tout idéal premier $\mathfrak{p}$ de A. Soit $\mathfrak{q}_0 \subset ... \subset \mathfrak{q}_m$ une chaîne d'idéaux premiers de B ; d'après le lemme 2, les idéaux $\mathfrak{p}_i = \rho^{-1}(\mathfrak{q}_i)$ sont deux à deux distincts, donc $\mathfrak{p}_0 \subset ... \subset \mathfrak{p}_m$ est une chaîne d'idéaux premiers de A, d'où $m \leqslant \dim(A)$. On a donc $\dim(B) \leqslant \dim(A)$.

Supposons maintenant que l'application ${}^a\rho$ soit surjective. Soit $\mathfrak{p}_0 \subset ... \subset \mathfrak{p}_n$ une chaîne d'idéaux premiers de A ; il existe donc un idéal premier $\mathfrak{q}_0$ de B au-dessus de $\mathfrak{p}_0$. D'après le cor. 2 au premier théorème d'existence (V, § 2, n° 1, th. 1), on peut construire, par récurrence sur n, une chaîne $\mathfrak{q}_0 \subset ... \subset \mathfrak{q}_n$ d'idéaux premiers de B telle que $\mathfrak{q}_i$ soit au-dessus de $\mathfrak{p}_i$ pour $0 \leqslant i \leqslant n$. On a donc $n \leqslant \dim(B)$ et par suite $\dim(A) \leqslant \dim(B)$.

Cela démontre *a*) dans le cas où $M = A$. Dans le cas général, notons $\mathfrak{a}$ l'annulateur de M, de sorte que le support de M s'identifie à $\mathrm{Spec}(A/\mathfrak{a})$, et qu'on a $\dim_A(M) = \dim(A/\mathfrak{a})$. D'après II, § 4, n° 4, prop. 19, le support de $M \otimes_A B$ est l'image réciproque par ${}^a\rho$ du support de M, donc s'identifie à $\mathrm{Spec}(B/\rho(\mathfrak{a})B)$, et on a $\dim_B(M \otimes_A B) = \dim(B/\rho(\mathfrak{a})B)$. Il reste à remarquer que l'homomorphisme $\rho' : A/\mathfrak{a} \to B/\rho(\mathfrak{a})B$ déduit de ρ fait de $B/\rho(\mathfrak{a})B$ une $(A/\mathfrak{a})$-algèbre entière, et que ${}^a\rho'$ est surjectif lorsque ${}^a\rho$ l'est.

Démontrons *b*). D'après la prop. 7 du § 1, n° 3, il suffit de prouver que $\mathrm{ht}(\mathfrak{b}) \leqslant \dim(A_\mathfrak{p})$ pour tout idéal premier $\mathfrak{p}$ de A contenant $\mathfrak{a}$; soit $\mathfrak{p}$ un tel idéal. D'après V, § 2, n° 1, cor. 2 au th. 1, il existe un idéal premier $\mathfrak{q}$ de B au-dessus de $\mathfrak{p}$ et contenant $\mathfrak{b}$, et on a $\mathrm{ht}(\mathfrak{b}) \leqslant \dim(B_\mathfrak{q})$ d'après la prop. 7 du § 1, n° 3.

Or $B_\mathfrak{q}$ s'identifie à un anneau de fractions de la $A_\mathfrak{p}$-algèbre entière $B \otimes_A A_\mathfrak{p}$, d'où

$$\dim(B_\mathfrak{q}) \leqslant \dim(B \otimes_A A_\mathfrak{p}) \leqslant \dim(A_\mathfrak{p})$$

d'après la prop. 6 du § 1, n° 3 et l'assertion *a*) ci-dessus. On a ainsi prouvé l'inégalité $\mathrm{ht}(\mathfrak{b}) \leqslant \mathrm{ht}(\mathfrak{a})$. Par ailleurs, l'homomorphisme de $A/\mathfrak{a}$ dans $B/\mathfrak{b}$ déduit de ρ est injectif et fait de $B/\mathfrak{b}$ une $(A/\mathfrak{a})$-algèbre entière ; on a donc $\dim(B/\mathfrak{b}) = \dim(A/\mathfrak{a})$ d'après *a*). Supposons ${}^a\rho$ surjective et soient $\mathfrak{a}$ un idéal de A et $\mathfrak{p}$ un idéal premier de A contenant $\mathfrak{a}$. Il existe par hypothèse un idéal premier $\mathfrak{q}$ de B au-dessus de $\mathfrak{p}$. On a $\mathfrak{a}B \subset \mathfrak{q}$, d'où $\mathrm{ht}(\mathfrak{a}B) \leqslant \mathrm{ht}(\mathfrak{q}) \leqslant \mathrm{ht}(\mathfrak{p})$ d'après ce qui précède. Passant à la borne inférieure, on obtient $\mathrm{ht}(\mathfrak{a}B) \leqslant \mathrm{ht}(\mathfrak{a})$.

Enfin, *c*) résulte de *b*) appliqué à l'annulateur $\mathfrak{b}$ de N.

THÉORÈME 2. — *Soient* A *un anneau intégralement clos, et* B *un anneau contenant* A, *entier sur* A. *On suppose que* B *est un* A*-module sans torsion. Pour tout idéal* $\mathfrak{a}$ *de* A, *on a* $\mathrm{ht}(\mathfrak{a}) = \mathrm{ht}(\mathfrak{a}B)$. *Soient* $\mathfrak{b}$ *un idéal de* B *et* $\mathfrak{a} = \mathfrak{b} \cap A$; *on a alors* $\mathrm{ht}(\mathfrak{a}) = \mathrm{ht}(\mathfrak{b})$.

Soit ρ l'application canonique de A dans B. Soient $\mathfrak{a}$ un idéal de A. Si $\mathfrak{a} = A$, la première égalité est claire. Supposons $\mathfrak{a} \neq A$. Comme ρ est injectif, ${}^a\rho$ est surjectif (V, § 2, n° 1, th. 1). Par suite $\mathfrak{a}B \neq B$. Soit alors $\mathfrak{q}$ un idéal premier de B contenant $\mathfrak{a}B$. Posons $\mathfrak{p} = \mathfrak{q} \cap A$. On a $\mathfrak{a} \subset \mathfrak{p}$, d'où $\mathrm{ht}(\mathfrak{a}) \leqslant \mathrm{ht}(\mathfrak{p})$. Soit $\mathfrak{p}_0 \subset \ldots \subset \mathfrak{p}_n$ une chaîne d'idéaux premiers de A avec $\mathfrak{p}_n = \mathfrak{p}$. D'après le deuxième théorème d'existence (V, § 2, n° 4, th. 3), on construit par récurrence une chaîne $\mathfrak{q}_0 \subset \ldots \subset \mathfrak{q}_n$ d'idéaux premiers de B telle que $\mathfrak{q}_n = \mathfrak{q}$ et $\mathfrak{q}_i$ soit au-dessus de $\mathfrak{p}_i$ pour $0 \leqslant i \leqslant n$. On a $n \leqslant \mathrm{ht}(\mathfrak{q})$, d'où $\mathrm{ht}(\mathfrak{a}) \leqslant \mathrm{ht}(\mathfrak{q})$. En passant à la borne inférieure on obtient $\mathrm{ht}(\mathfrak{a}) \leqslant \mathrm{ht}(\mathfrak{a}B)$ (§ 1, n° 3, prop. 7). L'inégalité $\mathrm{ht}(\mathfrak{a}B) \leqslant \mathrm{ht}(\mathfrak{a})$ résulte du th. 1, d'où la première égalité. Soit $\mathfrak{b}$ un idéal de B. Posons $\mathfrak{a} = \rho^{-1}(\mathfrak{b})$. On a $\mathfrak{a}B \subset \mathfrak{b}$, d'où $\mathrm{ht}(\mathfrak{a}) = \mathrm{ht}(\mathfrak{a}B) \leqslant \mathrm{ht}(\mathfrak{b})$. L'inégalité $\mathrm{ht}(\mathfrak{b}) \leqslant \mathrm{ht}(\mathfrak{a})$ résulte du th. 1, d'où le théorème.

Remarque. — Soient A un anneau intègre et B un anneau contenant A, entier sur A. Soit $\mathfrak{p}$ un idéal premier de A tel que la clôture intégrale de $A_\mathfrak{p}$ soit un anneau local. On peut démontrer que, pour tout idéal premier $\mathfrak{q}$ de B au-dessus de $\mathfrak{p}$, on a $\mathrm{ht}(\mathfrak{p}) = \mathrm{ht}(\mathfrak{q})$ (p. 85, exerc. 9) lorsque B est intègre.

4. Algèbres de type fini sur un corps

Dans ce numéro, k désigne un corps.

Lemme 3. — *Soient* A *une k-algèbre de type fini et* $\mathfrak{p}_0 \subset \ldots \subset \mathfrak{p}_m$ *une chaîne maximale d'idéaux premiers de* A. *Il existe un entier* $n \geqslant m$, *une suite* $(x_1, \ldots, x_n)$ *d'éléments de* A, *algébriquement libre sur* k (A, IV, p. 4), *et telle que* :

a) A *soit entier sur l'anneau* $\mathrm{B} = k[x_1, \ldots, x_n]$;

b) *pour tout* j *tel que* $0 \leqslant j \leqslant m$, *l'idéal* $\mathfrak{p}_j \cap \mathrm{B}$ *soit engendré par les* x_k *avec* $1 \leqslant k \leqslant n - m + j$.

D'après le lemme de normalisation (V, § 3, n° 1, th. 1), il existe un entier $n \geqslant 0$, une suite finie $(x_1, \ldots, x_n)$ d'éléments de A algébriquement libre et une suite croissante $(h(j))_{0 \leqslant j \leqslant m}$ d'entiers $\leqslant n$ telle que l'idéal $\mathfrak{p}_j \cap \mathrm{B}$ soit égal à l'idéal premier $\mathfrak{q}_j$ de B engendré par les x_k avec $1 \leqslant k \leqslant h(j)$, et que A soit entier sur l'anneau B. Soit j un entier tel que $0 \leqslant j < m$. Par passage aux quotients, on déduit de l'injection canonique de B dans A un homomorphisme injectif de $\mathrm{B}/\mathfrak{q}_j$ dans $\mathrm{A}/\mathfrak{p}_j$ qui fait de $\mathrm{A}/\mathfrak{p}_j$ une $(\mathrm{B}/\mathfrak{q}_j)$-algèbre finie. Comme l'anneau $\mathrm{B}/\mathfrak{q}_j$ est isomorphe à une algèbre de polynômes en $n - h(j)$ indéterminées sur k, il est intégralement clos (V, § 1, n° 3, cor. 3 de la prop. 13). D'après le th. 2 du n° 3, on a donc

$$1 = \mathrm{ht}(\mathfrak{p}_{j+1}/\mathfrak{p}_j) = \mathrm{ht}(\mathfrak{q}_{j+1}/\mathfrak{q}_j) \geqslant h(j+1) - h(j)\,.$$

Il en résulte que l'on a $h(j+1) \leqslant h(j) + 1$ et $\mathfrak{q}_{j+1} \neq \mathfrak{q}_j$, d'où $h(j+1) = h(j) + 1$. Mais on a $h(m) = n$ puisque $\mathfrak{q}_m$ est maximal (V, § 2, n° 1, prop. 1), d'où finalement $h(j) = n - m + j$.

THÉORÈME 3. — *Soit* A *une k-algèbre de type fini.*

a) *Pour tout idéal premier minimal* $\mathfrak{p}$ *de* A, *toutes les chaînes maximales d'idéaux premiers de* A *d'origine* $\mathfrak{p}$ *ont pour longueur l'entier* $\mathrm{deg.tr}_k \kappa(\mathfrak{p})$.

b) *L'anneau* A *est caténaire et sa dimension est la borne supérieure des entiers* $\mathrm{deg.tr}_k \kappa(\mathfrak{p})$, *où* $\mathfrak{p}$ *parcourt les idéaux premiers minimaux de* A.

c) *Si* A *est intègre, alors toutes les chaînes maximales d'idéaux premiers de* A *ont la même longueur, et la dimension de* A *est le degré de transcendance sur* k *du corps des fractions de* A.

Supposons A intègre et considérons une chaîne maximale $\mathfrak{p}_0 \subset \ldots \subset \mathfrak{p}_m$ d'idéaux premiers de A. On a $\mathfrak{p}_0 = 0$. On déduit alors du lemme 3 l'existence d'un homomorphisme injectif $\varphi : k[\mathrm{X}_1, \ldots, \mathrm{X}_m] \rightarrow \mathrm{A}$ de k-algèbres qui fait de A une $k[\mathrm{X}_1, \ldots, \mathrm{X}_m]$-algèbre finie. Par suite, le degré de transcendance sur k du corps des fractions de A est égal à m, d'où *c*). L'assertion *a*) résulte de l'assertion *c*) appliquée à l'anneau $\mathrm{A}/\mathfrak{p}$ et l'assertion *b*) est une conséquence immédiate de *a*) et de la prop. 5 du § 1, n° 2.

COROLLAIRE 1. — *Soit n un entier positif. On a*

$$\dim(k[\mathrm{X}_1, \ldots, \mathrm{X}_n]) = n\,.$$

Pour qu'une k-algèbre A de type fini soit de dimension n, il faut et il suffit qu'il existe un k-homomorphisme injectif $\varphi : k[X_1, ..., X_n] \to A$ *faisant de A une algèbre finie sur* $k[X_1, ..., X_n]$.

Cela résulte du th. 3, du lemme de normalisation (V, § 3, nº 1, th. 1) et du th. 1, *a*) du nº 3.

COROLLAIRE 2. — *Soit A une k-algèbre intègre de type fini. Pour tout idéal premier* $\mathfrak{p}$ *de A, on a*

$$\begin{aligned} \mathrm{ht}(\mathfrak{p}) = \dim(A_\mathfrak{p}) &= \dim(A) - \dim(A/\mathfrak{p}) \\ &= \dim(A) - \mathrm{deg.tr}_k \kappa(\mathfrak{p}) . \end{aligned}$$

En particulier, on a $\mathrm{ht}(\mathfrak{m}) = \dim(A_\mathfrak{m}) = \dim(A)$ *pour tout idéal maximal* $\mathfrak{m}$ *de A.*

Cela résulte du th. 3 et de la remarque 4 du § 1, nº 3.

COROLLAIRE 3. — *Soit A une k-algèbre de type fini et soit f un élément de A qui n'appartienne à aucun idéal premier minimal de A* (par exemple un élément de A non diviseur de zéro, *cf.* IV, § 1, nº 1, cor. 3 à la prop. 2 et nº 3, cor. 1 à la prop. 7). *On a* $\dim(A) = \dim(A_f)$.

L'application $\mathfrak{p} \mapsto \mathfrak{p}A_f$ est une bijection de l'ensemble des idéaux premiers minimaux de A sur l'ensemble des idéaux premiers minimaux de A_f. Par ailleurs les anneaux $A/\mathfrak{p}$ et $A_f/\mathfrak{p}A_f = (A/\mathfrak{p})_f$ ont même corps des fractions. Il suffit donc d'appliquer le th. 3, *b*).

COROLLAIRE 4. — *Soient A une k-algèbre de type fini et* $\mathfrak{p}$ *un idéal premier de A.*

a) Pour que $\mathfrak{p}$ *soit maximal, il faut et il suffit que le corps des fractions de* $A/\mathfrak{p}$ *soit une extension finie de k.*

b) Soit $f \in A - \mathfrak{p}$; *l'idéal* $\mathfrak{p}$ *est un idéal maximal de A si et seulement si* $\mathfrak{p}A_f$ *est un idéal maximal de* A_f.

Si $\mathfrak{p}$ est un idéal maximal de A, alors $A/\mathfrak{p}$ est un corps, donc un anneau de dimension 0 ; c'est une extension de type fini de k dont le degré de transcendance est 0 (th. 3, *c*)), c'est donc une extension finie de k. Réciproquement, si le corps des fractions de $A/\mathfrak{p}$ est une extension finie de k, on a $\dim(A/\mathfrak{p}) = 0$ donc $\mathfrak{p}$ est maximal. L'assertion *b*) résulte de l'assertion *a*) compte tenu que $A/\mathfrak{p}$ et $A_f/\mathfrak{p}A_f$ ont même corps des fractions.

L'assertion *a*) du cor. 4 est une forme du théorème des zéros (V, § 3, nº 3, prop. 1).

COROLLAIRE 5. — *Soient A une k-algèbre de type fini,* $\mathfrak{p}$ *un idéal premier de A et* $(\mathfrak{p}_i)_{i\in I}$ *la famille des idéaux premiers minimaux de A contenus dans* $\mathfrak{p}$. *On a :*

$$\begin{aligned} \dim_\mathfrak{p}(A) &= \sup_{i\in I} \dim(A/\mathfrak{p}_i) \\ &= \dim(A_\mathfrak{p}) + \dim(A/\mathfrak{p}) \\ &= \dim(A_\mathfrak{p}) + \mathrm{deg.tr}_k \kappa(\mathfrak{p}) . \end{aligned}$$

On a $\dim_{\mathfrak{p}}(A) = \sup_{i \in I} \dim_{\mathfrak{p}/\mathfrak{p}_i}(A/\mathfrak{p}_i)$ (§ 1, n° 3, prop. 6). Mais, d'après le cor. 3, on a $\dim_{\mathfrak{p}/\mathfrak{p}_i}(A/\mathfrak{p}_i) = \dim(A/\mathfrak{p}_i)$, d'où la première égalité. D'après le cor. 2, on a $\dim(A/\mathfrak{p}_i) = \dim((A/\mathfrak{p}_i)_{\mathfrak{p}}) + \dim(A/\mathfrak{p})$. La deuxième égalité du corollaire résulte donc du fait que $\dim(A_{\mathfrak{p}}) = \sup_{i \in I} \dim((A/\mathfrak{p}_i)_{\mathfrak{p}})$ et la troisième du th. 3.

Ainsi $\dim_{\mathfrak{p}}(A)$ est la borne supérieure des longueurs des chaînes d'idéaux premiers de A dont $\mathfrak{p}$ est un élément.

Corollaire 6. — *Soit* A *une k-algèbre de type fini non réduite à* 0, *et soit n un entier* $\geqslant 0$. *Les conditions suivantes sont équivalentes* :

a) Pour tout $\mathfrak{p} \in \mathrm{Ass}(A)$, *on a* $\dim(A/\mathfrak{p}) = n$.

b) Tout idéal premier associé à A *est minimal et toutes les composantes irréductibles de* Spec(A) *sont de dimension n.*

c) Il existe un k-homomorphisme injectif $\varphi : k[X_1, ..., X_n] \to A$ *faisant de* A *un* $k[X_1, ..., X_n]$*-module de type fini sans torsion.*

L'équivalence de *a*) et *b*) est immédiate. Montrons que *a*) implique *c*). D'après *b*), l'anneau A est dimension *n* et il existe donc (cor. 1) un *k*-homomorphisme injectif $\varphi : k[X_1, ..., X_n] \to A$ faisant de A un $k[X_1, ..., X_n]$-module de type fini. Pour tout idéal premier $\mathfrak{p} \in \mathrm{Ass}(A)$, l'anneau $A/\mathfrak{p}$ est alors entier sur $k[X_1, ..., X_n]$, et on a donc $n = \dim(A/\mathfrak{p}) = \dim(k[X_1, ..., X_n]/\varphi^{-1}(\mathfrak{p}))$ d'après le th. 1, *a*) du n° 3, d'où $\varphi^{-1}(\mathfrak{p}) = 0$. L'image par l'homomorphisme injectif φ d'un élément non nul de $k[X_1, ..., X_n]$ n'est pas un diviseur de 0 dans A (IV, § 1, n° 1, cor. 3 à la prop. 2), d'où *c*).

Inversement, supposons la condition *c*) satisfaite. Pour tout idéal premier $\mathfrak{p} \in \mathrm{Ass}(A)$, l'homomorphisme $k[X_1, ..., X_n] \to A/\mathfrak{p}$ déduit de φ est injectif (*loc. cit.*). On a donc $\dim(A/\mathfrak{p}) = n$ d'après le cor. 1.

Remarque 1. — D'après le cor. 5, les conditions *a*), *b*), *c*) du cor. 6 impliquent qu'on a $\dim_{\mathfrak{p}}(A) = \dim(A)$ pour tout idéal premier $\mathfrak{p}$ de A.

Proposition 4. — *Soient* A *et* B *deux k-algèbres de type fini et* $\rho : A \to B$ *un homomorphisme d'algèbres. Supposons que* A *soit intègre et que le* A*-module* B *soit sans torsion, et notons* K *le corps des fractions de* A. *On a*

$$\dim(B) = \dim(A) + \dim(B \otimes_A K).$$

Supposons d'abord B intègre. L'algèbre $B \otimes_A K$ est alors un anneau de fractions de B défini par une partie multiplicative ne contenant pas 0. Elle a donc pour corps des fractions le corps des fractions L de B. D'après le th. 3, on a

$$\dim(B) = \mathrm{deg.tr}_k L, \quad \dim(A) = \mathrm{deg.tr}_k K,$$
$$\dim(B \otimes_A K) = \mathrm{deg.tr}_K L.$$

Or on a, d'après le corollaire de A, V, p. 106

$$\mathrm{deg.tr}_k L = \mathrm{deg.tr}_K L + \mathrm{deg.tr}_k K,$$

d'où le résultat dans ce cas.

Passons au cas général. Tout idéal premier minimal $\mathfrak{p}$ de B est formé de diviseurs de zéro dans B, donc est au-dessus de l'idéal 0 de A. Il en résulte que l'application $\mathfrak{p} \mapsto \mathfrak{p}.(B \otimes_A K)$ est une bijection de l'ensemble des idéaux premiers minimaux de B sur l'ensemble des idéaux premiers minimaux de $B \otimes_A K$. La proposition résulte donc de la première partie de la démonstration et de la prop. 6, *c*) du § 1, nº 3.

COROLLAIRE. — *Soit* $\rho : A \to B$ *un homomorphisme injectif de k-algèbres de type fini. On a* $\dim(A) \leqslant \dim(B)$.

En effet, soit $\mathfrak{p}$ un idéal premier minimal de A tel que $\dim(A) = \dim(A/\mathfrak{p})$. Il existe un idéal premier $\mathfrak{q}$ de B au-dessus de $\mathfrak{p}$ (II, § 2, nº 6, prop. 16). D'après la prop. 4 appliquée à $A/\mathfrak{p}$ et $B/\mathfrak{q}$, on a $\dim(A) = \dim(A/\mathfrak{p}) \leqslant \dim(B/\mathfrak{q}) \leqslant \dim(B)$, d'où le corollaire.

Lemme 4. — *Soient* A *et* B *deux k-algèbres intègres,* M *un* A*-module sans torsion,* N *un* B*-module sans torsion. Si l'anneau* $A \otimes_k B$ *est intègre, alors* $M \otimes_k N$ *est un module sans torsion sur* $A \otimes_k B$.

Soit K (resp. L) le corps des fractions de A (resp. B). Il existe un ensemble I (resp. J) tel que M (resp. N) soit isomorphe à un sous-module de $K^{(I)}$ (resp. $L^{(J)}$). Le $(A \otimes_k B)$-module $M \otimes_k N$ est alors isomorphe à un sous-module de $K^{(I)} \otimes_k L^{(J)}$, qui est isomorphe à $(K \otimes_k L)^{(I \times J)}$. Comme $K \otimes_k L$ est un anneau de fractions de l'anneau intègre $A \otimes_k B$, c'est un module sans torsion sur $A \otimes_k B$, d'où le lemme.

PROPOSITION 5. — *Soient k' une extension de k,* A *une k-algèbre de type fini et* B *une k'-algèbre de type fini.*

a) *La k'-algèbre* $A \otimes_k B$ *est de type fini et on a*

$$\dim(A \otimes_k B) = \dim(A) + \dim(B) .$$

b) *Soit* $\mathfrak{r}$ *un idéal premier de* $A \otimes_k B$; *notons* $\mathfrak{p}$ (resp. $\mathfrak{q}$) *l'image réciproque de* $\mathfrak{r}$ *dans* A (resp. B). *On a*

$$\dim_{\mathfrak{r}}(A \otimes_k B) = \dim_{\mathfrak{p}}(A) + \dim_{\mathfrak{q}}(B) .$$

Posons $n = \dim(A)$ et $m = \dim(B)$. Il existe d'après le cor. 1 au th. 3 des homomorphismes injectifs d'algèbres $\varphi : k[X_1, ..., X_n] \to A$ et $\psi : k'[Y_1, ..., Y_m] \to B$ faisant respectivement de A et B des algèbres finies sur $k[X_1, ..., X_n]$ et $k'[Y_1, ..., Y_m]$. L'homomorphisme $\varphi \otimes \psi$ est alors injectif et fait de $A \otimes_k B$ une algèbre finie sur la k'-algèbre $k[X_1, ..., X_n] \otimes_k k'[Y_1, ..., Y_m]$ qui s'identifie à $k'[X_1, ..., X_n, Y_1, ..., Y_m]$. On a donc $\dim(A \otimes_k B) = n + m$ d'après le cor. 1 au th. 3, ce qui prouve *a*).

Remarquons que lorsque A et B sont intègres, $A \otimes_k B$ est un $k'[X_1, ..., X_n, Y_1, ..., Y_m]$-module sans torsion d'après le lemme 4 et qu'on a donc

$$\dim_{\mathfrak{r}}(A \otimes_k B) = n + m = \dim(A) + \dim(B)$$

pour tout idéal premier $\mathfrak{r}$ de $A \otimes_k B$ d'après la remarque 1.

Prouvons maintenant *b*). Soit $\mathfrak{r}_0$ un idéal premier minimal de $A \otimes_k B$ contenu dans $\mathfrak{r}$, et notons $\mathfrak{p}_0$ (resp. $\mathfrak{q}_0$) l'image réciproque de $\mathfrak{r}_0$ dans A (resp. B). L'anneau

$(A \otimes_k B)/\mathfrak{r}_0$ est isomorphe à un quotient de l'anneau $(A/\mathfrak{p}_0) \otimes_k (B/\mathfrak{q}_0)$. On a donc, d'après *a*),

$$\dim((A \otimes_k B)/\mathfrak{r}_0) \leqslant \dim(A/\mathfrak{p}_0) + \dim(B/\mathfrak{q}_0) .$$

Appliquant le cor. 5 au th. 3, on en déduit l'inégalité

$$\dim_{\mathfrak{r}}(A \otimes_k B) \leqslant \dim_{\mathfrak{p}}(A) + \dim_{\mathfrak{q}}(B) .$$

Inversement, soit $\mathfrak{p}_0$ (resp. $\mathfrak{q}_0$) un idéal premier minimal de A (resp. B) contenu dans $\mathfrak{p}$ (resp. $\mathfrak{q}$). D'après la remarque faite ci-dessus, on a

$$\dim(A/\mathfrak{p}_0) + \dim(B/\mathfrak{q}_0) = \dim_{\bar{\mathfrak{r}}}((A/\mathfrak{p}_0) \otimes_k (B/\mathfrak{q}_0))$$

où $\bar{\mathfrak{r}}$ est l'image de $\mathfrak{r}$ par la surjection canonique $A \otimes_k B \to (A/\mathfrak{p}_0) \otimes_k (B/\mathfrak{q}_0)$. Le second membre de l'égalité précédente est évidemment inférieur à $\dim_{\mathfrak{r}}(A \otimes_k B)$. Appliquant le cor. 5 au th. 3, on en déduit l'inégalité

$$\dim_{\mathfrak{p}}(A) + \dim_{\mathfrak{q}}(B) \leqslant \dim_{\mathfrak{r}}(A \otimes_k B) ,$$

ce qui achève la démonstration.

COROLLAIRE. — *Soient* A *une k-algèbre de type fini, k' une extension de k, et* A' *la k'-algèbre* $A \otimes_k k'$.

a) *On a* $\dim(A') = \dim(A)$.

b) *Soient* $\mathfrak{p}'$ *un idéal premier de* A' *et* $\mathfrak{p}$ *son image réciproque dans* A ; *on a* $\dim_{\mathfrak{p}'}(A') = \dim_{\mathfrak{p}}(A)$.

c) *Soient* $\mathfrak{p}'$ *un idéal premier minimal de* A' *et* $\mathfrak{p}$ *son image réciproque dans* A. *Alors* $\mathfrak{p}$ *est minimal et l'on a* $\dim(A'/\mathfrak{p}') = \dim(A/\mathfrak{p})$.

Les assertions *a*) et *b*) se déduisent de la prop. 5 en y prenant $B = k'$. Démontrons *c*). L'idéal $\mathfrak{p}$ est minimal (n° 1, prop. 1) et l'on a

$$\dim(A'/\mathfrak{p}') = \dim_{\mathfrak{p}'}(A') = \dim_{\mathfrak{p}}(A) = \dim(A/\mathfrak{p}) .$$

Remarque 2. — *Supposons l'extension k' de k radicielle. Alors l'application canonique* f:Spec(A') → Spec(A) *est un homéomorphisme.*

Soit en effet $\mathfrak{p} \in$ Spec(A). D'après le lemme 1 du n° 1, l'espace $f^{-1}(\{\mathfrak{p}\})$ est homéomorphe à Spec($\kappa(\mathfrak{p}) \otimes_k k'$). Or l'ensemble $\mathfrak{a}$ des éléments nilpotents de $\kappa(\mathfrak{p}) \otimes_k k'$ est un idéal premier (A, V, p. 134, corollaire) et l'anneau quotient $(\kappa(\mathfrak{p}) \otimes_k k')/\mathfrak{a}$, intègre et entier sur $\kappa(\mathfrak{p})$, est un corps (A, V, p. 16, cor. 1 et p. 10, prop. 1). Par conséquent $f^{-1}(\{\mathfrak{p}\})$ est réduit à un élément. Il en résulte que l'application f est une bijection croissante de Spec(A') sur Spec(A), ces deux ensembles étant ordonnés par l'inclusion des idéaux premiers, donc induit une bijection entre les parties fermées irréductibles de Spec(A) sur celles de Spec(A'). Comme les parties fermées de Spec(A) (resp. Spec.(A')) sont les réunions finies de parties fermées irréductibles, f est un homéomorphisme.

Pour une généralisation, voir l'exerc. 24, p. 98.

§ 3. DIMENSION DES ANNEAUX NOETHÉRIENS

1. Dimension d'un anneau quotient

PROPOSITION 1. — *Soient* A *un anneau intègre noethérien,* x *un élément non nul de* A *et* $\mathfrak{p}$ *un élément minimal de l'ensemble des idéaux premiers de* A *contenant* x. *Alors* $\mathfrak{p}$ *est de hauteur* 1.

Soit $\mathfrak{q} \subset \mathfrak{p}$ un idéal premier distinct de $\mathfrak{p}$. On a $x \notin \mathfrak{q}$ vu le caractère minimal de $\mathfrak{p}$. Comme A est intègre, $A_\mathfrak{p}$ s'identifie à un sous-anneau de $A_\mathfrak{q}$; pour tout entier $n \geqslant 0$, on note $\mathfrak{q}_n$ l'idéal $\mathfrak{q}^n A_\mathfrak{q} \cap A_\mathfrak{p}$ de $A_\mathfrak{p}$. Le caractère minimal de $\mathfrak{p}$ signifie que l'anneau local $A_\mathfrak{p}/xA_\mathfrak{p}$ est de dimension 0 ; il est donc de longueur finie (§ 1, nº 3, exemple 1), et il existe un entier $n_0 \geqslant 0$ tel que l'on ait

$$\mathfrak{q}_n + xA_\mathfrak{p} = \mathfrak{q}_{n+1} + xA_\mathfrak{p} \quad \text{pour tout} \quad n \geqslant n_0 . \tag{1}$$

Fixons l'entier $n \geqslant n_0$. Étant donné $y \in \mathfrak{q}_n$, il existe $a \in A_\mathfrak{p}$ tel que $y - ax \in \mathfrak{q}_{n+1}$; on a alors $ax \in \mathfrak{q}_n$, d'où $a \in \mathfrak{q}_n$ puisque $x \notin \mathfrak{q}$, et finalement on a $y \in \mathfrak{q}_{n+1} + x\mathfrak{q}_n$. On a donc

$$\mathfrak{q}_n = \mathfrak{q}_{n+1} + x\mathfrak{q}_n . \tag{2}$$

Comme x appartient à l'idéal maximal de l'anneau local noethérien $A_\mathfrak{p}$, le lemme de Nakayama montre que l'on a $\mathfrak{q}_n = \mathfrak{q}_{n+1}$. Comme on a $(\mathfrak{q}A_\mathfrak{q})^n = \mathfrak{q}_n A_\mathfrak{q}$, on en conclut

$$(\mathfrak{q}A_\mathfrak{q})^n = (\mathfrak{q}A_\mathfrak{q})^{n+1} \quad \text{pour tout} \quad n \geqslant n_0 . \tag{3}$$

Comme l'anneau $A_\mathfrak{q}$ est local et noethérien, on a $\bigcap_{n \geqslant 0} (\mathfrak{q}A_\mathfrak{q})^n = \{0\}$ (III, § 3, nº 2, corollaire de la prop. 5) d'où $(\mathfrak{q}A_\mathfrak{q})^{n_0} = \{0\}$ et finalement l'idéal premier $\mathfrak{q}A_\mathfrak{q}$ de $A_\mathfrak{q}$ est réduit à 0. On a donc $\mathfrak{q} = \{0\}$, ce qui prouve que $\mathfrak{p}$ est de hauteur 1.

PROPOSITION 2. — *Soient* A *un anneau noethérien,* m *un entier positif et* $\mathfrak{a}$ *un idéal contenu dans le radical de* A *et engendré par* m *éléments. On a*

$$\dim(A/\mathfrak{a}) \leqslant \dim(A) \leqslant \dim(A/\mathfrak{a}) + m . \tag{4}$$

L'inégalité $\dim(A/\mathfrak{a}) \leqslant \dim(A)$ résulte de la prop. 6 du § 1, nº 3. Une récurrence immédiate sur m montre qu'il suffit d'établir l'inégalité

$$\dim(A) \leqslant \dim(A/xA) + 1 \tag{5}$$

pour tout élément x du radical de A, c'est-à-dire de démontrer que l'on a $\dim(A/xA) \geqslant n - 1$ pour toute chaîne $\mathfrak{p}_0 \subset \ldots \subset \mathfrak{p}_n$ d'idéaux premiers de A, de longueur $n \geqslant 1$, et telle que $x \in \mathfrak{p}_n$. Il suffit de construire une chaîne $\mathfrak{q}_1 \subset \ldots \subset \mathfrak{q}_n$ d'idéaux premiers de A, avec $x \in \mathfrak{q}_1$ et cela résulte du lemme suivant :

Lemme 1. — *Soient* A *un anneau noethérien,* $\mathfrak{p}_0 \subset \ldots \subset \mathfrak{p}_n$ *une chaîne d'idéaux premiers de* A *de longueur* $n \geqslant 1$ *et* x *un élément de* $\mathfrak{p}_n$. *Il existe une chaîne* $\mathfrak{p}'_0 \subset \ldots \subset \mathfrak{p}'_n$ *avec* $\mathfrak{p}'_0 = \mathfrak{p}_0$, $\mathfrak{p}'_n = \mathfrak{p}_n$ *et* $x \in \mathfrak{p}'_1$.

Raisonnons par récurrence sur n, le cas $n = 1$ étant trivial. Supposons donc que l'on ait $n \geqslant 2$ et que x n'appartienne pas à $\mathfrak{p}_{n-1}$. Soit $\mathfrak{p}'_{n-1}$ un élément minimal de l'ensemble des idéaux premiers de A contenus dans $\mathfrak{p}'_n = \mathfrak{p}_n$ et contenant $\mathfrak{p}_{n-2} + \mathrm{A}x$ (II, § 2, n° 6, lemme 2). D'après la prop. 1, l'idéal $\mathfrak{p}'_{n-1}/\mathfrak{p}_{n-2}$ de l'anneau $\mathrm{A}/\mathfrak{p}_{n-2}$ est de hauteur 1, et comme $\mathfrak{p}_{n-2} \subset \mathfrak{p}_{n-1} \subset \mathfrak{p}_n$ est une chaîne de longueur 2, il en est de même de $\mathfrak{p}_{n-2} \subset \mathfrak{p}'_{n-1} \subset \mathfrak{p}'_n$. On a $x \in \mathfrak{p}'_{n-1}$. L'hypothèse de récurrence appliquée à la chaîne $\mathfrak{p}_0 \subset \mathfrak{p}_1 \subset \ldots \subset \mathfrak{p}_{n-2} \subset \mathfrak{p}'_{n-1}$ montre qu'il existe une chaîne $\mathfrak{p}'_0 \subset \mathfrak{p}'_1 \subset \ldots \subset \mathfrak{p}'_{n-2} \subset \mathfrak{p}'_{n-1}$ avec $x \in \mathfrak{p}'_1$ et $\mathfrak{p}'_0 = \mathfrak{p}_0$. La chaîne

$$\mathfrak{p}'_0 \subset \mathfrak{p}'_1 \subset \ldots \subset \mathfrak{p}'_{n-1} \subset \mathfrak{p}'_n$$

satisfait aux conditions exigées.

COROLLAIRE 1. — *a) Tout anneau local noethérien est de dimension finie. Plus généralement, tout anneau semi-local* (II, § 3, n° 5, déf. 4) *noethérien non nul est de dimension finie.*

b) Soit A *un anneau noethérien. Tout idéal de* A, *distinct de* A, *est de hauteur finie.*

c) Toute suite décroissante d'idéaux premiers d'un anneau noethérien A *est stationnaire.*

a) Soient A un anneau semi-local noethérien non nul et $\mathfrak{a}$ son radical ; l'anneau quotient $\mathrm{A}/\mathfrak{a}$ est artinien et non nul, donc de dimension 0 (§ 1, n° 3, exemple 1). Il existe un entier $m \geqslant 0$ tel que l'idéal $\mathfrak{a}$ de A soit engendré par m éléments ; on a donc $0 \leqslant \dim(\mathrm{A}) \leqslant m$ d'après la prop. 2.

b) Soit $\mathfrak{a} \neq \mathrm{A}$ un idéal de A, et soit $\mathfrak{m}$ un idéal maximal de A contenant $\mathfrak{a}$. On a $0 \leqslant \mathrm{ht}(\mathfrak{a}) \leqslant \dim(\mathrm{A}_\mathfrak{m})$ d'après la prop. 7 du § 1, n° 3, et $\mathrm{A}_\mathfrak{m}$ est un anneau local noethérien. Donc $\mathrm{ht}(\mathfrak{a})$ est finie d'après *a*).

c) Toute suite strictement décroissante finie $(\mathfrak{p}_i)_{0 \leqslant i \leqslant n}$ d'idéaux premiers de A définit une chaîne $\mathfrak{p}_n \subset \ldots \subset \mathfrak{p}_0$, d'où $n \leqslant \dim(\mathrm{A}_{\mathfrak{p}_0}) < +\infty$. Il ne peut donc exister de suite strictement décroissante infinie d'idéaux premiers de A, d'où *c*).

COROLLAIRE 2. — *Soit* A *un anneau local noethérien.*

a) Soit $x \in \mathfrak{m}_\mathrm{A}$. *Alors* $\dim(\mathrm{A}/x\mathrm{A})$ *est égal à* $\dim(\mathrm{A})$ *ou à* $\dim(\mathrm{A}) - 1$. *Pour que l'on ait* $\dim(\mathrm{A}/x\mathrm{A}) = \dim(\mathrm{A}) - 1$, *il faut et il suffit que* x *n'appartienne à aucun des idéaux premiers minimaux* $\mathfrak{p}$ *de* A *tels que* $\dim(\mathrm{A}/\mathfrak{p}) = \dim(\mathrm{A})$, *et il suffit que* x *ne soit pas diviseur de* 0 *dans* A.

b) Soit $\mathfrak{a}$ *un idéal de* A *distinct de* A *tel que* $\dim(\mathrm{A}/\mathfrak{a}) < \dim(\mathrm{A})$. *Il existe* $x \in \mathfrak{a}$ *tel que* $\dim(\mathrm{A}/x\mathrm{A}) = \dim(\mathrm{A}) - 1$.

c) Si $\dim(\mathrm{A}) \geqslant 1$, *il existe* $x \in \mathfrak{m}_\mathrm{A}$ *tel que* $\dim(\mathrm{A}/x\mathrm{A}) = \dim(\mathrm{A}) - 1$.

D'après la prop. 2, $\dim(\mathrm{A}/x\mathrm{A})$ est égal à $\dim(\mathrm{A})$ ou à $\dim(\mathrm{A}) - 1$. Pour que l'on ait $\dim(A/xA) = \dim(A)$, il faut et il suffit qu'il existe une chaîne $\mathfrak{p}_0 \subset \ldots \subset \mathfrak{p}_n$ d'idéaux premiers de A telle que $x \in \mathfrak{p}_0$ et $n = \dim(A)$, c'est-à-dire qu'il existe un idéal premier $\mathfrak{p}_0$ de A contenant x tel que $\dim(A/\mathfrak{p}_0) = \dim(A)$. Mais un tel idéal premier $\mathfrak{p}_0$ est nécessairement minimal, et tout élément de $\mathfrak{p}_0$ est donc diviseur de 0 dans A (IV, § 1, nº 1, cor. 3 de la prop. 2 et nº 4, th. 2). Ceci prouve *a*).

Soient Φ l'ensemble des idéaux premiers minimaux de A, et Φ' l'ensemble des $\mathfrak{p} \in \Phi$ tels que $\dim(A/\mathfrak{p}) = \dim(A)$. On sait (II, § 4, nº 3, cor. 3 de la prop. 14) que Φ est fini, donc Φ' est fini. Soit $\mathfrak{a}$ un idéal de A tel que $\dim(A/\mathfrak{a}) < \dim(A)$. Pour tout $\mathfrak{p} \in \Phi'$, on a $\dim(A/\mathfrak{a}) < \dim(A/\mathfrak{p})$, donc $\mathfrak{a} \not\subset \mathfrak{p}$. D'après la prop. 2 de II, § 1, nº 1, il existe donc un élément x de $\mathfrak{a}$ qui n'appartient à aucun des $\mathfrak{p} \in \Phi'$, et l'on a alors $\dim(A/xA) = \dim(A) - 1$ d'après *a*). Ceci prouve *b*).

L'assertion *c*) est le cas particulier $\mathfrak{a} = \mathfrak{m}_A$ de *b*).

2. Dimension et suites sécantes

Soient A un anneau noethérien, M un A-module de type fini, S une partie du radical de A, $\mathfrak{S}$ l'idéal de A engendré par S et $\mathfrak{a}$ l'annulateur de M. On a

$$\dim_A(M) = \dim(A/\mathfrak{a}) \leqslant \dim(A)\,; \tag{6}$$

donc, si A est local, on a $\dim_A(M) < +\infty$. Par ailleurs, le support du A-module M/SM est égal à $V(\mathfrak{a} + \mathfrak{S})$ d'après le corollaire de la prop. 18 de II, § 4, nº 4, d'où

$$\dim_A(M/SM) = \dim(A/(\mathfrak{a} + \mathfrak{S}))\,. \tag{7}$$

Lorsque S est finie, ou que M n'est pas réduit à 0, on a l'inégalité

$$\dim_A(M/SM) \leqslant \dim_A(M) \leqslant \mathrm{Card}(S) + \dim_A(M/SM)\,; \tag{8}$$

lorsque S est finie, cela résulte de la prop. 2 du nº 1 et des formules (6) et (7) ci-dessus, et le cas où S est infinie est trivial.

DÉFINITION 1. — *Soient* A *un anneau local noethérien,* M *un* A*-module non nul de type fini et* S *une partie de l'idéal maximal* $\mathfrak{m}_A$ *de* A. *On dit que* S *est* sécante pour M *si l'on a*

$$\dim_A(M) = \mathrm{Card}(S) + \dim_A(M/SM)\,. \tag{9}$$

Si S est sécante pour M, on a $\mathrm{Card}(S) \leqslant \dim_A(M)$, donc S est finie. On dit qu'une *famille* $(x_i)_{i\in I}$ d'éléments de $\mathfrak{m}_A$ est sécante pour M si l'on a

$$\dim_A(M) = \mathrm{Card}(I) + \dim_A(M/\sum_{i\in I} x_i M)\,, \tag{10}$$

c'est-à-dire si $i \mapsto x_i$ est une bijection de I sur une partie de $\mathfrak{m}_A$ sécante pour M.

On dit qu'un élément x de $\mathfrak{m}_A$ est *sécant* pour M si $\{x\}$ est une partie sécante pour M, c'est-à-dire si l'on a

$$\dim_A(M/xM) = \dim_A(M) - 1 .$$

Remarques. — 1) Il résulte des formules (6) et (7) que S est sécante pour M si et seulement si elle est sécante pour $A/\mathfrak{a}$, où $\mathfrak{a}$ est l'annulateur de M.

2) Soient S et S' deux parties disjointes de $\mathfrak{m}_A$. Pour que $S \cup S'$ soit sécante pour M, il faut et il suffit que S soit sécante pour M et S' sécante pour $M' = M/SM$. Cela résulte de l'inégalité (8) et de la formule

$$\begin{aligned}\operatorname{Card}(S \cup S') + \dim_A(M/(SM + S'M)) - \dim_A(M) = \\ = (\operatorname{Card}(S) + \dim_A(M/SM) - \dim_A(M)) + \\ + (\operatorname{Card}(S') + \dim_A(M'/S'M') - \dim_A(M')) .\end{aligned}$$

3) Soient $x \in \mathfrak{m}_A$ et $n \geqslant 1$ un entier. Il est immédiat que les modules M/xM et M/x^nM ont même support, donc même dimension. Par suite, x est sécant pour M si et seulement si x^n est sécant pour M. De là et de la remarque 2, on déduit aussitôt le résultat suivant : *soient* $x_1, ..., x_r$ *des éléments de* $\mathfrak{m}_A$ *et* $n_1, ..., n_r$ *des entiers* > 0 ; *alors la suite* $(x_1, ..., x_r)$ *est sécante pour* M *si et seulement si la suite* $(x_1^{n_1}, ..., x_r^{n_r})$ *est sécante pour* M.

PROPOSITION 3. — *Soient* A *un anneau local noethérien et* M *un* A*-module non nul de type fini. Pour qu'un élément* x *de* $\mathfrak{m}_A$ *soit sécant pour* M, *il faut et il suffit qu'il n'appartienne à aucun des éléments minimaux* $\mathfrak{p}$ *de* Supp(M) *tels que* $\dim(A/\mathfrak{p}) = \dim_A(M)$, *et il suffit que l'homothétie* x_M *de rapport* x *dans* M *soit injective.*

Soit $\mathfrak{a}$ l'annulateur de M. Dire que x est sécant pour M signifie que x est sécant pour $A/\mathfrak{a}$, le support de M se compose des idéaux premiers $\mathfrak{p}$ de A tels que $\mathfrak{a} \subset \mathfrak{p}$ et si x_M est injective, l'image de x dans $A/\mathfrak{a}$ n'est pas diviseur de 0 dans $A/\mathfrak{a}$. La prop. 3 résulte alors du cor. 2 de la prop. 2 du n° 1 appliqué à l'anneau $A/\mathfrak{a}$.

COROLLAIRE. — *Toute suite d'éléments de* $\mathfrak{m}_A$ *qui est complètement sécante pour* M (A, X, p. 157, déf. 2) *est sécante pour* M.

Soit $(x_1, ..., x_r)$ une suite d'éléments de $\mathfrak{m}_A$ qui est complètement sécante pour M. Posons $M_0 = M$ et par récurrence $M_i = M_{i-1}/x_iM_{i-1}$ pour $1 \leqslant i \leqslant r$. D'après le cor. 1 de A, X, p. 160, l'homothétie de rapport x_i dans M_{i-1} est injective, d'où $\dim_A(M_i) = \dim_A(M_{i-1}) - 1$ (pour $1 \leqslant i \leqslant r$) (prop. 3). On a donc

$$\dim_A(M) = r + \dim_A(M/(x_1M + \cdots + x_rM)) ,$$

donc la suite $(x_1, ..., x_r)$ est sécante pour M.

Remarque 4. — Il n'est pas vrai en général qu'une suite sécante pour M soit complètement sécante pour M (p. 87, exerc. 6). Nous étudierons plus tard les modules sur un anneau local noethérien pour lesquels toute suite sécante est complètement sécante.

THÉORÈME 1. — *Soient* A *un anneau local noethérien,* M *un* A*-module non nul de type fini et* S *une partie de l'idéal maximal* $\mathfrak{m}_A$ *de* A.

a) Si M/SM *est de longueur finie, on a* $\mathrm{Card}(S) \geqslant \dim_A(M)$; *si* S *est sécante pour* M, *on a* $\mathrm{Card}(S) \leqslant \dim_A(M)$.

b) Toute partie sécante pour M *est contenue dans une partie sécante pour* M *maximale.*

c) Les propriétés suivantes sont équivalentes :

(i) S *est une partie sécante pour* M *maximale* ;

(ii) S *est une partie sécante pour* M *et* $\mathrm{Card}(S) = \dim_A(M)$;

(iii) M/SM *est de longueur finie et* $\mathrm{Card}(S) = \dim_A(M)$;

(iv) S *est une partie sécante pour* M *et* M/SM *est de longueur finie.*

Comme on a $S \subset \mathfrak{m}_A$, le lemme de Nakayama montre que l'on a $M/SM \neq \{0\}$, d'où $\dim_A(M/SM) \geqslant 0$ avec égalité si et seulement si M/SM est de longueur finie. L'assertion *a*) résulte alors des formules (8) et (9), ainsi que l'équivalence des propriétés (ii), (iii) et (iv).

L'assertion *b*) résulte du fait que le cardinal de toute partie de $\mathfrak{m}_A$ sécante pour M est majorée par l'entier $\dim_A(M)$.

D'après *a*), toute partie sécante pour M, de cardinal égal à $\dim_A(M)$, est maximale. Il reste à prouver que, si S est sécante pour M et si $\mathrm{Card}(S) < \dim_A(M)$, alors S n'est pas maximale. Soient $\mathfrak{a}$ l'annulateur de M, et B l'anneau local noethérien $A/(\mathfrak{a} + SA)$. D'après le cor. 2 de la prop. 2 du n° 1, il existe un élément x de $\mathfrak{m}_A$ tel que $\dim(B/xB) = \dim(B) - 1$ d'où $x \notin S$. D'après la remarque 2, la partie $S \cup \{x\}$ de $\mathfrak{m}_A$ est sécante pour $A/\mathfrak{a}$, donc pour M d'après la remarque 1.

COROLLAIRE. — *La dimension de* M *est le plus petit des entiers* $d \geqslant 0$ *pour lesquels il existe une suite* $(x_1, ..., x_d)$ *d'éléments de* $\mathfrak{m}_A$ *telle que le* A*-module* $M/\sum_{i=1}^{d} x_i M$ *soit de longueur finie.*

Comme $\varnothing$ est une partie sécante pour M, le th. 1, *b*) démontre l'existence d'une suite sécante pour M maximale, soit $(x_1, ..., x_d)$. Mais alors on a $d = \dim_A(M)$ et le A-module $M/\sum_{i=1}^{d} x_i M$ est de longueur finie d'après la propriété (iii) du th. 1, *c*). Réciproquement si $(x'_1, ..., x'_{d'})$ est une suite d'éléments de $\mathfrak{m}_A$ telle que le A-module $M/\sum_{j=1}^{d'} x'_j M$ soit de longueur finie, on a $d' \geqslant \dim_A(M)$ d'après le th. 1, *a*).

Rappelons (III, § 3, n° 2, déf. 1) qu'un idéal $\mathfrak{q}$ d'un anneau local noethérien A est un *idéal de définition* de A si les topologies $\mathfrak{q}$-adique et $\mathfrak{m}_A$-adique de A coïncident.

Lemme 2. — Soient A *un anneau local noethérien et* $\mathfrak{q}$ *un idéal de* A. *Les conditions suivantes sont équivalentes :*

(i) $\mathfrak{q}$ *est un idéal de définition de* A ;

(ii) *il existe un entier* $n \geqslant 0$ *tel que* $\mathfrak{m}_A^n \subset \mathfrak{q} \subset \mathfrak{m}_A$;

(iii) *on a* $\mathfrak{q} \neq A$ *et* $A/\mathfrak{q}$ *est un A-module de longueur finie* ;

(iv) $V(\mathfrak{q})$ *est égal à* $\{\mathfrak{m}_A\}$ (autrement dit, $\mathfrak{m}_A$ est le seul idéal premier de A contenant $\mathfrak{q}$).

En effet, l'équivalence de (i), (ii) et (iv) a été démontrée en III, § 2, n° 5, et l'équivalence de (i) et (iii) résulte de IV, § 2, n° 5, cor. 2 à la prop. 9.

Le corollaire du th. 1 permet donc d'énoncer le scholie suivant :

SCHOLIE. — *La dimension d'un anneau local noethérien* A *est le plus petit des entiers* $d \geqslant 0$ *pour lesquels il existe un idéal de définition de* A *engendré par d éléments.*

3. Premières applications

Soient A un anneau noethérien, V = Spec(A) son spectre. Dans ce numéro, on appelle *hypersurface* dans V toute partie de la forme [1] $V(x)$ avec $x \in A$.

PROPOSITION 4. — *Soient* X *une partie fermée de* V, *et* $H_1, \ldots, H_m$ *des hypersurfaces dans* V. *Posons* $X' = X \cap H_1 \cap \ldots \cap H_m$.

a) *Pour toute partie fermée* Y *de* V *contenue dans* X', *on a*

$$\operatorname{codim}(Y, X') \geqslant \operatorname{codim}(Y, X) - m .$$

b) *On a* codium(Z, X) $\leqslant m$ *pour toute composante irréductible* Z *de* X'. *Si* X' *est non vide, on a* $\operatorname{codim}(X', X) \leqslant m$.

c) *Si* Z *est une partie fermée irréductible de* V *contenue dans* X *telle que* $\operatorname{codim}(Z, X) \leqslant m$, *il existe des hypersurfaces* $H'_1, \ldots, H'_m$ *telles que* Z *soit une composante irréductible de* $X \cap H'_1 \cap \ldots \cap H'_m$.

Soient $\mathfrak{a}$ un idéal de A et $x_1, \ldots, x_m$ des éléments de A tels que $X = V(\mathfrak{a})$ et $H_i = V(x_i)$ pour $1 \leqslant i \leqslant m$. Soit Z une partie fermée irréductible de V contenue dans X ; il existe un idéal premier $\mathfrak{p}$ de A contenant $\mathfrak{a}$ et tel que $Z = V(\mathfrak{p})$.

Supposons d'abord que Z soit contenue dans X' et notons ξ_i l'image de x_i dans l'anneau local noethérien $B = A_{\mathfrak{p}}/\mathfrak{a}A_{\mathfrak{p}}$. D'après la prop. 7, *b*) du § 1, n° 3, on a

$$\operatorname{codim}(Z, X) = \dim(B), \quad \operatorname{codim}(Z, X') = \dim(B/(\xi_1 B + \cdots + \xi_m B)) .$$

D'après la prop. 2 du n° 1, on a donc

$$\operatorname{codim}(Z, X') \geqslant \operatorname{codim}(Z, X) - m . \tag{11}$$

Si Z est une composante irréductible de X', on a $\operatorname{codim}(Z, X') = 0$, d'où $\operatorname{codim}(Z, X) \leqslant m$; ceci prouve *b*). On prouve *a*) en prenant dans les deux membres de (11) la borne inférieure sur l'ensemble des composantes irréductibles Z de Y.

[1] Rappelons que $V(x)$ se compose des idéaux premiers de A contenant x.

Réciproquement, supposons qu'on ait $\operatorname{codim}(Z, X) \leqslant m$, c'est-à-dire $\dim(B) \leqslant m$. Comme tout élément de $A_\mathfrak{p}$ est le produit d'un élément inversible de $A_\mathfrak{p}$ par l'image d'un élément de A, le scholie du nº 2 démontre l'existence d'éléments $x'_1, \ldots, x'_m$ de A dont les images dans B engendrent un idéal de définition de B. Posons $H'_i = V(x'_i)$ pour $1 \leqslant i \leqslant m$. Il est clair que Z est une composante irréductible de $X \cap H'_1 \cap \ldots \cap H'_m$.

Corollaire 1. — *Soit* H *une hypersurface non vide dans* V. *La codimension de* H *dans* V *est égale à* 0 *ou* 1.

On a $\operatorname{codim}(H, V) = 1$ *si et seulement si* H *ne contient aucune composante irréductible de* V. *S'il en est ainsi, toutes les composantes irréductibles de* H *sont de codimension* 1 *dans* V.

Pour toute composante irréductible Z de H, on a

$$0 \leqslant \operatorname{codim}(Z, V) \leqslant 1$$

d'après la prop. 4, *b*), et l'on a $\operatorname{codim}(Z, V) = 0$ si et seulement si Z est une composante irréductible de V. On a par définition

$$\operatorname{codim}(H, V) = \inf_Z \operatorname{codim}(Z, V)$$

où Z parcourt l'ensemble des composantes irréductibles de H. Le cor. 1 résulte aussitôt de ces remarques.

Corollaire 2. — *Soient* X *une partie fermée irréductible de* V *et* H *une hypersurface dans* V. *Trois cas seulement sont possibles* :

1) *on a* $X \subset H$;

2) *l'ensemble* $X \cap H$ *est non vide et chacune de ses composantes irréductibles* Z *satisfait à* $\operatorname{codim}(Z, X) = 1$;

3) *l'ensemble* $X \cap H$ *est vide.*

Supposons $X' = X \cap H$ non vide et distinct de X ; toute composante irréductible Z de X' est distincte de X et satisfait à $\operatorname{codim}(Z, X) \leqslant 1$ d'après la prop. 4, *b*). Le cor. 2 résulte aussitôt de là.

Corollaire 3. — *Si* A *est factoriel* (VII, § 3, nº 3, prop. 2), *les idéaux premiers de hauteur* 1 *de* A *sont les idéaux principaux engendrés par les éléments extrémaux de* A. *Si de plus* A *est local, on a* $\dim(A/\mathfrak{p}) = \dim(A) - 1$ *pour tout idéal premier* $\mathfrak{p}$ *de hauteur* 1 *de* A.

Soit x un élément extrémal de A. Alors Ax est un idéal premier car x est extrémal, de hauteur 1 car A est intègre (nº 1, prop. 1). Soit $\mathfrak{p}$ un idéal premier de hauteur 1 de A. Alors $V(\mathfrak{p})$ est une composante irréductible d'une hypersurface $V(Ax)$ pour un x convenable (prop. 4, *c*)). Soit $x = \prod_i y_i^{n_i}$ une décomposition de x en produits d'éléments extrémaux tels que y_i et y_j soient étrangers si $i \neq j$. Les composantes irréductibles de $V(Ax)$ sont les $V(Ay_i)$. Donc $\mathfrak{p} = Ay_i$ pour un i convenable. La dernière assertion résulte du cor. 2 à la prop. 2 du nº 1.

Remarques. — 1) Supposons que A soit un anneau local, noethérien et intègre de dimension d ; soit x un élément non nul de $\mathfrak{m}_A$ et soit $H = V(x)$. D'après le cor. 2 de la prop. 4, toute composante irréductible de H est de codimension 1 dans X, donc de dimension $\leqslant d - 1$ (§ 1, nº 2, prop. 3). D'après le cor. 2 de la prop. 2 du nº 1, H est de dimension $d - 1$ et l'une de ces composantes est donc de dimension $d - 1$; toutes le sont si A est caténaire. Cependant, il se peut en général qu'il existe une composante irréductible de H de dimension $< d - 1$ (*cf.* p. 87, exerc. 7).

2) Soient $x_1, \ldots, x_n$ des éléments de A, et posons $H_i = V(x_i)$ pour $1 \leqslant i \leqslant n$. Supposons qu'il existe un A-module M de type fini de support $V = \operatorname{Spec}(A)$, tel que $(x_1, \ldots, x_n)$ soit une suite complètement sécante pour M. Alors toute composante irréductible de $H_1 \cap \ldots \cap H_n$ est de codimension n dans V : cela résulte facilement du corollaire de la prop. 3 du nº 2.

3) Si l'idéal $\mathfrak{a}$ de l'anneau noethérien A est engendré par m éléments, on a $\operatorname{ht}(\mathfrak{a}) \leqslant m$. Cela résulte aussitôt de la prop. 4.

PROPOSITION 5. — *Soient* A *un anneau noethérien et* $\mathfrak{p} \subset \mathfrak{q}$ *une chaîne non saturée d'idéaux premiers de* A. *L'ensemble* E *des idéaux premiers* $\mathfrak{r}$ *de* A *tels que* $\mathfrak{p} \subset \mathfrak{r} \subset \mathfrak{q}$ *soit une chaîne est infini. On a* $\bigcup_{\mathfrak{r} \in E} \mathfrak{r} = \mathfrak{q}$ *et* $\bigcap_{\mathfrak{r} \in E} \mathfrak{r} = \mathfrak{p}$.

Quitte à remplacer A par $A/\mathfrak{p}$, on se ramène au cas où $\mathfrak{p} = \{0\}$.

D'après le lemme 1 du nº 1, on a $\mathfrak{q} = \bigcup_{\mathfrak{r} \in E} \mathfrak{r}$, et la prop. 2 de II, § 1, nº 1 montre que E est infini.

Soit $y \neq 0$ un élément de $\bigcap_{\mathfrak{r} \in E} \mathfrak{r}$. La hauteur de $\mathfrak{q}$ est finie (nº 1, cor. 1 de la prop. 2), et l'on a $\operatorname{ht}(\mathfrak{q}) \geqslant 2$ par hypothèse. Il existe donc un idéal premier $\mathfrak{q}' \subset \mathfrak{q}$ de hauteur 2. La première partie de la démonstration appliquée à $\mathfrak{q}'$ montre que l'ensemble E′ des idéaux premiers de hauteur 1 contenus dans $\mathfrak{q}'$ est infini ; chacun de ces idéaux contient y par hypothèse. Or l'anneau local noethérien $B = A_{\mathfrak{q}'}/yA_{\mathfrak{q}'}$ est de dimension 1 d'après le cor. 2 de la prop. 2 du nº 1. Pour tout $\mathfrak{r} \in E'$, l'idéal premier $\mathfrak{r}/yA_{\mathfrak{q}'}$ de B est donc minimal ; par suite, l'anneau noethérien B a une infinité d'idéaux premiers minimaux, ce qui est absurde (II, § 4, nº 3, cor. 3 de la prop. 14). On a donc $\bigcap_{\mathfrak{r} \in E} \mathfrak{r} = \{0\}$.

PROPOSITION 6. — *Soient* A *un anneau noethérien de dimension* $\geqslant 2$, *et* h *un entier tel que* $0 < h < \dim(A)$.

a) A *possède une infinité d'idéaux premiers de hauteur* h.

b) Si A *est de dimension finie, il possède une infinité d'idéaux premiers* $\mathfrak{p}$ *tels que* $\operatorname{ht}(\mathfrak{p}) = h$ *et* $\dim(A/\mathfrak{p}) = \dim(A) - h$.

Comme la dimension de A est la borne supérieure des hauteurs des idéaux premiers de A (§ 1, nº 3, prop. 8), que tout idéal premier de A est de hauteur finie (nº 1, cor. 1 de la prop. 2) et que $h < \dim(A)$, il existe un entier $n > h$ et un idéal premier $\mathfrak{p}$ de hauteur n, donc une chaîne $\mathfrak{p}_0 \subset \ldots \subset \mathfrak{p}_n = \mathfrak{p}$ d'idéaux premiers de longueur n. On a $\operatorname{ht}(\mathfrak{p}_i) = i$ pour $0 \leqslant i \leqslant n$, d'où $\operatorname{ht}(\mathfrak{r}) = h$ pour tout idéal premier $\mathfrak{r}$ de A tel que $\mathfrak{p}_{h-1} \subset \mathfrak{r} \subset \mathfrak{p}_{h+1}$ soit une chaîne. L'ensemble E de ces idéaux est infini d'après la prop. 5, d'où *a*).

Si A est de dimension finie, on peut supposer qu'on a $n = \dim(A)$ dans ce qui précède. Pour tout idéal $\mathfrak{r} \in E$, on a $\mathrm{ht}(\mathfrak{r}) = h$, d'où $\dim(A/\mathfrak{r}) \leqslant n - h$, et comme $\mathfrak{r} \subset \mathfrak{p}_{h+1} \subset \ldots \subset \mathfrak{p}_n$ est une chaîne de longueur $n - h$, on a $\dim(A/\mathfrak{r}) = n - h$.

Il existe des anneaux intègres non noethériens de dimension 2 ne possédant qu'un seul idéal premier de hauteur 1, par exemple l'anneau d'une valuation de hauteur 2 (VI, § 4, n° 4, prop. 5).

4. Changements d'anneaux

PROPOSITION 7. — *Soient* $\rho : A \to B$ *un homomorphisme local d'anneaux locaux noethériens,* M *un* A*-module de type fini et* N *un* B*-module de type fini. Posons* $\overline{B} = B \otimes_A \kappa_A = B/\rho(\mathfrak{m}_A).B$ *et* $\overline{N} = N \otimes_B \overline{B} = N/\rho(\mathfrak{m}_A).N$. *On a*

$$\dim_B(M \otimes_A N) \leqslant \dim_A(M) + \dim_B(\overline{N}), \tag{12}$$

et il y a égalité si N *est plat sur* A.

On peut supposer M et N non nuls. D'après le corollaire du th. 1 (n° 2), il existe une partie S (resp. T) de $\mathfrak{m}_A$ (resp. $\mathfrak{m}_B$) telle que $\mathrm{Card}(S) = \dim_A(M)$ (resp. $\mathrm{Card}(T) = \dim_{\overline{B}}(\overline{N})$) et que M/SM soit un A-module de longueur finie (resp. $\overline{N}/T\overline{N}$ soit un B-module de longueur finie). On a $\rho(S) \subset \mathfrak{m}_B$. Soit E le B-module $M \otimes_A N$; le B-module $E/(\rho(S).E + T.E)$ est isomorphe à $M/SM \otimes_A N/TN$, donc est de longueur finie : d'après les prop. 18 et 19 de II, § 4, n° 4, on a

$$\begin{aligned}\mathrm{Supp}(M/SM \otimes_A N/TN) &= \mathrm{Supp}(N/TN) \cap {}^a\rho^{-1}(\mathrm{Supp}(M/SM))\\ &= \mathrm{Supp}(N/TN) \cap {}^a\rho^{-1}(\mathrm{Supp}(\kappa_A))\\ &= \mathrm{Supp}(N/TN \otimes_A \kappa_A) = \mathrm{Supp}(\overline{N}/T\overline{N}) = \{\mathfrak{m}_B\}.\end{aligned}$$

Il en résulte, d'après le th. 1, que l'on a l'inégalité

$$\dim_B(E) \leqslant \mathrm{Card}(S) + \mathrm{Card}(T) = \dim_A(M) + \dim_{\overline{B}}(\overline{N}).$$

Supposons maintenant N plat sur A, et montrons qu'il y a égalité dans la formule (12). Soit $\mathfrak{a}$ (resp. $\mathfrak{b}$) l'annulateur de M (resp. N). D'après les prop. 18 et 19 de II, § 4, n° 4, on a

$$\begin{aligned}\mathrm{Supp}(E) &= \mathrm{Supp}(N) \cap {}^a\rho^{-1}(\mathrm{Supp}(M))\\ &= V(\mathfrak{b}) \cap {}^a\rho^{-1}(V(\mathfrak{a})) = V(\mathfrak{b} + \rho(\mathfrak{a}).B).\end{aligned}$$

On a par suite

$$\dim_B(M \otimes_A N) = \dim(B/(\mathfrak{b} + \rho(\mathfrak{a}).B)) \tag{13}$$

et aussi

$$\dim_A(M) + \dim_{\overline{B}}(\overline{N}) = \dim(A/\mathfrak{a}) + \dim(B/(\mathfrak{b} + \rho(\mathfrak{m}_A).B)). \tag{14}$$

Posons $A' = A/\mathfrak{a}$ et $B' = B/(\mathfrak{b} + \rho(\mathfrak{a}).B)$ et soit $\rho' : A' \to B'$ l'homomorphisme local déduit de ρ par passage aux quotients. Puisque l'annulateur de N est $\mathfrak{b}$, N est un $B/\mathfrak{b}$-module de type fini de support égal à $\mathrm{Spec}(B/\mathfrak{b})$, et plat sur A. L'homomorphisme $A \to B/\mathfrak{b}$ déduit de ρ possède donc la propriété (PM) du § 2, n° 1 (*loc. cit.*, remarque 3); par extension des scalaires (*loc. cit.*, prop. 1, *a*)), on en déduit que ρ' possède la propriété (PM). D'après *loc. cit.*, prop. 2, on a donc

$$\dim(B') \geqslant \dim(A') + \dim(B'/\rho'(\mathfrak{m}_{A'}).B') \tag{15}$$

et comme l'anneau $B'/\rho'(\mathfrak{m}_{A'}).B'$ est isomorphe à $B/(\mathfrak{b} + \rho(\mathfrak{m}_A).B)$, notre assertion résulte des formules (13), (14) et (15).

COROLLAIRE 1. — *Soit* $\rho : A \to B$ *un homomorphisme local d'anneaux locaux noethériens.*

a) *On a*

$$\dim(B) \leqslant \dim(A) + \dim(B \otimes_A \kappa_A) \tag{16}$$

avec égalité si ρ *fait de* B *un* A-*module plat.*

b) *Supposons que* ρ *fasse de* B *un* A-*module plat, et soit* S *une partie de* $\mathfrak{m}_A$. *Alors* S *est sécante pour* A *si et seulement si* $\rho(S)$ *est sécante pour* B.

L'assertion *a*) est le cas particulier M = A, N = B de la prop. 7.

Prouvons *b*). Sous les hypothèses faites, on a

$$\dim(B) = \dim(A) + \dim(\overline{B}) \tag{17}$$

avec $\overline{B} = B \otimes_A \kappa_A = B/\rho(\mathfrak{m}_A).B$. Comme ρ est injectif (I, § 3, n° 5, prop. 9), on a

$$\mathrm{Card}(\rho(S)) = \mathrm{Card}(S). \tag{18}$$

Enfin $B' = B/\rho(S).B$ est un module plat sur $A' = A/SA$, d'où

$$\dim(B/\rho(S).B) = \dim(A/SA) + \dim(\overline{B}) \tag{19}$$

car $B'/\rho(\mathfrak{m}_{A'}).B'$ est isomorphe à $\overline{B}$. Notre assertion résulte aussitôt des formules (17), (18) et (19).

COROLLAIRE 2. — *Soit* $\rho : A \to B$ *un homomorphisme d'anneaux noethériens. On a*

$$\dim(B) \leqslant \dim(A) + \sup_{\mathfrak{p} \in \mathrm{Spec}(A)} \dim(B \otimes_A \kappa(\mathfrak{p})).$$

Soient $\mathfrak{q}$ un idéal premier de B et $\mathfrak{p} = \rho^{-1}(\mathfrak{q})$. D'après le cor. 1, on a $\dim(B_\mathfrak{q}) \leqslant \dim(A_\mathfrak{p}) + \dim(B_\mathfrak{q} \otimes_A \kappa(\mathfrak{p}))$. On en déduit (prop. 6, *b*) du § 1, n° 3) l'inégalité $\dim(B_\mathfrak{q}) \leqslant \dim(A) + \dim(B \otimes_A \kappa(\mathfrak{p}))$, et on conclut par la prop. 8 du § 1, n° 3.

COROLLAIRE 3. — *Soient* A *un anneau noethérien et* n *un entier* $\geqslant 0$. *On a*

$$\dim(A[X_1, ..., X_n]) = \dim(A) + n.$$

Posons $B = A[X_1, ..., X_n]$. Pour tout idéal premier $\mathfrak{p}$ de A, l'anneau $B \otimes_A \kappa(\mathfrak{p})$ est un anneau de polynômes à n variables sur un corps, donc est de dimension n (§ 2, nº 4, cor. 1 au th. 3). D'après le cor. 2, on a $\dim(B) \leqslant \dim(A) + n$; l'inégalité inverse résulte de l'exemple 4 du § 1, nº 3.

COROLLAIRE 4. — *Soient* $\rho : A \to B$ *un homomorphisme d'anneaux noethériens, et* $\mathfrak{a}$ *un idéal de* A. *On a l'inégalité*

$$\text{(20)} \qquad \operatorname{ht}(\rho(\mathfrak{a}).B) \leqslant \operatorname{ht}(\mathfrak{a})$$

si l'application ${}^a\rho : \operatorname{Spec}(B) \to \operatorname{Spec}(A)$ *est surjective. Si* B *est un* A-*module fidèlement plat, on a* $\operatorname{ht}(\rho(\mathfrak{a}).B) = \operatorname{ht}(\mathfrak{a})$.

Si B est fidèlement plat sur A, alors ${}^a\rho$ est surjective (II, § 2, nº 5, cor. 4 à la prop. 11) et l'on a $\operatorname{ht}(\mathfrak{a}) \leqslant \operatorname{ht}(\rho(\mathfrak{a}).B)$ (§ 2, nº 1, corollaire de la prop. 2).

Il reste donc à prouver l'inégalité (20) sous l'hypothèse que ${}^a\rho$ est surjective. Soit $\mathfrak{p}$ un idéal premier de A tel que $\mathfrak{a} \subset \mathfrak{p}$ et $\operatorname{ht}(\mathfrak{a}) = \operatorname{ht}(\mathfrak{p})$ (§ 1, nº 3, prop. 7). Posons $\overline{B} = B \otimes_A \kappa(\mathfrak{p})$ et notons h l'homomorphisme canonique de B dans $\overline{B}$. Si $X = {}^a\rho^{-1}(\mathfrak{p})$ est l'ensemble non vide des idéaux premiers de B au-dessus de $\mathfrak{p}$, on sait (§ 2, nº 1, lemme 1) que l'application ${}^ah$ est un homéomorphisme de $\operatorname{Spec}(\overline{B})$ sur le sous-espace X de Spec(B). Soit $\mathfrak{q}$ l'image par ${}^ah$ d'un idéal premier minimal de $\overline{B}$; on a $\dim(B_\mathfrak{q} \otimes_A \kappa(\mathfrak{p})) = 0$ et le cor. 1 entraîne l'inégalité $\dim(B_\mathfrak{q}) \leqslant \dim(A_\mathfrak{p})$. On a finalement

$$\operatorname{ht}(\rho(\mathfrak{a}).B) \leqslant \operatorname{ht}(\mathfrak{q}) = \dim(B_\mathfrak{q}) \leqslant \dim(A_\mathfrak{p}) = \operatorname{ht}(\mathfrak{p}) = \operatorname{ht}(\mathfrak{a}),$$

d'où le corollaire.

PROPOSITION 8. — *Soient* A *un anneau noethérien,* $\mathfrak{a}$ *un idéal de* A, M *un* A-*module de type fini,* $\hat{A}$ *et* $\hat{M}$ *les séparés complétés de* A *et* M *respectivement pour la topologie* $\mathfrak{a}$-*adique.*

a) *Soient* $\mathfrak{m}$ *un idéal premier de* A *contenant* $\mathfrak{a}$ *et* $\hat{\mathfrak{m}} = \mathfrak{m}\hat{A}$. *Alors* $\hat{\mathfrak{m}}$ *est un idéal premier de* $\hat{A}$ *et on a* $\dim_{\hat{A}_{\hat{\mathfrak{m}}}}(\hat{M}_{\hat{\mathfrak{m}}}) = \dim_{A_\mathfrak{m}}(M_\mathfrak{m})$.

b) *On a* $\dim_{\hat{A}}(\hat{M}) = \sup_{\mathfrak{m}} \dim_{A_\mathfrak{m}}(M_\mathfrak{m})$, *où* $\mathfrak{m}$ *parcourt l'ensemble des idéaux premiers* (*resp. maximaux*) *de* A *contenant* $\mathfrak{a}$. *En particulier, on a* $\dim_{\hat{A}}(\hat{M}) \leqslant \dim_A(M)$.

a) Puisque $\hat{A}/\hat{\mathfrak{m}}$ s'identifie à $A/\mathfrak{m}$, $\hat{\mathfrak{m}}$ est un idéal premier de $\hat{A}$. D'après le th. 3 de III, § 3, nº 4, $\hat{A}$ est plat sur A, donc $\hat{A}_{\hat{\mathfrak{m}}}$ est plat sur $A_\mathfrak{m}$. Par ailleurs l'application canonique de A dans $\hat{A}$ induit un isomorphisme de $A/\mathfrak{a}$ sur $\hat{A}/\mathfrak{a}\hat{A}$, donc aussi un isomorphisme de $A_\mathfrak{m}/\mathfrak{m}A_\mathfrak{m}$ sur $\hat{A}_{\hat{\mathfrak{m}}}/\mathfrak{m}\hat{A}_{\hat{\mathfrak{m}}}$. On conclut en appliquant la prop. 7 aux anneaux $A_\mathfrak{m}$ et $\hat{A}_{\hat{\mathfrak{m}}}$ et aux modules $M_\mathfrak{m}$ et $\hat{A}_{\hat{\mathfrak{m}}}$ car $M_\mathfrak{m} \otimes_{A_\mathfrak{m}} \hat{A}_{\hat{\mathfrak{m}}}$ est isomorphe à $\hat{M}_{\hat{\mathfrak{m}}}$ (III, *loc. cit.* et prop. 8).

b) D'après la prop. 8 de III, § 3, n° 4, l'application $\mathfrak{m} \mapsto \hat{\mathfrak{m}}$ est une bijection de l'ensemble des idéaux maximaux de A contenant $\mathfrak{a}$ sur l'ensemble des idéaux maximaux de $\hat{A}$. L'assertion *b*) résulte de là et de la prop. 9 du § 1, n° 4.

COROLLAIRE 1. — *Soit* A *un anneau de Zariski* (III, § 3, n° 3, déf. 2). *Pour tout* A-*module* M *de type fini, on a* $\dim_{\hat{A}}(\hat{M}) = \dim_A(M)$.

En effet, la topologie de A est la topologie $\mathfrak{a}$-adique, où $\mathfrak{a}$ est un idéal contenu dans le radical de A (*loc. cit.*), c'est-à-dire contenu dans tout idéal maximal $\mathfrak{m}$ de A. Il suffit donc d'appliquer l'assertion *b*) de la prop. 8.

COROLLAIRE 2. — *Soient* A *un anneau noethérien,* $\mathfrak{a}$ *un idéal de* A, *et* $\hat{A}$ *le séparé complété de* A *pour la topologie* $\mathfrak{a}$-*adique. On a* $\dim(\hat{A}) \leqslant \dim(A)$, *avec égalité lorsque* A *est local et* $\mathfrak{a}$ *distinct de* A.

COROLLAIRE 3. — *Soient* A *un anneau noethérien et n un entier* $\geqslant 0$. *On a*

$$\dim(A[[X_1, \ldots, X_n]]) = \dim(A) + n\,.$$

L'anneau $A[[X_1, \ldots, X_n]]$ est le séparé complété de l'anneau de polynômes $A[X_1, \ldots, X_n]$ pour la topologie $\mathfrak{a}$-adique, où $\mathfrak{a}$ est l'idéal engendré par $X_1, \ldots, X_n$; on a donc

$$\dim(A[[X_1, \ldots, X_n]]) \leqslant \dim(A[X_1, \ldots, X_n])$$

d'après le cor. 2. On a par ailleurs

$$\dim(A[X_1, \ldots, X_n]) = \dim(A) + n$$

d'après le cor. 3 de la prop. 7. Enfin, on a

$$\dim(A) + n \leqslant \dim(A[[X_1, \ldots, X_n]])$$

d'après l'exemple 4 du § 1, n° 3.

Remarques. — 1) Soient A un anneau noethérien et $\mathfrak{a}$ un idéal de A. Supposons A séparé et complet pour la topologie $\mathfrak{a}$-adique, et considérons l'anneau $R = A\{X_1, \ldots, X_n\}$ des séries formelles restreintes (III, § 4, n° 2, déf. 2). On a $\dim(R) = \dim(A) + n$. En effet, R est le complété de l'anneau $B = A[X_1, \ldots, X_n]$ pour la topologie $\mathfrak{a}B$-adique, d'où $\dim(R) \leqslant \dim(A[X_1, \ldots, X_n]) = \dim(A) + n$. L'inégalité inverse se démontre comme dans le cas des séries formelles.

2) Soient A un anneau local noethérien, identifié à un sous-anneau de son complété $\hat{A}$, et B un sous-anneau de $\hat{A}$ contenant A. Supposons que B soit local noethérien et que l'on ait $\mathfrak{m}_A B = \mathfrak{m}_B$. Alors, l'injection canonique de A dans B s'étend en un isomorphisme de $\hat{A}$ sur le complété $\hat{B}$ de B (III, § 3, n° 5, prop. 11), d'où $\dim(B) = \dim(A)$ (cor. 2 à la prop. 8). Ceci s'applique notamment à la situation suivante. * Soient *k* un corps valué complet non discret, A l'anneau local de l'anneau de polynômes $k[X_1, \ldots, X_n]$ en l'idéal premier engendré par $X_1, \ldots, X_n$, et B l'anneau des séries convergentes en $X_1, \ldots, X_n$ à coefficients dans *k*. Alors les hypothèses précédentes sont satisfaites, et par conséquent on a $\dim(B) = n$. *

5. Construction de suites sécantes

PROPOSITION 9. — *Soient* A *un anneau noethérien,* M *un* A*-module de type fini,* $\mathfrak{a}$ *une partie de* A *stable par addition et multiplication,* $\mathfrak{q}_1, \ldots, \mathfrak{q}_m$ *des idéaux premiers de* A *ne contenant pas* $\mathfrak{a}$ *et* $r \geqslant 1$ *un entier tel que*

$$\operatorname{codim}(V(\mathfrak{a}) \cap \operatorname{Supp}(M), \operatorname{Supp}(M)) \geqslant r. \tag{21}$$

Il existe une suite $(x_1, \ldots, x_r)$ *d'éléments de* $\mathfrak{a}$*, n'appartenant à aucun des idéaux* $\mathfrak{q}_1, \ldots, \mathfrak{q}_m$ *et telle que la suite* $(x_1/1, \ldots, x_r/1)$ *d'éléments de* $A_\mathfrak{p}$ *soit sécante pour le* $A_\mathfrak{p}$*-module* $M_\mathfrak{p}$*, quel que soit l'idéal premier* $\mathfrak{p} \in V(\mathfrak{a}) \cap \operatorname{Supp}(M)$.

Raisonnons par récurrence sur r. Supposons d'abord $r = 1$, et notons Φ l'ensemble (fini) des éléments minimaux de Supp(M). Raisonnons par l'absurde et supposons qu'il n'existe aucun élément x_1 de $\mathfrak{a}$ satisfaisant aux conditions de l'énoncé. Soit $x \in \mathfrak{a}$, n'appartenant pas à $\mathfrak{q}_1 \cup \ldots \cup \mathfrak{q}_m$. Il existe par hypothèse un élément $\mathfrak{p}$ de $V(\mathfrak{a}) \cap \operatorname{Supp}(M)$ tel que l'image $x/1$ de x dans $A_\mathfrak{p}$ ne soit pas sécante pour $M_\mathfrak{p}$. Soit Ψ l'ensemble des idéaux $\mathfrak{q} \in \Phi$ contenus dans $\mathfrak{p}$; alors les éléments minimaux de $\operatorname{Supp}(M_\mathfrak{p})$ sont les idéaux premiers $\mathfrak{q}A_\mathfrak{p}$ de $A_\mathfrak{p}$, où $\mathfrak{q}$ parcourt Ψ. D'après la prop. 3 du nº 2, il existe donc un élément $\mathfrak{q}$ de Ψ tel que $x/1 \in \mathfrak{q}A_\mathfrak{p}$, d'où $x \in \mathfrak{q}$. Autrement dit, on a $\mathfrak{a} \subset \mathfrak{q}_1 \cup \ldots \cup \mathfrak{q}_m \cup \bigcup_{\mathfrak{q} \in \Phi} \mathfrak{q}$. Comme on a $\mathfrak{a} \not\subset \mathfrak{q}_j$ pour $1 \leqslant j \leqslant m$, la prop. 2 de II, § 1, nº 1 démontre l'existence d'un élément $\mathfrak{q}$ de Φ contenant $\mathfrak{a}$, d'où

$$V(\mathfrak{q}) \subset V(\mathfrak{a}) \cap \operatorname{Supp}(M).$$

Comme $V(\mathfrak{a})$ contient une composante irréductible de Supp(M), ceci contredit l'hypothèse

$$\operatorname{codim}(V(\mathfrak{a}) \cap \operatorname{Supp}(M), \operatorname{Supp}(M)) \geqslant 1.$$

Supposons maintenant $r \geqslant 2$. D'après l'hypothèse de récurrence, on peut trouver une suite $(x_1, \ldots, x_{r-1})$ d'éléments de $\mathfrak{a}$, n'appartenant pas à $\mathfrak{q}_1 \cup \ldots \cup \mathfrak{q}_m$ et telle que, pour tout $\mathfrak{p} \in V(\mathfrak{a}) \cap \operatorname{Supp}(M)$, la suite $(x_1/1, \ldots, x_{r-1}/1)$ d'éléments de $A_\mathfrak{p}$ soit sécante pour $M_\mathfrak{p}$. Posons $N = M/\sum_{i=1}^{r-1} x_i M$. Il suffit de construire un élément x_r de $\mathfrak{a}$ n'appartenant pas à $\mathfrak{q}_1 \cup \ldots \cup \mathfrak{q}_m$ et tel que, pour tout $\mathfrak{p} \in V(\mathfrak{a}) \cap \operatorname{Supp}(M)$, l'élément $x_r/1$ de $A_\mathfrak{p}$ soit sécant pour $N_\mathfrak{p}$. D'après la première partie de la démonstration, il suffit d'établir les deux relations

$$V(\mathfrak{a}) \cap \operatorname{Supp}(M) = V(\mathfrak{a}) \cap \operatorname{Supp}(N), \tag{22}$$

$$\operatorname{codim}(V(\mathfrak{a}) \cap \operatorname{Supp}(N), \operatorname{Supp}(N)) \geqslant 1. \tag{23}$$

Or on a

$$\operatorname{Supp}(N) = V(x_1) \cap \ldots \cap V(x_{r-1}) \cap \operatorname{Supp}(M)$$

d'après le corollaire de la prop. 18 de II, § 4, n° 4, et comme $x_1, \ldots, x_{r-1}$ appartiennent à $\mathfrak{a}$, on en déduit (22). L'inégalité (23) résulte alors de l'hypothèse (21) et de la prop. 4, *a*) du n° 3, où l'on fait

$$m = r - 1\,, \quad X = \mathrm{Supp}(M)\,, \quad Y = V(\mathfrak{a}) \cap \mathrm{Supp}(N)\,, \quad H_i = V(x_i)$$

d'où $X' = \mathrm{Supp}(N)$.

COROLLAIRE 1. — *Soient A un anneau noethérien, M un A-module de type fini,* $\mathfrak{p}_1, \ldots, \mathfrak{p}_n$, $\mathfrak{q}_1, \ldots, \mathfrak{q}_m$ *des idéaux premiers de A et r un entier* $\geqslant 1$. *On suppose qu'on a* $\mathfrak{p}_i \not\subset \mathfrak{q}_j$ *pour* $1 \leqslant i \leqslant n$ *et* $1 \leqslant j \leqslant m$, *et* $\dim_{A_{\mathfrak{p}_i}}(M_{\mathfrak{p}_i}) \geqslant r$ *pour* $1 \leqslant i \leqslant n$. *Il existe alors une suite* $(x_1, \ldots, x_r)$ *d'éléments de A appartenant à tous les* $\mathfrak{p}_i$ *et n'appartenant à aucun des* $\mathfrak{q}_j$, *telle que, pour* $1 \leqslant i \leqslant n$, *les images de* $x_1, \ldots, x_r$ *dans* $A_{\mathfrak{p}_i}$ *forment une suite sécante pour le module* $M_{\mathfrak{p}_i}$.

Posons $\mathfrak{a} = \bigcap_i \mathfrak{p}_i$. On a $M_{\mathfrak{p}_i} \neq \{0\}$, donc $\mathfrak{p}_i \in \mathrm{Supp}(M)$ pour $1 \leqslant i \leqslant n$, d'où $V(\mathfrak{a}) \subset \mathrm{Supp}(M)$. On a

$$\mathrm{codim}(V(\mathfrak{a}) \cap \mathrm{Supp}(M), \mathrm{Supp}(M)) = \mathrm{codim}(V(\mathfrak{a}), \mathrm{Supp}(M)) =$$
$$= \inf_i (\mathrm{codim}(V(\mathfrak{p}_i), \mathrm{Supp}(M))) = \inf_i \dim(M_{\mathfrak{p}_i}) \geqslant r$$

(§ 1, n° 4, prop. 9), et l'on applique la prop. 9.

COROLLAIRE 2. — *Soient A un anneau local noethérien, M un A-module non nul de type fini et* $\mathfrak{a}$ *une partie de* $\mathfrak{m}_A$, *stable par addition et multiplication et telle que* $\mathrm{long}(M/\mathfrak{a}M) < +\infty$. *Il existe une partie de* $\mathfrak{a}$ *qui est sécante maximale pour* M.

En effet, on a $V(\mathfrak{a}) \cap \mathrm{Supp}(M) = \mathrm{Supp}(M/\mathfrak{a}M) = \{\mathfrak{m}_A\}$ (§ 1, n° 4, remarque 1), donc $\mathrm{codim}(V(\mathfrak{a}) \cap \mathrm{Supp}(M), \mathrm{Supp}(M)) = \dim(\mathrm{Supp}(M)) = \dim_A(M)$, et on applique la prop. 9.

§ 4. SÉRIES DE HILBERT-SAMUEL

1. L'anneau Z((T))

Soit A un anneau. Munissons le A-module $A^{\mathbf{Z}}$ de la topologie produit des topologies discrètes. Les éléments $(a_n) \in A^{\mathbf{Z}}$ tels qu'il existe $n_0 \in \mathbf{Z}$ avec $a_n = 0$ pour $n < n_0$ forment un sous-module B de $A^{\mathbf{Z}}$. Si pour $a = (a_n) \in B$, $b \in (b_n) \in B$, on pose $ab = c$, avec $c_n = \sum_{i+j=n} a_i b_j$, on définit sur B une structure de A-algèbre. Soit T l'élément (θ_n) de B tel que $\theta_n = 0$ pour $n \neq 1$ et $\theta_1 = 1$. Alors T est inversible dans B ; pour tout élément $a = (a_n)$ de B, la famille $(a_n T^n)_{n \in \mathbf{Z}}$ est sommable dans $A^{\mathbf{Z}}$ et l'on a

$$a = \sum_{n \in \mathbf{Z}} a_n T^n\,.$$

Dans la suite de ce chapitre, on notera A((T)) la A-algèbre B ; elle contient comme sous-algèbres l'algèbre A[[T]] des séries formelles et l'algèbre $A[T, T^{-1}]$; leur intersection est l'algèbre A[T] des polynômes.

Remarque. — L'anneau A((T)) s'identifie naturellement à l'anneau de fractions $A[[T]]_T$ de l'anneau A[[T]] défini par la partie multiplicative formée des puissances de T.

Pour n, p dans **Z**, on définit l'entier naturel $\begin{bmatrix} n \\ p \end{bmatrix}$ par

$$(1)\qquad \begin{cases} \begin{bmatrix} n \\ p \end{bmatrix} = 0 \quad \text{si} \quad p < 0 \quad \text{ou} \quad p > n, \\ \begin{bmatrix} n \\ p \end{bmatrix} = \begin{pmatrix} n \\ p \end{pmatrix} = \dfrac{n(n-1)\dots(n-p+1)}{p!} \quad \text{si} \quad 0 \leqslant p \leqslant n\,. \end{cases}$$

On a $\begin{bmatrix} n \\ p \end{bmatrix} = \begin{bmatrix} n \\ n-p \end{bmatrix}$ pour $n, p \in \mathbf{Z}$.

Lemme 1. — *L'élément* $1 - T$ *de* $\mathbf{Z}((T))$ *est inversible. Pour tout entier* $r > 0$ *on a*

$$(1-T)^{-r} = \sum_{n\in\mathbf{Z}} \begin{bmatrix} n+r-1 \\ r-1 \end{bmatrix} T^n = \sum_{n\in\mathbf{N}} \begin{pmatrix} n+r-1 \\ r-1 \end{pmatrix} T^n.$$

En effet, $1 - T$ est inversible dans l'anneau $\mathbf{Z}[[T]]$, d'inverse $\sum_{m\geqslant 0} T^m$; on a donc

$$(1-T)^{-r} = (\sum_{m\geqslant 0} T^m)^r = \sum_{m_1,\dots,m_r\geqslant 0} T^{m_1+m_2+\dots+m_r},$$

et la formule annoncée résulte de E, III, p. 44, prop. 15.

Soient $Q(T) \in \mathbf{Z}[T, T^{-1}]$, r un entier > 0, et $F = (1-T)^{-r}Q \in \mathbf{Z}((T))$. Posons

$$Q(T) = \sum_{i\in\mathbf{Z}} a_i T^i, \quad F = \sum_{n\in\mathbf{Z}} \alpha_n T^n.$$

Alors, d'après le lemme 1, on a

$$\alpha_n = \sum_{i\in\mathbf{Z}} a_i \begin{bmatrix} n-i+r-1 \\ r-1 \end{bmatrix} = \sum_{i\leqslant n} a_i \begin{pmatrix} n-i+r-1 \\ r-1 \end{pmatrix}.$$

Soit n_1 la borne supérieure dans $\overline{\mathbf{R}}$ de l'ensemble des entiers $i \in \mathbf{Z}$ tels que $a_i \neq 0$. Pour tout entier $n \geqslant n_1$, on a $\alpha_n = \tilde{\alpha}(n)$, où $\tilde{\alpha}$ est le polynôme de $\mathbf{Q}[X]$ défini par

$$\tilde{\alpha}(X) = \frac{1}{(r-1)!} \sum_{i\in\mathbf{Z}} a_i \prod_{j=1}^{r-1} (X - i + j)\,.$$

Si l'on pose $c = Q(1) = \sum_{i \in \mathbf{Z}} a_i$, on a $\tilde{\alpha}(X) = cX^{r-1}/(r-1)! + \theta(X)$, où θ est un polynôme de degré $\leqslant r-2$. Par conséquent, on a

$$\alpha_n = c\frac{n^{r-1}}{(r-1)!} + \rho_n n^{r-2}, \tag{2}$$

où le nombre rationnel ρ_n tend vers une limite lorsque n augmente indéfiniment. On en déduit la relation

$$Q(1) = (r-1)! \lim_{n \to \infty} n^{1-r}\alpha_n . \tag{3}$$

Si $F = \sum_{n \in \mathbf{Z}} a_n T^n$ et $G = \sum_{n \in \mathbf{Z}} b_n T^n$ sont deux éléments de $\mathbf{Z}((T))$, on note « $F \leqslant G$ » la relation « $a_n \leqslant b_n$ pour tout $n \in \mathbf{Z}$ ». C'est une relation d'ordre compatible avec la structure d'anneau de $\mathbf{Z}((T))$ (A, VI, p. 18, déf. 1). On a $(1-T)^{-1} \geqslant 1$. Si $Q \in \mathbf{Z}[T, T^{-1}]$ est $\geqslant 0$, alors l'entier $Q(1)$ est positif.

Lemme 2. — *a) Soit* F *un élément non nul de* $\mathbf{Z}((T))$ *tel qu'il existe* $r \in \mathbf{Z}$, *avec* $(1-T)^r F \in \mathbf{Z}[T, T^{-1}]$; *alors* F *s'écrit de manière unique sous la forme* $F = (1-T)^{-d}.Q$, *où* $Q \in \mathbf{Z}[T, T^{-1}]$, $Q(1) \neq 0$ *et* $d \in \mathbf{Z}$. *Si* $F \geqslant 0$, *alors on a* $Q(1) > 0$ *et* $d \geqslant 0$.

b) Soient Q, R *dans* $\mathbf{Z}[T, T^{-1}]$, d, d' *dans* $\mathbf{Z}$ *avec* $Q(1) > 0$. *Si*

$$(1-T)^{-d}.Q \leqslant (1-T)^{-d'}.R ,$$

alors, ou bien $d < d'$, *ou bien* $d = d'$ *et* $Q(1) \leqslant R(1)$.

a) On peut écrire $F = (1-T)^{-r}T^n P(T)$ avec $r, n \in \mathbf{Z}$ et $P(T) \in \mathbf{Z}[T]$. Par division euclidienne, on peut écrire $P(T) = (1-T)^p R(T)$ avec $R(T) \in \mathbf{Z}[T]$ et $R(1) \neq 0$. Donc $F = (1-T)^{-(r-p)}Q(T)$, où $Q(T) = T^n R(T) \in \mathbf{Z}[T, T^{-1}]$ et $Q(1) \neq 0$. Cela démontre l'existence de d et Q. Par ailleurs, si $(1-T)^r Q(T) = (1-T)^s R(T)$ avec $r > s$ et Q, R dans $\mathbf{Z}[T, T^{-1}]$, on a $R(T) = (1-T)^{r-s}Q(T)$, donc $R(1) = 0$; cela démontre l'unicité. Supposons que F soit $\geqslant 0$; si on avait $d < 0$, alors on aurait $F(1) = 0$, ce qui est impossible puisque F est non nul et que tous ses coefficients sont positifs ; on a donc $d \geqslant 0$. Si $d = 0$, alors $Q = F \geqslant 0$, donc $Q(1)$ est positif. Si $d \geqslant 1$, alors $Q(1)$ est positif d'après la formule (3). Cela démontre *a*).

b) Supposons $d \geqslant d'$. Alors $(1-T)^{-d}((1-T)^{d-d'}R - Q) \geqslant 0$; comme $S(T) = (1-T)^{d-d'}R - Q$ appartient à $\mathbf{Z}[T, T^{-1}]$, cela implique $S(1) \geqslant 0$ d'après ce qui précède. Si $d > d'$, on a $S(1) = -Q(1) < 0$, d'où une contradiction ; si $d = d'$, on a $S(1) = R(1) - Q(1)$ d'où $Q(1) \leqslant R(1)$.

2. Série de Poincaré d'un module gradué sur un anneau de polynômes

Soient H_0 un anneau, I un ensemble fini et H l'anneau de polynômes $H_0[(X_i)_{i \in I}]$. Pour chaque $i \in I$, soit d_i un entier > 0. Munissons H de la structure d'anneau gradué de type $\mathbf{Z}$ telle que les éléments de H_0 soient homogènes de degré 0 et chaque X_i

homogène de degré d_i. Lorsque $d_i = 1$ pour tout i, on retrouve la graduation usuelle des anneaux de polynômes.

Soit M un H-module gradué de *type fini* dont tous les composants homogènes sont des H_0-modules de longueur finie ; on appelle *série de Poincaré* de M l'élément P_M de $\mathbf{Z}((T))$ tel que $P_M = \sum_{n \in \mathbf{Z}} \operatorname{long}_{H_0}(M_n).T^n$, et l'on pose $Q_M = P_M.\prod_{i \in I}(1 - T^{d_i})$.

THÉORÈME 1. — *L'élément* Q_M *de* $\mathbf{Z}((T))$ *appartient à* $\mathbf{Z}[T, T^{-1}]$.

Divisant H_0 par l'annulateur du H_0-module M, on se ramène au cas où M est un H_0-module fidèle. Si $a, b \in \mathbf{Z}$ sont tels que M soit engendré comme H-module par $M' = \sum_{a \leqslant i \leqslant b} M_i$, alors M′ est un H_0-module fidèle et de longueur finie ; par suite, l'anneau H_0 est artinien (A, VIII, § 1, n° 3), donc noethérien (*loc. cit.*, § 9, n° 1). L'anneau de polynômes H est donc noethérien (*loc. cit.*, § 1, n° 4). Si I est vide, on a $H = H_0$, et la famille d'entiers $(\operatorname{long}_{H_0}(M_n))_{n \in \mathbf{Z}}$ est à support fini, puisque M est un H_0-module de type fini ; d'où le théorème dans ce cas. Raisonnons alors par récurrence sur le cardinal de l'ensemble I, supposé non vide ; soient $j \in I$ et $J = I - \{j\}$. Notons H′ le sous-anneau gradué de H engendré par H_0 et les X_i pour i dans J ; considérons l'homothétie $(X_j)_M$ de rapport X_j dans M, son noyau R, et son conoyau S. On a, pour chaque $n \in \mathbf{Z}$, une suite exacte de H_0-modules

$$0 \to R_{n-d_j} \to M_{n-d_j} \to M_n \to S_n \to 0,$$

donc R_{n-d_j} et S_n sont de longueur finie, et l'on a

$$\operatorname{long}_{H_0}(M_n) - \operatorname{long}_{H_0}(M_{n-d_j}) = \operatorname{long}_{H_0}(S_n) - \operatorname{long}_{H_0}(R_{n-d_j}). \tag{4}$$

Puisque M est un module de type fini sur l'anneau noethérien H, les H-modules R et S sont de type fini ; comme ils sont annulés par X_j, ce sont des H′-modules de type fini. D'après l'hypothèse de récurrence, les éléments $P_R.\prod_{i \in J}(1 - T^{d_i})$ et $P_S.\prod_{i \in J}(1 - T^{d_i})$ de $\mathbf{Z}((T))$ appartiennent donc à $\mathbf{Z}[T, T^{-1}]$; de (4), on tire

$$P_M - T^{d_j}.P_M = P_S - T^{d_j}.P_R,$$

c'est-à-dire $(1 - T^{d_j}).P_M = P_S - T^{d_j}.P_R$; on a donc

$$P_M.\prod_{i \in I}(1 - T^{d_i}) = P_S.\prod_{i \in J}(1 - T^{d_i}) - T^{d_j}.P_R.\prod_{i \in J}(1 - T^{d_i}), \tag{5}$$

d'où la conclusion.

Exemple 1. — Supposons H_0 artinien et prenons M = H. Alors, avec les notations précédentes, on a R = 0 et S = H′, donc d'après (5), on a $Q_H = Q_{H'}$; comme on a $Q_{H_0} = \operatorname{long}(H_0)$, on en tire par récurrence $Q_H = \operatorname{long}(H_0)$, c'est-à-dire

$$P_H = \operatorname{long}(H_0).\prod_{i \in I}(1 - T^{d_i})^{-1}. \tag{6}$$

Supposons désormais H muni de la graduation usuelle, pour laquelle $d_i = 1$ pour tout $i \in I$, et posons $r = \mathrm{Card}(I)$; on a $P_M = Q_M(T).(1-T)^{-r}$. Posons $c_M = Q_M(1)$. Alors, d'après la formule (2) du n° 1, on a :

COROLLAIRE. — *a) Si* $r = 0$, *alors on a* $\mathrm{long}_{H_0}(M) = c_M$.

b) Si $r = 1$, *alors on a* $\mathrm{long}_{H_0}(M_n) = c_M$ *pour n assez grand.*

c) Si $r > 1$, *alors on a* $\mathrm{long}_{H_0}(M_n) = c_M \dfrac{n^{r-1}}{(r-1)!} + \rho_n n^{r-2}$, *où* ρ_n *tend vers une limite dans* **R** *lorsque n augmente indéfiniment.*

Remarques. — 1) L'entier c_M est positif d'après le lemme 2. On peut avoir $M \neq 0$ et $c_M = 0$ (*cf.* prop. 2).

2) Soit $0 \to M' \to M \to M'' \to 0$ une suite exacte de H-modules gradués et d'homomorphismes de degré 0 telle que M soit de type fini sur H et M_n de longueur finie sur H_0 pour chaque *n*. Alors, pour chaque $n \in \mathbf{Z}$, on a

$$\mathrm{long}_{H_0}(M_n) = \mathrm{long}_{H_0}(M'_n) + \mathrm{long}_{H_0}(M''_n),$$

donc $P_M = P_{M'} + P_{M''}$, $Q_M = Q_{M'} + Q_{M''}$ et $c_M = c_{M'} + c_{M''}$.

3) Soit $M(p)$ le module déduit de M par décalage de *p* de la graduation (A, II, p. 165, exemple 3). Comme on a $M(p)_n = M_{p+n}$, on a $P_{M(p)} = T^{-p}P_M$, $Q_{M(p)} = T^{-p}Q_M$ et $c_{M(p)} = c_M$.

Exemples. — 2) Supposons H_0 artinien, et soit M un H-module gradué libre engendré par *s* éléments homogènes, linéairement indépendants, de degrés respectifs $\delta_1, \ldots, \delta_s$. Alors M est isomorphe à $H(-\delta_1) \oplus \cdots \oplus H(-\delta_s)$. D'après les remarques 2 et 3 et l'exemple 1, on a donc

$$P_M = \mathrm{long}(H_0)\Big(\sum_{i=1}^{s} T^{\delta_i}\Big)(1-T)^{-r},$$

$$Q_M = \mathrm{long}(H_0)\Big(\sum_{i=1}^{s} T^{\delta_i}\Big),$$

$$c_M = s.\mathrm{long}(H_0).$$

3) Supposons toujours H_0 artinien ; soit M un H-module gradué, et supposons qu'il existe une suite exacte de H-modules gradués et d'homomorphismes de degré 0

$$0 \to L_n \to L_{n-1} \to \cdots \to L_0 \to M \to 0,$$

où, pour $k = 0, 1, \ldots, n$, L_k est un H-module gradué libre engendré par des éléments homogènes linéairement indépendants, de degrés respectifs $\delta_{k,1}, \ldots, \delta_{k,m(k)}$. Alors, d'après la remarque 2 et l'exemple 2, on a

$$Q_M = \mathrm{long}(H_0).\sum_{0 \leqslant k \leqslant n}\ \sum_{1 \leqslant j \leqslant m(k)} (-1)^k T^{\delta_{k,j}},$$

$$c_M = \mathrm{long}(H_0).\sum_{0 \leqslant k \leqslant n} (-1)^k m(k).$$

Remarque 4. — On peut prouver (p. 88, exerc. 4) que sous les hypothèses du th. 1, les H_0-modules $\mathrm{Tor}_j^H(H_0, M)$ sont de longueur finie, nuls pour $j > r$, et qu'on a $c_M = \sum_{j=0}^{r} (-1)^j \mathrm{long}_{H_0}(\mathrm{Tor}_j^H(H_0, M))$. Plus précisément, les H-modules $T_j = \mathrm{Tor}_j^H(H_0, M)$ sont munis naturellement de graduations et on a

$$Q_M = \sum_{j=0}^{r} (-1)^j P_{T_j}.$$

PROPOSITION 1. — *Soit* M *un* H*-module gradué. On suppose que* M *est engendré par* M_0 *et que* M_0 *est un* H_0*-module de longueur finie. Alors on a*

$$P_M \leqslant (1 - T)^{-r} \mathrm{long}_{H_0}(M_0), \quad c_M \leqslant \mathrm{long}_{H_0}(M_0).$$

De plus, les conditions suivantes sont équivalentes :

(i) $c_M = \mathrm{long}_{H_0}(M_0)$;

(ii) $P_M = \mathrm{long}_{H_0}(M_0).(1 - T)^{-r}$, *c'est-à-dire* $M = M_0$ *si* $r = 0$ *et*

$$\mathrm{long}_{H_0}(M_n) = \mathrm{long}_{H_0}(M_0).\binom{n + r - 1}{r - 1}$$

pour $n \in \mathbf{N}$ *si* $r > 0$;

(iii) *l'homomorphisme canonique de* H*-modules*

$$\varphi : H \otimes_{H_0} M_0 \to M$$

est bijectif.

Notons R le noyau de φ. Comme φ est surjectif, on a

$$P_M = P_{H \otimes M_0} - P_R = \mathrm{long}_{H_0}(M_0)(1 - T)^{-r} - P_R \quad \text{et} \quad c_M = \mathrm{long}_{H_0}(M_0) - c_R.$$

Les conditions (i), (ii) et (iii) équivalent respectivement à $c_R = 0$, $P_R = 0$ et $R = 0$. On a donc (iii) $\Rightarrow$ (ii) $\Rightarrow$ (i) et il suffit de prouver que $c_R = 0$ implique $R = 0$. Supposons $R \neq 0$ et soit $0 = N^h \subset N^{h-1} \subset \ldots \subset N^0 = M_0$ une suite de Jordan-Hölder du H_0-module M_0. Soit R^m l'intersection de R et de l'image de $H \otimes_{H_0} N^m$ dans $H \otimes_{H_0} M_0$; il existe un entier m compris entre 1 et h tel que $R^m \neq R^{m-1}$. Posons $L = R^{m-1}/R^m$; on a $0 \leqslant c_L \leqslant c_R$ et il suffit de prouver que $c_L \neq 0$. Or, si k est le corps quotient de H_0 par l'idéal maximal annulateur de N^{m-1}/N^m, L s'identifie à un sous-module gradué non nul de $k[(X_i)_{i \in I}]$. Donc L contient un sous-module isomorphe à un module décalé de $k[(X_i)_{i \in I}]$; comme $c_{k[(X_i)_{i \in I}]} = 1$, on a donc $c_L \geqslant 1$ (remarques 2 et 3), ce qu'on voulait démontrer.

Remarque 5. — D'après A, X, p. 160, th. 1, la condition (iii) signifie que $(X_1, \ldots, X_r)$ est une suite *complètement sécante* pour le H-module M.

PROPOSITION 2. — *Supposons que* H_0 *soit un corps, et soit* M *un* H*-module gradué de type fini. Soit* K *le corps des fractions de* H. *Alors* c_M *est égal au rang du* H*-module* M, *c'est-à-dire à la dimension du* K*-espace vectoriel* $M \otimes_H K$.

Cela est clair si $M = H$, puisque $c_H = 1$. Par ailleurs, soit $x \in H$, homogène de degré d, et non nul ; on a $(H/xH) \otimes_H K = 0$; de la suite exacte

$$0 \to H(-d) \to H \to H/xH \to 0,$$

et des remarques 2 et 3, on tire $c_{H/xH} = 0$. La proposition est donc vérifiée lorsque M est engendré par un élément homogène. Le cas général s'en déduit, puisque tout H-module gradué de type fini possède une suite de composition dont les quotients sont de la forme précédente.

Remarque 6. — Sous les hypothèses de la prop. 2, on a donc $c_M = 0$ si et seulement si M est un H-module de torsion, ou encore si et seulement si $\dim_H(M) < r$ (§ 1, n° 5, exemple 4).

3. Série de Hilbert-Samuel d'un module bien filtré

Dans la suite de ce paragraphe, nous utiliserons la notation suivante : si $G \in \mathbf{Z}((T))$ et si $r \in \mathbf{N}$, on pose $G^{(r)} = (1 - T)^{-r}G$; en particulier, si $G = \sum_{n \in \mathbf{Z}} a_n T^n$, alors

$$G^{(1)} = \sum_{n \in \mathbf{Z}} \left(\sum_{i \leqslant n} a_i\right) T^n .$$

Si $G \geqslant 0$, on a $G^{(r)} \geqslant 0$ pour tout $r \in \mathbf{N}$.

Soient A un anneau noethérien, $\mathfrak{q}$ un idéal de A et M un A-module de type fini. Rappelons (III, § 3, n° 1, déf. 1) qu'une *filtration* $\mathfrak{q}$-*bonne* sur M est une application $F : n \mapsto F_n$ de $\mathbf{Z}$ dans l'ensemble des sous-modules de M satisfaisant aux trois conditions suivantes :

a) on a $\mathfrak{q}F_n \subset F_{n+1} \subset F_n$ pour tout $n \in \mathbf{Z}$,

b) il existe $n_0 \in \mathbf{Z}$ tel que $\mathfrak{q}F_n = F_{n+1}$ pour $n \geqslant n_0$,

c) il existe $n_1 \in \mathbf{Z}$ tel que $F_{n_1} = M$.

Si n_0 et n_1 satisfont aux conditions précédentes, on a, pour tout $n \in \mathbf{Z}$,

$$\mathfrak{q}^{n-n_1}M \subset F_n \subset \mathfrak{q}^{n-n_0}M \tag{7}$$

(rappelons que l'on a posé $\mathfrak{q}^r = A$ pour $r \leqslant 0$, par convention).

Lemme 3. — *Si* F *et* F′ *sont deux filtrations* $\mathfrak{q}$-*bonnes sur* M, *il existe un entier m tel que* $F'_n \subset F_{n-m}$ *pour tout* $n \in \mathbf{Z}$.

En effet, il existe n_2 tel que $F'_n \subset \mathfrak{q}^{n-n_2}M$ pour tout n, donc $F'_n \subset F_{n-(n_2-n_1)}$ pour tout n.

Lemme 4. — *Soit* F *une filtration* $\mathfrak{q}$-*bonne sur* M. *Si* $M/\mathfrak{q}M$ *est de longueur finie,* M/F_{n+1} *et* F_n/F_{n+1} *sont de longueur finie pour tout* $n \in \mathbf{Z}$.

Avec les notations de (7), on a $\operatorname{long}(M/F_{n+1}) \leqslant \operatorname{long}(M/\mathfrak{q}^{n-n_1+1}M)$ et il suffit de prouver que $\mathfrak{q}^nM/\mathfrak{q}^{n+1}M$ est de longueur finie pour tout n. On est donc ramené au cas de la filtration $\mathfrak{q}$-adique. Soit $(x_1, \ldots, x_r)$ un système générateur fini du A-module $\mathfrak{q}$, et soit I l'ensemble fini des monômes de degré total n en r variables

$X_1, ..., X_r$. L'homomorphisme de $(M/\mathfrak{q}M)^I$ dans $\mathfrak{q}^nM/\mathfrak{q}^{n+1}M$ qui applique la famille $(u_m)_{m\in I}$ sur l'élément $\sum m(x_1, ..., x_r)\, u_m$ est surjectif. Comme $M/\mathfrak{q}M$ est de longueur finie, $\mathfrak{q}^nM/\mathfrak{q}^{n+1}M$ l'est aussi.

Supposons désormais $M/\mathfrak{q}M$ de longueur finie. Soit F une filtration $\mathfrak{q}$-bonne sur M. Il existe $n_1 \in \mathbf{Z}$ tel que $F_{n_1} = M$, donc $F_n = M$ pour $n \leqslant n_1$; on définit donc un élément $H_{M,F}$ de $\mathbf{Z}((T))$ en posant

(8) $$H_{M,F} = \sum_{n\in\mathbf{Z}} \mathrm{long}_{A/\mathfrak{q}}(F_n/F_{n+1}).T^n \in \mathbf{Z}((T)) .$$

DÉFINITION 1. — *On appelle* $H_{M,F}$ *la série de Hilbert-Samuel du* A*-module* M *(relativement à la filtration* $\mathfrak{q}$*-bonne* F*).*

L'application $n \mapsto \mathrm{long}_A(F_n/F_{n+1})$ s'appelle souvent la fonction de Hilbert-Samuel de M (relativement à F).

Cela s'applique notamment au cas de la filtration $\mathfrak{q}$-adique ($F_n = \mathfrak{q}^nM$) ; on pose alors $H_{M,F} = H_{M,\mathfrak{q}}$. On a donc

(9) $$H_{M,\mathfrak{q}} = \sum_{n\in\mathbf{Z}} \mathrm{long}_{A/\mathfrak{q}}(\mathfrak{q}^nM/\mathfrak{q}^{n+1}M).T^n .$$

PROPOSITION 3. — *a) Si* F *est une filtration* $\mathfrak{q}$*-bonne sur* M, *on a*

(10) $$H^{(1)}_{M,F} = \sum_{n\in\mathbf{Z}} \mathrm{long}_A(M/F_{n+1}).T^n .$$

b) Si F *et* F′ *sont deux filtrations* $\mathfrak{q}$*-bonnes sur* M, *il existe un entier m tel que* $H^{(1)}_{M,F'} \geqslant T^m H^{(1)}_{M,F}$.

La partie *a*) résulte aussitôt de la définition de $H^{(1)}_{M,F}$; la partie *b*) résulte de *a*) et du lemme 3.

THÉORÈME 2. — *Soient* A *un anneau noethérien,* $\mathfrak{q}$ *un idéal de* A, M *un* A*-module de type fini tel que* $M/\mathfrak{q}M$ *soit non nul et de longueur finie et* F *une filtration* $\mathfrak{q}$*-bonne sur* M.

a) Il existe un entier $d \geqslant 0$, *et un élément* R *de* $\mathbf{Z}[T, T^{-1}]$, *uniquement déterminés, tels que* $R(1) > 0$ *et* $H_{M,F} = (1 - T)^{-d}R$.

b) Les entiers d et R(1) *sont indépendants de la filtration* $\mathfrak{q}$*-bonne* F *choisie.*

a) Considérons l'anneau gradué gr(A) tel que $\mathrm{gr}_n(A) = \mathfrak{q}^n/\mathfrak{q}^{n+1}$ et le gr(A)-module gradué gr(M) tel que $\mathrm{gr}_n(M) = F_n/F_{n+1}$. Puisque l'on a $F_{n_1} = M$ et $\mathfrak{q}F_n = F_{n+1}$ pour $n \geqslant n_0$, gr(M) est engendré par $\bigoplus_{n_1 \leqslant n \leqslant n_0} \mathrm{gr}_n(M)$, donc est de type fini. Par ailleurs, si $(x_1, ..., x_r)$ est un système générateur fini du A-module $\mathfrak{q}$, gr(A) est engendré par $\mathrm{gr}_0(A)$ et les classes des x_i modulo $\mathfrak{q}^2$, donc est isomorphe à un anneau gradué quotient de $H = (A/\mathfrak{q})[X_1, ..., X_r]$. D'après le th. 1 du nº 2, on a
$$(1 - T)^r H_{M,F} \in \mathbf{Z}[T, T^{-1}] .$$
On a $H_{M,F} \neq 0$ et il existe donc $d \in \mathbf{N}$ et $R \in \mathbf{Z}[T, T^{-1}]$ uniquement déterminés tels que $R(1) > 0$ et $H_{M,F} = (1 - T)^{-d}.R$ (lemme 2 du nº 1).

b) Soit F′ une autre filtration q-bonne et écrivons de même

$$H_{M,F'} = (1 - T)^{-d'}R'.$$

D'après la prop. 3, *b*), il existe un entier m tel que $(1 - T)^{-d'-1}R' \geqslant T^m(1 - T)^{-d-1}R$. D'après le lemme 2, *b*) du n° 1, cela implique $d' \geqslant d$ et, si $d' = d$, $R'(1) \geqslant R(1)$. Échangeant les rôles de F et F′, on obtient $d = d'$ et $R(1) = R'(1)$.

Remarque 1. — Avec les notations de *a*), écrivons $R = \sum_{i \in \mathbf{Z}} a_i T^i$, et supposons $d > 0$. D'après le n° 1, la relation $H_{M,F} = (1 - T)^{-d}R$ s'écrit aussi

$$\text{(11)} \qquad \text{long}_A(F_n/F_{n+1}) = \sum_{i \in \mathbf{Z}} a_i \begin{bmatrix} n - i + d - 1 \\ d - 1 \end{bmatrix} = \sum_{i \leqslant n} a_i \binom{n - i + d - 1}{d - 1}.$$

De même, puisque $H^{(1)}_{M,F} = (1 - T)^{-d-1}R$, on a

$$\text{(12)} \qquad \text{long}_A(M/F_{n+1}) = \sum_{i \in \mathbf{Z}} a_i \begin{bmatrix} n - i + d \\ d \end{bmatrix} = \sum_{i \leqslant n} a_i \binom{n - i + d}{d}.$$

Soient A un anneau noethérien, q un idéal de A, M un A-module de type fini tel que M/qM soit de longueur finie. Si $M \neq qM$, il existe d'après le th. 2, *b*) des entiers $d_q(M) \geqslant 0$ et $e_q(M) > 0$ tels que, pour toute filtration q-bonne F sur M, il existe $R \in \mathbf{Z}[T, T^{-1}]$ avec

$$H_{M,F} = (1 - T)^{-d_q(M)}R, \quad R(1) = e_q(M).$$

Si $M = qM$, on pose par convention $d_q(M) = -\infty$, $e_q(M) = 0$.

Remarque 2. — Dire que M/qM est de longueur finie signifie que

$$\text{Supp}(M/qM) = \text{Supp}(M) \cap V(q)$$

est formé d'idéaux maximaux (IV, § 2, n° 5, prop. 7). Nous verrons ci-dessous (n° 4, corollaire au th. 3) que $d_q(M)$ est la borne supérieure des nombres $\dim_{A_m}(M_m)$, où m parcourt l'ensemble $\text{Supp}(M) \cap V(q)$.

COROLLAIRE. — *Soient* A *un anneau noethérien,* q *un idéal de* A, M *un* A*-module de type fini tel que* M/qM *soit de longueur finie et* F *une filtration* q*-bonne sur* M.

a) *Pour que l'on ait* $d_q(M) \leqslant 0$, *il faut et il suffit que la suite* $(q^n M)$ *soit stationnaire, ou encore que la suite* (F_n) *soit stationnaire. On a alors, pour tout n assez grand,*

$$\text{long}(M/F_{n+1}) = \text{long}(M/q^{n+1}M) = e_q(M).$$

b) *Supposons que l'on ait* $d_q(M) > 0$. *On a alors*

$$\text{(13)} \qquad \text{long}_A(F_n/F_{n+1}) = e_q(M)\, n^{d_q(M)-1}/(d_q(M) - 1)! + \rho_n n^{d_q(M)-2},$$

$$\text{(14)} \qquad \text{long}_A(M/F_{n+1}) = e_q(M)\, n^{d_q(M)}/d_q(M)! + \sigma_n n^{d_q(M)-1},$$

où ρ_n *et* σ_n *tendent vers une limite lorsque n augmente indéfiniment.*

Cela résulte aussitôt du th. 2 et de la formule (2) du n° 1.

Remarque 3. — Supposons $\mathfrak{q}$ contenu dans le radical de A. Alors, d'après le lemme de Nakayama, la suite $(\mathfrak{q}^n\mathrm{M})$ est stationnaire si et seulement si l'on a $\mathfrak{q}^n\mathrm{M} = 0$ pour n assez grand. Il résulte alors de la partie *a*) du corollaire que l'on a $d_\mathfrak{q}(\mathrm{M}) \leqslant 0$ si et seulement si M est de longueur finie et qu'on a alors $e_\mathfrak{q}(\mathrm{M}) = \mathrm{long}_\mathrm{A}(\mathrm{M})$.

PROPOSITION 4. — *Soient* A *un anneau noethérien,* $x_1, \ldots, x_r$ *des éléments de* A, $\mathfrak{x}$ *l'idéal qu'ils engendrent et* M *un* A*-module de type fini tel que* $\mathrm{M}/\mathfrak{x}\mathrm{M}$ *soit non nul et de longueur finie.*

a) *On a* $d_\mathfrak{x}(\mathrm{M}) \leqslant r$.

b) *Si* $d_\mathfrak{x}(\mathrm{M}) = r$, *alors* $e_\mathfrak{x}(\mathrm{M}) \leqslant \mathrm{long}_\mathrm{A}(\mathrm{M}/\mathfrak{x}\mathrm{M})$.

c) *Si la suite* $(x_1, \ldots, x_r)$ *est complètement sécante pour* M (A, X, p. 157), *alors* $d_\mathfrak{x}(\mathrm{M}) = r$ *et* $e_\mathfrak{x}(\mathrm{M}) = \mathrm{long}_\mathrm{A}(\mathrm{M}/\mathfrak{x}\mathrm{M})$. *La réciproque est vraie si les* x_i *appartiennent au radical de* A.

Soit H l'anneau de polynômes $(\mathrm{A}/\mathfrak{x})[\mathrm{X}_1, \ldots, \mathrm{X}_r]$. Munissons $\mathrm{G} = \bigoplus_n \mathfrak{x}^n\mathrm{M}/\mathfrak{x}^{n+1}\mathrm{M}$ de la structure de H-module gradué pour laquelle $(\mathrm{X}_i)_\mathrm{G}$ est la multiplication par la classe de x_i modulo $\mathfrak{x}^2$. Avec les notations P_G, Q_G, c_G du nº 2, on a $\mathrm{H}_{\mathrm{M},\mathfrak{x}} = \mathrm{P}_\mathrm{G}$, donc $(1-\mathrm{T})^{-d_\mathfrak{x}(\mathrm{M})}\mathrm{R} = (1-\mathrm{T})^{-r}\mathrm{Q}_\mathrm{G}$, où $\mathrm{R}(1) = e_\mathfrak{x}(\mathrm{M}) > 0$ et $\mathrm{Q}_\mathrm{G}(1) = c_\mathrm{G}$.

On a donc, soit $d_\mathfrak{x}(\mathrm{M}) < r$ et $c_\mathrm{G} = 0$, soit $d_\mathfrak{x}(\mathrm{M}) = r$ et $c_\mathrm{G} = e_\mathfrak{x}(\mathrm{M})$. Par ailleurs, d'après la prop. 1 du nº 2, on a $c_\mathrm{G} \leqslant \mathrm{long}(\mathrm{M}/\mathfrak{x}\mathrm{M})$, et il y a égalité si et seulement si l'homomorphisme canonique $\mathrm{A}/\mathfrak{x}[\mathrm{X}_1, \ldots, \mathrm{X}_r] \otimes_{\mathrm{A}/\mathfrak{x}} \mathrm{M}/\mathfrak{x}\mathrm{M} \to \bigoplus_n \mathfrak{x}^n\mathrm{M}/\mathfrak{x}^{n+1}\mathrm{M}$ est bijectif. Cela entraîne la proposition, compte tenu de A, X, p. 160, th. 1.

PROPOSITION 5. — *Soient* $0 \to \mathrm{M}' \to \mathrm{M} \to \mathrm{M}'' \to 0$ *une suite exacte de modules de type fini sur un anneau noethérien* A, *et* $\mathfrak{q}$ *un idéal de* A.

a) *Pour que* $\mathrm{M}/\mathfrak{q}\mathrm{M}$ *soit de longueur finie, il faut et il suffit qu'il en soit ainsi de* $\mathrm{M}'/\mathfrak{q}\mathrm{M}'$ *et* $\mathrm{M}''/\mathfrak{q}\mathrm{M}''$.

b) *Supposons* $\mathrm{M}/\mathfrak{q}\mathrm{M}$ *de longueur finie. Alors l'on est dans l'un des trois cas suivants :*

1) $d_\mathfrak{q}(\mathrm{M}) = d_\mathfrak{q}(\mathrm{M}') > d_\mathfrak{q}(\mathrm{M}'')$ *et* $e_\mathfrak{q}(\mathrm{M}) = e_\mathfrak{q}(\mathrm{M}')$,

2) $d_\mathfrak{q}(\mathrm{M}) = d_\mathfrak{q}(\mathrm{M}'') > d_\mathfrak{q}(\mathrm{M}')$ *et* $e_\mathfrak{q}(\mathrm{M}) = e_\mathfrak{q}(\mathrm{M}'')$,

3) $d_\mathfrak{q}(\mathrm{M}) = d_\mathfrak{q}(\mathrm{M}') = d_\mathfrak{q}(\mathrm{M}'')$ *et* $e_\mathfrak{q}(\mathrm{M}) = e_\mathfrak{q}(\mathrm{M}') + e_\mathfrak{q}(\mathrm{M}'')$.

a) On a $\mathrm{Supp}(\mathrm{M}) = \mathrm{Supp}(\mathrm{M}') \cup \mathrm{Supp}(\mathrm{M}'')$ et l'assertion résulte de la remarque 2.

b) Munissons M d'une filtration $\mathfrak{q}$-bonne F (par exemple la filtration $\mathfrak{q}$-adique), M″ de la filtration quotient F″, et M′ de la filtration induite F′. Les filtrations F′ et F″ sont $\mathfrak{q}$-bonnes (III, § 3, nº 1, prop. 1). Alors on a pour chaque n une suite exacte de A-modules

$$0 \to \mathrm{F}'_n/\mathrm{F}'_{n+1} \to \mathrm{F}_n/\mathrm{F}_{n+1} \to \mathrm{F}''_n/\mathrm{F}''_{n+1} \to 0$$

(III, § 2, nº 4, prop. 2), de sorte que l'on a $\mathrm{H}_{\mathrm{M},\mathrm{F}} = \mathrm{H}_{\mathrm{M}',\mathrm{F}'} + \mathrm{H}_{\mathrm{M}'',\mathrm{F}''}$, ou encore

$$(1-\mathrm{T})^{-d_\mathfrak{q}(\mathrm{M})}\mathrm{R} = (1-\mathrm{T})^{-d_\mathfrak{q}(\mathrm{M}')}\mathrm{R}' + (1-\mathrm{T})^{-d_\mathfrak{q}(\mathrm{M}'')}\mathrm{R}'',$$

avec $\mathrm{R}, \mathrm{R}', \mathrm{R}'' \in \mathbf{Z}[\mathrm{T}, \mathrm{T}^{-1}]$, $\mathrm{R}(1) = e_\mathfrak{q}(\mathrm{M})$, $\mathrm{R}'(1) = e_\mathfrak{q}(\mathrm{M}')$, $\mathrm{R}''(1) = e_\mathfrak{q}(\mathrm{M}'')$. L'assertion *b*) en résulte aussitôt.

4. Degré de la fonction de Hilbert-Samuel

THÉORÈME 3. — *Soient* A *un anneau* local noethérien, $\mathfrak{q}$ *un idéal de* A *distinct de* A *et* M *un* A-*module de type fini tel que* $M/\mathfrak{q}M$ *soit de longueur finie. Alors l'entier* $d_{\mathfrak{q}}(M)$ *est la dimension du* A-*module* M (§ 1, n° 4, déf. 8).

On peut supposer $M \neq 0$. Démontrons l'inégalité $d_{\mathfrak{q}}(M) \leqslant \dim_A(M)$. D'après le cor. 2 à la prop. 9 du § 3, n° 5, il existe $x_1, \ldots, x_r \in \mathfrak{q}$, avec $r = \dim_A(M)$ et $\operatorname{long}(M/\sum_{i=1}^{r} x_i M) < +\infty$; posons $\mathfrak{x} = \sum_{i=1}^{r} x_i A$. D'après la prop. 4 du n° 3, on a $d_{\mathfrak{x}}(M) \leqslant r$; on a $\mathfrak{x} \subset \mathfrak{q}$, d'où $H^{(1)}_{M,\mathfrak{q}} \leqslant H^{(1)}_{M,\mathfrak{x}}$ et donc (lemme 2 du n° 1)

$$d_{\mathfrak{q}}(M) \leqslant d_{\mathfrak{x}}(M) \leqslant r = \dim_A(M)\,.$$

Démontrons maintenant, par récurrence sur $\dim_A(M)$, l'inégalité $\dim_A(M) \leqslant d_{\mathfrak{q}}(M)$, évidente lorsque $\dim_A(M) = 0$.

Supposons qu'on ait $\dim_A(M) > 0$, et $\dim_A(N) \leqslant d_{\mathfrak{q}}(N)$ pour tout A-module de type fini N tel que $\dim_A(N) < \dim_A(M)$. Si $0 = M_0 \subset M_1 \subset \ldots \subset M_n = M$ est une suite de composition de M, on a $\dim_A(M) = \sup(\dim_A(M_i/M_{i-1}))$ (§ 1, n° 4, prop. 9) et $d_{\mathfrak{q}}(M) = \sup(d_{\mathfrak{q}}(M_i/M_{i-1}))$ (n° 3, prop. 5). D'après IV, § 1, n° 4, th. 1, on peut donc supposer que M est de la forme $A/\mathfrak{p}$, où $\mathfrak{p}$ est un idéal premier de A, et l'on a $\mathfrak{p} \neq \mathfrak{m}_A$ car $\dim_A(M) > 0$. Soit $x \in \mathfrak{m}_A - \mathfrak{p}$; l'homothétie x_M de $M = A/\mathfrak{p}$ est injective, et l'on a la suite exacte

$$0 \longrightarrow M \xrightarrow{x_M} M \longrightarrow M/xM \longrightarrow 0\,.$$

D'après le § 3, n° 2, prop. 3, on a $\dim_A(M/xM) = \dim_A(M) - 1$; d'après la prop. 5 du n° 3, et la suite exacte précédente, on a $d_{\mathfrak{q}}(M/xM) \leqslant d_{\mathfrak{q}}(M) - 1$. D'après l'hypothèse de récurrence, on a donc

$$\dim_A(M) = \dim_A(M/xM) + 1 \leqslant d_{\mathfrak{q}}(M/xM) + 1 \leqslant d_{\mathfrak{q}}(M),$$

ce qui achève la démonstration.

COROLLAIRE. — *Soient* A *un anneau noethérien,* M *un* A-*module de type fini et* $\mathfrak{q}$ *un idéal de* A *tel que* $M/\mathfrak{q}M$ *soit de longueur finie. Alors* $d_{\mathfrak{q}}(M)$ *est la borne supérieure des dimensions* $\dim_{A_{\mathfrak{m}}}(M_{\mathfrak{m}})$, *où* $\mathfrak{m}$ *parcourt l'ensemble fini* $S = \operatorname{Supp}(M) \cap V(\mathfrak{q})$, *et* $e_{\mathfrak{q}}(M)$ *est la somme des* $e_{\mathfrak{q}_{\mathfrak{m}}}(M_{\mathfrak{m}})$ *étendue à ceux des éléments* $\mathfrak{m}$ *de* S *pour lesquels on a* $\dim_{A_{\mathfrak{m}}}(M_{\mathfrak{m}}) = d_{\mathfrak{q}}(M)$.

Pour chaque entier n, la longueur de $M/\mathfrak{q}^n M$ est la somme des $\operatorname{long}_{A_{\mathfrak{m}}}(M_{\mathfrak{m}}/\mathfrak{q}^n_{\mathfrak{m}} M_{\mathfrak{m}})$ (IV, § 2, n° 5, cor. 1 à la prop. 7 et corollaire à la prop. 8). Par conséquent, on a $H_{M,\mathfrak{q}} = \sum_{\mathfrak{m} \in S} H_{M_{\mathfrak{m}},\mathfrak{q}_{\mathfrak{m}}}$, d'où le corollaire.

Remarques. — 1) On a aussi $d_{\mathfrak{q}}(M) = \sup_{\mathfrak{m}\in V(\mathfrak{q})} \dim(M_{\mathfrak{m}})$, c'est-à-dire $d_{\mathfrak{q}}(M) = \dim(\hat{M})$, où $\hat{M}$ est le complété de M pour la topologie $\mathfrak{q}$-adique (§ 3, nº 4, prop. 8).

2) Supposons $\mathfrak{q}$ contenu dans le radical de A ; alors $\dim(\hat{M}) = \dim(M)$ (*loc. cit.*, cor. 1), donc d (M) = dim(M).

5. Série de Hilbert-Samuel d'un module quotient

Lemme 5. — *Soient* A *un anneau,* M *un* A-*module et* (P_n), (Q_n) *deux filtrations décroissantes sur* M *formées de sous-modules. Supposons que l'on ait* $P_n \supset Q_n$ *et* $\mathrm{long}_A(P_n/Q_n) < +\infty$ *pour tout* $n \in \mathbf{Z}$ *et qu'il existe un entier* n_1 *tel que* $Q_{n_1} = M$. *Dans* $\mathbf{Z}((T))$, *on a les inégalités*

$$\sum_{n\in\mathbf{Z}} \mathrm{long}_A((P_{n+1} \cap Q_n)/Q_{n+1}).T^n \leqslant \sum_{n\in\mathbf{Z}} \mathrm{long}_A(P_{n+1}/Q_{n+1}).T^n \leqslant$$
$$\leqslant (1-T)^{-1} \sum_{n\in\mathbf{Z}} \mathrm{long}_A((P_{n+1} \cap Q_n)/Q_{n+1}).T^n .$$

Il s'agit de prouver qu'on a les inégalités

$$\mathrm{long}((P_{n+1} \cap Q_n)/Q_{n+1}) \leqslant \mathrm{long}(P_{n+1}/Q_{n+1}), \tag{15}$$
$$\mathrm{long}(P_{n+1}/Q_{n+1}) \leqslant \sum_{i\leqslant n} \mathrm{long}((P_{i+1} \cap Q_i)/Q_{i+1}). \tag{16}$$

La première est évidente. D'autre part, on a $P_{n+1} \cap Q_i = P_{n+1}$ pour $i \leqslant n_1$ et $P_{n+1} \cap Q_{n+1} = Q_{n+1}$; on en déduit l'inégalité

$$\mathrm{long}(P_{n+1}/Q_{n+1}) \leqslant \sum_{i\leqslant n} \mathrm{long}((P_{n+1} \cap Q_i)/(P_{n+1} \cap Q_{i+1})).$$

Mais le A-module $(P_{n+1} \cap Q_i)/(P_{n+1} \cap Q_{i+1})$ est isomorphe à un sous-module de $(P_{i+1} \cap Q_i)/Q_{i+1}$, et l'inégalité (16) en résulte.

Lemme 6. — *Soient* A *un anneau,* M *un* A-*module et* (F_n) *une filtration décroissante sur* M *formée de sous-modules ; on suppose qu'il existe un entier* n_1 *tel que* $F_{n_1} = M$. *Soient* f *un endomorphisme de* M, M' *son noyau et* M'' *son conoyau. On munit* M' *de la filtration* (F'_n) *induite par* (F_n) *et* M'' *de la filtration* (F''_n) *quotient de* (F_n). *On suppose que* F_n/F_{n+1} *est de longueur finie pour tout* $n \in \mathbf{Z}$ *et qu'il existe un entier* δ *tel que* $f(F_n) \subset F_{n+\delta}$. *Soit* φ *l'endomorphisme gradué de degré* δ *du module gradué* $\mathrm{gr}(M) = \bigoplus_{n\in\mathbf{Z}} F_n/F_{n+1}$ *qu'on déduit de* f. *Entre les éléments suivants de* $\mathbf{Z}((T))$

$$H_M = \sum_{n\in\mathbf{Z}} \mathrm{long}_A(F_n/F_{n+1}).T^n$$
$$H_{M'} = \sum_{n\in\mathbf{Z}} \mathrm{long}_A(F'_n/F'_{n+1}).T^n$$
$$H_{M''} = \sum_{n\in\mathbf{Z}} \mathrm{long}_A(F''_n/F''_{n+1}).T^n$$
$$P_{\mathrm{Ker}(\varphi)} = \sum_{n\in\mathbf{Z}} \mathrm{long}_A(\mathrm{Ker}(\varphi_n)).T^n,$$

on a les inégalités

(17) $$\mathrm{H}_{\mathrm{M}'} \leqslant \mathrm{P}_{\mathrm{Ker}(\varphi)}$$

(18) $$(1 - \mathrm{T}^{\delta}).\mathrm{H}_{\mathrm{M}}^{(1)} + \mathrm{T}^{\delta}.\mathrm{P}_{\mathrm{Ker}(\varphi)} \leqslant \mathrm{H}_{\mathrm{M}''}^{(1)} \leqslant (1 - \mathrm{T}^{\delta}).\mathrm{H}_{\mathrm{M}}^{(1)} + \mathrm{T}^{\delta}.\mathrm{P}_{\mathrm{Ker}(\varphi)}^{(1)}.$$

La suite des sous-modules $\mathrm{G}_n = f^{-1}(\mathrm{F}_{n+\delta})$ de M est une filtration décroissante, et l'on a $\mathrm{F}_n \subset \mathrm{G}_n$ pour tout entier n.

Par définition, on a $\mathrm{Ker}(\varphi_n) = (\mathrm{G}_{n+1} \cap \mathrm{F}_n)/\mathrm{F}_{n+1}$, d'où

(19) $$\mathrm{P}_{\mathrm{Ker}(\varphi)} = \sum_{n \in \mathbf{Z}} \mathrm{long}_{\mathrm{A}}((\mathrm{G}_{n+1} \cap \mathrm{F}_n)/\mathrm{F}_{n+1}).\mathrm{T}^n.$$

Pour tout n, le A-module $(\mathrm{M}' \cap \mathrm{F}_n)/(\mathrm{M}' \cap \mathrm{F}_{n+1})$ s'identifie à un sous-module de $(\mathrm{G}_{n+1} \cap \mathrm{F}_n)/\mathrm{F}_{n+1}$, et l'inégalité (17) résulte aussitôt de (19). D'après le lemme 5, on a par ailleurs

(20) $$\mathrm{P}_{\mathrm{Ker}(\varphi)} \leqslant \sum_{n \in \mathbf{Z}} \mathrm{long}_{\mathrm{A}}(\mathrm{G}_{n+1}/\mathrm{F}_{n+1}).\mathrm{T}^n \leqslant \mathrm{P}_{\mathrm{Ker}(\varphi)}^{(1)}.$$

Pour tout $n \in \mathbf{Z}$, on a une suite exacte de A-modules

$$0 \longrightarrow \mathrm{G}_{n+1}/\mathrm{F}_{n+1} \longrightarrow \mathrm{M}/\mathrm{F}_{n+1} \xrightarrow{f_n} \mathrm{M}/\mathrm{F}_{n+\delta+1} \longrightarrow \mathrm{M}''/\mathrm{F}''_{n+\delta+1} \longrightarrow 0,$$

où f_n se déduit de f par passage aux quotients. On a par conséquent

$$\mathrm{long}_{\mathrm{A}}(\mathrm{M}''/\mathrm{F}''_{n+\delta+1}) = \mathrm{long}_{\mathrm{A}}(\mathrm{M}/\mathrm{F}_{n+\delta+1}) - \mathrm{long}_{\mathrm{A}}(\mathrm{M}/\mathrm{F}_{n+1}) + \mathrm{long}_{\mathrm{A}}(\mathrm{G}_{n+1}/\mathrm{F}_{n+1}).$$

Multipliant par $\mathrm{T}^{n+\delta}$ et sommant sur n, on obtient

(21) $$\mathrm{H}_{\mathrm{M}''}^{(1)} = (1 - \mathrm{T}^{\delta})\,\mathrm{H}_{\mathrm{M}}^{(1)} + \mathrm{T}^{\delta}.\sum_{n \in \mathbf{Z}} \mathrm{long}_{\mathrm{A}}(\mathrm{G}_{n+1}/\mathrm{F}_{n+1}).\mathrm{T}^n,$$

et l'inégalité (18) résulte aussitôt de (20) et (21).

Lemme 7. — *Conservons les notations du lemme* 6.

a) *On a l'inégalité* $\mathrm{H}_{\mathrm{M}''}^{(1)} \geqslant \dfrac{1 - \mathrm{T}^{\delta}}{1 - \mathrm{T}} \mathrm{H}_{\mathrm{M}}$.

b) *Pour que l'on ait égalité, il faut et il suffit que* φ *soit injectif.*

c) *S'il en est ainsi, on a* $\mathrm{M}' \subset \bigcap_n \mathrm{F}_n$, *et la suite de* A-*modules*

$$0 \longrightarrow \mathrm{gr}(\mathrm{M}) \xrightarrow{\varphi} \mathrm{gr}(\mathrm{M}) \xrightarrow{v} \mathrm{gr}(\mathrm{M}'') \longrightarrow 0,$$

où v *est l'application canonique, est exacte.*

Les assertions *a*) et *b*) résultent de la formule (18) du lemme 6, et de la définition $\mathrm{H}_{\mathrm{M}}^{(1)} = (1 - \mathrm{T})^{-1}.\mathrm{H}_{\mathrm{M}}$.

Supposons que φ soit injectif. D'après III, § 2, nº 8, th. 1, (i), on a

$$\mathrm{Ker}(f) \subset f^{-1}(\mathrm{F}_{n+\delta}) = \mathrm{F}_n$$

pour tout n, d'où la première assertion de c). On a par ailleurs une suite exacte

$$0 \longrightarrow M/M' \xrightarrow{f'} M \longrightarrow M/f(M) \longrightarrow 0,$$

où f' est déduit de f par passage au quotient. Si φ est injectif, on a comme ci-dessus $f'^{-1}(F_n) = F_{n-\delta}/M'$. Par suite la filtration sur M/M' déduite par image réciproque par f' de la filtration F sur M est la filtration $n \mapsto F_{n-\delta}/M'$; le gradué associé est $gr(M)(-\delta)$ et on a une suite exacte de modules gradués (III, § 2, nº 4, prop. 2)

$$0 \longrightarrow gr(M)(-\delta) \xrightarrow{\varphi'} gr(M) \longrightarrow gr(M'') \longrightarrow 0,$$

où $\varphi'_n = \varphi_{n-\delta}$ pour tout n. Cela achève de démontrer c).

Proposition 6. — *Soient* A *un anneau noethérien,* M *un* A-*module de type fini et* $\mathfrak{q}$ *un idéal de* A *tels que* $M/\mathfrak{q}M$ *soit de longueur finie. Soit* F *une filtration* $\mathfrak{q}$-*bonne de* M, *et soit* $gr(A) = \bigoplus_{n \geqslant 0} (\mathfrak{q}^n/\mathfrak{q}^{n+1})$ *l'anneau gradué associé à* A *pour la filtration* $\mathfrak{q}$-*adique. Soient* $(x_1, ..., x_s)$ *une suite d'éléments de* A, $(\delta_1, ..., \delta_s)$ *une suite d'entiers strictement positifs telle que* $x_i \in \mathfrak{q}^{\delta_i}$ *pour* $1 \leqslant i \leqslant s$, *et soit* ξ_i *la classe de* x_i *dans* $gr_{\delta_i}(A) = \mathfrak{q}^{\delta_i}/\mathfrak{q}^{\delta_i+1}$.

a) Munissons le A-*module* $\overline{M} = M/(x_1M + \cdots + x_sM)$ *de la filtration* $\mathfrak{q}$-*bonne* $\overline{F}$ *quotient de* F. *On a alors dans* $\mathbf{Z}((T))$ *l'inégalité*

$$\text{(22)} \qquad H^{(s)}_{\overline{M},\overline{F}} \geqslant \left(\prod_{i=1}^{s} \frac{1 - T^{\delta_i}}{1 - T}\right).H_{M,F}.$$

b) Pour qu'il y ait égalité dans (22), *il faut et il suffit que la suite* $(\xi_1, ..., \xi_s)$ *d'éléments de l'anneau* gr(A) *soit complètement sécante pour le module* $gr(M) = \bigoplus_n (F_n/F_{n+1})$. *En ce cas, l'homomorphisme canonique de* $gr(M)/\sum_{i=1}^{s} \xi_i.gr(M)$ *dans* $gr(\overline{M}) = \bigoplus_n (\overline{F}_n/\overline{F}_{n+1})$ *est un isomorphisme.*

c) Supposons les conditions de b) satisfaites, et que chacun des A-*modules* $M_i = M/(x_1M + \cdots + x_iM)$ $(0 \leqslant i < s)$ *soit séparé pour la topologie* $\mathfrak{q}$-*adique* [1]. *Alors la suite* $(x_1, ..., x_s)$ *est complètement sécante pour le* A-*module* M.

Lorsque $s = 1$, on a $\bigcap_n F_n = \bigcap_n \mathfrak{q}^n M$ et la suite $\{ \xi_1 \}$ est complètement sécante pour gr(M) si et seulement si l'homothétie de rapport ξ_1 dans gr(M) est injective. La prop. 6 résulte alors aussitôt du lemme 7 appliqué à l'homothétie $f = (x_1)_M$ dans M.

Supposons que l'on ait $s \geqslant 2$ et raisonnons par récurrence sur s. L'hypothèse de récurrence appliquée au A-module $M_1 = M/x_1M$ muni de la filtration G quotient de F, et à la suite $(x_2, ..., x_s)$ fournit l'inégalité

$$\text{(23)} \qquad H^{(s-1)}_{\overline{M},\overline{F}} \geqslant \left(\prod_{i=2}^{s} \frac{1 - T^{\delta_i}}{1 - T}\right).H_{M_1,G};$$

[1] Ceci se produit en particulier si $\mathfrak{q}$ est contenu dans le radical de A (III, § 3, nº 3, prop. 6).

il y a égalité si et seulement si la suite $(\xi_2, \ldots, \xi_s)$ est complètement sécante pour le gr(A)-module $\mathrm{gr}(M_1) = \bigoplus_n G_n/G_{n+1}$. Comme les éléments $\frac{1 - T^{\delta_i}}{1 - T}$ de $\mathbf{Z}((T))$ sont positifs, le cas $s = 1$ déjà traité et la formule (23) fournissent les inégalités

$$H^{(s)}_{M,F} \geqslant \left(\prod_{i=2}^{s} \frac{1 - T^{\delta_i}}{1 - T}\right).H^{(1)}_{M_1,G} \geqslant \left(\prod_{i=1}^{s} \frac{1 - T^{\delta_i}}{1 - T}\right).H_{M,F}. \tag{24}$$

Ceci prouve *a*).

On ne peut avoir égalité dans (22) que si l'on a simultanément l'égalité dans (23) et l'égalité

$$H^{(1)}_{M_1,G} = \left(\frac{1 - T^{\delta_1}}{1 - T}\right).H_{M,F}. \tag{25}$$

Cette dernière relation signifie que $\{\xi_1\}$ est complètement sécante pour gr(M) et implique que l'homomorphisme canonique de $\mathrm{gr}(M)/\xi_1.\mathrm{gr}(M)$ dans $\mathrm{gr}(M_1)$ est un isomorphisme. Autrement dit, on a égalité dans (22) si et seulement si $\{\xi_1\}$ est complètement sécante pour gr(M) et $\{\xi_2, \ldots, \xi_s\}$ complètement sécante pour $\mathrm{gr}(M)/\xi_1.\mathrm{gr}(M)$. Ceci signifie que $\{\xi_1, \ldots, \xi_s\}$ est complètement sécante pour gr(M) (A, X, p. 160, cor. 2). On a ainsi démontré l'équivalence des deux conditions de *b*). Supposons-les satisfaites ; alors, d'après l'hypothèse de récurrence gr(M) s'identifie à $\mathrm{gr}(M_1)/\sum_{i=2}^{s} \xi_i.\mathrm{gr}(M_1)$; comme par ailleurs $\mathrm{gr}(M_1)$ s'identifie à $\mathrm{gr}(M)/\xi_1.\mathrm{gr}(M)$, la dernière assertion de *b*) est ainsi satisfaite.

Supposons maintenant que $\{\xi_1, \ldots, \xi_s\}$ soit complètement sécante pour gr(M) et M_i séparé pour la topologie q-adique (pour $0 \leqslant i < s$). D'après ce qui précède et l'hypothèse de récurrence, la suite $(x_2, \ldots, x_s)$ est complètement sécante pour M_1 ; comme on a $M_1 = M/x_1M$ et que $\{x_1\}$ est complètement sécante pour M, la suite $(x_1, x_2, \ldots, x_s)$ est complètement sécante pour M (A, X, p. 160, th. 1).

§ 5. ANNEAUX LOCAUX RÉGULIERS

1. Définition des anneaux locaux réguliers

Soit A un anneau local noethérien. Soit $(x_i)_{i\in I}$ une famille d'éléments de $\mathfrak{m}_A$. D'après le cor. 2 à la prop. 4 de II, § 3, n° 2, il revient au même de supposer que la famille $(x_i)_{i\in I}$ engendre l'idéal $\mathfrak{m}_A$ de A, ou que les classes des x_i modulo $\mathfrak{m}_A^2$ engendrent le κ_A-espace vectoriel $\mathfrak{m}_A/\mathfrak{m}_A^2$; s'il en est ainsi, on a $\dim(A) \leqslant \mathrm{Card}(I)$ d'après le scholie du § 3, n° 2. On a donc l'inégalité

$$\dim(A) \leqslant [\mathfrak{m}_A/\mathfrak{m}_A^2 : \kappa_A] \leqslant \mathrm{Card}(I) \tag{1}$$

pour toute famille $(x_i)_{i\in I}$ engendrant l'idéal $\mathfrak{m}_A$ de A.

DÉFINITION 1. — *On dit que l'anneau local noethérien* A *est* régulier *si l'on a* $\dim(A) = [\mathfrak{m}_A/\mathfrak{m}_A^2 : \kappa_A]$. *On appelle alors* système de coordonnées *de* A *toute famille d'éléments de* $\mathfrak{m}_A$ *dont les classes modulo* $\mathfrak{m}_A^2$ *forment une base du* κ_A*-espace vectoriel* $\mathfrak{m}_A/\mathfrak{m}_A^2$.

Un système de coordonnées dans un anneau local noethérien régulier A est donc une famille finie $(x_i)_{i \in I}$ engendrant l'idéal $\mathfrak{m}_A$ de A et telle que $\mathrm{Card}(I) = \dim(A)$. Réciproquement, si l'idéal $\mathfrak{m}_A$ d'un anneau local noethérien A est engendré par d éléments avec $d \leqslant \dim(A)$, l'anneau A est régulier.

Exemples. — 1) Les anneaux locaux noethériens réguliers de dimension 0 (resp. 1) sont les corps (resp. les anneaux de valuation discrète) (VI, § 3, nº 6, prop. 9 et cor. 1 du th. 1 ci-dessous). Soit A un anneau de valuation discrète ; alors un élément t de $\mathfrak{m}_A$ est une uniformisante si et seulement si $\{t\}$ est un système de coordonnées de A.

2) Soit k un corps et soit n un entier positif. L'anneau de séries formelles $k[[X_1, \ldots, X_n]]$ est un anneau local noethérien régulier de dimension n (§ 3, nº 4, cor. 3 à la prop. 8). Soient $F_1, \ldots, F_n$ des séries formelles sans terme constant dans $k[[X_1, \ldots, X_n]]$; pour que la suite $(F_1, \ldots, F_n)$ soit un système de coordonnées de $k[[X_1, \ldots, X_n]]$, il faut et il suffit que la matrice $\left(\frac{\partial F_i}{\partial X_j}(0, \ldots, 0)\right)$ soit inversible.

Plus généralement, soit A un anneau local noethérien régulier de dimension r ; alors $A[[X_1, \ldots, X_n]]$ est un anneau local noethérien régulier de dimension $r + n$. Si $(a_1, \ldots, a_r)$ est un système de coordonnées de A, alors $(a_1, \ldots, a_r, X_1, \ldots, X_n)$ est un système de coordonnées de $A[[X_1, \ldots, X_n]]$.

3) Soit A un anneau local noethérien régulier complet de dimension r. L'anneau $A\{X_1, \ldots, X_n\}$ des séries formelles restreintes est local noethérien régulier de dimension $r + n$ (§ 3, nº 4, remarque 1). Si $(a_1, \ldots, a_r)$ est un système de coordonnées de A, alors $(a_1, \ldots, a_r, X_1, \ldots, X_n)$ est un système de coordonnées de $A\{X_1, \ldots, X_n\}$.

* 4) Soit k un corps valué complet non discret. L'anneau des séries formelles à n variables qui convergent dans un voisinage de 0 dans k^n est un anneau local noethérien régulier de dimension n (§ 3, nº 4, remarque 2). *

5) Soient k un corps, A une k-algèbre intègre de type fini et $\mathfrak{m}$ un idéal maximal de A. L'anneau local noethérien $A_\mathfrak{m}$ est régulier si et seulement si l'on a $\dim(A) = [\mathfrak{m}/\mathfrak{m}^2 : A/\mathfrak{m}]$: en effet, on a $\dim(A_\mathfrak{m}) = \dim(A)$ (§ 2, nº 4, cor. 2 au th. 3) et les espaces vectoriels $\mathfrak{m}/\mathfrak{m}^2$ et $\mathfrak{m}A_\mathfrak{m}/(\mathfrak{m}A_\mathfrak{m})^2$ sur le corps $A/\mathfrak{m}$ sont isomorphes (II, § 3, nº 3, prop. 9). En particulier, si k est algébriquement clos, la condition énoncée équivaut à $\dim(A) = [\mathfrak{m}/\mathfrak{m}^2 : k]$ (V, § 3, nº 3, prop. 1).

* 6) Soit X une variété algébrique sur un corps parfait k. Alors X est non singulière en un point x si et seulement si l'anneau local de X en x est régulier. *

* 7) Soit A un anneau local noethérien régulier. On verra plus tard que l'anneau local noethérien $A_\mathfrak{p}$ est régulier pour tout idéal premier $\mathfrak{p}$ de A. *

PROPOSITION 1. — *Soient* A *et* B *des anneaux locaux noethériens et* $\rho : A \to B$ *un homomorphisme local faisant de* B *un* A*-module plat. On suppose que l'on a*

$\mathfrak{m}_B = B.\rho(\mathfrak{m}_A)$. *On a alors* $\dim(A) = \dim(B)$ *et* B *est régulier si et seulement si* A *est régulier.*

La première assertion résulte du cor. 1 de la prop. 7 du § 3, n° 4. Comme B est plat sur A, on peut identifier $\mathfrak{m}_B^k = B.\rho(\mathfrak{m}_A^k)$ à $B \otimes_A \mathfrak{m}_A^k$ pour tout entier $k \geqslant 0$, donc $\mathfrak{m}_B/\mathfrak{m}_B^2$ à $B \otimes_A (\mathfrak{m}_A/\mathfrak{m}_A^2)$ ou encore à $\kappa_B \otimes_{\kappa_A} (\mathfrak{m}_A/\mathfrak{m}_A^2)$. On a donc

$$[\mathfrak{m}_B/\mathfrak{m}_B^2 : \kappa_B] = [\mathfrak{m}_A/\mathfrak{m}_A^2 : \kappa_A], \tag{2}$$

d'où aussitôt la proposition.

COROLLAIRE. — *Un anneau local noethérien* A *est régulier si et seulement si son complété* $\hat{A}$ *l'est.*

En effet, $\hat{A}$ est plat sur A, et l'on a $\mathfrak{m}_{\hat{A}} = \hat{A}.\mathfrak{m}_A$ (III, § 3, n° 4, th. 3 et § 2, n° 12, cor. 2 à la prop. 16).

2. Anneau gradué associé à un anneau local régulier

THÉORÈME 1. — *Soit* A *un anneau local noethérien. Les conditions suivantes sont équivalentes :*

(i) A *est régulier.*

(ii) *L'idéal* $\mathfrak{m}_A$ *est engendré par une partie sécante pour* A (§ 3, n° 2, déf. 1).

(iii) *L'idéal* $\mathfrak{m}_A$ *est engendré par une suite complètement sécante pour* A (A, X, p. 157, déf. 2).

(iv) *Soit* S *l'algèbre symétrique du* κ_A*-espace vectoriel* $\mathfrak{m}_A/\mathfrak{m}_A^2$, *et soit* $\mathrm{gr}(A) = \bigoplus_{n\geqslant 0} \mathfrak{m}_A^n/\mathfrak{m}_A^{n+1}$ *l'anneau gradué associé à* A. *L'homomorphisme canonique* γ *de* S *sur* gr(A) *est bijectif.*

(v) *Il existe un entier* $r \geqslant 0$ *tel que l'on ait* $H_{A,\mathfrak{m}_A} = (1 - T)^{-r}$, *c'est-à-dire* $\mathfrak{m}_A = 0$ *si* $r = 0$ *et* $[\mathfrak{m}_A^n/\mathfrak{m}_A^{n+1} : \kappa_A] = \binom{n+r-1}{r-1}$ *pour tout entier* $n \geqslant 0$ *si* $r > 0$.

(vi) *On a* $H_{A,\mathfrak{m}_A} = (1 - T)^{-d}$ *avec* $d = \dim(A)$.

Si ces conditions sont remplies, tout système de coordonnées de A *est une suite complètement sécante pour* A.

(ii) ⇒ (i) : en effet, toute partie sécante a au plus dim(A) éléments (§ 3, n° 2, th. 1).

(iii) ⇒ (ii) : en effet, toute suite complètement sécante est sécante (§ 3, n° 2, corollaire de la prop. 3).

(iv) ⇒ (iii) : soit $(x_1, ..., x_r)$ une suite d'éléments de $\mathfrak{m}_A$ dont les classes modulo $\mathfrak{m}_A^2$ forment une base $(\xi_1, ..., \xi_r)$ de $\mathfrak{m}_A/\mathfrak{m}_A^2$ sur le corps κ_A. Si la propriété (iv) est satisfaite, gr(A) est l'algèbre de polynômes $\kappa_A[\xi_1, ..., \xi_r]$ et la suite $(x_1, ..., x_r)$ est complètement sécante (A, X, p. 160, th. 1). Ceci prouve aussi la dernière assertion du th. 1.

(i) ⇒ (iv) : posons $r = [\mathfrak{m}_A/\mathfrak{m}_A^2 : \kappa_A]$. D'après la formule (6) du § 4, n° 2, la série de Poincaré de l'espace vectoriel gradué S sur le corps κ_A est égale à

$$P_S = \sum_{n\geqslant 0} [S^n(\mathfrak{m}_A/\mathfrak{m}_A^2) : \kappa_A]\, T^n = (1 - T)^{-r}.$$

Supposons que l'homomorphisme canonique $\gamma : S \to gr(A)$ ne soit pas bijectif. Comme γ est surjectif, il existe un élément homogène u de S, de degré $d > 0$, annulé par γ. On a alors

$$H_{A,\mathfrak{m}_A} = P_S - P_{Ker(\gamma)} \leqslant P_S - P_{uS} = (1 - T^d)/(1 - T)^r =$$
$$= (1 + T + \cdots + T^{d-1})/(1 - T)^{r-1} .$$

D'après le th. 3 du § 4, nº 4 et le lemme 2 du § 4, nº 1, on a donc $\dim(A) < r$, et A n'est pas régulier.

Prouvons enfin l'équivalence des conditions (iv) à (vi). Or (iv) signifie que l'on a $H_{A,\mathfrak{m}_A} = (1 - T)^{-s}$ avec $s = [\mathfrak{m}_A/\mathfrak{m}_A^2 : \kappa_A]$. Donc les conditions (iv), (v), (vi) signifient que l'on a $H_{A,\mathfrak{m}_A} = (1 - T)^{-m}$, avec respectivement $m = [\mathfrak{m}_A/\mathfrak{m}_A^2 : \kappa_A]$, $m \geqslant 0$, $m = \dim(A)$. Mais, si l'on a $H_{A,\mathfrak{m}_A} = (1 - T)^{-m}$, on a $\dim(A) = m$ d'après § 4, nº 4, th. 3 et $[\mathfrak{m}_A/\mathfrak{m}_A^2 : \kappa_A] = m$ (puisque $(1 - T)^{-m} = 1 + mT + \cdots$). L'équivalence des conditions (iv) à (vi) en résulte aussitôt.

COROLLAIRE 1. — *Tout anneau local noethérien régulier est intégralement clos, et en particulier intègre.*

Supposons A régulier. Alors gr(A) est isomorphe à une algèbre de polynômes en un nombre fini d'indéterminées sur un corps (th. 1, (iv)). Par suite, gr(A) est un anneau noethérien intégralement clos (V, § 1, nº 3, cor. 3 de la prop. 13), et A est donc intégralement clos (V, § 1, nº 4, prop. 15).

Nous verrons dans un chapitre ultérieur que tout anneau local noethérien régulier est factoriel.

COROLLAIRE 2. — *Soient* A *et* B *des anneaux locaux noethériens et* σ *un homomorphisme local de* B *dans* A. *On suppose* A *régulier et* B *complet. Pour que* σ *soit bijectif, il faut et il suffit qu'il induise des bijections de* κ_B *sur* κ_A *et de* $\mathfrak{m}_B/\mathfrak{m}_B^2$ *sur* $\mathfrak{m}_A/\mathfrak{m}_A^2$.

La condition énoncée est évidemment nécessaire.

Supposons inversement que σ induise des isomorphismes de $gr_0(B)$ sur $gr_0(A)$ et de $gr_1(B)$ sur $gr_1(A)$. Comme l'anneau gr(B) est engendré par $gr_0(B) \cup gr_1(B)$ et que gr(A) est l'algèbre symétrique de l'espace vectoriel $gr_1(A)$ sur le corps $gr_0(A)$, l'homomorphisme $gr(\sigma)$ est bijectif. Par suite, σ est bijectif (III, § 2, nº 8, cor. 3 du th. 1).

COROLLAIRE 3. — *Soient* k *un corps et* A *une* k*-algèbre locale noethérienne, dont le corps résiduel est égal à* k. *Pour que* A *soit régulière, il faut et il suffit que son complété* $\hat{A}$ *soit isomorphe à une* k*-algèbre de séries formelles* $k[[X_1, ..., X_n]]$.

Cela résulte de l'équivalence de (i) et (iv) dans le th. 1, et de la prop. 11 de III, § 2, nº 9.

3. Quotients d'anneaux locaux réguliers

PROPOSITION 2. — *Soient* A *un anneau local noethérien*, $\mathbf{x} = (x_1, \ldots, x_r)$ *une suite d'éléments de* $\mathfrak{m}_A$ *et* $\mathfrak{x}$ *l'idéal engendré par* $\mathbf{x}$. *Les conditions suivantes sont équivalentes :*

(i) *l'anneau* A *est régulier, et* $\mathbf{x}$ *fait partie d'un système de coordonnées de* A ;

(ii) *l'anneau* $A/\mathfrak{x}$ *est régulier et* $\mathbf{x}$ *est une suite sécante pour* A ;

(iii) *l'anneau* $A/\mathfrak{x}$ *est régulier et* $\mathbf{x}$ *est une suite complètement sécante pour* A.

En outre, lorsque ces conditions sont satisfaites, $\mathfrak{x}$ *est un idéal premier de* A.

(iii) ⇒ (ii) : cela résulte du corollaire de la prop. 3 du § 3, n° 2.

(ii) ⇒ (i) : supposons que $\mathbf{x}$ soit une suite sécante pour A et que l'anneau local noethérien $A/\mathfrak{x}$ soit régulier. Soit $(x_{r+1}, \ldots, x_d)$ une suite d'éléments de A, dont les classes modulo $\mathfrak{x}$ forment un système de coordonnées de $A/\mathfrak{x}$. Alors la suite $(x_1, \ldots, x_d)$ engendre l'idéal $\mathfrak{m}_A$ de A, et l'on a

$$\dim(A) = r + \dim(A/\mathfrak{x}) = r + (d - r) = d .$$

Par suite, A est régulier et $(x_1, \ldots, x_d)$ est un système de coordonnées de A.

(i) ⇒ (iii) : si la condition (i) est satisfaite, la suite $\mathbf{x}$ est complètement sécante (n° 2, th. 1), donc sécante d'après le corollaire de la prop. 3 du § 3, n° 2. On a donc

$$\dim(A/\mathfrak{x}) = \dim(A) - r ; \tag{3}$$

de plus, les classes de $x_1, \ldots, x_r$ modulo $\mathfrak{m}_A^2$ sont linéairement indépendantes sur le corps κ_A, et l'on a donc

$$[\mathfrak{m}_A/(\mathfrak{m}_A^2 + \mathfrak{x}) : \kappa_A] = [\mathfrak{m}_A/\mathfrak{m}_A^2 : \kappa_A] - r . \tag{4}$$

Les formules (3) et (4) montrent que $A/\mathfrak{x}$ est régulier.

Tout anneau local noethérien régulier est intègre d'après le cor. 1 du th. 1 du n° 2. Par suite, $\mathfrak{x}$ est premier si $A/\mathfrak{x}$ est régulier.

COROLLAIRE 1. — *Soient* A *un anneau local noethérien, et* t *un élément de* $\mathfrak{m}_A$. *Les conditions suivantes sont équivalentes :*

(i) A *est régulier, et* t *n'appartient pas à* $\mathfrak{m}_A^2$;

(ii) A/tA *est régulier et* $\dim(A/tA) < \dim(A)$;

(iii) A/tA *est régulier, et* t *n'est pas diviseur de* 0 *dans* A.

COROLLAIRE 2. — *Soient* A *un anneau local noethérien régulier, et* $\mathfrak{q}$ *un idéal de* A. *Alors* $A/\mathfrak{q}$ *est régulier si et seulement si* $\mathfrak{q}$ *est engendré par une partie d'un système de coordonnées de* A.

La condition est suffisante d'après la prop. 2.

Supposons $A/\mathfrak{q}$ régulier, et soit $\mathbf{x} = (x_1, \ldots, x_r)$ une suite d'éléments de $\mathfrak{q}$ dont les classes modulo $\mathfrak{m}_A^2$ forment une base de $(\mathfrak{q} + \mathfrak{m}_A^2)/\mathfrak{m}_A^2$ sur le corps κ_A. Soit $\mathfrak{x}$ l'idéal de A engendré par $\boldsymbol{x}$. On a donc $\mathfrak{x} \subset \mathfrak{q}$ et $\boldsymbol{x}$ fait partie d'un système de coordonnées de A, donc l'anneau local noethérien $A/\mathfrak{x}$ est régulier (prop. 2); de plus, les espaces vectoriels $\mathfrak{m}_A/(\mathfrak{q} + \mathfrak{m}_A^2)$ et $\mathfrak{m}_A/(\mathfrak{x} + \mathfrak{m}_A^2)$ ont même dimension sur κ_A. Par suite, les anneaux locaux noethériens réguliers $A/\mathfrak{q}$ et $A/\mathfrak{x}$ ont même dimension. Comme les idéaux $\mathfrak{q}$ et $\mathfrak{x}$ sont premiers et que l'on a $\mathfrak{x} \subset \mathfrak{q}$, on a finalement $\mathfrak{q} = \mathfrak{x}$.

Exemple. — Soient k un corps, $A = k[[X_1, ..., X_n]]$ et $\mathfrak{q}$ un idéal de A, distinct de A. Pour que $A/\mathfrak{q}$ soit régulier, il faut et il suffit qu'on puisse trouver un entier $r \geqslant 0$ et des éléments $F_1, ..., F_r$ de A, engendrant $\mathfrak{q}$, et tels que la matrice $\left(\frac{\partial F_i}{\partial X_j}(0, ..., 0)\right)$ soit de rang r (« critère jacobien »). On a alors $\dim(A/\mathfrak{q}) = n - r$.

Remarque. — Soient A un anneau local noethérien régulier et $\mathfrak{q} \subset \mathfrak{m}_A$ un idéal de A tel que $A/\mathfrak{q}$ soit régulier. Soit $(x_1, ..., x_r)$ une suite d'éléments de $\mathfrak{q}$ dont les classes modulo $\mathfrak{m}_A^2$ engendrent l'espace vectoriel $(\mathfrak{q} + \mathfrak{m}_A^2)/\mathfrak{m}_A^2$ sur le corps κ_A. La démonstration du cor. 2 montre que l'idéal $\mathfrak{q}$ de A est engendré par $(x_1, ..., x_r)$.

4. Polynômes d'Eisenstein

DÉFINITION 2. — *Soient* A *un anneau,* $\mathfrak{p}$ *un idéal premier de* A, *et* P *un polynôme de* A[T]. *On dit que* P *est un polynôme d'Eisenstein pour* $\mathfrak{p}$ *s'il satisfait aux conditions suivantes :*

a) P *est unitaire de degré* $d \geqslant 1$;
b) on a $P(T) \equiv T^d \bmod. \mathfrak{p}A[T]$;
c) on a $P(0) \notin \mathfrak{p}^2$.

Autrement dit, un polynôme d'Eisenstein pour $\mathfrak{p}$ est un polynôme de la forme $P(T) = T^d + \sum_{i=1}^{d} a_i T^{d-i}$, avec $d \geqslant 1$, où $a_1, ..., a_{d-1}$ appartiennent à $\mathfrak{p}$ et a_d à $\mathfrak{p} - \mathfrak{p}^2$.

On dit que P est un polynôme d'Eisenstein pour $\mathfrak{p}A_\mathfrak{p}$ si l'image canonique de P dans l'anneau de polynômes $A_\mathfrak{p}[T]$ est un polynôme d'Eisenstein pour l'idéal $\mathfrak{p}A_\mathfrak{p}$; cela signifie aussi que P est un polynôme d'Eisenstein pour $\mathfrak{p}$ et qu'il satisfait en outre à la condition suivante, plus forte que *c)* :

c') tout élément a *de* A *tel que* $aP(0) \in \mathfrak{p}^2$ *appartient à* $\mathfrak{p}$.

PROPOSITION 3. — *Soient* A *un anneau,* $\mathfrak{p}$ *un idéal premier de* A *et* $P \in A[T]$ *un polynôme d'Eisenstein pour* $\mathfrak{p}$.

a) Il n'existe pas de décomposition de la forme $P = P_1P_2$ *où* P_1 *et* P_2 *sont deux polynômes unitaires de* A[T] *distincts de* 1.

b) Supposons A *intégralement clos, de corps des fractions* K. *Alors* P *est irréductible dans* K[T].

Soit φ l'homomorphisme canonique de A dans le corps des fractions k de $A/\mathfrak{p}$ et soit $\varphi' : A[T] \to k[T]$ l'extension de φ telle que $\varphi'(T) = T$. Supposons qu'on ait $P = P_1 P_2$ où P_1 et P_2 sont deux polynômes unitaires de A[T] distincts de 1. On a alors $T^d = \varphi'(P_1)\,\varphi'(P_2)$ dans $k[T]$, en notant d le degré de P. Si d_i est le degré de P_i, on a donc $\varphi'(P_i) = T^{d_i}$, c'est-à-dire $P_i(T) \equiv T^{d_i}$ mod. $\mathfrak{p}A[T]$, et en particulier $P_i(0) \in \mathfrak{p}$. Mais alors $P(0) = P_1(0).P_2(0)$ appartient à $\mathfrak{p}^2$ contrairement aux hypothèses. Ceci prouve *a*).

L'assertion *b*) résulte de *a*) et de la prop. 11 de V, § 1, n° 3.

Soient A un anneau local noethérien et $P_1, \ldots, P_r$ des polynômes unitaires dans A[T], de degré $\geqslant 2$. Soit $\mathfrak{q}$ l'idéal de $A[T_1, \ldots, T_r]$ engendré par $P_1(T_1), \ldots, P_r(T_r)$ et soit B la A-algèbre quotient $A[T_1, \ldots, T_r]/\mathfrak{q}$. Pour $1 \leqslant i \leqslant r$, on note d_i le degré de P_i, t_i la classe de T_i modulo $\mathfrak{q}$, et γ_i la classe de $c_i = P_i(0)$ modulo $\mathfrak{m}_A^2$. On suppose que l'on a $P_i(T) \equiv T^{d_i}$ mod. $\mathfrak{m}_A A[T]$ pour $1 \leqslant i \leqslant r$.

PROPOSITION 4. — *a*) *L'anneau* B *est local et noethérien, d'idéal maximal*

$$\mathfrak{m}_B = B\mathfrak{m}_A + \sum_{i=1}^{r} Bt_i .$$

On a $\dim(A) = \dim(B)$ *et* $[\kappa_B : \kappa_A] = 1$. *Les monômes* $t_1^{\alpha(1)} \ldots t_r^{\alpha(r)}$, *avec* $0 \leqslant \alpha(i) < d_i$ *pour* $1 \leqslant i \leqslant r$, *forment une base du A-module* B.

b) *Soit* λ *l'homomorphisme canonique de* $\mathfrak{m}_A/\mathfrak{m}_A^2$ *dans* $\mathfrak{m}_B/\mathfrak{m}_B^2$. *Alors le noyau de* λ *est le* κ_A*-espace vectoriel engendré par* $\gamma_1, \ldots, \gamma_r$. *Les classes des éléments* $t_1, \ldots, t_r$ *forment une base sur* κ_A *du conoyau de* λ.

c) *Pour que* B *soit régulier, il faut et il suffit que* A *soit régulier et que* $\gamma_1, \ldots, \gamma_r$ *soient linéairement indépendants dans le* κ_A*-espace vectoriel* $\mathfrak{m}_A/\mathfrak{m}_A^2$.

La A-algèbre B est isomorphe au produit tensoriel $B_1 \otimes_A \cdots \otimes_A B_r$ avec $B_i = A[T]/(P_i)$ pour $1 \leqslant i \leqslant r$. Il en résulte que les monômes $t_1^{\alpha(1)} \ldots t_r^{\alpha(r)}$, avec $0 \leqslant \alpha(i) < d_i$ pour $1 \leqslant i \leqslant r$, forment une base du A-module B. En particulier, B est entier sur A, donc A et B ont même dimension d'après le th. 1 du § 2, n° 3.

D'après le cor. 3 de la prop. 9 de IV, § 2, n° 5, l'anneau B est noethérien, et tout idéal maximal de B contient $B.\mathfrak{m}_A$. Par ailleurs, vu l'hypothèse faite sur $P_1, \ldots, P_r$ et la relation $P_i(t_i) = 0$, on a $t_i^{d_i} \in B.\mathfrak{m}_A$ pour $1 \leqslant i \leqslant r$. Donc tout idéal maximal de B contient $t_1, \ldots, t_r$, donc aussi l'idéal $\mathfrak{q}' = B.\mathfrak{m}_A + Bt_1 + \cdots + Bt_r$. Or on a $\mathfrak{m}_A = A \cap \mathfrak{q}'$ et $B = A + \mathfrak{q}'$, donc $B/\mathfrak{q}'$ est isomorphe à $A/\mathfrak{m}_A$ et $\mathfrak{q}'$ est un idéal maximal de B ; par suite, B est local et l'on a $[\kappa_B : \kappa_A] = 1$. Ceci prouve *a*).

Posons $\mathfrak{r} = \mathfrak{m}_A^2 + \sum_{i=1}^{r} Ac_i$, et notons φ l'homomorphisme canonique de $(A/\mathfrak{m}_A^2)[T_1, \ldots, T_r]$ sur $B/\mathfrak{m}_B^2$. Comme on a $\mathfrak{m}_B = B.\mathfrak{m}_A + \sum_{i=1}^{r} Bt_i$, le noyau $\mathfrak{n}$ de φ est l'idéal engendré par les classes $\overline{P}_i(T_i)$ des polynômes $P_i(T_i)$ modulo $\mathfrak{m}_A^2.A[T_1, \ldots, T_r]$ et les monômes T_iT_j et xT_i pour $1 \leqslant i, j \leqslant r$ et x dans $\mathfrak{m}_A/\mathfrak{m}_A^2$. D'après l'hypothèse faite sur P_i, à savoir $P_i(T) \equiv T^{d_i}$ mod. $\mathfrak{m}_A.A[T]$, on peut remplacer $\overline{P}_i(T_i)$ par γ_i dans cette description de $\mathfrak{n}$; par suite, l'anneau $B/\mathfrak{m}_B^2$ est isomorphe au quotient de $(A/\mathfrak{r})[T_1, ..., T_r]$ par l'idéal gradué engendré par les monômes T_iT_j et xT_i pour x dans $\mathfrak{m}_A/\mathfrak{r}$. Notons τ_i la classe de t_i modulo $\mathfrak{m}_B^2$; on a donc

$$(5) \qquad B/\mathfrak{m}_B^2 = (A/\mathfrak{r}) \oplus \kappa_A\tau_1 \oplus \cdots \oplus \kappa_A\tau_r,$$

d'où

$$(6) \qquad \mathfrak{m}_B/\mathfrak{m}_B^2 = (\mathfrak{m}_A/\mathfrak{r}) \oplus \kappa_A\tau_1 \oplus \cdots \oplus \kappa_A\tau_r.$$

L'assertion *b*) résulte aussitôt de là.

D'après la formule (6) et la relation $[\kappa_B : \kappa_A] = 1$, on a

$$(7) \qquad [\mathfrak{m}_B/\mathfrak{m}_B^2 : \kappa_B] = [\mathfrak{m}_A/\mathfrak{m}^2 : \kappa_A] + \{r - [\mathfrak{r}/\mathfrak{m}_A^2 : \kappa_A]\}.$$

Or, le κ_A-espace vectoriel $\mathfrak{r}/\mathfrak{m}_A^2$ est engendré par $\gamma_1, ..., \gamma_r$ et l'on a

$$(8) \qquad \dim(B) = \dim(A) \leqslant [\mathfrak{m}_A/\mathfrak{m}_A^2 : \kappa_A].$$

L'assertion *c*) résulte aussitôt des formules (7) et (8).

COROLLAIRE. — *Soit* A *un anneau local noethérien régulier et soit* $P \in A[T]$ *un polynôme d'Eisenstein pour* $\mathfrak{m}_A$. *L'anneau* $B = A[T]/(P)$ *est local noethérien régulier, de même dimension que* A, *et l'on a* $[\kappa_A : \kappa_B] = 1$. *Enfin, on a* $\mathfrak{m}_B = B.\mathfrak{m}_A + Bt$, *où* t *est la classe de* T *modulo* (P).

Le cas où P est de degré $\geqslant 2$ résulte de la prop. 4, où l'on fait $r = 1$; lorsque P est de degré 1, c'est-à-dire de la forme $T - c$ avec $c \in \mathfrak{m}_A$, le corollaire est immédiat.

PROPOSITION 5. — *Soit* A *un anneau intègre, de corps des fractions* K, *et soit* L *une extension algébrique de degré fini de* K. *On note* B *la fermeture intégrale de* A *dans* L *et* $\mathfrak{p}$ *un idéal premier de* A.

Supposons que l'anneau local $A_\mathfrak{p}$ *soit noethérien et régulier ; soit* t *un élément de* L *tel que* $L = K(t)$ *et supposons qu'il existe dans* A[T] *un élément* P, *polynôme d'Eisenstein pour* $\mathfrak{p}A_\mathfrak{p}$, *dont* t *soit racine.*

a) *Il existe dans* B *un unique idéal premier* $\mathfrak{q}$ *au-dessus de* $\mathfrak{p}$.

b) *L'anneau local* $B_\mathfrak{q}$ *est noethérien et régulier, de même dimension que* $A_\mathfrak{p}$.

c) *On a* $B_\mathfrak{q} = A_\mathfrak{p}[t]$.

d) *L'homomorphisme canonique de* $A/\mathfrak{p}$ *dans* $B/\mathfrak{q}$ *induit un isomorphisme des corps des fractions de ces anneaux.*

Posons $C = A_\mathfrak{p}[t]$ et notons d le degré de P. D'après la prop. 3 appliquée à l'anneau $A_\mathfrak{p}$, le polynôme d'Eisenstein P est irréductible dans K[T] et $(1, t, ..., t^{d-1})$ est une base de L sur K, donc de C sur $A_\mathfrak{p}$. Comme P est unitaire, le noyau de l'homomorphisme canonique de $A_\mathfrak{p}[T]$ sur C est égal à (P). D'après le corollaire de la prop. 4 ci-dessus, C est donc un anneau local noethérien régulier de même dimension que $A_\mathfrak{p}$, l'idéal maximal $\mathfrak{m}_C$ de C est engendré par $\mathfrak{p} \cup \{t\}$ et le corps κ_C est une extension triviale du corps des fractions de $A/\mathfrak{p}$. Pour prouver la prop. 5, il suffit donc de montrer qu'il existe un unique idéal premier $\mathfrak{q}$ de B au-dessus de $\mathfrak{p}$, et qu'on a $C = B_\mathfrak{q}$.

Posons $S = A - \mathfrak{p}$. On sait (V, § 1, n° 5, prop. 16) que la fermeture intégrale de

$A_\mathfrak{p}$ dans L est égale à $S^{-1}B$. Par ailleurs t est entier sur $A_\mathfrak{p}$, et l'anneau $C = A_\mathfrak{p}[t]$ est local noethérien régulier, donc intégralement clos (n° 2, cor. 1 du th. 1). On a donc $C = S^{-1}B$. Par conséquent, l'anneau $S^{-1}B$ est local et possède un unique idéal maximal. D'après V, § 2, n° 1, prop. 1, il existe un unique idéal premier de $S^{-1}B$ au-dessus de $\mathfrak{p}A_\mathfrak{p}$, donc B possède un unique idéal premier $\mathfrak{q}$ au-dessus de $\mathfrak{p}$ (*loc. cit.*, lemme 1), et l'on a $B_\mathfrak{q} = S^{-1}B = C$.

COROLLAIRE. — *Supposons que* $A_\mathfrak{p}$ *soit un anneau de valuation discrète. Alors* $B_\mathfrak{q}$ *est un anneau de valuation discrète, t est une uniformisante de* $B_\mathfrak{q}$, *et l'on a*

$$f(B_\mathfrak{q}/A_\mathfrak{p}) = 1\ ,\quad e(B_\mathfrak{q}/A_\mathfrak{p}) = [L:K] \tag{9}$$

(VI, § 8, n° 1).

En effet, les anneaux de valuation discrète sont les anneaux locaux noethériens réguliers de dimension 1 ; posant $d = [L:K]$, on a $t^d \in \mathfrak{m}_A - \mathfrak{m}_A^2$, d'où $d = e(B_\mathfrak{q}/A_\mathfrak{p})$. On a $[\kappa_B:\kappa_A] = 1$, d'où $f(B_\mathfrak{q}/A_\mathfrak{p}) = 1$.

Exemples. — 1) Posons $A = \mathbf{Z}$ et $L = \mathbf{Q}(p^{1/d})$, où p est un nombre premier et d un entier $\geqslant 2$. Notons B la fermeture intégrale de $\mathbf{Z}$ dans L. Comme le polynôme $T^d - p$ de $\mathbf{Z}[T]$ est un polynôme d'Eisenstein pour $p\mathbf{Z}_{(p)}$, il existe un unique idéal premier $\mathfrak{q}$ de B au-dessus de $p\mathbf{Z}$. Il existe donc une unique valuation discrète normalisée v du corps $\mathbf{Q}(p^{1/d})$ telle que $v(p) > 0$; on a $[L:K] = v(p) = d$, et $B/\mathfrak{q}$ est un corps à p éléments. L'anneau $B_\mathfrak{q}$ de la valuation v est égal à $\mathbf{Z}_{(p)}[p^{1/d}]$.

2) Posons $A = \mathbf{Z}$ et $L = R_{p^f}(\mathbf{Q})$ où p est un nombre premier et f un entier $\geqslant 1$ (*cf.* A, V, p. 78). On a donc $L = \mathbf{Q}(\zeta)$ avec $\zeta = \exp(2\pi i/p^f)$. Soient B la fermeture intégrale de $\mathbf{Z}$ dans L et P le polynôme de $\mathbf{Z}[T]$ tel que

$$P(T - 1) = (T^{p^f} - 1)/(T^{p^{f-1}} - 1)$$

Posons $d = p^f - p^{f-1}$. On a $P(\zeta - 1) = 0$, $P(0) = p$ et

$$P(T - 1) \equiv (T - 1)^d \bmod. p\mathbf{Z}[T]\ ,$$

d'où $P(T) \equiv T^d$. Par suite, P est un polynôme d'Eisenstein pour $p\mathbf{Z}_{(p)}$. Il y a donc un unique idéal premier $\mathfrak{q}$ de B au-dessus de $p\mathbf{Z}$, et l'on a $B_\mathfrak{q} = \mathbf{Z}_{(p)}[\zeta]$; de plus, $\zeta - 1$ est une uniformisante de $B_\mathfrak{q}$ et l'on a

$$[L:K] = d = p^f - p^{f-1}\ .$$

Si v est l'unique valuation normalisée de $\mathbf{Q}(\zeta)$ telle que $v(p) > 0$, on a $v(p) = d$. De plus, le corps $B/\mathfrak{q}$ a p éléments. On peut prouver (*cf.* p. 96, exerc. 13) que B est égal à $\mathbf{Z}[\zeta]$.

* 5. Structure des anneaux locaux noethériens réguliers complets

Dans ce numéro, nous utilisons des définitions et des résultats du chapitre IX.

Soit A un anneau local noethérien régulier et complet ; notons p la caractéristique de son corps résiduel κ_A, et distinguons deux cas.

A) $p = 0$. Alors (IX, § 3, nº 3, th. 1), il existe un sous-corps K de A tel que la projection canonique de A sur κ_A induise un isomorphisme de K sur κ_A. Appliquant alors le cor. 3 du th. 1 du nº 2 à la K-algèbre A, on en déduit :

Proposition 6. — *Soit* A *un anneau local noethérien régulier et complet, dont le corps résiduel* κ_A *est de caractéristique* 0. *Posons* $n = \dim(A)$. *Alors* A *est isomorphe à l'anneau de séries formelles* $\kappa_A[[X_1, ..., X_n]]$.

B) $p \neq 0$. On appelle *sous-anneau de Cohen* de A tout sous-anneau V de A qui est un p-anneau tel que $A = \mathfrak{m}_A + V$ (IX, § 2, nº 2, déf. 2). L'anneau V est local ; son idéal maximal $\mathfrak{m}_V$ est engendré par $p.1_V$; par suite on a $\mathfrak{m}_A \cap V = \mathfrak{m}_V$ et l'injection canonique de V dans A définit par passage au quotient un isomorphisme du corps κ_V sur le corps κ_A. Si $p.1_A = 0$, V est un corps de caractéristique p. Sinon V est un anneau de valuation discrète dont le corps des fractions est de caractéristique zéro (IX, § 2, nº 1, cor. 1 à la prop. 1). On démontre (IX, nº 2, th. 1) que A possède des sous-anneaux de Cohen.

Exemples. — 1) Soient k un corps de caractéristique $p \neq 0$ et n un entier positif. L'anneau de séries formelles $k[[X_1, ..., X_n]]$ est local noethérien régulier complet, de dimension n et k est un sous-anneau de Cohen de $k[[X_1, ..., X_n]]$.

2) Soient V un anneau de valuation discrète complet et n un entier positif. L'anneau de séries formelles $V_n = V[[X_1, ..., X_n]]$ est local noethérien régulier complet, de dimension $n + 1$, et V est un sous-anneau de Cohen de V_n.

3) Gardons les notations précédentes. On dit qu'un polynôme P de $V_n[T]$ de degré $d \geqslant 2$ est *spécial* s'il est de la forme $T^d + \sum_{i=1}^{d} a_i T^{d-i}$, où $a_1, ..., a_{d-1}$ appartiennent à $\mathfrak{m}_{V_n}$, a_d appartient à $\mathfrak{m}_V + \mathfrak{m}_{V_n}^2$ mais non à $\mathfrak{m}_{V_n}^2$. En particulier, P est un polynôme d'Eisenstein pour $\mathfrak{m}_{V_n}$. Posons $A = V_n[T]/(P)$. D'après le corollaire de la prop. 4 du nº 4, l'anneau A est local noethérien régulier complet, de dimension $n + 1$. Si t est la classe de T modulo (P), la suite $(1, t, ..., t^{d-1})$ est une base du V_n-module A, et $(X_1, ..., X_n, t)$ est un système de coordonnées de A : en effet, il existe une uniformisante π de V telle que $a_d \equiv \pi \bmod. \mathfrak{m}_{V_n}^2$; comme on a aussi

$$a_d = -t(t^{d-1} + a_1 t^{d-2} + \cdots + a_{d-1}),$$

on a $\pi \in \mathfrak{m}_A^2$; comme $\mathfrak{m}_A$ est engendré par $\{\pi, X_1, ..., X_n, t\}$, cela prouve notre assertion. En outre, V est un sous-anneau de Cohen de A, car κ_V s'identifie à κ_{V_n}, et κ_{V_n} à κ_A d'après le corollaire à la prop. 4 du nº 4.

THÉORÈME 2. — *Soit A un anneau local noethérien régulier et complet dont le corps résiduel est de caractéristique* $\neq 0$, *et soit V un sous-anneau de Cohen de A. Posons* $n = \dim(A)$.

a) Supposons que V soit un corps. Alors la V-algèbre A est isomorphe à l'algèbre de séries formelles $V[[X_1, ..., X_n]]$.

b) Supposons que V soit un anneau de valuation discrète complet et que l'on ait $\mathfrak{m}_V \not\subset \mathfrak{m}_A^2$. *Alors, la V-algèbre A est isomorphe à l'algèbre de séries formelles* $V[[X_1, ..., X_{n-1}]]$.

c) Supposons que V soit un anneau de valuation discrète complet et que l'on ait $\mathfrak{m}_V \subset \mathfrak{m}_A^2$. *Il existe alors un polynôme spécial* P *dans* $V[[X_1, ..., X_{n-1}]][T]$ *et un V-isomorphisme de A sur* $V[[X_1, ..., X_{n-1}]][T]/(P)$.

L'assertion *a*) résulte aussitôt du cor. 3 du th. 1 du n° 2.

Prouvons *b*). Soit $(x_1, ..., x_m)$ une suite d'éléments de $\mathfrak{m}_A$, et soit φ_0 l'homomorphisme de $V[X_1, ..., X_m]$ dans A qui coïncide avec l'identité sur V et envoie X_i sur x_i pour $1 \leqslant i \leqslant m$. Si $\mathfrak{a}$ est l'idéal de $V[X_1, ..., X_m]$ engendré par $X_1, ..., X_m$, on a $\varphi_0(\mathfrak{a}) \subset \mathfrak{m}_A$, donc φ_0 se prolonge par continuité en un homomorphisme φ de $V_m = V[[X_1, ..., X_m]]$ dans A. Soit π une uniformisante de V. D'après le cor. 2 du th. 1 du n° 2, φ est un isomorphisme de V_m sur A si et seulement si $(\pi, x_1, ..., x_m)$ est un système de coordonnées de A. Mais l'application canonique de $\mathfrak{m}_V/\mathfrak{m}_V^2$ dans $\mathfrak{m}_A/\mathfrak{m}_A^2$ est injective, puisque l'on a $\mathfrak{m}_V \not\subset \mathfrak{m}_A^2$ et que $\mathfrak{m}_V/\mathfrak{m}_V^2$ est de rang 1 sur κ_V. Donc $\mathfrak{m}_A/(\mathfrak{m}_V + \mathfrak{m}_A^2)$ est de rang $n - 1$ et $(\pi, x_1, ..., x_m)$ est un système de coordonnées de A si et seulement si les classes des x_i forment une base de $\mathfrak{m}_A/(\mathfrak{m}_V + \mathfrak{m}_A^2)$ sur κ_V. D'où *b*).

Prouvons *c*). Soit $(y_1, ..., y_n)$ un système de coordonnées de A. Comme ci-dessus, posons $V_n = V[[Y_1, ..., Y_n]]$ et considérons l'homomorphisme φ de V_n dans A qui coïncide avec l'identité sur V et envoie Y_i sur y_i pour $1 \leqslant i \leqslant n$. Alors $\mathrm{gr}(\varphi)$ est surjectif, donc φ est surjectif (III, § 2, n° 8, cor. 2 du th. 1). Le noyau $\mathfrak{p}$ de φ est un idéal premier de V_n; comme on a

$$\dim(V_n) = n + 1 = \dim(V_n/\mathfrak{p}) + 1 ,$$

l'idéal premier $\mathfrak{p}$ est de hauteur 1 (§ 1, n° 3, prop. 8). Mais l'anneau V_n est factoriel d'après la prop. 8 de VII, § 3, n° 9 ; par suite, l'idéal $\mathfrak{p}$ est principal (VII, § 3, n° 2, th. 1).

Soit R un générateur de l'idéal $\mathfrak{p}$ de V_n. D'après le lemme 3 de VII, § 3, n° 7, il existe des entiers $u(1), ..., u(n-1)$ au moins égaux à 1, et un isomorphisme σ de $V[[X_1, ..., X_{n-1}, T]]$ sur V_n tels que

$$\sigma(X_i) = Y_i + Y_n^{u(i)} \quad \text{pour} \quad 1 \leqslant i < n$$
$$\sigma(T) = Y_n$$

et que $\sigma^{-1}(R) = Q$ satisfasse à $Q(0, ..., 0, T) \neq 0$. De plus, d'après le théorème de préparation (VII, § 3, nº 8, prop. 6), il existe un polynôme P dans $V[[X_1, ..., X_{n-1}]][T]$ de la forme

$$P = T^d + \sum_{i=1}^{d} a_i(X_1, ..., X_{n-1})\,T^{d-i},$$

engendrant le même idéal que Q dans $V[[X_1, ..., X_{n-1}, T]]$, et tel que $a_i(0, ..., 0) \in \mathfrak{m}_V$ pour $1 \leqslant i \leqslant d$. On en déduit que A est V-isomorphe à $V[[X_1, ..., X_{n-1}, T]]/(P)$. Mais $V[[X_1, ..., X_{n-1}, T]]$ est somme directe de l'idéal (P) et du sous-$V[[X_1, ..., X_{n-1}]]$-module de base $1, T, ..., T^{d-1}$ (VII, § 3, nº 8, prop. 5); par suite, A est V-isomorphe à $V[[X_1, ..., X_{n-1}]][T]/(P)$.

Posons $C = V[[X_1, ..., X_{n-1}]]$ et notons α la classe de $a_d(X_1, ..., X_{n-1})$ modulo $\mathfrak{m}_C^2$. On a $\kappa_V = \kappa_C = \kappa_A$. D'après la prop. 4 du nº 4, le noyau de l'homomorphisme canonique de $\mathfrak{m}_C/\mathfrak{m}_C^2$ dans $\mathfrak{m}_A/\mathfrak{m}_A^2$ est égal à $\kappa_C\alpha$. Comme l'image de $\mathfrak{m}_V/\mathfrak{m}_V^2$ dans $\mathfrak{m}_A/\mathfrak{m}_A^2$ est nulle et que $\mathfrak{m}_V/\mathfrak{m}_V^2$ est de rang 1 sur κ_C, il en résulte que a_d appartient à $\mathfrak{m}_V + \mathfrak{m}_C^2$, mais non à $\mathfrak{m}_C^2$. Par conséquent, le polynôme P est spécial, ce qu'on voulait démontrer.

* *Remarque.* — Soient k un corps, A une k-algèbre noethérienne locale complète régulière. Lorsque κ_A n'est pas une extension séparable de k, il n'est pas vrai en général que A soit isomorphe comme k-algèbre à $\kappa_A[[T_1, ..., T_n]]$ où $n = \dim(A)$ (p. 98, exerc. 29). *

§ 6. DIMENSION DES ANNEAUX GRADUÉS

Dans ce paragraphe, on désigne par H *un anneau gradué de type* **Z**, *à degrés positifs, et par* $(H_n)_{n\in\mathbf{Z}}$ *sa graduation; ainsi, on a* $H_n = \{0\}$ *pour* $n < 0$.

1. Anneau filtré associé à un anneau gradué

Pour tout $n \in \mathbf{Z}$, on pose $H_{\geqslant n} = \sum_{i\geqslant n} H_i$. On a $H = H_{\geqslant 0}$; les $H_{\geqslant n}$ sont des idéaux gradués de H. Notons S la partie multiplicative $1 + H_{\geqslant 1}$ formée des éléments de H dont la composante de degré 0 est égale à 1, et considérons l'anneau de fractions $S^{-1}H$. Identifions H à un sous-anneau de son complété $\hat{H} = \prod_n H_n$ (III, § 2, nº 12, exemple 1); comme les éléments de S sont inversibles dans $\hat{H}$ (III, § 2, nº 13, lemme 3), $S^{-1}H$ s'identifie à un sous-anneau de $\hat{H}$ contenant H. Pour $s \in S$ et $h \in H_{\geqslant n}$, l'élément $s^{-1}h - h$ de $\hat{H}$ appartient à $\prod_{i\geqslant n} H_i$; par conséquent on a $S^{-1}H_{\geqslant n} = (S^{-1}H) \cap \prod_{i\geqslant n} H_i$. On en déduit :

PROPOSITION 1. — *a) Les idéaux* $S^{-1}H_{\geqslant n}$ *forment une filtration exhaustive et séparée de l'anneau* $S^{-1}H$.

b) L'homomorphisme canonique de H *dans* $S^{-1}H$ *induit pour chaque n un isomorphisme* u_n *de* H_n *sur* $S^{-1}H_{\geqslant n}/S^{-1}H_{\geqslant n+1}$; *les* u_n *sont les composants homogènes d'un isomorphisme d'anneaux gradués de* H *sur l'anneau gradué associé à* $S^{-1}H$, *filtré par les* $S^{-1}H_{\geqslant n}$.

Remarques. — 1) Un élément h/s de $S^{-1}H$ avec $h \in H$, $s \in S$, est inversible si et seulement si la composante de degré 0 de h est inversible dans H_0. Par conséquent, *si l'anneau* H_0 *est local, l'anneau* $S^{-1}H$ *est local* et l'injection canonique $H_0 \rightarrow S^{-1}H$ induit un isomorphisme sur les corps résiduels.

2) Supposons H engendré par H_0 et H_1 ; alors pour tout n, on a $H_{n+1} = H_1.H_n$, donc $H_{\geqslant n+1} = H_1.H_{\geqslant n}$ et $S^{-1}H_{\geqslant n+1} = H_1.S^{-1}H_{\geqslant n}$. Par suite, la filtration $(S^{-1}H_{\geqslant n})$ de $S^{-1}H$ est la filtration $S^{-1}H_{\geqslant 1}$-adique.

Exemples. — 1) * Soit $\mathfrak{p}$ un idéal premier gradué de $\mathbf{C}[X_0, ..., X_n]$ différent de l'idéal engendré par les X_i ; soient V la sous-variété algébrique de $\mathbf{P}^n(\mathbf{C})$ définie par $\mathfrak{p}$ et C la sous-variété algébrique de $\mathbf{C}^{n+1}$ définie par $\mathfrak{p}$. Alors C est le cône de base V, $H = \mathbf{C}[X_0, ..., X_n]/\mathfrak{p}$ est l'algèbre affine de C et $S^{-1}H$ l'anneau local du cône C en son sommet. *

2) Soient A un anneau local et $\mathfrak{a}$ un idéal de A distinct de A. Alors $H = \bigoplus_n \mathfrak{a}^n/\mathfrak{a}^{n+1}$ est un anneau gradué tel que $H_0 = A/\mathfrak{a}$ soit local ; il est engendré par H_0 et H_1. L'anneau $S^{-1}H$ est donc local et la filtration $(S^{-1}H_{\geqslant n})$ est la filtration $S^{-1}H_{\geqslant 1}$-adique. On prendra garde qu'en général les anneaux A et $S^{-1}H$ ne sont pas isomorphes. * En particulier une variété algébrique n'est pas en général localement isomorphe au voisinage d'un point à son cône des tangentes en ce point. *

2. Dimension et chaînes d'idéaux gradués

Dans ce numéro, nous noterons dimgr(H) la borne supérieure des longueurs des chaînes d'idéaux premiers *gradués* de H ; de même, si $\mathfrak{p}$ est un idéal premier gradué de H, nous noterons htgr($\mathfrak{p}$) la borne supérieure des longueurs des chaînes d'idéaux premiers gradués de H dont $\mathfrak{p}$ est le plus grand élément. Si $\mathfrak{p}$ est un idéal premier gradué de H, on a $\mathfrak{p} \cap S = \varnothing$; sinon, en effet $\mathfrak{p}$ contiendrait un élément dont la composante de degré 0 serait égale à 1, donc contiendrait 1 puisqu'il est gradué. L'application $\mathfrak{p} \mapsto S^{-1}\mathfrak{p}$ de l'ensemble des idéaux premiers gradués de H dans l'ensemble des idéaux premiers de $S^{-1}H$ est donc injective et croissante (II, § 2, n° 5, prop. 11) ; par conséquent, compte tenu du § 1, n° 3, prop. 6 et corollaire à la prop. 7, on a :

PROPOSITION 2. — *a) On a* $\operatorname{dimgr}(H) \leqslant \dim(S^{-1}H) \leqslant \dim(H)$.

b) Pour tout idéal premier gradué $\mathfrak{p}$ *de* H, *on a* $\operatorname{htgr}(\mathfrak{p}) \leqslant \operatorname{ht}(S^{-1}\mathfrak{p}) = \operatorname{ht}(\mathfrak{p})$.

Pour tout idéal $\mathfrak{a}$ de H, notons $\mathfrak{a}^{gr}$ le plus grand idéal gradué contenu dans $\mathfrak{a}$; on a $\mathfrak{a}^{gr} = \sum_n (\mathfrak{a} \cap H_n)$.

Lemme 1. — *a) Si* $\mathfrak{p}$ *est un idéal premier de* H, $\mathfrak{p}^{gr}$ *est un idéal premier.*

b) Tout élément maximal de l'ensemble des idéaux gradués de H *distincts de* H *est un idéal maximal de* H *qui contient* $H_{\geqslant 1}$.

c) Tout idéal premier minimal de H *est gradué.*

a) Cela résulte de III, § 1, nº 4, prop. 4.

b) Soit $\mathfrak{m}$ un idéal gradué de H distinct de H. Alors on a

$$\mathfrak{m} \subset (\mathfrak{m} \cap H_0) + H_{\geqslant 1} \neq H .$$

Si $\mathfrak{m}$ est maximal, alors on a $\mathfrak{m} = \mathfrak{m}_0 + H_{\geqslant 1}$, où $\mathfrak{m}_0$ est un idéal maximal de H_0, d'où *b)*.

c) Soit $\mathfrak{p}$ un idéal premier minimal de H. Comme $\mathfrak{p}^{gr}$ est premier d'après *a)* et contenu dans $\mathfrak{p}$, on a $\mathfrak{p} = \mathfrak{p}^{gr}$, d'où *c)*.

Lemme 2. — *Soient* $\mathfrak{p}$ *et* $\mathfrak{q}$ *des idéaux premiers de* H *tels que* $\mathfrak{q} \subset \mathfrak{p}$ *et* $\mathfrak{q} \neq \mathfrak{p}$. *Si* $\mathfrak{q}^{gr} = \mathfrak{p}^{gr}$, *alors* $\mathfrak{q}$ *est gradué,* $\mathfrak{p}$ *ne l'est pas et* $\mathrm{ht}(\mathfrak{p}/\mathfrak{q}) = 1$.

* *Remarque* 1. — Reprenons les notations de l'exemple 1 du nº 1. Le lemme 2 implique que, si deux sous-variétés irréductibles Y et Z de $\mathbf{C}^{n+1}$ ont le même cône projetant et si $Z \subset Y$ et $Z \neq Y$, alors Y est le cône projetant de Z, et Z est de codimension 1 dans Y. *

Remplaçant H par $H/\mathfrak{q}^{gr}$ on se ramène au cas où $\mathfrak{q}^{gr} = \{0\}$. Alors H est intègre (lemme 1, *a)*), $\mathfrak{p}^{gr} = 0$, et il s'agit de prouver que $\mathrm{ht}(\mathfrak{p}) \leqslant 1$: cela entraînera en effet que $\mathrm{ht}(\mathfrak{q}) = 0$, donc que $\mathfrak{q} = \{0\}$. Puisque $\mathfrak{p}^{gr} = \{0\}$, on a $\mathfrak{p} \cap H_n = \{0\}$ pour tout n, et $\mathfrak{p}$ est disjoint de la partie multiplicative $T = \bigcup_n (H_n - \{0\})$. L'anneau $H_{\mathfrak{p}}$ est donc isomorphe à un anneau de fractions de $T^{-1}H$, et l'on a donc

$$\mathrm{ht}(\mathfrak{p}) = \dim(H_{\mathfrak{p}}) \leqslant \dim(T^{-1}H)$$

(§ 1, nº 3, prop. 6 et 7). Mais, d'après le lemme 4 de V, § 1, nº 8, $T^{-1}H$ est un corps ou est isomorphe à un anneau $K[X, X^{-1}]$, où K est un corps ; on a donc $\dim(T^{-1}H) \leqslant 1$ et $\mathrm{ht}(\mathfrak{p}) \leqslant 1$, ce qu'on voulait démontrer.

PROPOSITION 3. — *Soit* $\mathfrak{p}$ *un idéal premier de* H. *Si* $\mathfrak{p} \neq \mathfrak{p}^{gr}$, *on a* $\mathrm{ht}(\mathfrak{p}^{gr}) = \mathrm{ht}(\mathfrak{p}) - 1$.

D'après le lemme 1, *a)*, l'idéal $\mathfrak{p}^{gr}$ est premier et contenu dans $\mathfrak{p}$, donc $\mathrm{ht}(\mathfrak{p}^{gr}) \leqslant \mathrm{ht}(\mathfrak{p}) - 1$. La proposition étant triviale lorsque $\mathrm{ht}(\mathfrak{p}^{gr}) = +\infty$, on peut supposer $\mathrm{ht}(\mathfrak{p}^{gr}) < +\infty$. Démontrons l'inégalité $\mathrm{ht}(\mathfrak{p}) \leqslant \mathrm{ht}(\mathfrak{p}^{gr}) + 1$ par récurrence sur $\mathrm{ht}(\mathfrak{p}^{gr})$. Il suffit de prouver que, pour tout idéal premier $\mathfrak{q}$ contenu dans $\mathfrak{p}$ et distinct de $\mathfrak{p}$, on a $\mathrm{ht}(\mathfrak{q}) \leqslant \mathrm{ht}(\mathfrak{p}^{gr})$. Distinguons deux cas suivant que $\mathfrak{q}^{gr} \neq \mathfrak{p}^{gr}$ ou que $\mathfrak{q}^{gr} = \mathfrak{p}^{gr}$. Si $\mathfrak{q}^{gr} \neq \mathfrak{p}^{gr}$, alors on a $\mathrm{ht}(\mathfrak{q}^{gr}) < \mathrm{ht}(\mathfrak{p}^{gr})$; on a

$$\mathrm{ht}(\mathfrak{q}) \leqslant \mathrm{ht}(\mathfrak{q}^{gr}) + 1 ,$$

d'après l'hypothèse de récurrence si $\mathfrak{q} \neq \mathfrak{q}^{gr}$ et trivialement si $\mathfrak{q} = \mathfrak{q}^{gr}$; par conséquent, on a $\mathrm{ht}(\mathfrak{q}) \leqslant \mathrm{ht}(\mathfrak{q}^{gr}) + 1 \leqslant \mathrm{ht}(\mathfrak{p}^{gr})$, ce qu'on voulait démontrer. Si $\mathfrak{q}^{gr} = \mathfrak{p}^{gr}$, alors on a $\mathfrak{q} = \mathfrak{q}^{gr}$ d'après le lemme 2, donc $\mathrm{ht}(\mathfrak{q}) = \mathrm{ht}(\mathfrak{q}^{gr}) \leqslant \mathrm{ht}(\mathfrak{p}^{gr})$, d'où encore la conclusion voulue.

THÉORÈME 1. — *Supposons* H *noethérien.*

a) Toute chaîne d'idéaux premiers gradués de H, *saturée comme chaîne d'idéaux premiers gradués, est saturée comme chaîne d'idéaux premiers.*

b) Pout tout idéal premier gradué $\mathfrak{p}$ *de* H, *on a* $\mathrm{htgr}(\mathfrak{p}) = \mathrm{ht}(S^{-1}\mathfrak{p}) = \mathrm{ht}(\mathfrak{p})$.

c) On a $\mathrm{dimgr}(H) = \dim(S^{-1}H) = \dim(H)$.

Pour démontrer *a*), il suffit de prouver que, si $\mathfrak{p}$ et $\mathfrak{q}$ sont deux idéaux premiers gradués distincts de H tels que $\mathfrak{q} \subset \mathfrak{p}$ et que tout idéal premier gradué compris entre $\mathfrak{q}$ et $\mathfrak{p}$ soit égal à $\mathfrak{p}$ ou à $\mathfrak{q}$, alors $\mathrm{ht}(\mathfrak{p}/\mathfrak{q}) = 1$. En divisant par $\mathfrak{q}$, on se ramène au cas où $\mathfrak{q} = \{0\}$. Il s'agit donc de prouver que, si H est intègre, et si $\mathfrak{p}$ est un idéal de H, minimal parmi les idéaux premiers gradués $\neq \{0\}$, on a $\mathrm{ht}(\mathfrak{p}) = 1$. Or, soit a un élément homogène non nul de $\mathfrak{p}$, et soit $\mathfrak{r}$ un idéal premier de H tel que $a \in \mathfrak{r} \subset \mathfrak{p}$ et minimal pour ces propriétés (II, § 2, n° 6, lemme 2). Puisque $\mathfrak{r}^{gr}$ est premier (lemme 1, *a*)) et non nul, on a $\mathfrak{r}^{gr} = \mathfrak{p}$, donc $\mathfrak{p} = \mathfrak{r}$. Comme H est intègre et noethérien, $\mathfrak{p}$ est de hauteur 1 (§ 3, n° 1, prop. 1), d'où *a*).

Démontrons *b*). Soit $\mathfrak{p}$ un idéal premier gradué de H. On a

$$\mathrm{htgr}(\mathfrak{p}) \leqslant \mathrm{ht}(S^{-1}\mathfrak{p}) \leqslant \mathrm{ht}(\mathfrak{p})$$

(prop. 2); démontrons l'inégalité $\mathrm{ht}(\mathfrak{p}) \leqslant \mathrm{htgr}(\mathfrak{p})$ par récurrence sur $\mathrm{htgr}(\mathfrak{p})$. Si $\mathrm{htgr}(\mathfrak{p}) = 0$, $\mathfrak{p}$ est minimal parmi les idéaux premiers gradués, donc minimal (lemme 1, *c*)) et l'on a $\mathrm{ht}(\mathfrak{p}) = 0$. Supposons que l'on ait $\mathrm{htgr}(\mathfrak{p}) > 0$ et prouvons l'inégalité $\mathrm{ht}(\mathfrak{q}) \leqslant \mathrm{htgr}(\mathfrak{p}) - 1$ pour tout idéal premier $\mathfrak{q}$ contenu dans $\mathfrak{p}$ et distinct de $\mathfrak{p}$. Distinguons deux cas. Si $\mathfrak{q}$ est gradué, on conclut par l'hypothèse de récurrence. Si $\mathfrak{q}$ n'est pas gradué, alors on a $\mathfrak{q}^{gr} \neq \mathfrak{p}$, donc $\mathrm{ht}(\mathfrak{q}^{gr}) \leqslant \mathrm{htgr}(\mathfrak{q}^{gr})$ d'après l'hypothèse de récurrence, d'où $\mathrm{ht}(\mathfrak{q}) \leqslant \mathrm{htgr}(\mathfrak{q}^{gr}) + 1$ d'après la prop. 3; il reste à prouver l'inégalité $\mathrm{htgr}(\mathfrak{q}^{gr}) \leqslant \mathrm{htgr}(\mathfrak{p}) - 2$; mais si l'on avait $\mathrm{htgr}(\mathfrak{q}^{gr}) = \mathrm{htgr}(\mathfrak{p}) - 1$, la chaîne $\mathfrak{q}^{gr} \subset \mathfrak{p}$ serait saturée d'après *a*), ce qui n'est pas puisque $\mathfrak{q}^{gr} \neq \mathfrak{q} \neq \mathfrak{p}$.

Prouvons enfin *c*). On a $\mathrm{dimgr}(H) \leqslant \dim(S^{-1}H) \leqslant \dim(H)$ (prop. 2), et il reste à prouver $\dim(H) \leqslant \mathrm{dimgr}(H)$, ou encore $\mathrm{ht}(\mathfrak{p}) \leqslant \mathrm{dimgr}(H)$ pour tout idéal premier $\mathfrak{p}$ de H. Soit donc $\mathfrak{p}$ un idéal premier de H. Si $\mathfrak{p}$ est gradué, on a $\mathrm{ht}(\mathfrak{p}) = \mathrm{htgr}(\mathfrak{p}) \leqslant \mathrm{dimgr}(H)$. Si $\mathfrak{p}$ n'est pas gradué, on a $\mathrm{ht}(\mathfrak{p}) = \mathrm{htgr}(\mathfrak{p}^{gr}) + 1$ d'après la prop. 3 ; soit $\mathfrak{m}$ un idéal gradué maximal de H contenant $\mathfrak{p}^{gr}$; d'après le lemme 1, *b*), $\mathfrak{m}$ est maximal, donc distinct de $\mathfrak{p}^{gr}$, et l'on a $\mathrm{htgr}(\mathfrak{p}^{gr}) + 1 \leqslant \mathrm{htgr}(\mathfrak{m}) \leqslant \mathrm{dimgr}(H)$, d'où encore $\mathrm{ht}(\mathfrak{p}) \leqslant \mathrm{dimgr}(H)$. Cela achève la démonstration.

Remarque 2. — Il existe des anneaux gradués non noethériens H tels que $\mathrm{dimgr}(H) < \dim(H)$ (p. 99, exercice 1).

3. Dimension des modules gradués

Dans ce numéro, on note M *un* H*-module gradué (de type* **Z**).

Alors $S^{-1}M$ est un $S^{-1}H$-module, et si l'on pose $M_{\geqslant n} = \bigoplus_{i \geqslant n} M_i$, on voit comme au n° 1 que la suite des ensembles $S^{-1}M_{\geqslant n}$ est une filtration exhaustive et séparée sur

$S^{-1}M$ et que l'application canonique $M \to S^{-1}M$ induit un isomorphisme de M sur le module gradué $\bigoplus_n S^{-1}M_{\geqslant n}/S^{-1}M_{\geqslant n+1}$.

Lemme 3. — *Supposons* H *engendré par* $H_0 \cup H_1$ *et* M *engendré par* $\bigoplus_{i \leqslant n_0} M_i$ *pour un entier* n_0 *convenable. Alors la filtration* $(S^{-1}M_{\geqslant n})$ *sur* $S^{-1}M$ *est bonne pour l'idéal* $S^{-1}H_{\geqslant 1}$ *de* $S^{-1}H$.

On a, pour $n \geqslant n_0$, $M_{\geqslant n+1} = H_1.M_{\geqslant n}$, donc $S^{-1}M_{\geqslant n+1} = H_1.S^{-1}M_{\geqslant n} = S^{-1}H_{\geqslant 1}.S^{-1}M_{\geqslant n}$.

PROPOSITION 4. — *Supposons* H *noethérien et* M *de type fini. Alors* $\dim_H(M) = \dim_{S^{-1}H}(S^{-1}M)$.

Soit $\mathfrak{a}$ l'annulateur du H-module M ; c'est un idéal gradué de H. Comme M est un H-module de type fini, l'annulateur du $S^{-1}H$-module $S^{-1}M$ est l'idéal $S^{-1}\mathfrak{a}$ de $S^{-1}H$. On a $\dim_H(M) = \dim(H/\mathfrak{a})$ et $\dim_{S^{-1}H}(S^{-1}M) = \dim(S^{-1}H/S^{-1}\mathfrak{a})$. La prop. 4 résulte alors du th. 1, *c*) du n° 2 appliqué à l'anneau gradué $H/\mathfrak{a}$.

PROPOSITION 5. — *Supposons* H_0 *local et artinien,* H *engendré par* $H_0 \cup H_1$, H_1 *de type fini comme* H_0*-module,* M *non nul et de type fini comme* H*-module. Alors* M_n *est un* H_0*-module de longueur finie pour chaque n, et il existe* $Q(T) \in \mathbf{Z}[T, T^{-1}]$ *tel que* $Q(1) > 0$ *et que l'on ait dans l'anneau* $\mathbf{Z}((T))$

$$\sum_{n \in \mathbf{Z}} \operatorname{long}_{H_0}(M_n).T^n = (1 - T)^{-d}.Q(T),$$

avec $d = \dim_H(M)$.

L'anneau $S^{-1}H$ est local et noethérien (n° 1, remarque 1), le $S^{-1}H$-module $S^{-1}M$ est non nul de type fini, et de dimension $d = \dim_H(M)$ (prop. 4). Par ailleurs, $S^{-1}H_{\geqslant 1}$ est un idéal de définition de $S^{-1}H$ (§ 3, n° 2, lemme 2) et $S^{-1}M_{\geqslant n}$ est une filtration $S^{-1}H_{\geqslant 1}$-bonne sur $S^{-1}M$ (lemme 3). Enfin, on a $\operatorname{long}_{S^{-1}H} S^{-1}M_{\geqslant n}/S^{-1}M_{\geqslant n+1} = \operatorname{long}_{H_0}(M_n)$ pour tout *n*. Il suffit donc d'appliquer les th. 2 et 3 du § 4 (n°s 3 et 4).

Remarque. — A l'exception de la détermination de l'entier *d*, la prop. 5 résulte directement du th. 1 du § 4, n° 2.

COROLLAIRE. — *Soient* A *un anneau local noethérien et* $\mathfrak{q}$ *un idéal de définition de* A. *Alors on a* $\dim(A) = \dim(\operatorname{gr}_{\mathfrak{q}}(A))$.

Appliquant la prop. 5 au cas $M = H = \operatorname{gr}_{\mathfrak{q}}(A)$, on obtient la relation

$$\sum_{n \geqslant 0} \operatorname{long}_{A/\mathfrak{q}}(\mathfrak{q}^n/\mathfrak{q}^{n+1}).T^n = (1 - T)^{-d}Q(T)$$

avec $d = \dim(\operatorname{gr}_{\mathfrak{q}}(A))$ et $Q(1) \neq 0$. On a $d = \dim(A)$ d'après le th. 3 du § 4, n° 4, d'où le corollaire.

PROPOSITION 6. — *Supposons* H_0 *local et artinien,* H *de type fini comme* H_0*-algèbre et* M *de type fini comme* H*-module.*

a) Soient $a_1, \ldots, a_n$ *des éléments de* H, *homogènes de degrés* > 0, *et soit* φ *l'homomorphisme* (de H_0-algèbres) *de* $H_0[X_1, \ldots, X_n]$ *dans* H *qui transforme* X_i *en* a_i *pour* $1 \leqslant i \leqslant n$. *Le* $S^{-1}H$-*module* $S^{-1}M/\sum_{i=1}^{n}(a_i/1).S^{-1}M$ *est de longueur finie si et seulement si* $\varphi_*(M)$ *est un module de type fini sur* $H_0[X_1, \ldots, X_n]$.

b) Il existe une famille $(a_1, \ldots, a_d)$ *d'éléments de* H, *tous homogènes d'un même degré* > 0, *avec* $d = \dim_H(M)$, *et telle que* $(a_1/1, \ldots, a_d/1)$ *soit une suite sécante maximale pour le* $S^{-1}H$-*module* $S^{-1}M$. *Si de plus* H *est engendré par* H_1 *comme* H_0-*algèbre, et si le corps résiduel de* H_0 *est infini, on peut prendre les* a_i *de degré* 1.

a) Posons $N = M/\sum_{i=1}^{n} a_iM$. On a $\dim_H(N) = \dim_{S^{-1}H}(S^{-1}N)$ d'après la prop. 4. Par suite, le $S^{-1}H$-module $S^{-1}N$ est de longueur finie si et seulement si le H-module N est de longueur finie, c'est-à-dire si et seulement si N est un H_0-module de type fini. Si $\varphi_*(M)$ est le module sur $H_0[X_1, \ldots, X_n]$ déduit de M par l'homomorphisme $\varphi : H_0[X_1, \ldots, X_n] \to M$, on a $N = \varphi_*(M)/\sum_{i=1}^{n} X_i.\varphi_*(M)$. Par suite (A, II, p. 171, cor. 3 et remarque) $\varphi_*(M)$ est un module de type fini sur $H_0[X_1, \ldots, X_n]$ si et seulement si N est un H_0-module de type fini. Ceci prouve *a*).

Pour prouver *b*), nous établirons d'abord un lemme.

Lemme 4. — *Soit b un élément de* H, *homogène de degré* > 0, *et n'appartenant à aucun des éléments minimaux* $\mathfrak{p}$ *de* Supp(M), *tels que* $\dim(H/\mathfrak{p}) = \dim_H(M)$. *On a alors* $\dim_H(M/bM) = \dim_H(M) - 1$.

Posons $d = \dim_H(M)$. D'après la définition de *b*, on a $\dim_H(M/bM) < d$. D'après la prop. 4, on a

$$\dim_H(M/bM) = \dim_{S^{-1}H}(S^{-1}M/(b/1).S^{-1}M)$$

et la formule (8) du § 3, n° 2 fournit l'inégalité

$$\dim_{S^{-1}H}(S^{-1}M/(b/1).S^{-1}M) \geqslant \dim_{S^{-1}H}(S^{-1}M) - 1\,.$$

Enfin, on a

$$\dim_{S^{-1}H}(S^{-1}M) = \dim_H(M) = d$$

d'après la prop. 4. On a donc $\dim_H(M/bM) \geqslant d - 1$, d'où le lemme 4.

Reprenons la démonstration de la prop. 6, *b*). On peut supposer $\dim_H(M) > 0$. Remarquons que tout élément minimal de Supp(M) est gradué (appliquer le lemme 1 du n° 2 au quotient de H par l'annulateur de M). D'après la prop. 8 de III, § 1, n° 4, il existe donc un élément homogène *b* de H, de degré > 0, n'appartenant à aucun des éléments minimaux $\mathfrak{p}$ de Supp(M) tels que $\dim(H/\mathfrak{p}) = \dim_H(M)$. D'après le lemme 4, on a $\dim_H(M/bM) = \dim_H(M) - 1$. Supposons de plus H engendrée par H_1 comme H_0-algèbre et le corps résiduel *k* de H_0 infini. Pour tout élément minimal $\mathfrak{p}$ de Supp(M), tel que $\dim(H/\mathfrak{p}) = \dim_H(M)$, considérons le sous-espace vectoriel $V_\mathfrak{p} = (\mathfrak{p} \cap H_1) \otimes_{H_0} k$ du *k*-espace vectoriel $V = H_1 \otimes_{H_0} k$. Si on avait $V_\mathfrak{p} = V$, on aurait $\mathfrak{p} \cap H_1 = H_1$ (II, § 3, n° 2, prop. 4), d'où $H_1 \subset \mathfrak{p}$ et $\dim_H(M) = \dim(H/\mathfrak{p}) \leqslant \dim(H/H_{\geqslant 1}) = 0$, ce qui n'est pas. Puisque k est supposé infini, la réunion des $V_\mathfrak{p}$ est distincte de V; si $b \in H_1$ est tel que $b \otimes 1$ n'appartient à aucun des $V_\mathfrak{p}$, on a $\dim(M/bM) = \dim_H(M) - 1$.

Procédant par récurrence sur $d = \dim_H(M)$, on construit alors une suite $(b_1, \ldots, b_d)$ d'éléments de H, avec b_i homogène de degré $n_i > 0$ et telle que $M/\sum_{i=1}^{n} b_i M$ soit un H-module de longueur finie. Si on suppose H engendrée par H_1 comme H_0-algèbre et le corps résiduel de H_0 infini, on peut supposer $n_i = 1$ pour $i = 1, \ldots, d$. D'après la prop. 4, on a $\dim_{S^{-1}H}(S^{-1}M) = d$ et

$$\dim_{S^{-1}H}(S^{-1}M/\sum_{i=1}^{d} (b_i/1).S^{-1}M) = 0 .$$

Alors $(b_1/1, \ldots, b_d/1)$ est une suite sécante maximale pour le $S^{-1}H$-module $S^{-1}M$. Posons $a_i = b_i^{(n_1 \ldots n_d)/n_i}$ pour $1 \leqslant i \leqslant d$; alors les a_i sont tous de même degré, et $(a_1/1, \ldots, a_d/1)$ est une suite sécante maximale pour $S^{-1}M$ (§ 3, n° 2, remarque 3).

Corollaire 1. — *Supposons que* H_0 *soit un corps et que* H *soit de type fini comme* H_0*-algèbre. Posons* $n = \dim(H)$. *Il existe des éléments homogènes* $a_1, \ldots, a_n$ *de* H *tous de même degré* > 0, *tels que le* H_0*-homomorphisme* $\varphi : H_0[X_1, \ldots, X_n] \to H$ *défini par* $\varphi(X_i) = a_i$, $i = 1, \ldots, n$, *soit injectif et fasse de* H *une* $H_0[X_1, \ldots, X_n]$*-algèbre finie. Si* H *est engendrée par* H_1 *comme* H_0*-algèbre et si* H_0 *est infini, on peut supposer les* a_i *de degré* 1.

Il existe d'après la prop. 6 un H_0-homomorphisme φ de la forme indiquée qui fait de H une $H_0[X_1, \ldots, X_n]$-algèbre finie. D'après le th. 1 du § 2, n° 3, on a alors

$$\dim(H_0[X_1, \ldots, X_n]/(\operatorname{Ker} \varphi)) = \dim(H);$$

comme on a

$$\dim(H) = n = \dim(H_0[X_1, \ldots, X_n]),$$

et que $H_0[X_1, \ldots, X_n]$ est intègre, ceci implique $\operatorname{Ker} \varphi = \{0\}$.

Remarque. — Soit $(h_1, \ldots, h_r)$ un système générateur fini du H_0-espace vectoriel H_1. Pour $\lambda = (\lambda_1, \ldots, \lambda_r) \in H_0^r$, posons $h_\lambda = \lambda_1 h_1 + \cdots + \lambda_r h_r$. Les démonstrations de la prop. 6 et du cor. 1 entraînent le résultat suivant : l'ensemble des éléments $(\lambda_1, \ldots, \lambda_n)$ de $(H_0^r)^n$ tels que les éléments $a_i = h_{\lambda_i} \in H_1$ satisfassent à la conclusion du cor. 1, contient le complémentaire de la réunion d'un nombre fini de sous-espaces vectoriels de $(H_0^r)^n$ distincts de l'espace entier.

Corollaire 2. — *Soient* A *un anneau local noethérien et* $n \in \mathbf{N}$. *Pour que l'on ait* $\dim(A) \geqslant n$, *il faut et il suffit que pour tout entier* $r \geqslant 0$, *on ait*

$$[\mathfrak{m}_A^r/\mathfrak{m}_A^{r+1} : \kappa_A] \geqslant \binom{n+r-1}{n-1}, \quad \left(\text{resp. } \operatorname{long}_A(A/\mathfrak{m}_A^{r+1}) \geqslant \binom{n+r}{n}\right);$$

on a l'égalité pour tout r *si et seulement si* A *est régulier de dimension* n.

La condition est suffisante (§ 4, n° 4, th. 3 et § 5, n° 2, th. 1). Montrons qu'elle est nécessaire. Considérons l'anneau gradué $\mathrm{gr}(A) = \mathrm{gr}_{\mathfrak{m}_A}(A)$; soit k une extension infinie du corps κ_A, et posons $H = k \otimes_{\kappa_A} \mathrm{gr}(A)$. L'anneau H est de dimension $\geqslant n$ (prop. 5 et son corollaire) ; on déduit donc du cor. 1 l'existence d'un homomorphisme gradué injectif de k-algèbres graduées $\varphi : H_0[X_1, ..., X_n] \to H$. On a par conséquent, pour tout entier $r \geqslant 0$,

$$[\mathrm{gr}_r(A) : \kappa_A] = [H_r : H_0] \geqslant \binom{n+r-1}{n-1},$$

et l'égalité pour tout r implique la bijectivité de φ, donc la régularité de A (§ 5, n° 2, th. 1).

Les égalités

$$\mathrm{long}_A(A/\mathfrak{m}_A^{r+1}) = \sum_{i=0}^{r} [\mathrm{gr}_i(A) : \kappa_A]$$

et

$$\binom{n+r}{n} = \sum_{i=0}^{r} \binom{n+i-1}{n-1}$$

impliquent alors les assertions analogues pour la fonction $r \mapsto \mathrm{long}_A(A/\mathfrak{m}_A^{r+1})$.

4. Semi-continuité de la dimension

Lemme 5. — *Soient* A *un anneau,* $\mathfrak{r}$ *son radical,* $R = \bigoplus_{i \in \mathbf{Z}} R_i$ *une* A*-algèbre graduée,* $M = \bigoplus_{i \in \mathbf{Z}} M_i$ *un* R*-module gradué. On suppose que chaque* M_i *est un* A*-module de type fini et que* $M/\mathfrak{r}M$ *est un* $R/\mathfrak{r}R$*-module de type fini. Alors* M *est un* R*-module de type fini.*

Soient $m_1, ..., m_n$ des éléments homogènes de M, dont les images dans $M/\mathfrak{r}M$ engendrent le $R/\mathfrak{r}R$-module $M/\mathfrak{r}M$. Soit N le sous-R-module (gradué) de M engendré par $\{m_1, ..., m_n\}$. Pour tout $i \in \mathbf{Z}$, on a $M_i = N_i + \mathfrak{r}M_i$, donc $M_i = N_i$ (II, § 3, n° 2, prop. 4) ; par suite on a $M = N$.

Lemme 6. — *Soient* $\rho : B \to C$ *un homomorphisme d'anneaux et* S *une partie multiplicative de* B. *On suppose que* C *est une* B*-algèbre de type fini, et que* $S^{-1}C$ *est une* $S^{-1}B$*-algèbre finie. Il existe alors* $f \in S$ *tel que* C_f *soit une* B_f*-algèbre finie.*

Soit X un ensemble générateur fini de la B-algèbre C. Pour tout $x \in X$, l'image de x dans $S^{-1}C$ est entière sur $S^{-1}B$, et il existe par conséquent un entier $n(x) \geqslant 0$, des éléments $b_1(x), ..., b_{n(x)}(x) \in B$ et un élément $f(x) \in S$ tels que

$$f(x)\, x^{n(x)} + b_1(x)\, x^{n(x)-1} + \cdots + b_{n(x)} = 0\,.$$

Soit $f = \prod_{x \in X} f(x)$; l'image de tout élément x de X dans C_f est entière sur B_f, donc C_f est une B_f-algèbre finie (V, § 1, n° 1, prop. 4).

PROPOSITION 7. — *Supposons que* H *soit une* H_0*-algèbre de type fini. Alors la fonction* $\mathfrak{p} \mapsto \dim(H \otimes_{H_0} \kappa(\mathfrak{p}))$ *est semi-continue supérieurement sur* $\mathrm{Spec}(H_0)$.

Puisque H est de type fini comme H_0-algèbre, chaque H_i est un H_0-module de type fini (III, § 1, n° 2, corollaire à la prop. 1) et H est engendrée comme H_0-algèbre par $H_0 \oplus H_1 \oplus \cdots \oplus H_r$ pour un entier $r \geqslant 0$ convenable. Soit $\mathfrak{p} \in \mathrm{Spec}(H_0)$ et posons $\dim(H \otimes_{H_0} \kappa(\mathfrak{p})) = n \geqslant 0$. D'après le corollaire 1 à la prop. 6, il existe des éléments $a_1, \ldots, a_n$ de H, tous homogènes de même degré $d > 0$, tels que le $\kappa(\mathfrak{p})$-homomorphisme $\overline{\varphi} : \kappa(\mathfrak{p})[X_1, \ldots, X_n] \to H \otimes_{H_0} \kappa(\mathfrak{p})$ qui applique X_i sur $a_i \otimes 1$ pour $1 \leqslant i \leqslant n$, fasse de $H \otimes_{H_0} \kappa(\mathfrak{p})$ une $\kappa(\mathfrak{p})[X_1, \ldots, X_n]$-algèbre finie. Notons φ le H_0-homomorphisme de $H_0[X_1, \ldots, X_n] = R$ dans H qui applique X_i sur a_i pour $1 \leqslant i \leqslant n$. Si l'on pose, pour tout $m \in \mathbf{Z}$, $H'_m = \sum_{(m-1)d < i \leqslant md} H_i$, on obtient une graduation de type $\mathbf{Z}$ sur H, compatible avec la structure de R-module donnée par φ. Chaque H'_m est de type fini sur H_0. D'après le lemme 5, $H_\mathfrak{p}$ est un $R_\mathfrak{p}$-module de type fini. D'après le lemme 6, il existe donc $f \in H_0 - \mathfrak{p}$ tel que H_f soit un R_f-module de type fini. Pour tout $\mathfrak{q} \in \mathrm{Spec}(H_0)_f$, $H \otimes_{H_0} \kappa(\mathfrak{q})$ est une $\kappa(\mathfrak{q})[X_1, \ldots, X_n]$-algèbre finie, donc $\dim(H \otimes_{H_0} \kappa(\mathfrak{q})) \leqslant n$ (§ 2, n° 3, th. 1), ce qui achève la démonstration.

Remarques. — 1) * En géométrie algébrique, la prop. 7 implique que la dimension des fibres d'un morphisme projectif de variétés algébriques est semi-continue supérieurement. *

2) Nous verrons plus tard que si $\rho : A \to B$ est un homomorphisme d'anneaux qui fasse de B une A-algèbre de type fini, la fonction $\mathfrak{q} \mapsto \dim_\mathfrak{q}(B \otimes_A \kappa(\rho^{-1}(\mathfrak{q})))$ est semi-continue supérieurement sur Spec(B) (*cf.* p. 101, exerc. 10).

5. Algèbres graduées régulières

Dans ce numéro, on suppose que H_0 *est un corps et que* H *est une* H_0*-algèbre de type fini.*

On pose $H_+ = H_{\geqslant 1}$; c'est un idéal maximal de H. L'anneau $S^{-1}H$ s'identifie à l'anneau local H_{H_+} de H en l'idéal H_+ ; son idéal maximal est $(H_+)_{H_+} = S^{-1}H_+$, son corps résiduel s'identifie à H_0.

PROPOSITION 8. — *a) On a* $\dim(H) \leqslant [H_+/H_+^2 : H_0]$.

b) Les conditions suivantes sont équivalentes :

(i) $\dim(H) = [H_+/H_+^2 : H_0]$;

(ii) *l'anneau local noethérien* $S^{-1}H$ *est régulier* ;

(iii) H *est engendré comme* H_0*-algèbre par une famille d'éléments homogènes de degrés* > 0, *algébriquement indépendants sur* H_0.

c) Supposons les conditions de b) satisfaites, et soient $a_1, \ldots, a_n \in H$ *des éléments homogènes de degrés* > 0. *Les conditions suivantes sont équivalentes :*

(i) *les classes des* a_i *forment une base du* H_0*-espace vectoriel* H_+/H_+^2 ;

(ii) *les* $a_i/1$ *forment un système de coordonnées de l'anneau local noethérien régulier* $S^{-1}H$;

(iii) *les* a_i *sont algébriquement indépendants sur* H_0 *et engendrent* H *comme* H_0-*algèbre.*

On a $\dim(H) = \dim(S^{-1}H)$ (n° 2, th. 1), et $[H_+/H_+^2 : H_0] = [(S^{-1}H_+)/(S^{-1}H_+)^2 : H_0]$ (II, § 3, n° 3, prop. 9) ; d'après le § 5, n° 1, cela entraîne *a*) et les équivalences (i) $\Leftrightarrow$ (ii) dans *b*) et *c*). Les deux implications (iii) $\Rightarrow$ (i) dans *b*) et *c*) sont triviales. Démontrons les implications (i) $\Rightarrow$ (iii). Supposons donc qu'on ait $\dim(H) = [H_+/H_+^2 : H_0]$ et soient $a_1, \ldots, a_n$ des éléments homogènes de H, de degrés > 0, dont les classes forment une base de H_+/H_+^2 ; considérons l'homomorphisme d'algèbres graduées $\varphi : H_0[X_1, \ldots, X_n] \to H$ qui envoie X_i sur a_i. L'idéal H_+ de H est engendré par les a_i (A, II, p. 171, cor. 2 et remarque) ; par conséquent l'homomorphisme φ est surjectif (III, § 1, n° 2, prop. 1). Mais on a

$$\dim(H_0[X_1, \ldots, X_n]) = n = \dim(H) = \dim(H_0[X_1, \ldots, X_n]/(\operatorname{Ker}\varphi))$$

(§ 2, n° 4, cor. 1 du th. 3), donc $\operatorname{Ker}\varphi = 0$ puisque $H_0[X_1, \ldots, X_n]$ est intègre. Cela implique les assertions (iii).

Sous les hypothèses de *b*), on dit que H est une H_0-*algèbre graduée régulière*, ou une H_0-*algèbre graduée de polynômes*. Sous les hypothèses de *c*), on dit que les a_i forment un *système de coordonnées gradué* de H.

Remarques. — 1) Avec les notations de *c*), soit d_i le degré de a_i $(1 \leqslant i \leqslant n)$. Alors la série de Poincaré $P_H = \sum_{n \in \mathbf{Z}} [H_n : H_0] . T^n$ est égale à $\prod_i (1 - T^{d_i})^{-1}$ (§ 4, n° 2, exemple 1). Par conséquent, si H est une H_0-algèbre graduée de polynômes, on a

$$P_H = \prod_n (1 - T^n)^{-\delta(n)}, \quad \text{avec} \quad \delta(n) = [(H_+/H_+^2)_n : H_0] .$$

2) Inversement, le fait qu'il existe des entiers $d_i > 0$ tels que $P_H = \prod_i (1 - T^{d_i})^{-1}$ n'implique pas que H soit une algèbre graduée de polynômes ; par exemple, si H est engendrée par un élément X de degré 1 et un élément Y de degré 2, soumis à la seule relation $X^2 = 0$, on a $P_H = (1 - T)^{-1}$.

§ 7. MULTIPLICITÉS

Dans tout ce paragraphe, on note A *un anneau noethérien.*

1. Multiplicité d'un module relativement à un idéal

Soient M un A-module de type fini et $\mathfrak{q}$ un idéal de A contenu dans le radical de A et tel que $M/\mathfrak{q}M$ soit de longueur finie. Supposons M non réduit à 0 et posons

$d = \dim_A(M)$. D'après § 4, nº 3, corollaire du th. 2 et nº 4, remarque 2, il existe un unique entier $e_{\mathfrak{q}}(M) > 0$ tel que l'on ait, pour tout entier $n \geqslant 1$

$$\operatorname{long}_A(M/\mathfrak{q}^{n+1}M) = e_{\mathfrak{q}}(M)\frac{n^d}{d!} + \beta_n n^{d-1}$$

où β_n tend vers une limite lorsque n augmente indéfiniment.

DÉFINITION 1. — *L'entier $e_{\mathfrak{q}}(M)$ s'appelle la multiplicité du* A*-module* M *relativement à l'idéal* $\mathfrak{q}$.

On le note aussi $e_{\mathfrak{q}}^A(M)$ lorsque l'on désire mentionner l'anneau A. Lorsque A est local d'idéal maximal $\mathfrak{m}$, on écrit $e(M)$ ou $e^A(M)$ pour $e_{\mathfrak{m}}(M)$ ou $e_{\mathfrak{m}}^A(M)$.

Remarques. — 1) Si $\mathfrak{q}'$ est un idéal de A contenu dans le radical de A et contenant $\mathfrak{q}$, on a $e_{\mathfrak{q}'}(M) \leqslant e_{\mathfrak{q}}(M)$ et, si la filtration $\mathfrak{q}'$-adique de M est $\mathfrak{q}$-bonne, on a $e_{\mathfrak{q}'}(M) = e_{\mathfrak{q}}(M)$ (§ 4, nº 3, th. 2).

2) Si M est de longueur finie, on a $e_{\mathfrak{q}}(M) = \operatorname{long}_A(M)$ (§ 4, nº 3, remarque 3).

3) Si $d > 0$, on a

$$\operatorname{long}_{A/\mathfrak{q}}(\mathfrak{q}^n M/\mathfrak{q}^{n+1}M) = e_{\mathfrak{q}}(M)\frac{n^{d-1}}{(d-1)!} + \alpha_n n^{d-2}$$

où α_n tend vers une limite lorsque n augmente indéfiniment (§ 4, nº 3, corollaire au th. 2).

4) On peut ramener le calcul des multiplicités au cas où A est local puisque, d'après § 4, nº 4, corollaire au th. 3, on a

$$e_{\mathfrak{q}}(M) = \sum e_{\mathfrak{q}_{\mathfrak{m}}}(M_{\mathfrak{m}})$$

la sommation étant étendue aux idéaux maximaux $\mathfrak{m}$ de A tels que

$$\mathfrak{m} \in \operatorname{Supp}(M) \cap V(\mathfrak{q}) \quad \text{et} \quad \dim_{A_{\mathfrak{m}}}(M_{\mathfrak{m}}) = d\,.$$

Il résulte des remarques 2 et 3 que $e_{\mathfrak{q}}(M)$ ne dépend que du $A/\mathfrak{q}$-module gradué $\operatorname{gr}_{\mathfrak{q}}(M)$. Par conséquent :

PROPOSITION 1. — *Soient* $\hat{A}$ *et* $\hat{M}$ *les complétés de* A *et* M *pour leurs topologies* $\mathfrak{q}$*-adiques ; alors* $e_{\mathfrak{q}}^A(M) = e_{\mathfrak{q}\hat{A}}^{\hat{A}}(\hat{M})$.

PROPOSITION 2. — *Supposons* A *local régulier* (§ 5, nº 1, déf. 1) ; *on a* $e(A) = 1$.

Cela résulte du th. 1 du § 5, nº 2.

Remarque 5. — On peut avoir $e(A) = 1$ sans que A soit régulier (p. 104, exerc. 5). En fait, un anneau local noethérien A est régulier si et seulement si $\hat{A}$ est intègre et si l'on a $e(A) = 1$ (p. 108, exerc. 24).

Exemple. — On a par définition $e_{\mathfrak{q}^r}(M) = r^d e_{\mathfrak{q}}(M)$ où $d = \dim_A(M)$. Par conséquent, si A est local régulier, on a $e_{\mathfrak{m}_A^r}(A) = r^d$. Par exemple, si A est un anneau de valuation discrète, on a $e_{\mathfrak{q}}(A) = \operatorname{long}(A/\mathfrak{q})$.

Soient $\mathfrak{q}$ un idéal de A contenu dans le radical de A et $\mathcal{C}(\mathfrak{q})$ l'ensemble des classes des A-modules M de type fini tels que $M/\mathfrak{q}M$ soit de longueur finie. Pour tout $d \in \mathbf{N}$, notons $\mathcal{C}(\mathfrak{q})_{\leqslant d}$ la partie de $\mathcal{C}(\mathfrak{q})$ formée des classes de A-modules de dimension $\leqslant d$. On définit une application $e_{\mathfrak{q},d} : \mathcal{C}(\mathfrak{q})_{\leqslant d} \to \mathbf{Z}$ par $e_{\mathfrak{q},d}(M) = e_{\mathfrak{q}}(M)$ si $\dim(M) = d$, $e_{\mathfrak{q},d}(M) = 0$ sinon. Cette application est additive d'après la prop. 5 du § 4, n° 3 ; on en déduit (A, VIII, § 10, n° 2) un homomorphisme, encore noté $e_{\mathfrak{q},d}$, du groupe de Grothendieck $K(\mathcal{C}(\mathfrak{q})_{\leqslant d})$ dans $\mathbf{Z}$, qui est nul sur $K(\mathcal{C}(\mathfrak{q})_{\leqslant d-1})$. En raisonnant comme au § 1, n° 5, on en déduit :

Proposition 3. — *Soit* M *un* A-*module de type fini, de dimension* $d \geqslant 0$. *Soit* Φ *l'ensemble des éléments minimaux* $\mathfrak{p}$ *de* Supp(M) *tels que* $\dim(A/\mathfrak{p}) = d$. *Soit* $\mathfrak{q}$ *un idéal de* A, *contenu dans le radical de* A, *et tel que* $M/\mathfrak{q}M$ *soit de longueur finie. On a*

$$e_{\mathfrak{q}}(M) = \sum_{\mathfrak{p} \in \Phi} \operatorname{long}_{A_{\mathfrak{p}}}(M_{\mathfrak{p}}) . e_{\mathfrak{q}}(A/\mathfrak{p}) .$$

Corollaire. — *Supposons* A *semi-local et soit* $\mathfrak{q}$ *un idéal de définition de* A.

a) On a $e_{\mathfrak{q}}(A) = \sum_{\mathfrak{p}} e_{\mathfrak{q}}(A/\mathfrak{p})$, *où* $\mathfrak{p}$ *parcourt l'ensemble des idéaux premiers minimaux de* A *tels que* $\dim(A/\mathfrak{p}) = \dim(A)$.

b) Supposons A *intègre et soit* M *un* A-*module de type fini tel que* $\dim_A(M) = \dim(A)$. *Alors on a* $e_{\mathfrak{q}}(M) = \operatorname{rg}(M) . e_{\mathfrak{q}}(A)$.

2. Multiplicités et extensions plates

Proposition 4. — *Soit* $\rho : A \to B$ *un homomorphisme local d'anneaux locaux noethériens, et soit* N *un* B-*module de type fini, plat sur* A, *et tel que* $N \otimes_A \kappa_A$ *soit un* B-*module de longueur finie. Si* M *est un* A-*module de type fini non nul et* $\mathfrak{q}$ *un idéal de* A *distinct de* A *et tel que* $M/\mathfrak{q}M$ *soit de longueur finie, alors* $(M \otimes_A N)/(\mathfrak{q}B)(M \otimes_A N)$ *est un* B-*module de longueur finie, et l'on a*

$$e^{B}_{\mathfrak{q}B}(M \otimes_A N) = \operatorname{long}_B(N \otimes_A \kappa_A) . e^{A}_{\mathfrak{q}}(M) .$$

Soit L un A-module de longueur finie r. Alors L possède une suite de Jordan-Hölder de longueur r, à quotients isomorphes à κ_A ; comme N est plat sur A, le B-module $L \otimes_A N$ possède une suite de composition de longueur r, à quotients isomorphes à $N \otimes_A \kappa_A$, donc est de longueur $r . \operatorname{long}_B(N \otimes_A \kappa_A)$. Comme le B-module $(M \otimes_A N)/(\mathfrak{q}B)^n(M \otimes_A N)$ est isomorphe à $(M/\mathfrak{q}^n M) \otimes_A N$ pour tout $n \in \mathbf{N}$, la proposition résulte de la définition des multiplicités.

Corollaire. — *On suppose que* B *est plat sur* A *et que* $\rho(\mathfrak{m}_A) B = \mathfrak{m}_B$. *Alors*

$$e^{B}_{\mathfrak{q}B}(M \otimes_A B) = e^{A}_{\mathfrak{q}}(M) .$$

Cela s'applique notamment lorsque B est le complété * ou l'hensélisé $_*$ de A relativement à un idéal distinct de A, * ou un gonflement de A, par exemple un hensélisé strict de A. $_*$

Exemple. — * Soient X une variété algébrique complexe, $\mathcal{O}_{X,x}$ l'anneau local de X en un point rationnel x, X^{an} l'espace analytique associé à X ; notons encore x le point de X^{an} correspondant à x, et soit $\mathcal{O}_{X^{an},x}$ l'anneau local de X^{an} en x. Alors $e(\mathcal{O}_{X^{an},x}) = e(\mathcal{O}_{X,x})$. *

3. Multiplicités et extensions finies

PROPOSITION 5. — *Supposons* A *semi-local et soit* $\rho : A \to B$ *un homomorphisme d'anneaux faisant de* B *un* A*-module de type fini. Soit* N *un* B*-module non nul de type fini et soit* $\mathfrak{q}$ *un idéal de* A *contenu dans le radical de* A*, et tel que* $N/\mathfrak{q}N$ *soit de longueur finie. Parmi les idéaux maximaux de* B *(en nombre fini,* d'après IV, § 2, nº 5, cor. 3 à la prop. 9), *notons* $\mathfrak{m}_1, \ldots, \mathfrak{m}_r$ *ceux pour lesquels on a* $\dim_{B_{\mathfrak{m}_i}}(N_{\mathfrak{m}_i}) = \dim_B(N)$. *Posons* $B_i = B_{\mathfrak{m}_i}$ *et* $\mathfrak{q}_i = \mathfrak{q}B_i$ *pour* $1 \leqslant i \leqslant r$. *Alors on a les égalités*

$$\dim_A(N) = \dim_B(N),$$
$$e^B_{\mathfrak{q}B}(N) = \sum_{i=1}^{r} e^{B_i}_{\mathfrak{q}_i}(N_{\mathfrak{m}_i}),$$
$$e^A_{\mathfrak{q}}(N) = \sum_{i=1}^{r} [B/\mathfrak{m}_i : A/\rho^{-1}(\mathfrak{m}_i)]\, e^{B_i}_{\mathfrak{q}_i}(N_{\mathfrak{m}_i}).$$

La première égalité résulte de § 2, nº 3, th. 1, *c*) ; la seconde résulte de la remarque 4 du nº 1 (noter que $\mathfrak{m}_i$ appartient à $V(\mathfrak{q}B)$ pour $1 \leqslant i \leqslant r$ puisque $\rho^{-1}(\mathfrak{m}_i) \supset \mathfrak{q}$ d'après V, § 2, nº 1, prop. 1). Démontrons la troisième égalité. Soit E un B-module de longueur finie ; on a

$$\mathrm{long}_A(E) = \sum_{\mathfrak{m}} [B/\mathfrak{m} : A/\rho^{-1}(\mathfrak{m})].\mathrm{long}_{B_{\mathfrak{m}}}(E_{\mathfrak{m}}),$$

$\mathfrak{m}$ parcourant l'ensemble des idéaux maximaux de B ; c'est en effet évident lorsque E est l'un des $B/\mathfrak{m}$, et le cas général s'en déduit, puisque E possède une suite de composition dont les quotients sont isomorphes à des $B/\mathfrak{m}$. Appliquant cette formule aux B-modules $N/\mathfrak{q}^{n+1}N$, on en déduit l'égalité cherchée par définition des multiplicités.

COROLLAIRE. — *Si* $[B/\mathfrak{m}_i : A/\rho^{-1}(\mathfrak{m}_i)] = 1$ *pour tout* i, *on a* $e^A_{\mathfrak{q}}(N) = e^B_{\mathfrak{q}B}(N)$.

Lemme 1. — *Soit* $\rho : A \to B$ *un homomorphisme d'anneaux, et soit* $\mathfrak{p}$ *un idéal premier de* A. *Considérons les deux propriétés suivantes* :

(i) *l'homomorphisme canonique* $\tilde{\rho}$ *de* $A_{\mathfrak{p}}$ *dans* $A_{\mathfrak{p}} \otimes_A B$ *est bijectif* ;

(ii) *il existe un seul idéal premier* $\mathfrak{r}$ *de* B *au-dessus de* $\mathfrak{p}$ *et l'homomorphisme canonique* $\rho_{\mathfrak{p}}$ *de* $A_{\mathfrak{p}}$ *dans* $B_{\mathfrak{r}}$ *est bijectif.*

On a (i) $\Rightarrow$ (ii). *Si* $\mathfrak{p}$ *est minimal, ou bien si* B *est entier sur* A, *on a* (i) $\Leftrightarrow$ (ii) [1].

[1] Ce lemme reste valable lorsque l'anneau A n'est pas noethérien.

L'anneau $A_{\mathfrak{p}} \otimes_A B$ s'identifie à l'anneau de fractions $S^{-1}B$ de B défini par la partie multiplicative $S = \rho(A - \mathfrak{p})$ de B. Les idéaux premiers de $S^{-1}B$ sont donc les $S^{-1}\mathfrak{q}$, où $\mathfrak{q}$ est un idéal premier de B tel que $\rho^{-1}(\mathfrak{q}) \subset \mathfrak{p}$; si $\mathfrak{q}$ est un tel idéal, $(S^{-1}B)_{S^{-1}\mathfrak{q}}$ s'identifie à $B_{\mathfrak{q}}$ (II, § 2, n° 5, prop. 11).

Si la condition (i) est satisfaite, il existe (V, § 2, n° 1, lemme 1) un unique idéal premier $\mathfrak{r}$ de B tel que $\rho^{-1}(\mathfrak{r}) = \mathfrak{p}$. De plus, $B_{\mathfrak{r}}$ s'identifie à l'anneau de fractions $(S^{-1}B)_{S^{-1}\mathfrak{r}}$, donc aussi à $(A_{\mathfrak{p}})_{\mathfrak{s}}$, où $\mathfrak{s}$ est l'image réciproque de $S^{-1}\mathfrak{r}$ par l'isomorphisme $\tilde{\rho} : A_{\mathfrak{p}} \to S^{-1}B$; or $\tilde{\rho}^{-1}(S^{-1}\mathfrak{r}) = (A - \mathfrak{p})^{-1}\mathfrak{p} = \mathfrak{p}A_{\mathfrak{p}}$, d'où (ii).

Inversement, supposons (ii) satisfaite, et soit $\mathfrak{r}$ l'unique idéal premier de B au-dessus de $\mathfrak{p}$. Puisque $(S^{-1}B)_{S^{-1}\mathfrak{r}}$ s'identifie à $B_{\mathfrak{r}}$, il suffit de prouver que $S^{-1}B$ est local d'idéal maximal $S^{-1}\mathfrak{r}$, c'est-à-dire que tout idéal premier $\mathfrak{q}$ de B tel que $\rho^{-1}(\mathfrak{q}) \subset \mathfrak{p}$ est contenu dans $\mathfrak{r}$. Si $\mathfrak{p}$ est minimal, on a $\rho^{-1}(\mathfrak{q}) = \mathfrak{p}$, donc $\mathfrak{q} = \mathfrak{r}$. Si B est entier sur A, il existe d'après V, § 2, n° 1, cor. 2 au th. 1, un idéal premier $\mathfrak{r}'$ de B tel que $\mathfrak{q} \subset \mathfrak{r}'$ et $\rho^{-1}(\mathfrak{r}') = \mathfrak{p}$; on a nécessairement $\mathfrak{r}' = \mathfrak{r}$, donc $\mathfrak{q} \subset \mathfrak{r}$.

Lemme 2. — Supposons A *semi-local ; soit* $\mathfrak{q}$ *un idéal de définition de* A, *et soit* $\rho : A \to B$ *un homomorphisme d'anneaux faisant de* B *un* A*-module de type fini. Supposons que, pour tout idéal premier (nécessairement minimal)* $\mathfrak{p}$ *de* A *tel que* $\dim(A/\mathfrak{p}) = \dim(A)$, *il existe un unique idéal premier* $\mathfrak{r}$ *de* B *au-dessus de* $\mathfrak{p}$ *et que l'homomorphisme canonique* $\rho_{\mathfrak{p}} : A_{\mathfrak{p}} \to B_{\mathfrak{r}}$ *soit bijectif. Alors on a* $\dim_A(B) = \dim(A)$ *et* $e_{\mathfrak{q}}^A(B) = e_{\mathfrak{q}}^A(A)$.

Soit $\mathfrak{S}_A$ (resp. $\mathfrak{S}_B$) l'ensemble des idéaux premiers $\mathfrak{p}$ de A tels que

$$\dim(A/\mathfrak{p}) = \dim(A) \; (\text{resp. } \dim_A(B/\mathfrak{p}B) = \dim_A(B)) ;$$

on a $\mathfrak{S}_A \neq \emptyset$. Soit $\mathfrak{p} \in \mathfrak{S}_A$; il existe par hypothèse un idéal premier de B au-dessus de $\mathfrak{p}$. On a alors $\rho^{-1}(\mathfrak{p}B) = \mathfrak{p}$ (II, § 2, n° 5, cor. 3 à la prop. 11), et

$$\dim(A/\mathfrak{p}) = \dim(B/\mathfrak{p}B) = \dim_A(B/\mathfrak{p}B)$$

d'après le th. 1, *b*) et *c*) du § 2, n° 3. Par suite, on a

$$\dim_A(B) \geqslant \dim_A(B/\mathfrak{p}B) = \dim(A/\mathfrak{p}) = \dim(A) \geqslant \dim_A(B) .$$

Cela implique $\mathfrak{S}_A \subset \mathfrak{S}_B$ et $\dim(A) = \dim_A(B)$. Inversement, si $\mathfrak{p} \in \mathfrak{S}_B$, on a les inégalités

$$\dim_A(B/\mathfrak{p}B) = \dim_A(B) = \dim(A) \geqslant \dim(A/\mathfrak{p}) \geqslant \dim_A(B/\mathfrak{p}B) ,$$

d'où $\mathfrak{p} \in \mathfrak{S}_A$ et $\mathfrak{S}_B = \mathfrak{S}_A$. D'après la prop. 3 du n° 1 et son corollaire, on a

$$e_{\mathfrak{q}}^A(A) = \sum_{\mathfrak{p} \in \mathfrak{S}_A} e_{\mathfrak{q}}^A(A/\mathfrak{p}) \quad \text{et} \quad e_{\mathfrak{q}}^A(B) = \sum_{\mathfrak{p} \in \mathfrak{S}_B} \operatorname{long}_{A_{\mathfrak{p}}}(A_{\mathfrak{p}} \otimes_A B)\, e_{\mathfrak{q}}^A(A/\mathfrak{p}) ;$$

d'après le lemme 1, on a $\operatorname{long}_{A_{\mathfrak{p}}}(A_{\mathfrak{p}} \otimes_A B) = 1$ pour tout $\mathfrak{p} \in \mathfrak{S}_A$, d'où $e_{\mathfrak{q}}^A(A) = e_{\mathfrak{q}}^A(B)$.

PROPOSITION 6. — *Supposons* A *semi-local et réduit ; soit* $\mathfrak{q}$ *un idéal de définition de* A ; *soit* A' *l'anneau total des fractions de* A, *et soit* B *une sous-*A*-algèbre finie de* A'. *Alors* B *est semi-local et* $\mathfrak{q}$B *en est un idéal de définition. Supposons que, pour tout idéal maxi-*

mal $\mathfrak{m}$ *de* B *tel que* $\dim(B_{\mathfrak{m}}) = \dim(B)$, *on ait* $[B/\mathfrak{m} : A/(A \cap \mathfrak{m})] = 1$. *Alors on a* $e_{\mathfrak{q}}^{A}(A) = e_{\mathfrak{q}B}^{B}(B)$.

D'après IV, § 2, nº 5, cor. 3 de la prop. 9, B est semi-local d'idéal de définition $\mathfrak{q}B$. On a $e_{\mathfrak{q}B}^{B}(B) = e_{\mathfrak{q}}^{A}(B)$ d'après le corollaire à la prop. 5. Comme A′ s'identifie à $\prod_{\mathfrak{p}} A_{\mathfrak{p}}$ où $\mathfrak{p}$ parcourt l'ensemble des idéaux premiers minimaux de A (IV, § 2, nº 5, prop. 10), l'application canonique $A_{\mathfrak{p}} \to A_{\mathfrak{p}} \otimes_A B$ est bijective pour tout idéal premier minimal $\mathfrak{p}$ de A. Il résulte alors des lemmes 1 et 2 que $e_{\mathfrak{q}}^{A}(B) = e_{\mathfrak{q}}^{A}(A)$, d'où la proposition.

Exemple. — Soit k un corps de caractéristique $\neq 2$ et prenons pour A l'anneau local $k[[X, Y]]/(X^2 + Y^2)$ de corps résiduel k. Prenons $B = k[[X, T]]/(T^2 + 1)$ où $T = Y/X$. Distinguons deux cas : si -1 est le carré d'un élément i de k, B possède deux idéaux maximaux engendrés respectivement par $\{X, T + i\}$ et $\{X, T - i\}$, ils sont de corps résiduel k, et l'on a $e_{\mathfrak{m}_A}^{A}(A) = e_{\mathfrak{m}_A B}^{B}(B) = 2$. Si -1 n'est pas un carré dans k, B possède un unique idéal maximal (X) de corps résiduel $k[T]/(T^2 + 1)$, et l'on a $e_{\mathfrak{m}_A}^{A}(A) = 2$, $e_{\mathfrak{m}_A B}^{B}(B) = 1$.

4. Multiplicités et suites sécantes

PROPOSITION 7. — *Supposons* A *local. Soit* s *un entier* $\geqslant 1$ *et, pour* $1 \leqslant i \leqslant s$, *soient* δ_i *un entier* > 0, x_i *un élément de* $\mathfrak{m}_A^{\delta_i}$, *et* ξ_i *sa classe dans* $\mathfrak{m}_A^{\delta_i}/\mathfrak{m}_A^{\delta_i+1}$. *On suppose que* $(x_1, \ldots, x_s)$ *est une suite sécante pour* A. *Notons* $\mathfrak{x}$ *l'idéal de* A *engendré par* $(x_1, \ldots, x_s)$. *Alors on a* $e(A/\mathfrak{x}) \geqslant \delta_1 \ldots \delta_s . e(A)$ *avec égalité si* $(\xi_1, \ldots, \xi_s)$ *est une suite complètement sécante pour* gr(A).

Posons $B = A/\mathfrak{x}$, et considérons les séries formelles

$$H_A = \sum_{n \geqslant 0} \operatorname{long}(\mathfrak{m}_A^n/\mathfrak{m}_A^{n+1}).T^n, \quad H_B = \sum_{n \geqslant 0} \operatorname{long}(\mathfrak{m}_B^n/\mathfrak{m}_B^{n+1}).T^n$$

et $H_B^{(s)} = (1 - T)^{-s} H_B$. D'après la prop. 6 du § 4, nº 5, on a dans $\mathbf{Z}[[T]]$, l'inégalité

$$H_B^{(s)} \geqslant \left(\prod_{i=1}^{s} \frac{1 - T^{\delta_i}}{1 - T} \right) H_A ,$$

et il y a égalité lorsque la suite $(\xi_1, \ldots, \xi_s)$ est complètement sécante. Mais

$$R(T) = \prod_{i=1}^{s} \frac{1 - T^{\delta_i}}{1 - T}$$

est un polynôme de $\mathbf{Z}[T]$ tel que $R(1) = \delta_1 \ldots \delta_s$. Posons $\dim(A) = d$; on a $\dim(B) = d - s$. D'après le th. 2 du § 4, nº 3, il existe des éléments R_A et R_B de $\mathbf{Z}[T, T^{-1}]$ tels que

$$H_A = (1 - T)^{-d} R_A(T), \quad R_A(1) = e(A),$$
$$H_B = (1 - T)^{-d+s} R_B(T), \quad R_B(1) = e(A/\mathfrak{x}).$$

Donc on a

$$(1 - T)^{-d}R_B(T) = H_B^{(s)} \geqslant \left(\prod_{i=1}^{s} \frac{1 - T^{\delta_i}}{1 - T}\right) H_A = (1 - T)^{-d} R(T)\, R_A(T),$$

et l'égalité a lieu si la suite $(\xi_1, ..., \xi_s)$ est complètement sécante. On conclut par le lemme 2 du § 4, n° 1.

Remarque. — On peut montrer réciproquement (*cf.* p. 103, exerc. 4) que si A est régulier et $e(A/\mathfrak{x}) = \delta_1 \dots \delta_s$, alors la suite $(\xi_1, ..., \xi_s)$ est complètement sécante.

Exemple. — Prenons pour A un anneau de séries formelles $k[[X_1, ..., X_n]]$ sur un corps k ; soient $F_1, ..., F_s$ des éléments de A, $\mathfrak{a}$ l'idéal qu'ils engendrent et $B = A/\mathfrak{a}$. Notons $P_1, ..., P_s \in k[X_1, ..., X_n]$ les formes initiales des séries $F_1, ..., F_s$ et $\delta_1, ..., \delta_s$ leurs degrés respectifs. Si la suite $F_1, ..., F_s$ est sécante dans A, on a $e(B) \geqslant \delta_1 \dots \delta_s$; si la suite $P_1, ..., P_s$ est complètement sécante dans l'anneau $k[X_1, ..., X_n]$, on a $e(B) = \delta_1 \dots \delta_s$.

Considérons par exemple l'anneau $B = k[[X, Y]]/\mathfrak{a}$, où $\mathfrak{a}$ est engendré par $X^2 + Y^3$ et $X^2 + Y^4$; l'inégalité précédente donne $e(B) \geqslant 4$; en remarquant que $\mathfrak{a}$ est engendré par les éléments $X^2 + Y^3$ et $Y^4 - Y^3$, pour lesquels la suite des formes initiales est complètement sécante, on obtient $e(B) = 6$.

5. Éléments superficiels

Dans ce numéro on note $\mathfrak{q}$ un idéal de A contenu dans le radical de A, et M un A-module non nul de type fini tel que $M/\mathfrak{q}M$ soit de longueur finie.

PROPOSITION 8. — *Soient $\delta > 0$ un entier, x un élément de $\mathfrak{q}^\delta$, ξ sa classe dans* $gr_\delta(A) = \mathfrak{q}^\delta/\mathfrak{q}^{\delta+1}$ *et φ la multiplication par ξ dans le* gr(A)*-module* gr(M).

a) La dimension du A*-module* M/xM *est égale à* $\dim_A(M)$ *ou à* $\dim_A(M) - 1$. *Dans le deuxième cas, on a* $e_\mathfrak{q}(M/xM) \geqslant \delta e_\mathfrak{q}(M)$.

b) Supposons que l'on ait $\dim_A(M) \geqslant 1$ *et que le noyau de φ soit de longueur finie sur* $A/\mathfrak{q}$. *Alors on a* $\dim_A(M/xM) = \dim_A(M) - 1$. *De plus :*

(i) *Si* $\dim_A(M) > 1$, *on a* $e_\mathfrak{q}(M/xM) = \delta e_\mathfrak{q}(M)$.

(ii) *Si* $\dim_A(M) = 1$, *on a pour tout entier* $n \geqslant 0$

$$n\delta e_\mathfrak{q}(M) \leqslant \mathrm{long}_A(M/x^nM) \leqslant n\delta e_\mathfrak{q}(M) + \mathrm{long}_{A/\mathfrak{q}}(\mathrm{Ker}\, \varphi^n),$$

où φ^n est le n-ième itéré de l'endomorphisme φ, et

$$\delta e_\mathfrak{q}(M) = e_{xA}(M) \leqslant \mathrm{long}_A(M/xM).$$

Posons $M'' = M/xM$; considérons les séries de Hilbert-Samuel $H_M = H_{M,\mathfrak{q}}$ et $H_{M''} = H_{M'',\mathfrak{q}}$, ainsi que la série de Poincaré $P(T) = \sum_{n\geqslant 0} \mathrm{long}_{A/\mathfrak{q}}(\mathrm{Ker}\, \varphi_n).T^n$. D'après § 4, n° 3, th. 2 et n° 4, remarque 2, on a

$$H_M(T) = (1 - T)^{-d}R_M(T), \quad H_{M''}(T) = (1 - T)^{-d''}R_{M''}(T),$$

avec $d = \dim_A(M)$, $d'' = \dim_A(M'')$, R_M et $R_{M''}$ dans $\mathbf{Z}[T]$, $R_M(1) = e_q(M)$, $R_{M''}(1) = e_q(M'')$. D'après le lemme 6 du § 4, nº 5, on a dans $\mathbf{Z}((T))$ les inégalités

$$(1 - T^\delta)\, H_M^{(1)} \leqslant H_{M''}^{(1)} \leqslant (1 - T^\delta)\, H_M^{(1)} + T^\delta P^{(1)} .$$

Posant $R(T) = (1 - T^\delta)/(1 - T) = 1 + T + \cdots + T^{\delta - 1}$, cela s'écrit aussi

$$(1) \quad (1 - T)^{-d} R(T)\, R_M(T) \leqslant (1 - T)^{-d''-1} R_{M''}(T) \leqslant$$
$$\leqslant (1 - T)^{-d} R(T)\, R_M(T) + (1 - T)^{-1} T^\delta P(T) .$$

D'après le lemme 2 du § 4, nº 1, la première inégalité (1) implique *soit* $d'' \geqslant d$, *soit* $d'' = d - 1$ et $R(1)\, R_M(1) \leqslant R_{M''}(1)$, c'est-à-dire $\delta e_q(M) \leqslant e_q(M'')$. Cela démontre *a*), puisque $d'' \leqslant d$.

Sous l'hypothèse de *b*), on a $P(T) \in \mathbf{Z}[T]$ et $P(1) = \operatorname{long}_A(\operatorname{Ker} \varphi)$. La seconde inégalité (1) s'écrit

$$(1 - T)^{-d''-1} R_{M''}(T) \leqslant (1 - T)^{-d}(R(T)\, R_M(T) + T^\delta (1 - T)^{d-1} P(T)) .$$

Supposons qu'on ait $d > 1$; alors le lemme 2 du § 4, nº 1 entraîne $d'' + 1 \leqslant d$, d'où $d'' = d - 1$ d'après la partie *a*) de la démonstration ; on a alors

$$R_{M''}(1) \leqslant R(1).R_M(1)$$

(*loc. cit.*), d'où (i).

Supposons maintenant $d = 1$. D'après *loc. cit.*, on a $d'' = 0$ et

$$R_{M''}(1) \leqslant R(1).R_M(1) + P(1) .$$

Par conséquent, M″ est de longueur finie égale à $e_q(M'') = R_{M''}(1)$ et l'on obtient

$$(2) \qquad \delta e_q(M) \leqslant \operatorname{long}_A(M/xM) \leqslant \delta e_q(M) + \operatorname{long}_A(\operatorname{Ker} \varphi) .$$

Soit $n \geqslant 1$ un entier. Remplaçons x par x^n dans (2) ; on a donc

$$(3) \qquad n\delta e_q(M) \leqslant \operatorname{long}_A(M/x^n M) \leqslant n\delta e_q(M) + \operatorname{long}_A(\operatorname{Ker} \varphi^n) .$$

Il est immédiat que les sous-modules $\operatorname{Ker} \varphi^n$ du gr(A)-module noethérien gr(M) forment une suite croissante donc stationnaire et que chacun d'eux est de longueur finie sur A/q. Divisant par $n \geqslant 1$ dans l'inégalité (3) et faisant tendre n vers $+\infty$, on trouve $e_{xA}(M) = \delta e_q(M)$ par définition de $e_{xA}(M)$.

Lemme 3. — *Soient* R *un anneau noethérien gradué à degrés* $\geqslant 0$, E *un* R*-module gradué de type fini tel que* E_n *soit un* R_0*-module de longueur finie pour tout* $n \in \mathbf{Z}$. *Les conditions suivantes sont équivalentes* :

(i) E *est un* R*-module de longueur finie* ;

(ii) *il existe un entier* n_0 *tel que* $E_n = 0$ *pour* $n \geqslant n_0$;

(iii) *tout idéal premier de* R *associé à* E *contient* $R_+ = \bigoplus_{n \geqslant 1} R_n$.

(i) ⇔ (ii) : c'est clair.

(iii) ⇒ (i) : soit $\mathfrak{p}$ un idéal premier associé à E. Si (iii) est satisfaite, on a $\mathfrak{p} = \mathfrak{p}_0 + R_+$ où $\mathfrak{p}_0$ est un idéal premier de R_0, et le R-module $R/\mathfrak{p}$ est isomorphe à $R_0/\mathfrak{p}_0$. D'après IV, § 3, n° 1, corollaire de la prop. 1, le R_0-module $R_0/\mathfrak{p}_0$ est isomorphe à un sous-module d'un des E_k, donc est de longueur finie. Par conséquent, $R/\mathfrak{p}$ est de longueur finie. D'après IV, § 2, n° 5, prop. 7, $\mathfrak{p}$ est donc maximal. Vu l'arbitraire de $\mathfrak{p}$, le R-module E est de longueur finie (*loc. cit.*).

(i) ⇒ (iii) : soit $\mathfrak{p}$ un idéal premier associé à E. Alors $\mathfrak{p}$ est gradué (IV, § 3, n° 1, prop. 1) et maximal (IV, § 2, n° 5, prop. 7), donc contient R_+ (§ 6, n° 2, lemme 1).

PROPOSITION 9. — *Notons $\mathfrak{p}_1, \ldots, \mathfrak{p}_r$ ceux des idéaux premiers de l'anneau gradué* $\mathrm{gr}(A) = \bigoplus_n (\mathfrak{q}^n/\mathfrak{q}^{n+1})$ *qui sont associés au module gradué* $\mathrm{gr}(M) = \bigoplus_n (\mathfrak{q}^n M/\mathfrak{q}^{n+1} M)$ *et ne contiennent pas* $\mathrm{gr}_1(A) = \mathfrak{q}/\mathfrak{q}^2$. *Soient δ un entier > 0, ξ un élément de* $\mathrm{gr}_\delta(A)$, *et $\varphi : \mathrm{gr}(M) \to \mathrm{gr}(M)$ l'homothétie de rapport ξ dans* $\mathrm{gr}(M)$. *Pour que φ_n soit injective pour tout n assez grand, il faut et il suffit que ξ n'appartienne à aucun des $\mathfrak{p}_i$.*

En effet, les idéaux premiers associés au gr(A)-module Ker φ sont ceux des idéaux premiers associés à gr(M) qui contiennent ξ (IV, § 1, n° 1, déf. 1). D'après le lemme 3, $(\mathrm{Ker}\,\varphi)_n$ est nul pour n assez grand, si et seulement si ces idéaux contiennent tous $\mathrm{gr}_+(A)$ (ou ce qui revient au même $\mathrm{gr}_1(A)$), d'où la proposition.

DÉFINITION 2. — *Soient A un anneau noethérien, $\mathfrak{q}$ un idéal de A contenu dans le radical de A et M un A-module de type fini tel que $M/\mathfrak{q}M$ soit de longueur finie. Un élément x de A est dit superficiel pour M relativement à $\mathfrak{q}$ s'il appartient à $\mathfrak{q}$ et si, pour tout n assez grand, l'application $\mathfrak{q}^n M/\mathfrak{q}^{n+1}M \to \mathfrak{q}^{n+1}M/\mathfrak{q}^{n+2}M$ induite par la multiplication par x est injective.*

Remarques. — 1) Soit δ un entier > 0. On dit parfois qu'un élément x de A est *superficiel d'ordre* δ pour M relativement à $\mathfrak{q}$ si $x \in \mathfrak{q}^\delta$, et si, pour tout n assez grand, l'application $\mathfrak{q}^n M/\mathfrak{q}^{n+1}M \to \mathfrak{q}^{n+\delta}M/\mathfrak{q}^{n+\delta+1}M$ induite par la multiplication par x est injective. Avec cette terminologie, les éléments superficiels au sens de la déf. 2 sont les éléments superficiels d'ordre 1.

2) Avec les notations de la prop. 9, x est superficiel d'ordre δ si et seulement si sa classe ξ dans $\mathrm{gr}_\delta(A)$ n'appartient à aucun des $\mathfrak{p}_i$.

3) D'après III, § 1, n° 4, prop. 8, il existe un élément homogène de gr(A) de degré > 0 qui n'appartient à aucun des $\mathfrak{p}_i$. Par conséquent, il existe un entier $\delta > 0$ et un élément superficiel d'ordre δ pour M.

4) Supposons A local de corps résiduel k, et considérons l'application surjective canonique $\lambda : \mathfrak{q} \to \mathfrak{q} \otimes_A k$. Elle est la composée des applications canoniques $\mathfrak{q} \to \mathfrak{q}/\mathfrak{q}^2$ et $\overline{\lambda} : \mathfrak{q}/\mathfrak{q}^2 \to \mathfrak{q} \otimes_A k$. D'après le lemme de Nakayama, chacun des sous-espaces vectoriels $V_i = \overline{\lambda}(\mathfrak{p}_i \cap (\mathfrak{q}/\mathfrak{q}^2))$ de $\mathfrak{q} \otimes_A k$ est distinct de $\mathfrak{q} \otimes_A k$; si $\alpha \in \mathfrak{q} \otimes_A k$ n'appartient à aucun des V_i, alors $\lambda^{-1}(\alpha)$ est formé d'éléments superficiels pour M (prop. 9). *Si k est infini*, la réunion des V_i est distincte de $\mathfrak{q} \otimes_A k$ et *il existe donc des éléments superficiels pour* M.

THÉORÈME 1. — *Soient* A *un anneau noethérien,* $\mathfrak{q}$ *un idéal de* A *contenu dans le radical de* A *et* M *un* A*-module de type fini tel que* $M/\mathfrak{q}M$ *soit de longueur finie. Soit* $x_1, \ldots, x_m$ *une suite finie d'éléments de* $\mathfrak{q}$. *Posons* $\mathfrak{x} = Ax_1 + \cdots + Ax_m \subset \mathfrak{q}$.

a) On a $\dim_A(M/\mathfrak{x}M) \geqslant \dim_A(M) - m$.

b) Si $\dim_A(M/\mathfrak{x}M) = \dim_A(M) - m$, *alors* $e_{\mathfrak{q}}(M/\mathfrak{x}M) \geqslant e_{\mathfrak{q}}(M)$.

c) Si $m < \dim_A(M)$, *et si pour* $i = 1, \ldots, m$, *l'élément* x_i *de* A *est superficiel pour* $M/(x_1M + \cdots + x_{i-1}M)$ *relativement à* $\mathfrak{q}$, *alors on a*

$$\dim_A(M/\mathfrak{x}M) = \dim_A(M) - m \quad et \quad e_{\mathfrak{q}}(M/\mathfrak{x}M) = e_{\mathfrak{q}}(M).$$

d) Si $m = \dim_A(M)$, *et si, pour* $i = 1, \ldots, m$, *l'élément* x_i *de* A *est superficiel pour* $M/(x_1M + \cdots + x_{i-1}M)$ *relativement à* $\mathfrak{q}$, *alors on a*

$$e_{\mathfrak{q}}(M) = e_{\mathfrak{x}}(M) \leqslant \operatorname{long}(M/\mathfrak{x}M) < +\infty.$$

Les parties *a*), *b*), et *c*) résultent pour $m = 1$ de la prop. 8, et le cas général s'en déduit par récurrence. Supposons les hypothèses de *d*) satisfaites et posons $\mathfrak{x}' = Ax_1 + \cdots + Ax_{m-1}$ et $M' = M/\mathfrak{x}'M$ de sorte que $M/\mathfrak{x}M$ s'identifie à M'/x_mM'. Alors, d'après *c*), on a $\dim_A(M') = 1$ et $e_{\mathfrak{q}}(M) = e_{\mathfrak{q}}(M')$. D'après la prop. 8, $M/\mathfrak{x}M$ est de longueur finie et l'on a $e_{\mathfrak{q}}(M') = e_{x_mA}(M') \leqslant \operatorname{long}(M/\mathfrak{x}M)$. Mais, puisque $x_m^nM' = \mathfrak{x}^nM'$ pour tout n, on a $e_{x_mA}(M') = e_{\mathfrak{x}}(M')$. On a par ailleurs $e_{\mathfrak{x}}(M') \geqslant e_{\mathfrak{x}}(M)$: cela résulte de *b*) où l'on remplace m par $m - 1$, $\mathfrak{x}$ par $\mathfrak{x}'$ et $\mathfrak{q}$ par $\mathfrak{x}$. Par conséquent, on a

$$e_{\mathfrak{x}}(M) \leqslant e_{\mathfrak{x}}(M') = e_{x_mA}(M') = e_{\mathfrak{q}}(M') = e_{\mathfrak{q}}(M).$$

Puisque $\mathfrak{x}$ est contenu dans $\mathfrak{q}$, cela implique $e_{\mathfrak{x}}(M) = e_{\mathfrak{q}}(M)$ (n° 1, remarque 1), et achève la démonstration.

COROLLAIRE. — *Supposons* A *local, à corps résiduel* infini, *et posons* $d = \dim_A(M)$. *Il existe une suite* $x_1, \ldots, x_d$ *d'éléments de* $\mathfrak{q}$ *tels que, en posant* $\mathfrak{x} = Ax_1 + \cdots + Ax_d$, *on ait*

$$e_{\mathfrak{q}}(M) = e_{\mathfrak{x}}(M) \leqslant \operatorname{long}(M/\mathfrak{x}M) < +\infty.$$

Cela résulte aussitôt du théorème et de la remarque 4.

Remarque 5. — Dans la situation du corollaire précédent, on a

$$e_{\mathfrak{q}}(M) = e_{\mathfrak{x}}(M) \leqslant \operatorname{long}(M/\mathfrak{x}M)$$

et $\operatorname{long}(M/\mathfrak{q}M) \leqslant \operatorname{long}(M/\mathfrak{x}M)$; les trois cas

$$e_{\mathfrak{q}}(M) < \operatorname{long}(M/\mathfrak{q}M), \quad e_{\mathfrak{q}}(M) = \operatorname{long}(M/\mathfrak{q}M), \quad e_{\mathfrak{q}}(M) > \operatorname{long}(M/\mathfrak{q}M)$$

sont possibles (p. 106, exerc. 16 et 17).

Exercices

§ 1

1) Soient X un espace topologique et Y un sous-espace de X. On dit que Y est *très dense* dans X si pour toute partie fermée F de X, F est l'adhérence de $F \cap Y$.

a) Pour que Y soit très dense dans X, il faut et il suffit que pour toute partie localement fermée non vide F de X, $F \cap Y$ soit non vide.

b) Si Y est très dense dans X et Z un sous-espace de Y très dense dans X, Z est très dense dans X. Si Y est très dense dans X et F une partie localement fermée de X, $Y \cap F$ est très dense dans F.

c) Si Y est très dense dans X, on a $\dim(Y) = \dim(X)$.

2) Soient A un anneau et Specmax(A) l'ensemble des idéaux maximaux de A. Pour que Specmax(A) soit très dense dans Spec(A), il faut et il suffit que A soit un anneau de Jacobson (V, § 3, n° 4). On a alors dim Specmax(A) = dim(A).

3) Montrer que si A est un anneau de Jacobson, A[[X]] n'est pas un anneau de Jacobson. (On comparera Specmax(A) et Specmax(A[[X]]).)

4) *a*) Montrer qu'on peut associer de manière unique à tout ensemble ordonné E un élément de $\{-\infty\} \cup \mathbf{N} \cup \{+\infty\}$, noté dev(E) (*déviation* de E), de façon que les propriétés suivantes soient satisfaites :

α) On a $\mathrm{dev}(E) = -\infty$ si et seulement si la relation $a \leqslant b$ dans E implique $a = b$.

β) Soit n un entier positif. La déviation de E est $\leqslant n$ si et seulement si, pour toute suite infinie décroissante $(a_k)_{k \in \mathbf{N}}$ d'éléments de E, on a $\mathrm{dev}([a_k, a_{k-1}]) \leqslant n - 1$ pour tout k suffisamment grand.

b) Pour que l'on ait $\mathrm{dev}(E) \leqslant 0$, il faut et il suffit que toute suite strictement décroissante d'éléments de E soit stationnaire. On a $\mathrm{dev}(\mathbf{N}) = 0$, $\mathrm{dev}(\mathbf{Z}) = 1$, $\mathrm{dev}(\mathbf{Q}) = +\infty$.

c) Si E et F sont des ensembles ordonnés et $f: E \to F$ est une application strictement croissante, on a $\mathrm{dev}(E) \leqslant \mathrm{dev}(F)$. On a $\mathrm{dev}(E \times F) = \sup(\mathrm{dev}(E), \mathrm{dev}(F))$.

d) Soit S(E) l'ensemble des suites infinies croissantes stationnaires d'éléments de E, ordonné par l'ordre produit. Alors on a $\mathrm{dev}(S(E)) = \mathrm{dev}(E) + 1$.

5) Si A est un anneau (non nécessairement commutatif), M un A-module à gauche, on note Kdev(M) la déviation de l'ensemble des sous-modules de M, ordonné par inclusion. On pose $\mathrm{Kdev}(A) = \mathrm{Kdev}(A_s)$.

a) Si N est un sous-module d'un A-module M, on a

$$\mathrm{Kdev}(M) = \sup(\mathrm{Kdev}(N), \mathrm{Kdev}(M/N)).$$

b) Supposons A commutatif. Si $\mathfrak{p}$ et $\mathfrak{q}$ sont deux idéaux premiers de A tels que $\mathfrak{p} \subset \mathfrak{q}$ et $\mathfrak{p} \neq \mathfrak{q}$, on a $\mathrm{dev}(A/\mathfrak{p}) > \mathrm{dev}(A/\mathfrak{q})$. (Utiliser les idéaux $\mathfrak{p} + Ax$, où x est un élément de $\mathfrak{q} - \mathfrak{p}$.) En déduire $\dim(A) \leqslant \mathrm{Kdev}(A)$.

c) Supposons A commutatif et noethérien. Démontrer que l'on a $\dim(A) = \mathrm{Kdev}(A)$ (raisonner par récurrence sur dim(A), en supposant que $\mathrm{Kdev}(B) \leqslant \dim(B)$ pour tout anneau commutatif noethérien B tel que $\dim(B) < \dim(A)$; soit S l'ensemble des $s \in A$ qui n'appartiennent à aucun des idéaux premiers $\mathfrak{p}$ de A tels que $\dim(A) = \dim(A/\mathfrak{p})$; montrer que, pour tout A-module de type fini M tel que $S^{-1}M = 0$, on a $\mathrm{Kdev}(M) < \dim(A)$; en utilisant le fait que $S^{-1}A$ est artinien, en déduire que $\mathrm{Kdev}(A) \leqslant \dim(A)$). Prouver que l'on a $\dim(M) = \mathrm{Kdev}(M)$ pour tout A-module de type fini M.

6) *a*) Soient A un anneau (commutatif) noethérien, $\mathfrak{m}$ un idéal de A contenu dans le radical de A, et $\mathrm{gr}(A)$ l'anneau gradué associé à la filtration $\mathfrak{m}$-adique de A. Associer à chaque idéal de A un idéal de $\mathrm{gr}(A)$, et en déduire que $\mathrm{Kdev}(A) \leqslant \mathrm{Kdev}(\mathrm{gr}(A))$ (*cf.* exerc. 4, *c*)). Par conséquent, on a $\dim(A) \leqslant \dim(\mathrm{gr}(A))$ (exerc. 5, *c*)).
b) On suppose désormais que l'on a $\mathfrak{m} = xA$, où x appartient au radical de A. Montrer que $\mathrm{gr}(A)$ est isomorphe à un quotient de l'algèbre graduée $(A/\mathfrak{m})[T]$; montrer que l'ensemble ordonné F des idéaux gradués de $(A/\mathfrak{m})[T]$ est isomorphe à l'ensemble des suites croissantes d'idéaux de $A/\mathfrak{m}$; en déduire (exerc. 4, *d*)) que l'on a $\mathrm{dev}(F) = \mathrm{Kdev}(A/(x)) + 1$, puis $\dim(A) \leqslant \dim(A/\mathfrak{m}) + 1$.

7) Soit A l'anneau des germes en 0 de fonctions de classe C^∞ sur $\mathbf{R}_+$. On se propose de montrer que l'anneau A est de dimension infinie. On note C l'algèbre des fonctions de classe C^∞ sur $\mathbf{R}_+$, F l'idéal formé des fonctions nulles au voisinage de 0, de sorte que $A = C/F$.
a) Soit $(x_n)_{n\in\mathbf{N}}$ une suite strictement décroissante, tendant vers 0, d'éléments de $\mathbf{R}_+$, et soit $\mathfrak{U}$ un ultrafiltre sur $\mathbf{N}$ plus fin que le filtre des complémentaires des parties finies. Montrer que l'ensemble J_1 des $f \in C$ telles que l'ensemble des $n \in \mathbf{N}$ tels que $f(x_n) = 0$ appartienne à $\mathfrak{U}$, est un idéal premier de C.
b) On note $\tau_n(f)$ la fonction $x \mapsto f(x + x_n)$. Montrer que si J est un idéal premier de C, l'ensemble $\varphi(J)$ des f tels que l'ensemble des $n \in \mathbf{N}$ avec $\tau_n f \in J$ appartienne à $\mathfrak{U}$ est un idéal premier de C.
c) On définit une suite I_n d'idéaux de C par $I_0 = J_1$, $I_{n+1} = \varphi(I_n)$. Montrer que $(I_n)_{n\in\mathbf{N}}$ est une suite strictement décroissante d'idéaux premiers de C contenant F.

8) Soit X un espace topologique. Montrer que l'application $x \mapsto \dim_x(X)$ de X dans $\overline{\mathbf{R}}$ est semi-continue supérieurement.

9) Soient A un anneau, $\mathfrak{p}$ un idéal premier de A et M un A-module de type fini. Montrer que l'on a :

$$\dim_{A_\mathfrak{p}}(M_\mathfrak{p}) + \dim_{A/\mathfrak{p}}(M/\mathfrak{p}M) \leqslant \dim_A(M)\,.$$

10) On dit qu'un anneau A est *équidimensionnel* si toutes les composantes irréductibles de $\mathrm{Spec}(A)$ ont la même dimension. Soient A un anneau et n un entier. Les conditions suivantes sont équivalentes :
a) toute chaîne d'idéaux premiers de A est contenue dans une chaîne de longueur n ;
b) pout tout idéal maximal $\mathfrak{m}$ de A, l'anneau $A_\mathfrak{m}$ est équidimensionnel, caténaire et de dimension n.

11) Soit (A_i, f_{ij}) un système inductif d'anneaux relatif à un ensemble ordonné filtrant I, de limite inductive A. Montrer que l'on a $\dim(A) \leqslant \mathrm{lim.inf}\,\dim(A_i)$ et qu'on a égalité lorsque les homomorphismes f_{ij} sont fidèlement plats. Donner un exemple où les homomorphismes f_{ij} sont plats et où l'on a $\dim(A) < \mathrm{lim.inf}\,\dim(A_i)$ (prendre $I = \mathbf{N}$, $A_n = \mathbf{Z}[n^{-1}]$, $A = \mathbf{Q}$).

¶ 12) *a*) Soient A un anneau, I et J deux idéaux de A. On suppose que pour tout idéal maximal $\mathfrak{m}$ de A, on a $IA_\mathfrak{m} = JA_\mathfrak{m}$. En déduire que l'on a $I = J$.
b) Soit A un anneau tel que, pour tout idéal maximal $\mathfrak{m}$ de A, l'anneau $A_\mathfrak{m}$ soit noethérien et que, pour tout élément f non nul de A, il n'existe qu'un nombre fini d'idéaux maximaux de A contenant f. Alors A est noethérien. (Soit $\mathfrak{a}$ un idéal de A. On montrera d'abord qu'il existe une famille finie $(x_1, \ldots, x_n)$ d'éléments de $\mathfrak{a}$ telle que les idéaux maximaux de A qui contiennent $\{x_1, \ldots, x_n\}$ contiennent $\mathfrak{a}$. On construira alors une famille finie d'éléments $y_1, \ldots, y_l$ de $\mathfrak{a}$ telle que pour tout idéal maximal $\mathfrak{m}$ de A, $\{y_1, \ldots, y_l\}$ engendre l'idéal $\mathfrak{a}A_\mathfrak{m}$ de $A_\mathfrak{m}$. On conclura en utilisant *a*).)
c) Soit A un anneau semi-local tel que, pour tout idéal maximal $\mathfrak{m}$, l'anneau $A_\mathfrak{m}$ soit noethérien. Alors A est noethérien.

13) Soient K un corps, $(n_r)_{r \geqslant 1}$ une suite strictement croissante d'entiers > 0 ; pour tout entier $i \geqslant 0$, notons $\mathfrak{p}_i$ l'idéal de l'anneau $K[(X_j)_{j \in \mathbf{N}}]$ engendré par les X_j pour $n_1 + \cdots + n_i \leqslant j < n_1 + \cdots + n_i + n_{i+1}$, et soit S l'ensemble des éléments de $K[(X_j)]$ qui n'appartiennent à aucun des $\mathfrak{p}_i$. Alors l'anneau $S^{-1}K[(X_j)]$ est noethérien et de dimension infinie (utiliser l'exercice 12 pour montrer que $S^{-1}K[(X_j)]$ est noethérien) [1].

14) Soit V un anneau de valuation discrète, et soit π une uniformisante de V. Dans l'anneau V[T], l'idéal $\mathfrak{m}_1 = (\pi T - 1)$ est maximal et de hauteur 1, l'idéal $\mathfrak{m}_2 = (\pi) + (T)$ est maximal et de hauteur 2. Les corps $V[T]/\mathfrak{m}_1$ et $V[T]/\mathfrak{m}_2$ sont isomorphes au corps des fractions de V et au corps résiduel de V respectivement. On a $\dim(V[T]) = 2$, mais $\dim(V[T]/\mathfrak{m}_1) + \dim(V[T]_{\mathfrak{m}_1}) = 1$ et $\dim(\operatorname{gr}_{\mathfrak{m}_1}(V[T])) = 1$.

¶ 15) Avec les notations de l'exercice précédent, on suppose que le corps résiduel et le corps des fractions de l'anneau V sont isomorphes (c'est le cas par exemple lorsque $V = k[[U]]$, le corps k étant le corps des fractions d'un anneau de séries formelles à un nombre infini d'indéterminées à coefficients dans un corps). Soit σ un isomorphisme de $V[T]/\mathfrak{m}_1$ sur $V[T]/\mathfrak{m}_2$. Notons C le sous-anneau de $V[T] = E$ formé des éléments de E dont les classes modulo $\mathfrak{m}_1$ et $\mathfrak{m}_2$ se correspondent par σ. Montrer que C est noethérien et que $\mathfrak{m}_1\mathfrak{m}_2 = \mathfrak{m}_1 \cap \mathfrak{m}_2$ est un idéal maximal de C. Montrer que E est la clôture intégrale de C (noter que l'on a $E = C + C.(\pi T - 1)$ et que $(\pi T - 1)^2 + (\pi T - 1)$ appartient à C).

Soit A l'anneau local $C_{\mathfrak{m}_1\mathfrak{m}_2}$. Alors A est intègre et de dimension 2, donc caténaire ; la clôture intégrale $B = E \otimes_C A$ de A est un anneau semi-local noethérien possédant exactement deux idéaux maximaux $\mathfrak{n}_1$ et $\mathfrak{n}_2$, et on a $\dim(B_{\mathfrak{n}_1}) = 1$, $\dim(B_{\mathfrak{n}_2}) = 2$.

¶ 16) On conserve les notations de l'exercice précédent, et on identifie B au quotient de l'anneau de polynômes A[U] par l'idéal premier $\mathfrak{p}$ engendré par $U^2 + U - \pi T(\pi T - 1)$. Soit $\mathfrak{q}_i$ l'idéal de A[U] tel que $\mathfrak{n}_i = \mathfrak{q}_i/\mathfrak{p}$. Alors $\operatorname{ht}(\mathfrak{q}_1) = 3$, $\operatorname{ht}(\mathfrak{p}) = 1$ et la chaîne $\mathfrak{p} \subset \mathfrak{q}_1$ est saturée. En particulier, A[U] et $A[U]_{\mathfrak{q}_1}$ ne sont pas caténaires.

17) *a*) Soient A un anneau intègre et $f \in A[T]$, $f \neq 0$. Montrer qu'il existe un idéal maximal $\mathfrak{m}$ de A[T] tel que $f \notin \mathfrak{m}$ (prendre un idéal maximal contenant $T.f - 1$).

b) Soit A un anneau. Montrer que l'on a $\dim(\operatorname{Specmax}(A[T])) \geqslant \dim(A) + 1$. (Soit $\mathfrak{p}_0 \subset \mathfrak{p}_1 \cdots \subset \mathfrak{p}_n$ une chaîne d'idéaux premiers de A. Considérons la chaîne

$$\mathfrak{p}_0[T] \subset \mathfrak{p}_1[T] \subset \mathfrak{p}_2[T] \cdots \subset \mathfrak{p}_n[T] \subset (\mathfrak{p}_n, T)$$

d'idéaux premiers de A[T] et posons

$$\begin{cases} U_i = V(\mathfrak{p}_i[T]) \cap \operatorname{Specmax}(A[T]), & 0 \leqslant i \leqslant n \\ U_{n+1} = V(\mathfrak{p}_n, T) \cap \operatorname{Specmax}(A[T]). \end{cases}$$

Montrer en utilisant *a*) que $(U_i)_{0 \leqslant i \leqslant n+1}$ est une suite strictement croissante de parties fermées irréductibles de Specmax (A[T]).)

c) Soient k un corps, S la partie de $k[X, Y]$ formée des éléments de la forme $1 + Xg(X, Y)$, et $A = S^{-1}k[X, Y]$.

Montrer que l'on a $\dim(\operatorname{Specmax}(A)) = 1$ et $\dim(\operatorname{Spec}(A)) = 2$. Généraliser au cas de plusieurs indéterminées.

d) Montrer que pour tout couple d'entiers $0 \leqslant n < m$, il existe un anneau noethérien A tel que $\dim(\operatorname{Specmax}(A)) = n$ et $\dim(\operatorname{Specmax}(A[T])) = m$.

e) Soit A l'anneau noethérien défini dans l'exerc. 13. Montrer que l'on a $\dim(\operatorname{Specmax}(A)) = 1$ et $\dim(\operatorname{Specmax}(A[T])) = \infty$.

[1] Cet exemple est dû à M. Nagata, Local Rings, Interscience Publishers, 1960.

§ 2

1) Soient V un anneau de valuation discrète, de corps de fractions K et n un entier. Soit A le sous-anneau de l'anneau de polynômes $K[X_1, \ldots, X_n]$ formé des polynômes dont le terme constant est dans V. L'homomorphisme canonique de V dans A satisfait la propriété (PM) et l'homomorphisme canonique $V/\mathfrak{m}_V \to A/\mathfrak{m}_V A$ est un isomorphisme. Par ailleurs on a $\dim(A) \geqslant n+1$ et $\dim(V) = 1$. Dès que $n \geqslant 1$, on a donc $\dim(A) > \dim(V) + \dim(A/\mathfrak{m}_V A)$. Montrer que A n'est pas noethérien. En utilisant des séries formelles, construire un exemple analogue où A est local et non noethérien.

2) Soient V un anneau de valuation discrète, de corps de fractions K et de corps résiduel k. Notons A l'anneau $K \times k$ et $\rho : V \to A$ l'homomorphisme déduit des homomorphismes canoniques de V dans K et k. L'homomorphisme ρ est injectif, l'application ${}^a\rho : \mathrm{Spec}(A) \to \mathrm{Spec}(V)$ est surjective, A est une V-algèbre de type fini et l'on a $\dim(A) < \dim(V)$.

3) Soient A un anneau intègre de dimension 1, $\mathfrak{p}_0 \subset \mathfrak{p}_1 \subset \mathfrak{p}_2$ trois idéaux premiers distincts non nuls de A[X]. Montrer qu'on a $\mathfrak{p}_0 \cap A = \{0\}$, $\mathfrak{p}_1 = (\mathfrak{p}_1 \cap A).A[X]$, et que $\mathfrak{p}_2$ est un idéal maximal de A[X].

4) Soient A un anneau local intégralement clos, $\mathfrak{m}_A$ son idéal maximal et K son corps des fractions. Pour tout élément x de K, on note $A[x]$ la sous-A-algèbre de K engendrée par x. Soit x un élément de K^* tel que x^{-1} n'appartienne pas à A. Soient A[X] l'anneau des polynômes en une indéterminée X, à coefficients dans A, et φ l'application d'évaluation $P \mapsto P(x)$ de A[X] sur $A[x]$.

a) Le noyau de φ est l'idéal Q engendré par les polynômes de la forme $aX + b$, où $a, b \in A$ et $ax + b = 0$. (Si $P(X) = \sum_{i=0}^{n} a_i X^i$ est tel que $P(x) = 0$, remarquer qu'alors $-b_0 = a_0 x$ est entier sur A donc appartient à A.)

b) L'idéal $\mathfrak{m}_A A[x]$ de $A[x]$ est premier, et il est maximal si et seulement si x appartient à A.

5) Soit A un anneau intégralement clos de corps de fractions K. Étant donnés un idéal premier $\mathfrak{p}$ de A, et un élément x de K tel que $x \notin A_\mathfrak{p}$, et $x^{-1} \notin A_\mathfrak{p}$, l'idéal $\mathfrak{p}A[x]$ de $A[x]$ est premier ; on a : $\mathfrak{p}A[x] \cap A = \mathfrak{p}$ et l'homomorphisme canonique $(A/\mathfrak{p})[X] \to A[x]/\mathfrak{p}A[x]$ est un isomorphisme.

6) *a*) Utilisant les exercices précédents, montrer que si A est un anneau intègre de dimension 1, on a $\dim(A[X]) = 2$ si et seulement si tous les localisés en un idéal premier de la clôture intégrale de A sont des anneaux de valuation.

b) Montrer que si l'on a $\dim(A) = n$ et $\dim(A[X]) > n + 1$, il existe un idéal premier $\mathfrak{p}$ de A tel que $\mathrm{ht}(\mathfrak{p}) = 1$ et, ou bien $\dim(A_\mathfrak{p}[X]) > 2$, ou bien $\dim((A/\mathfrak{p})[X]) > \dim(A/\mathfrak{p}) + 1$.

c) En déduire que si A est prüférien (VII, § 2, exerc. 12), on a $\dim(A[X_1, \ldots, X_n]) = \dim(A) + n$, pour tout entier $n \geqslant 0$.

¶ 7) Soit B un anneau intégralement clos, de corps des fractions L. On pose $d = \dim(B)$ et $t = \dim(B[X])$. Soit L′ une extension non triviale de L dans laquelle L est algébriquement fermé et soit V un anneau de valuation discrète (qui n'est pas un corps) ayant pour corps résiduel L′. On notera K le corps des fractions de V et A l'ensemble des éléments de V dont l'image dans L′ par l'homomorphisme canonique $V \to L'$ appartient à B. L'anneau A est intégralement clos de corps des fractions K. Notons $\mathfrak{p}$ le noyau de l'homomorphisme surjectif $A \to B$. Montrer que tout idéal premier non nul de A contient $\mathfrak{p}$ d'où $\dim(A) = \dim(B) + 1$. Considérant un élément x de V dont l'image dans L′ n'appartient pas à L, montrer que l'anneau de fractions $A_\mathfrak{p}$ n'est pas un anneau de valuation, et que $\mathfrak{p}A_\mathfrak{p}[x]$ n'est pas minimal parmi les idéaux premiers non nuls de $A_\mathfrak{p}[x]$. En utilisant l'exerc. 6, en déduire que l'on a $\dim(A[x]) \geqslant t + 2$. Conclure que l'on a $\dim(A[x]) = t + 2$ par un argument direct. Montrer enfin que pour tout couple (d, t) d'entiers avec $d + 1 \leqslant t \leqslant 2d + 1$, il existe un anneau intègre A de dimension d tel que $\dim(A[X]) = t$.

8) Montrer que l'anneau de polynômes A[X] est un A-module fidèlement plat, que pour tout idéal maximal $\mathfrak{m}$ de A on a $\dim(A[X]/\mathfrak{m}A[X]) = 1$ et déduire de l'exercice précédent l'existence d'homomorphismes d'anneaux $\rho : A \to B$ satisfaisant la condition (PM) et tels que $\dim(B) > \dim(A) + \inf_{\mathfrak{m} \in S} \dim(B/\mathfrak{m}B)$ (où S est l'ensemble des idéaux maximaux de A).

9) Soient A un anneau intègre et B un anneau intègre contenant A et entier sur A. Soit $\mathfrak{p}$ un idéal premier de A tel que la clôture intégrale de l'anneau de fractions $A_{\mathfrak{p}}$ soit un anneau local. Pour tout idéal premier $\mathfrak{q}$ de B au-dessus de $\mathfrak{p}$, on a $\mathrm{ht}(\mathfrak{q}) = \mathrm{ht}(\mathfrak{p})$ (utiliser V, § 2, n° 1, prop. 2).

¶ 10) *a*) Soient A un anneau intègre, K son corps des fractions et m un entier positif. Soient $t_1, \ldots, t_m$ des éléments de K et $\varphi : A[X_1, \ldots, X_m] \to A[t_1, \ldots, t_m]$ l'unique homomorphisme de A-algèbres tel que $\varphi(X_i) = t_i$. Montrer que la hauteur de l'idéal noyau de φ est égale à m.
b) En déduire que pour tout m-uple $(t_1, \ldots, t_m)$ d'éléments de K, on a $\dim(A[t_1, \ldots, t_m]) \leqslant \dim(A[X_1, \ldots, X_m]) - m$.

¶ 11) Soient A un anneau intègre et K son corps de fractions. Soit $(0) \subset \mathfrak{p}_1 \subset \ldots \subset \mathfrak{p}_h$ une chaîne d'idéaux premiers de A. Montrer qu'il existe un anneau de valuation V de K et une chaîne d'idéaux premiers $(0) \subset \mathfrak{q}_1 \subset \ldots \subset \mathfrak{q}_h$ de V tels que $\mathfrak{q}_i \cap A = \mathfrak{p}_i$. (On procédera par récurrence sur h, en se ramenant au cas où A est un anneau local et en utilisant, pour le cas $h = 1$, l'exerc. 7 de VI, § 1.)

12) *a*) Soient A et K comme ci-dessus, B un anneau intègre contenant A et entier sur A, L le corps de fractions de B. Soit $k \geqslant 0$ un entier. Si, pour tout m-uple $(t_1, \ldots, t_m)$ d'éléments de L, on a $\dim(A[t_1, \ldots, t_m]) \leqslant k$, pour tout m-uple d'éléments $u_1, \ldots, u_m$ de L, on a $\dim(B[u_1, \ldots, u_m]) \geqslant k$.
b) Soit $\mathfrak{p}$ un idéal premier de A. Montrer que si, pour tous les m-uples $(t_1, \ldots, t_m)$ d'éléments de K, on a $\dim(A[t_1, \ldots, t_m]) \leqslant k$, alors on a pour tous les m-uples $(s_1, \ldots, s_m)$ d'éléments du corps des fractions de $A/\mathfrak{p}$, l'inégalité $\dim((A/\mathfrak{p})[s_1, \ldots, s_m]) \leqslant k - \mathrm{ht}(\mathfrak{p})$.

¶ 13) Soient A un anneau intègre et K son corps des fractions. Pour tout entier $k \geqslant 0$, les propriétés suivantes sont équivalentes :
(i) Tout sous-anneau B de K contenant A est de dimension $\leqslant k$.
(ii) Tout anneau de valuation V de K contenant A est de dimension $\leqslant k$.
(iii) Pour tout choix de k éléments $t_1, \ldots, t_k$ de K, on a $\dim(A[t_1, \ldots, t_k]) \leqslant k$.
(iv) On a $\dim(A[X_1, \ldots, X_m]) \leqslant k + m$ pour tout entier $m \geqslant 0$.

14) Soient A un anneau intègre, de corps des fractions K, et $m \in \mathbf{N}$. Montrer que l'on a

$$\dim(A[X_1, \ldots, X_m]) = m + \sup\{\dim(A[t_1, \ldots, t_m]) | t_i \in K, 1 \leqslant i \leqslant m\}.$$

(On utilisera l'exerc. 10). Plus généralement si F est un corps, extension de K, montrer que l'on a

$$\dim(A[X_1, \ldots, X_m]) = \sup\{\dim(A[t_1, \ldots, t_m]) | t_i \in F, 1 \leqslant i \leqslant m\} + \sup(0, m - \deg.\mathrm{tr}_K(F)).$$

15) Avec les notations des exercices précédents, montrer que si pour un certain entier $k \geqslant 0$, on a $\dim(A[X_1, \ldots, X_m]) \geqslant k + m + 1$ pour un entier m, on a l'inégalité $\dim(A[X_1, \ldots, X_k]) \geqslant 2k + 1$.

¶ 16) Soient A un anneau intègre et K son corps des fractions. On appelle *dimension valuative de* A et l'on note $\dim_V(A)$ le nombre réel $\sup_{A \subset V \subset K} \dim(V)$, où V parcourt l'ensemble des anneaux de valuation de K contenant A.
a) Montrer que l'on a $\dim(A) \leqslant \dim_V(A)$ (exerc. 11).
b) Si A est prüférien (VII, § 2, exerc. 12), montrer que l'on a $\dim(A) = \dim_V(A)$.
c) Montrer que, pour tout $m \in \mathbf{N}$, on a

$$\dim_V(A[X_1, \ldots, X_m]) = \dim_V(A) + m.$$

(On remarquera qu'un anneau de valuation est prüférien et l'on utilisera *b*) et l'exerc. 6, p. 84.)

d) Montrer que si l'on a $\dim_V(A) = s < \infty$, on a pour tout entier $m \geqslant s - 1$ l'égalité
$$\dim(A[X_1, ..., X_m]) = m + s .$$

e) Soit $s \in \mathbf{N}$. Montrer que l'on a $\dim_V(A) = s$ si et seulement si $\dim(A[X_1, ..., X_s]) = 2s$ (utiliser *d*) et les exerc. 13 et 14).

En déduire que, pour tout anneau A intègre et noethérien, on a $\dim(A) = \dim_V(A)$.

17) Soit A un anneau intègre. Posons $n_k(A) = \dim(A[X_1, ..., X_k])$ pour tout entier $k \geqslant 0$. Soit $\mathfrak{D}$ l'ensemble des suites d'entiers $(n_i)_{i \geqslant 0}$ telles qu'il existe un anneau intègre A avec $n_i = n_i(A)$ pour tout entier $i \geqslant 0$.

a) Démontrer les inégalités
$$\sup(n_0(A) + i + 1, n_i(A) + 1) \leqslant n_{i+1}(A) \leqslant \inf(2n_i(A) + 1, 2^{i+1}(n_0(A) + 1) - 1) .$$

b) Montrer que la seule suite d'entiers commençant par 1, 2 et qui appartient à $\mathfrak{D}$ est la suite $n_i = i + 1$. (Soit A tel que $n_0(A) = 1$, $n_1(A) = 2$. D'après l'exerc. 6, p. 84, la clôture intégrale de A est prüférienne. Utiliser l'exerc. 6, *c*), p. 84 pour conclure.)

c) Démontrer les inégalités
$$n_0(A) + i \leqslant n_i(A) \leqslant (n_0(A) + 1)(i + 1) - 1 .$$

En déduire que si l'on a $n_0(A) = 0$, alors on a $n_i(A) = i$ pour tout $i \in \mathbf{N}$.

d) Montrer que la suite des différences $n_{i+1}(A) - n_i(A)$ est stationnaire.

e) On utilise les notations de l'exerc. 7, p. 84. Soit δ le degré de transcendance de L' sur L. Alors :

(i) Si $\delta = 0$, on a $n_i(A) = n_i(B) + 1$ pour tout i.

(ii) Si $1 \leqslant \delta < \infty$, on a $n_i(A) = n_i(B) + i + 1$ pour $0 \leqslant i \leqslant \delta$ et $n_i(A) = n_i(B) + \delta + 1$ pour $i \geqslant \delta$.

(iii) Si $\delta = \infty$, on a $n_i(A) = n_i(B) + i + 1$ pour tout i.

(Pour une caractérisation des éléments de $\mathfrak{D}$, on pourra consulter T. Parker, *Amer. J. Math.*, 97 (1975), p. 308-311.)

* 18) Notons A (resp. B) l'algèbre $\mathbf{C}\{z_1, z_2, z_3\}$ (resp. $\mathbf{C}\{u, v\}$) des séries convergentes en les variables z_1, z_2, z_3 (resp. u, v) et $\varphi : A \to B$ l'unique homomorphisme d'algèbres tel que $\varphi(z_1) = uv$, $\varphi(z_2) = v(e^u - 1)$, $\varphi(z_3) = v$. Montrer que φ est injectif, et que l'on a $\dim(A) = 3$ et $\dim(B) = 2$. *

§ 3

1) Soient A un anneau, U une partie ouverte de Spec(A).

a) Montrer que l'application $\mathfrak{p} \mapsto V(\mathfrak{p}) \cap U$ induit une bijection de U sur l'ensemble des parties fermées irréductibles de U.

b) Montrer que dim(U) est la borne supérieure de l'ensemble des longueurs des chaînes d'idéaux premiers de A appartenant à U.

c) Soit Φ l'ensemble des idéaux premiers minimaux de A appartenant à U. Montrer que l'on a
$$\dim(U) = \sup_{\mathfrak{p} \in \Phi} \dim(V(\mathfrak{p}) \cap U) .$$

d) On suppose désormais A local et $U \neq \mathrm{Spec}(A)$. Si A est noethérien, établir l'égalité $\dim(U) = \sup_{\mathfrak{p} \in \Phi}(\dim(A/\mathfrak{p}) - 1)$.

e) Soit h un entier tel que $0 < h < \dim(A)$. Soit E_h l'ensemble des idéaux premiers $\mathfrak{p} \in U$ tels que $\mathrm{ht}(\mathfrak{p}) = h$ et $\dim(A/\mathfrak{p}) = \dim(A) - h$. Si A est noethérien, montrer que E_h est infini. Montrer que E_h peut être fini lorsque A n'est pas noethérien (prendre pour A un anneau de valuation de hauteur 2, pour U l'ouvert $\mathrm{Spec}(A) - \{\mathfrak{m}_A\}$, et choisir $h = 1$).

2) Soit A un anneau noethérien intègre. On suppose que A n'est pas un corps et que le corps des fractions de A est une A-algèbre de type fini. Alors A est semi-local et de dimension 1. (Montrer qu'il existe un élément non nul et non inversible f de A tel que $A[f^{-1}]$ soit un corps, et se ramener à démontrer que $\dim(A/(f)) = 0$; s'il en était autrement, $A/(f)$ posséderait un idéal premier de hauteur 1 dont l'image réciproque $\mathfrak{p}$ dans A serait un idéal premier de hauteur 2 ; mais l'anneau local $A_{\mathfrak{p}}$ de dimension 2 ne pourrait avoir qu'un nombre fini d'idéaux premiers, contrairement à la prop. 6 du § 3, nº 3.)

3) *a*) Soient A un anneau local noethérien, $\mathfrak{p}$ un idéal premier de A. Démontrer l'inégalité $\dim_{\mathfrak{p}}(A) \geqslant \mathrm{ht}(\mathfrak{p}) + \dim(A/\mathfrak{p}) - 1$.
b) Prouver qu'il existe un anneau local noethérien R de dimension 3 ayant un idéal premier $\mathfrak{q}$ tel que $\mathrm{ht}(\mathfrak{q}) = 1$, $\dim(R/\mathfrak{q}) = 1$. (Utiliser l'exerc. 16, p. 83, en prenant $R = A[U]_{\mathfrak{q}_1}$ et $\mathfrak{q} = \mathfrak{p}R$.) Soit $f \in \mathfrak{m}_R - \mathfrak{q}$; montrer que l'on a $\dim(R_f) = 2$ (utiliser l'exerc. 1, p. 86) ; on a donc $\dim_{\mathfrak{q}}(R) = 2$ tandis que $\mathrm{ht}(\mathfrak{q}) + \dim(R/\mathfrak{q}) - 1 = 1$.

4) Soient k un corps, n un entier $\geqslant 1$. Pour chaque entier $r \in [0, n]$, soit M_r le sous-espace vectoriel de $k(X_1, ..., X_n)$ engendré par les monômes $X_1^{\alpha_1} \cdot ... \cdot X_r^{\alpha_r}$ avec $\alpha_1, ..., \alpha_r$ dans $\mathbf{Z}$ et $\alpha_r > 0$. Posons $\mathfrak{a}_r = M_r + \cdots + M_n$, pour $0 \leqslant r \leqslant n + 1$. Alors $\mathfrak{a}_0$ est un sous-anneau de $k(X_1, ..., X_n)$, et les $\mathfrak{a}_r$ sont des idéaux premiers de $\mathfrak{a}_0$. Posons $A = (\mathfrak{a}_0)_{\mathfrak{a}_1}$ et $\mathfrak{p}_r = (\mathfrak{a}_r)_{\mathfrak{a}_1}$ pour $1 \leqslant r \leqslant n + 1$. Montrer que les seuls idéaux premiers de l'anneau local A sont les $\mathfrak{p}_r$, que l'on a $\mathrm{ht}(\mathfrak{p}_r) = n + 1 - r$ et $\dim(A) = n$. De plus $\mathfrak{p}_1$ est principal.

5) Soit $\rho : A \to B$ un homomorphisme local d'anneaux locaux noethériens complets, tel que $[\kappa(B) : \kappa(A)] < \infty$. Posons $n = \dim(B/\mathfrak{m}_A B)$; montrer qu'il existe un A-homomorphisme local $u : A[[T_1, ..., T_n]] \to B$ qui fasse de B une $A[[T_1, ..., T_n]]$-algèbre finie. (Relever dans B une suite sécante maximale de $B/\mathfrak{m}_A B$ et utiliser III, § 3, exerc. 18.)

6) Soient k un corps et A l'anneau des séries formelles $k[[X_1, X_2]]$. Considérons un idéal $\mathfrak{n}$ de A contenant une puissance de l'idéal maximal $\mathfrak{m}$ de A, et l'idéal I engendré par $(X_1 - X_2).\mathfrak{n}$, M le module A/I. Montrer que la suite (X_1) est sécante pour M sans être complètement sécante pour M.

7) Soient A un anneau local, intègre, noethérien, non caténaire, de dimension 3 (exerc. 16, p. 83), $\mathfrak{p} \subset A$ un idéal premier tel que $\mathrm{ht}(\mathfrak{p}) = 1$, $\dim(A/\mathfrak{p}) = 1$. Montrer qu'il existe un élément $x \in \mathfrak{p}$ tel que $\mathfrak{p}$ soit minimal parmi les idéaux premiers contenant Ax. En déduire que $V(x)$ admet une composante irréductible de dimension 1.

§ 4

1) Soient Γ un groupe commutatif et H un anneau gradué de type Γ (A, II, p. 164).
Pour $\gamma \in \Gamma$, on note H_γ le composant homogène de degré γ de H. On suppose que H est engendré par H_0 et une famille finie $(x_i)_{i \in I}$ d'éléments homogènes de degré $\neq 0$. On note γ_i le degré de x_i. Pour tout groupe commutatif K, on note $K[[\Gamma]]$ le groupe produit K^Γ et on désigne par $\sum_{\gamma \in \Gamma} m_\gamma T^\gamma$ l'élément (m_γ) de K^Γ. On note $K[\Gamma]$ le sous-groupe $K^{(\Gamma)}$ de $K[[\Gamma]]$. On munit $K[[\Gamma]]$ de sa structure naturelle de module sur l'algèbre $\mathbf{Z}[\Gamma]$ du groupe Γ. Soient enfin $\mathfrak{C}$ un ensemble héréditaire de classes de H_0-modules (A, VIII, § 10, nº 1, déf. 1) et $K(\mathfrak{C})$ le groupe de Grothendieck correspondant (*loc. cit.*, nº 2). Pour tout H_0-module E de type $\mathfrak{C}$, on note [E] sa classe dans $K(\mathfrak{C})$.
a) Supposons H_0 noethérien, et soit M un H-module gradué de type fini tel que pour tout $\gamma \in \Gamma$, le H_0-module M_γ soit de type $\mathfrak{C}$. Montrer que l'élément $\prod_{i \in I} (1 - T^{\gamma_i}) \sum_{\gamma \in \Gamma} [M_\gamma] T^\gamma$ de $K(\mathfrak{C})[[\Gamma]]$ appartient à $K(\mathfrak{C})[\Gamma]$.

b) Supposons maintenant que l'on ait $\Gamma = \mathbf{Z}^s$, $H_\gamma = 0$ et $M_\gamma = 0$ pour $\gamma \notin \mathbf{N}^s$, et que les γ_i soient des vecteurs de base de $\mathbf{Z}^s$; notant a_k le nombre de γ_i qui sont égaux au k-ième vecteur de base, prouver que l'on a

$$\prod_{k=1}^{s} (1 - T_k)^{a_k} \sum_{\gamma \in \mathbf{Z}^s} [M_\gamma] \mathbf{T}^\gamma = \sum_\gamma m_\gamma \mathbf{T}^\gamma$$

où $\mathbf{T} = (T_1, \ldots, T_s)$, et (m_γ) est une famille à support fini. En déduire l'existence d'éléments $c_{\boldsymbol{b}}$, pour $\boldsymbol{b} \in \mathbf{Z}^s$, de $K(\mathcal{C})$, nuls sauf pour un nombre fini de $\boldsymbol{b}$ et tels que, pour $\gamma \in \mathbf{N}^s$ assez grand, on ait

$$[M_\gamma] = \sum_{\boldsymbol{b}} c_{\boldsymbol{b}} B_{\boldsymbol{b}}(\gamma)$$

où

$$B_{\boldsymbol{b}}(\gamma) = \prod_{j=1}^{s} \frac{(\gamma_j + 1) \ldots (\gamma_j + b_j)}{b_j\,!},$$

la somme étant prise sur les éléments $\boldsymbol{b}$ de $\mathbf{Z}^s$ vérifiant $b_i < a_i$ pour $1 \leqslant i \leqslant s$.

2) Soit $f : \mathbf{Z} \to \mathbf{Z}$ une application. Montrer que les trois propriétés suivantes sont équivalentes :
a) Il existe n_0, n_1 dans $\mathbf{Z}$ et P dans $\mathbf{Q}[T]$ tels que $f(n) = 0$ pour $n \leqslant n_1$ et $f(n) = P(n)$ pour $n \geqslant n_0$.
b) Il existe une famille à support fini $(a_i)_{i \in \mathbf{Z}}$ d'éléments de $\mathbf{Z}$ telle que $f(n) = \sum_{i \in \mathbf{Z}} a_i \begin{bmatrix} n+i \\ i \end{bmatrix}$ pour tout $n \in \mathbf{Z}$.
c) Il existe $r \in \mathbf{Z}$ et $Q \in \mathbf{Z}[T, T^{-1}]$ tels que $\sum_{n \in \mathbf{Z}} f(n)\, T^n = (1 - T)^r Q(T)$.
On dit alors que f est *polynomiale à l'infini*.
Généraliser au cas des applications de $\mathbf{Z}$ dans un $\mathbf{Z}$-module quelconque.

3) *a*) Donner un exemple d'algèbre graduée H de type $\mathbf{Z}$, sur un corps K, engendrée par un nombre fini d'éléments homogènes de degrés > 0, et telle que l'application $n \mapsto \dim_K H_n$ ne soit pas polynomiale à l'infini.
b) Avec les notations et hypothèses du th. 1 du § 4, nº 2, soit D le ppcm des d_i. Montrer que H est un module de type fini sur l'anneau $H_0[(X_i^{D/d_i})_{i \in I}]$.

En déduire que pour tout $n_0 \in \mathbf{N}$, la série $\sum_{n \in \mathbf{Z}} \mathrm{long}_{H_0}(M_{n_0 + nD})\, T^n$ est de la forme $\dfrac{P_{n_0}(T)}{(1 - T)^c}$ où $c = \mathrm{Card}(I)$ et $P_{n_0}(T) \in \mathbf{Q}[T, T^{-1}]$. En déduire que l'application $n \mapsto \mathrm{long}_{H_0}(M_{n_0 + nD})$ est polynomiale à l'infini.

4) Plaçons-nous dans la situation du th. 1 du § 4, nº 2, et notons $\mathcal{C}$ l'ensemble des classes de H-modules gradués de type fini à composantes de longueur finie sur H_0, et $K(\mathcal{C})$ le groupe de Grothendieck correspondant.
a) Pour tout H-module M comme ci-dessus, montrer qu'il existe un H_0-module gradué de longueur finie M_0 et un homomorphisme gradué surjectif $p : H \otimes_{H_0} M_0 \to M$. En déduire que tout H-module M comme ci-dessus admet une résolution graduée (A, X, p. 56) par des H-modules :

$$\ldots \to H \otimes_{H_0} M_1 \to H \otimes_{H_0} M_0 \to M \to 0$$

où pour tout i, M_i est un H_0-module gradué de longueur finie.
b) En utilisant une résolution de Koszul du H-module H_0 (A, X, p. 152), montrer que pour tout H-module gradué M, $\mathrm{Tor}_j^H(H_0, M)$ est muni canoniquement d'une graduation, que $\mathrm{Tor}_j^H(H_0, M) = 0$ pour $j > \mathrm{Card}(I)$ et que $\mathrm{Tor}_j^H(H_0, P \otimes_{H_0} H)$ est un H_0-module de longueur finie pour tout j lorsque P est un H_0-module de longueur finie.

c) Montrer que pour tout j, $\mathrm{Tor}_j^{\mathrm{H}}(\mathrm{H}_0, \mathrm{M})$ est un H_0-module gradué de longueur finie lorsque M est de type $\mathcal{C}$. (On pourra le montrer par récurrence croissante sur j. Si $j = 0$, utiliser *a*) et *b*). Dans le cas général, utiliser une suite exacte $0 \to \mathrm{N} \to \mathrm{H} \otimes_{\mathrm{H}_0} \mathrm{M}_0 \to \mathrm{M} \to 0$, l'hypothèse de récurrence et *b*).)

d) Pour tout H-module M de type $\mathcal{C}$, on pose

$$e(\mathrm{M}) = \sum_{p \in \mathbf{Z}} \sum_{j=0}^{\infty} (-1)^j [\mathrm{Tor}_j^{\mathrm{H}}(\mathrm{H}_0, \mathrm{M})_p] \mathrm{T}^p,$$

obtenant ainsi un élément de $\mathrm{K}(\mathcal{C}_0)[\mathrm{T}, \mathrm{T}^{-1}]$ où $\mathrm{K}(\mathcal{C}_0)$ est le groupe de Grothendieck des H_0-modules de longueur finie. Montrer que $\mathrm{M} \mapsto e(\mathrm{M})$ est additif sur les suites exactes de H-modules gradués, et que par suite $\mathrm{M} \mapsto e(\mathrm{M})$ détermine un homomorphisme de groupes

$$e : \mathrm{K}(\mathcal{C}) \to \mathrm{K}(\mathcal{C}_0)[\mathrm{T}, \mathrm{T}^{-1}].$$

Pour tout H_0-module gradué P de longueur finie, on pose

$$\tau(\mathrm{P}) = [\mathrm{H} \otimes_{\mathrm{H}_0} \mathrm{P}] \in \mathrm{K}(\mathcal{C}).$$

Montrer que $\mathrm{P} \mapsto \tau(\mathrm{P})$ est additif sur les suites exactes et que par suite $\mathrm{P} \mapsto \tau(\mathrm{P})$ détermine un homomorphisme entre les groupes de Grothendieck correspondants

$$\tau : \mathrm{K}(\mathcal{C}_0)[\mathrm{T}, \mathrm{T}^{-1}] \to \mathrm{K}(\mathcal{C}).$$

Montrer que e et τ sont des isomorphismes de groupes inverses l'un de l'autre. (On montrera d'abord que $e \circ \tau$ est l'identité. Pour démontrer l'assertion, il suffit donc de montrer que τ est surjectif, c'est-à-dire de montrer que pour tout H-module M de type $\mathcal{C}$, [M] appartient à l'image de τ. On remarquera que M admet une filtration finie dont les quotients successifs sont annulés par un idéal maximal de H_0 et qu'un H-module M de type $\mathcal{C}$, annulé par un idéal maximal $\mathfrak{m}$ de H_0, admet une résolution graduée finie par des $\mathrm{H}/\mathfrak{m}\mathrm{H}$-modules libres de type fini (A, X, p. 56).)

e) Soit M un H-module de type $\mathcal{C}$. Montrer qu'on a dans $\mathrm{K}(\mathcal{C})$

$$[\mathrm{M}] = \sum_{i \geqslant 0} (-1)^i [\mathrm{H} \otimes_{\mathrm{H}_0} \mathrm{Tor}_i^{\mathrm{H}}(\mathrm{H}_0, \mathrm{M})].$$

f) Soient Γ un groupe commutatif et $\Phi : \mathrm{K}(\mathcal{C}) \to \Gamma$ un homomorphisme de groupes. Pour tout H_0-module de longueur finie P, posons

$$\psi(\mathrm{P}) = \Phi([\mathrm{H} \otimes_{\mathrm{H}_0} \mathrm{P}]).$$

Montrer que pour tout H-module M de type $\mathcal{C}$, on a

$$\Phi([\mathrm{M}]) = \sum_{j \geqslant 0} (-1)^j \psi(\mathrm{Tor}_j^{\mathrm{H}}(\mathrm{H}_0, \mathrm{M})).$$

En particulier, avec les notations de la remarque 4 du § 4, n° 2 montrer que l'on a

$$\mathrm{Q}_{\mathrm{M}} = \sum_{j=0}^{r} (-1)^j \mathrm{P}_{\mathrm{T}_j},$$

et par suite que

$$c_{\mathrm{M}} = \sum_{j=0}^{r} (-1)^j \mathrm{long}_{\mathrm{H}_0}(\mathrm{Tor}_j^{\mathrm{H}}(\mathrm{H}_0, \mathrm{M})).$$

g) Donner à l'aide des résultats précédents une nouvelle démonstration du th. 1 du § 4, n° 1.

h) Soit Γ un groupe commutatif. Décrire toutes les applications additives $\mathrm{M} \mapsto \Phi(\mathrm{M})$ sur les H-modules de type $\mathcal{C}$ à valeurs dans Γ, en termes d'applications de $\mathrm{Specmax}(\mathrm{H}_0) \times \mathbf{Z}$ dans Γ.

i) On suppose que H_0 est un corps. Soit A un anneau. Décrire toutes les applications additives $\mathrm{M} \mapsto \mathrm{C}(\mathrm{M})$ à valeurs dans A telles que $\mathrm{C}(\mathrm{M}).\mathrm{C}(\mathrm{N}) = \sum_j (-1)^j \mathrm{C}(\mathrm{Tor}_j^{\mathrm{H}}(\mathrm{M}, \mathrm{N}))$ pour tout couple M et N de H-modules gradués de type fini.

5) *a*) Soit H un anneau gradué de type **N**, tel que H_0 soit un corps et H une H_0-algèbre de type fini. Soient M et N deux H-modules gradués de type fini. Posons $T_i = \mathrm{Tor}_i^H(M, N)$. Démontrer l'égalité

$$\sum_{i=0}^{\infty} (-1)^i P_{T_i} = \frac{P_M \cdot P_N}{P_H}.$$

b) Soient A un anneau local noethérien, M et N deux A-modules. Montrer que si, pour $m \in \mathbf{Z}$ et $i \geqslant 1$, $\mathrm{Tor}_i^{\mathrm{gr}_m(A)}(\mathrm{gr}_m(M), \mathrm{gr}_m(N))$ est nul, alors on a $\mathrm{Tor}_i^A(M, N) = 0$ pour $i \geqslant 1$ et $H_{M \otimes_A N, m} = \dfrac{H_{M,m} \cdot H_{N,m}}{H_{A,m}}$ pour $m \in \mathbf{Z}$.

6) Soit H un anneau gradué de type **Z**, tel que $H_n = \{0\}$ pour $n < 0$, que H_0 soit un anneau local artinien et que H soit une H_0-algèbre de type fini. Soit $L_.$ un complexe borné de H-modules libres gradués de type fini (*cf.* A, X, p. 56). Ainsi pour chaque *i*, L_i est isomorphe à un H-module de la forme $\bigoplus_{j=1}^{r_i} H(-n_{ij})$, avec $n_{ij} \in \mathbf{Z}$, où $H(-k)$ est le H-module gradué tel que $H(-k)_n = H_{n-k}$. Pour tout H-module gradué M de type fini, notons $G_M \in \mathbf{Q}[T]$ l'unique polynôme tel qu'il existe un entier $n_1 \geqslant 0$ satisfaisant à

$$G_M(n) = \sum_{i<n} \mathrm{long}_{H_0}(M_i), \quad \text{pour} \quad n \geqslant n_1.$$

Démontrer la relation

$$\sum_{i \geqslant 0} (-1)^i G_{H_i(L.)} = \sum_{k \geqslant 0} \frac{(-1)^k}{k!} \rho_k \frac{\partial^k G_H}{\partial T^k}$$

où $\rho_k = \sum_{i \geqslant 0} (-1)^i \sum_{j=1}^{r_i} n_{ij}$, les n_{ij} étant les degrés associés à L_i, et où $H_i(L.)$ désigne l'homologie du complexe $L_.$.

¶ 7) *a*) Soient *l* un entier $\geqslant 1$ et $n \in \mathbf{N}$. Montrer qu'il existe une unique suite décroissante d'entiers : $a_{l,l}(n) \geqslant a_{l,l-1}(n) \geqslant \cdots \geqslant a_{l,1}(n) \geqslant 0$ telle que

$$n = \sum_{i=1}^{l} \binom{a_{l,i}(n) + i - 1}{i}.$$

Montrer que l'on a $n \leqslant m$ si et seulement si $(a_{l,l}(n), a_{l,l-1}(n), \ldots, a_{l,1}(n))$ est inférieur à $(a_{l,l}(m), \ldots, a_{l,1}(m))$ pour l'ordre lexicographique.

On pose

$$\partial_l(n) = \sum_{i=1}^{l} \binom{a_{l,i}(n) + i}{i+1},$$

et pour $l \geqslant 2$, on note $\partial_l^*(n)$ le plus petit entier *p* tel que $\partial_{l-1}(p) \geqslant n$.

Calculer $a_{l+1,i}(\partial_l(n))$, $a_{l-1,i}(\partial_l^*(n))$ en fonction des $a_{l,i}(n)$.

b) On dit qu'une application $H : \mathbf{N} \to \mathbf{N}$ est une *fonction de Macaulay* si

$$\begin{cases} H(0) = 1, \\ H(l+1) \leqslant \partial_l(H(l)) \quad \text{pour tout} \quad l \geqslant 1. \end{cases}$$

Montrer qu'il revient au même de dire que

$$\begin{cases} H(0) = 1, \\ \partial_l^* H(l) \leqslant H(l-1) \quad \text{pour tout} \quad l \geqslant 2. \end{cases}$$

Soit $H : \mathbf{N} \to \mathbf{N}$ une fonction de Macaulay. Montrer que deux cas seulement sont possibles :

α) Il existe $r \in \mathbf{N}$ tel que $H(j) = 0$ pour tout $j \geqslant r$.

β) Il existe $r \in \mathbf{N}$ et une suite finie d'entiers

$$b_0 \geqslant b_1 \geqslant \cdots \geqslant b_r \geqslant 0$$

tels que pour tout $j \geqslant r$, on ait

$$(*) \quad H(j) = \sum_{n=0}^{r} \binom{b_n - n + j}{b_n}.$$

Montrer que r et la suite $b_0 \geqslant b_1 \geqslant \cdots \geqslant b_r \geqslant 0$ sont uniquement déterminés par la fonction H. On pose $d(H) = 0$ dans le cas α) et $d(H) = b_0 + 1$ dans le cas β) de sorte que $d(H) - 1$ est le degré du polynôme (*) en la variable j. Soit $a(H) \dfrac{j^{d(H)-1}}{(d(H)-1)!}$ le terme de plus haut degré du polynôme (*). Montrer que $a(H)$ est un entier > 0.

Montrer qu'un polynôme en une variable j à coefficients dans $\mathbf{Q}$, qui prend des valeurs entières sur les entiers et qui est strictement positif pour j assez grand, n'est pas nécessairement de la forme (*).

c) Soit $H : \mathbf{N} \to \mathbf{N}$ une fonction de Macaulay. On pose

$$S_H(T) = \sum_{n=0}^{\infty} H(n)\, T^n,$$

de sorte que $S_H(T) \in \mathbf{Z}[[T]]$. Montrer que $S_H(T) \in \mathbf{Z}[T]$ ou bien qu'il existe une suite finie d'entiers

$$c_0 \geqslant c_1 \geqslant \cdots \geqslant c_r > 0$$

uniquement déterminée par H, et un polynôme $P \in \mathbf{Z}[T]$ tels qu'on ait

$$(**) \quad S_H(T) = \sum_{n=0}^{r} \frac{T^n}{(1-T)^{c_n}} + P.$$

Montrer que $c_0 = d(H)$ et que $a(H)$ est le nombre d'entiers c_i tels que $c_i = d(H)$.

La fraction rationnelle $\displaystyle\sum_{n=0}^{r} \frac{T^n}{(1-T)^{c_n}}$ est appelée le développement asymptotique de H. Soient $A_1, \ldots, A_d$ des entiers, avec $A_d \neq 0$, tels que la fraction rationnelle

$$\sum_{n=1}^{d} \frac{A_n}{(1-T)^n} - S_H(T)$$

soit un polynôme. Montrer que la suite $(A_n)_{1 \leqslant n \leqslant d}$ détermine uniquement et est uniquement déterminée par le développement asymptotique de H. En particulier on a $d = d(H)$, $A_d = a(H)$. Examiner le cas $d(H) = 2$ plus en détail.

d) Soit $H : \mathbf{N} \to \mathbf{N}$ une fonction de Macaulay. Montrer que les conditions suivantes sont équivalentes :

(i) $\partial_l^* H(l) = H(l-1)$ pour tout $l \geqslant 2$,

(ii) H est la plus petite des fonctions de Macaulay qui possèdent le même développement asymptotique que H.

De telles fonctions de Macaulay sont dites *extrémales*. Soit $c_0 \geqslant c_1 \geqslant \cdots \geqslant c_r > 0$ une suite d'entiers. Montrer qu'il existe une et une seule fonction de Macaulay extrémale ayant pour développement asymptotique $\displaystyle\sum_{n=0}^{r} \frac{T^n}{(1-T)^{c_n}}$. Montrer que, si H est une fonction de Macaulay extrémale, on a $H(1) = d(H)$ ou bien $H(1) = d(H) + 1$. En déduire que pour toute fonction de Macaulay H, on a $H(1) \geqslant d(H)$.

e) Soit $H : \mathbf{N} \to \mathbf{N}$ une fonction de Macaulay. Montrer que les propriétés suivantes sont équivalentes :

(i) on a $S_H(T) = \dfrac{1}{(1-T)^{d(H)}}$,

(ii) $H(1) = d(H)$,
(iii) $\partial_l H(l) = H(l+1)$ pour tout $l \geqslant 1$.
En particulier, toute fonction telle que $H(1) = d(H)$ est extrémale.

8) Soit E un ensemble. On pose $\mathcal{M}(E) = \mathbf{N}^{(E)}$ et on note multiplicativement la composition dans $\mathcal{M}(E)$. Un idéal de $\mathcal{M}(E)$ est une partie I de $\mathcal{M}(E)$ telle que $I.\mathcal{M}(E) \subset I$. Un *escalier* de $\mathcal{M}(E)$ est le complémentaire d'un idéal. On note $d : \mathcal{M}(E) \to \mathbf{N}$ l'unique homomorphisme de monoïdes tel que $d(x) = 1$, pour tout $x \in E$. Soit $A \subset \mathcal{M}(E)$. Pour tout $l \in \mathbf{N}$, on note A_l l'ensemble $A \cap d^{-1}(l)$. On note de plus δA l'ensemble des $m \in \mathcal{M}(E)$ tels que, pour tout élément x de E qui divise m, on ait $m/x \in A$ et dA l'ensemble des m tels qu'il existe un $x \in E$ avec $mx \in A$.
a) Montrer que pour toute partie A de $\mathcal{M}(E)$, on a $d\delta A \subset A$ et $A \subset \delta dA$; si A et B sont deux parties de $\mathcal{M}(E)$, les relations $dA \subset B$ et $A \subset \delta B$ sont équivalentes. Montrer que les trois propriétés suivantes d'une partie Δ de $\mathcal{M}(E)$ sont équivalentes :
(i) Δ est un escalier ;
(ii) $\Delta \supset d\Delta$;
(iii) $\delta\Delta \supset \Delta$.
b) Soit F une partie de E et identifions $\mathcal{M}(F)$ à son image canonique dans $\mathcal{M}(E)$. Montrer qu'une partie de $\mathcal{M}(F)$ est un escalier de $\mathcal{M}(F)$ si et seulement si elle est un escalier de $\mathcal{M}(E)$. Montrer que, pour un escalier Δ de $\mathcal{M}(E)$, les conditions suivantes sont équivalentes :
(i) Δ_l est fini pour tout $l \in \mathbf{N}$;
(ii) Δ_1 est fini ;
(iii) il existe une partie finie F de E telle que $\Delta \subset \mathcal{M}(F)$.
Un tel escalier est dit de type fini.
c) On suppose dorénavant que $E = \mathbf{N}$ et on pose $\mathcal{M}(E) = \mathcal{M}$. Soit k un corps. On note R l'algèbre graduée $K^{(\mathcal{M})} = K[(X_i)_{i \in \mathbf{N}}]$. On identifie $\mathcal{M}$ à l'ensemble des monômes dans $K[(X_i)_{i \in \mathbf{N}}]$ et, pour toute partie A de $\mathcal{M}$, on note $k(A)$ le sous-espace vectoriel de R engendré par A. Soit I un idéal de $\mathcal{M}$ et Δ l'escalier complémentaire. Alors $k(I)$ est un idéal de R et $k(\Delta)$ est un sous-espace supplémentaire de $k(I)$. Soit $J \subset R$ un idéal gradué de R. Montrer qu'il existe un escalier $\Delta \subset \mathcal{M}$ tel que $k(\Delta)$ soit un supplémentaire de J. (Mettre sur $\mathcal{M}$ l'ordre lexicographique inverse pour lequel on a $X_1^{a_1} \dots X_n^{a_n} \prec X_1^{b_1} \dots X_n^{b_n}$ s'il existe $0 \leqslant p \leqslant n$ tel que $a_j = b_j$ pour $j > p$, et $a_p < b_p$. Définir par récurrence $m_1, \dots, m_p, \dots$ dans $\mathcal{M}$ de la manière suivante : pour tout p, m_p est le plus petit monôme de $\mathcal{M}$ linéairement indépendant de $m_1, \dots, m_{p-1}$ modulo J. Soit Δ l'ensemble des m_i. Montrer que Δ est un escalier.) Montrer qu'un tel escalier est de type fini si et seulement si l'algèbre R/J est de type fini sur k.

¶ 9) On utilise les notations de l'exercice précédent. On met sur $\mathcal{M}$ l'ordre lexicographique. Soit $l \in \mathbf{N}$. Une partie A de $\mathcal{M}_l$ est dite *initiale* si pour tout $m \in A$, l'ensemble

$$[m] = \{m' \in \mathcal{M}_{d(m)} | m' \prec m\}$$

est contenu dans A.
a) Soient $l \in \mathbf{N}$ (resp. $l \in \mathbf{N} - \{0\}$) et $A \subset \mathcal{M}_l$ une partie initiale. Montrer que δA (resp. dA) est une partie initiale de $\mathcal{M}_{l+1}$ (resp. $\mathcal{M}_{l-1}$). Supposons que A possède un plus grand élément $m = X_1^{a_1} \dots X_n^{a_n}$. Déterminer le plus grand élément de δA (resp. dA).
b) Soient $l \in \mathbf{N} - \{0\}$ et $A \subset \mathcal{M}_l$ une partie initiale finie non vide. Soit X_{a_l} la plus grande variable telle que $[X_{a_l}^l] \subset A$. Montrer que tout m dans $A - [X_{a_l}^l]$ est égal à 1 ou divisible par X_{a_l+1} et que $A' = \{m \in \mathcal{M}_{l-1} | mX_{a_l+1} \in A - [X_{a_l}^l]\}$ est une partie initiale de $\mathcal{M}_{l-1}$. Déduire de ce qui précède une expression de $\mathrm{Card}([X_1^{b_1} \dots X_n^{b_n}])$.
c) Déduire de ce qui précède que, pour tout $l \in \mathbf{N} - \{0\}$ et toute partie finie initiale A de $\mathcal{M}_l$, on a $\mathrm{Card}(\delta A) = \partial_l(\mathrm{Card}(A))$, où ∂_l a été défini dans l'exerc. 7. Calculer de manière analogue $\mathrm{Card}(dA)$.
d) Pour tout $l \in \mathbf{N}$ et tout $n \in \mathbf{N}$, posons

$$\mu(n) = \inf_{\substack{A \subset \mathcal{M}_l \\ \mathrm{Card}(A) = n}} \mathrm{Card}(dA),$$

et notons m_n le n-ième monôme de $\mathcal{M}_l$ pour l'ordre lexicographique (on posera $m_0 = 1$).

Pour toute partie finie A de $\mathcal{M}_l$, notons CA la partie initiale de $\mathcal{M}_l$ telle que Card(A) = Card(CA). Montrer que les trois assertions suivantes sont équivalentes :
(MC1) pour tout $l \in \mathbf{N}$ et tout $A \subset \mathcal{M}_l$, on a $C\delta A \subset \delta CA$;
(MC2) pour tout $l \in \mathbf{N}$ et tout $A \subset \mathcal{M}_l$, on a $dCA \subset CdA$;
(MC3) pour tout $l \in \mathbf{N}$ et tout $n \in \mathbf{N}$, on a $\mathrm{Card}(d[m_n]) = \mu(n)$.

10) On utilise les notations des deux exercices précédents. Soient $l \in \mathbf{N}$ et $A \subset \mathcal{M}_l$. Pour tout couple (i, d) on pose

$$A_{(i;d)} = \{m \in A \mid m \text{ est divisible par } X_i^d \text{ et non divisible par } X_i^{d+1}\}$$

et on note $C_{(i;d)}A$ l'ensemble des $\mathrm{Card}(A_{(i;d)})$ premiers éléments de $(\mathcal{M}_l)_{(i;d)}$ (pour l'ordre lexicographique). On pose $C_iA = \bigcup_{d=1}^{l} C_{(i;d)}A$.

a) Pour tout $m \in \mathcal{M}_l$, on note $\pi(m)$ le prédécesseur dans $\mathcal{M}_l$ de m pour l'ordre lexicographique inverse, lorsqu'il existe (i.e. $m \neq X_1^l$). Soient i un entier tel que $1 < i$ et a_i un entier strictement positif. Montrer que l'on a

$$\pi(X_i^{a_i} \dots X_p^{a_p}) = X_{i-1}X_i^{a_i-1} \dots X_p^{a_p}$$
$$\pi(X_1^{a_1}X_i^{a_i} \dots X_p^{a_p}) = X_{i-1}^{a_1+1}X_i^{a_i-1} \dots X_p^{a_p}.$$

b) Soient $A \subset \mathcal{M}_l$ et $p \geqslant 4$ tels que l'on ait $A \subset [X_p^l]$ (i.e. tel que les monômes appartenant à A ne fassent intervenir que les variables X_j, $1 \leqslant j \leqslant p$). On suppose que pour tout entier i, tel que $1 \leqslant i \leqslant p$, on a $A = C_iA$. Montrer que $A = CA$ (notations de l'exerc. 9, *d*)).

c) Soit $A \subset \mathcal{M}_l$ tel que $A \subset [X_3^l]$ et que $A = C_iA$ pour $i = 1, 2, 3$. Posons $A = \bigcup_{k=0}^{l} B_kX_3^k$ avec $B_k \subset [X_2^{l-k}]$ et $b(k) = \mathrm{Card}(B_k)$. Montrer que B_k est une partie initiale de $\mathcal{M}_{l-k}$, qu'on a $0 \leqslant b(0) \leqslant l + 1$, $b(k + 1) < b(k)$ si $b(k) \neq 0$, et que $k \mapsto b(k)$ est décroissante. Examiner la réciproque de cette assertion. Soit μ le nombre des entiers k tels que $b(k) = l + 1 - k$. Montrer que $\mathrm{Card}(dA) = (\mathrm{Card}(A)) - \mu$.

¶ 11) On se propose de démontrer les assertions MC1, MC2, MC3 de l'exerc. 9, *d*) (théorème de Macaulay). Soient $l \in \mathbf{N}$, $A \subset \mathcal{M}_l$, et p le plus petit entier tel que $A \subset [X_p^l]$. Nous allons démontrer MC2 par récurrence sur p.

a) Démontrer le théorème pour $p = 1$ et $p = 2$.

b) Utilisant l'hypothèse de récurrence, montrer que pour tout $i \leqslant p$, $dC_iA \subset C_idA$ (notations de l'exerc. 8).

c) On pose $A^1 = A$, $A^{j+1} = C_iA^j$ où $i \equiv j \bmod. p$ et $1 \leqslant i \leqslant p$. Montrer que pour j assez grand on a $A^{j+1} = A^j$. (Pour tout $a \in \mathcal{M}_l$, noter $n(a) \in \mathbf{N}$ le rang de a pour l'ordre lexicographique et poser $n(A) = \sum_{a \in A} n(a)$. Montrer que $n(A^{j+1}) \leqslant n(A^j)$ et que $n(A^{j+1}) = n(A^j)$ si et seulement si $A^{j+1} = A^j$.)

d) Démontrer le théorème dans le cas général. (Une partie $A \subset [X_p^l] \subset \mathcal{M}_l$ est dite *minimale* si $\mathrm{Card}(dA) \leqslant \mathrm{Card}(dA')$ pour les parties $A' \subset [X_p^l]$ telles que $\mathrm{Card}(A') = \mathrm{Card}(A)$. Il s'agit de montrer que si A est minimale, CA est minimale. Soit A minimale. Utilisant *b*), montrer que C_iA est minimale pour tout $i \leqslant p$. En déduire, en utilisant les notations de *c*), que A^j est minimale pour tout j. En déduire d'après *c*) qu'il existe B minimale telle que Card(B) = Card(A) et $C_iB = B$ pour $1 \leqslant i \leqslant p$. Dans le cas $p = 3$, utiliser l'exerc. 10, *c*) pour conclure. Dans le cas $p \geqslant 4$, utiliser l'exerc. 10, *b*) pour en déduire que B = CA [1].)

[1] Pour des généralisations et des compléments sur cet exercice, on pourra consulter G. F. Clements et B. Lindström, A Generalization of a Combinatorial Theorem of Macaulay, J. of Combinatorial Theory 7 (1969), p. 230-238.

¶ 12) Soient $H : \mathbf{N} \to \mathbf{N}$ une application et k un corps. On se propose de démontrer l'équivalence des propriétés suivantes :

(i) H est une fonction de Macaulay (p. 90, exerc. 7).

(ii) Il existe un escalier (p. 92, exerc. 8) de type fini $\Delta \subset \mathcal{M}$ tel que pour tout $l \in \mathbf{N}$, on ait $H(l) = \mathrm{Card}(\Delta_l)$.

(iii) Il existe une k-algèbre graduée A, de type $\mathbf{N}$, engendrée par un nombre fini de ses éléments de degré 1, telle que pour tout l, on ait $H(l) = \dim_k A_l$.

a) Pour démontrer (ii) $\Leftrightarrow$ (iii), on utilisera l'exerc. 8, *c*).

b) Démontrons (i) $\Rightarrow$ (ii). Soit H une fonction de Macaulay. Pour tout l, soit $\Delta_l \subset \mathcal{M}_l$ la partie initiale telle que $\mathrm{Card}(\Delta_l) = H(l)$ et posons $\Delta = \bigcup_l \Delta_l$. Pour montrer que Δ est un escalier, on utilisera l'exerc. 9, *c*).

c) Démontrons (ii) $\Rightarrow$ (i). Soit Δ un escalier. Pour montrer que $H : l \mapsto \mathrm{Card}(\Delta_l)$ est une fonction de Macaulay, on utilisera le théorème de Macaulay (MC1) (exerc. 11) et l'exerc. 9, *c*) [1].

§ 5

1) Soient A un anneau, S une partie multiplicative de A. Montrer que l'on a $\mathrm{dh}(S^{-1}A) \leqslant \mathrm{dh}(A)$ (A, X, p. 138, déf. 2). (Prendre des résolutions des $S^{-1}A$-modules par des A-modules projectifs et localiser.)

2) Soient A un anneau noethérien et **B** une A-algèbre fidèlement plate. Alors on a $\mathrm{dh}(A) \leqslant \mathrm{dh}(B)$.

¶ 3) Soit A un anneau local noethérien. On se propose de montrer que A est régulier si et seulement si dh(A) est fini.

a) Supposons dh(A) fini. Pour montrer que A est régulier, utiliser A, X, p. 208, exerc. 13.

b) Supposons A régulier. Soit $\boldsymbol{x}$ une famille complètement sécante engendrant $\mathfrak{m}_A$. Alors, le complexe de Koszul correspondant à $\boldsymbol{x}$ est une résolution finie de $A/\mathfrak{m}_A$ par des A-modules libres. Appliquer alors A, X, p. 203, exerc. 16.

4) Soit A un anneau local noethérien régulier. Alors on a $\dim(A) = \mathrm{dh}(A)$. (Pour montrer que l'on a $\mathrm{dh}(A) \leqslant \dim(A)$, utiliser le complexe de Koszul associé à un système de coordonnées. Déterminer ensuite les groupes $\mathrm{Ext}^i_A(\kappa_A, \kappa_A)$.)

5) Soient A un anneau local noethérien régulier, $\mathfrak{p}$ un idéal premier de A. Alors $A_\mathfrak{p}$ est régulier (utiliser l'exerc. 1 et l'exerc. 3).

6) On dit qu'un anneau noethérien A est *régulier* si pour tout idéal premier $\mathfrak{p}$ de A, l'anneau local $A_\mathfrak{p}$ est régulier.

a) Soit A un anneau noethérien. Alors A est régulier si et seulement si $A_\mathfrak{m}$ est régulier pour tout idéal maximal $\mathfrak{m}$ de A (utiliser l'exerc. 5).

b) Soit A un anneau noethérien. Montrer que A est régulier de dimension finie si et seulement si dh(A) est fini (utiliser l'exerc. 4).

c) Montrer que l'anneau décrit dans l'exerc. 13, p. 83 est régulier de dimension infinie.

d) Soient A un anneau noethérien régulier, S une partie multiplicative. Montrer que $S^{-1}A$ est régulier.

e) Soit A un anneau noethérien régulier. Montrer que A[X] est régulier. (Se ramener en localisant au cas où dh(A) est fini. Utiliser A, X, p. 143, th. 1, et *b*).)

[1] Pour des compléments sur cet exercice, on pourra consulter R. Stanley, The Hilbert function of a graded algebra, Advances in Math., 28 (1978), p. 57-83.

7) Soient I un ensemble ordonné filtrant croissant admettant une partie cofinale dénombrable et A un anneau (non nécessairement commutatif). On se propose de montrer que toute limite inductive, suivant I, de A-modules (à gauche) projectifs est de dimension projective $\leqslant 1$ (A, X, p. 134).

a) Soient $((Q_i)_{i\in I}, (\varphi_{i,j})_{i<j})$ un système inductif de A-modules projectifs et $Q = \varinjlim_{I} Q_i$. Pour montrer que Q est de dimension projective $\leqslant 1$, se ramener au cas où $I = \mathbf{N}$. On a alors une suite exacte

$$0 \longrightarrow \bigoplus_{n\in\mathbf{N}} Q_n \xrightarrow{u} \bigoplus_{n\in\mathbf{N}} Q_n \longrightarrow Q \longrightarrow 0$$

où pour tout $n \in \mathbf{N}$ et tout $x \in Q_n$, on a

$$u(x) = \varphi_{n,n+1}(x) - x .$$

b) Soit $((P_i)_{i\in I}, (\varphi_{i,j})_{i<j})$ un système inductif de A-modules projectifs tel que pour tout couple (i, j) avec $i < j$, $\varphi_{i,j}$ soit injectif et le module $\operatorname{Coker}(\varphi_{i,j})$ soit projectif. Montrer que le module $P = \varinjlim_{I} P_i$ est projectif. (Soit $0 \to M' \to M \to M'' \to 0$ une suite exacte de A-modules. Alors

$$0 \to \operatorname{Hom}_A(P_i, M') \to \operatorname{Hom}_A(P_i, M) \to \operatorname{Hom}_A(P_i, M'') \to 0$$

est une suite exacte de systèmes projectifs de groupes commutatifs et le système projectif $i \mapsto \operatorname{Hom}_A(P_i, M')$ possède la propriété de Mittag-Leffler pour la topologie discrète (TG, II, p. 18). On en déduira que la suite des limites projectives est exacte.)

c) Soit $(Q_i)_{i\in I}$ un système inductif de A-modules projectifs. Pour tout $i \in I$, soit $R_i = \bigoplus_{j\leqslant i} Q_j$ et pour $i < i'$ soit $\psi_{i,i'} : R_i \to R_{i'}$ l'injection canonique. Définir une suite exacte de systèmes inductifs $0 \to (P_i) \to (R_i) \to (Q_i) \to 0$ telle que (P_i) vérifie les hypothèses de *b*). En déduire une autre démonstration de *a*).

8) Soient A un anneau et n un entier $\geqslant 1$. Montrer que les conditions suivantes sont équivalentes :

(i) On a $\operatorname{dh}(A) \leqslant n$.

(ii) Pour tout A-module M monogène, on a $\operatorname{dp}_A(M) \leqslant n$.

(iii) Pour tout idéal I de A, on a $\operatorname{dp}_A(I) \leqslant n - 1$.

(Utiliser A, X, p. 138, prop. 4 pour prouver l'équivalence (i) $\Leftrightarrow$ (ii) et A, X, p. 93, prop. 11 pour prouver (i) $\Leftrightarrow$ (iii).)

9) Soient Γ un groupe commutatif totalement ordonné et Γ^+ l'ensemble des éléments positifs de Γ. Notons (GOD) la propriété suivante :

(GOD) : *Toute partie majeure* $M \subset \Gamma^+$ (VI, § 3, n° 5, déf. 2) *possède une partie dénombrable, cofinale pour l'ordre opposé.*

a) Montrer que si Γ est de hauteur 1, la propriété (GOD) est satisfaite.

b) Pour tout entier n, montrer qu'il existe un groupe totalement ordonné Γ de hauteur n possédant la propriété (GOD) (prendre $\Gamma = \mathbf{Z}^n$ muni de l'ordre lexicographique).

¶ 10) Soit A un anneau de valuation dont le groupe des ordres Γ possède la propriété (GOD).

a) Montrer que $\operatorname{dh}(A) \leqslant 2$. (On remarquera que tout idéal de A est limite inductive dénombrable d'idéaux principaux et on utilisera les résultats des exerc. 7 et 8.)

b) Tout anneau de valuation de dimension de Krull 1 est de dimension homologique $\leqslant 2$. Il est de dimension homologique 2 si et seulement s'il n'est pas noethérien. (Utiliser l'exerc. 9, *a*) et A, X, p. 208, exerc. 12.)

c) Pour tout entier $n \geqslant 1$, il existe un anneau de dimension de Krull égale à n et de dimension homologique égale à 2. (Utiliser l'exerc. 9, *b*) et A, X, p. 208, exerc. 12.)

11) Tout anneau local noethérien et régulier est factoriel. (Utiliser VII, § 4, n° 7, cor. 3.)

12) Soient A un anneau et $\mathfrak{a}$ un idéal de type fini de A.
a) Montrer que s'il existe un idéal $\mathfrak{b}$ de A tel que $\mathfrak{a} = \mathfrak{a}.\mathfrak{b}$, il existe $b \in \mathfrak{b}$ tel que $(1 - b)\,\mathfrak{a} = (0)$.
b) Montrer que si $\mathfrak{a}^2 = \mathfrak{a}$, il existe un élément $a \in \mathfrak{a}$ tel que $a^2 = a$ et $\mathfrak{a} = \mathrm{A}a$.
c) On suppose que $\mathfrak{a}$ est maximal et que le A-module $\mathfrak{a}/\mathfrak{a}^2$ peut être engendré par n éléments. Montrer que l'idéal $\mathfrak{a}$ peut être engendré par $n + 1$ éléments. (On prendra des éléments $x_1, \ldots, x_n$ dans $\mathfrak{a}$ dont les images dans $\mathfrak{a}/\mathfrak{a}^2$ engendrent ce dernier. Notant $\mathfrak{x}$ l'idéal de A engendré par $\{x_1, \ldots, x_n\}$, on remarquera que dans $\mathrm{A}/\mathfrak{x}$ on a $(\mathfrak{a}/\mathfrak{x})^2 = (\mathfrak{a}/\mathfrak{x})$.)

13) Soient p un nombre premier, f un entier > 0. Posons $\mathrm{L} = \mathbf{Q}(\zeta)$ où ζ est une racine primitive p^f-ième de 1, $\mathrm{B} = \mathbf{Z}[\zeta]$ le sous-anneau de L engendré par ζ. Montrer que B est la fermeture intégrale de $\mathbf{Z}$ dans L. (Par un calcul de discriminant, on montrera que $\mathrm{B}\left[\frac{1}{p}\right]$ est la fermeture intégrale de $\mathbf{Z}\left[\frac{1}{p}\right]$ (V, § 1, n° 6, lemme 3); en notant $\overline{\mathrm{B}}$ la clôture intégrale de B, on en déduira $\overline{\mathrm{B}} \subset \bigcap_q \mathbf{Z}_q[\zeta]$ où q parcourt les nombres premiers, d'où $\overline{\mathrm{B}} \subset \mathbf{Z}[\zeta]$.)

14) Soit $\rho : \mathrm{A} \to \mathrm{B}$ un homomorphisme d'anneaux noethériens faisant de B un A-module fidèlement plat.
a) Si B est régulier, alors A est régulier (*cf.* p. 94, exerc. 2 et 3).
b) Si A est régulier et si, pour tout idéal maximal $\mathfrak{m}$ de A, $\mathrm{B}/\mathfrak{m}\mathrm{B}$ est régulier, alors B est régulier. (En localisant se ramener au cas où A et B sont locaux et ρ local. On a alors $\dim(\mathrm{B}) = \dim(\mathrm{A}) + \dim(\mathrm{B}/\mathfrak{m}\mathrm{B})$ (§ 3, n° 4, cor. 1 à la prop. 7). Construire une suite sécante pour B possédant $\dim(\mathrm{B})$ termes.)

15) Soient X un espace noethérien et U une partie de X. Si pour toute partie fermée irréductible Y de X rencontrant U, $\mathrm{U} \cap \mathrm{Y}$ contient une partie ouverte non vide de Y, alors U est ouvert dans X. (En supposant par l'absurde que U ne soit pas ouvert, considérer un ensemble fermé minimal $\mathrm{Z} \subset \mathrm{X}$ tel que $\mathrm{Z} \cap \mathrm{U}$ ne soit pas ouvert.)

16) Soit A un anneau noethérien. On appelle *lieu singulier* de Spec(A) et on note Sing(A), l'ensemble des $\mathfrak{p} \in \mathrm{Spec(A)}$ tels que $\mathrm{A}_\mathfrak{p}$ ne soit pas régulier. On pose

$$\mathrm{Reg(A)} = \mathrm{Spec(A)} - \mathrm{Sing(A)}\,.$$

Montrer que les conditions suivantes sont équivalentes :
(i) Pour tout anneau quotient B de A, Reg(B) est ouvert dans Spec(B).
(ii) Pour tout anneau quotient intègre B de A, Reg(B) est une partie ouverte non vide de Spec(B).
(iii) Pour tout anneau quotient intègre B de A, Reg(B) contient une partie ouverte non vide de Spec(B).
(Pour démontrer (i) ⇒ (ii), remarquer que l'on a $(0) \in \mathrm{Reg(B)}$. Pour démontrer (iii) ⇒ (i), montrer que pour tout $\mathfrak{p} \in \mathrm{Spec(A)}$ tel que $\mathrm{V}(\mathfrak{p}) \cap \mathrm{Reg(A)} \neq \varnothing$, l'anneau $\mathrm{A}_\mathfrak{p}$ est régulier (p. 94, exerc. 5). En utilisant (iii) et en construisant des suites complètement sécantes, montrer que $\mathrm{V}(\mathfrak{p}) \cap \mathrm{Reg(A)}$ contient une partie ouverte non vide de $\mathrm{V}(\mathfrak{p})$. Conclure en utilisant l'exerc. 15.)

17) Soit $\rho : \mathrm{A} \to \mathrm{B}$ un homomorphisme injectif d'anneaux noethériens intègres faisant de B un A-module de type fini.
a) On suppose que Reg(B) contient une partie ouverte non vide de Spec(B). Montrer que Reg(A) contient une partie ouverte non vide de Spec(A). (Se ramener au cas où B est plat sur A en utilisant II, § 5, n° 1, corollaire à la prop. 2, puis au cas où B est régulier en localisant par rapport à un élément convenable $x \in \mathrm{A}$. Conclure en utilisant l'exerc. 14, *a*).)
b) On suppose que Reg(A) contient une partie ouverte non vide de Spec(A) et que le corps K′ des fractions de B est une extension séparable du corps K des fractions de A. Montrer que Reg(B) contient une partie ouverte non vide de Spec(B). (Soit $\mathrm{Z} \in \mathrm{K}'$ tel que $\mathrm{K}' = \mathrm{K(Z)}$ (A, V, p. 39), et soit $\mathrm{P(X)} \in \mathrm{K[X]}$ le polynôme minimal de Z. Quitte à remplacer A par

l'anneau A_f pour un élément f convenable de A, montrer qu'on peut se ramener à démontrer la propriété demandée de Spec(B) dans le cas suivant :

α) $Z \in B$ et A est régulier ;

β) on a $P(X) \in A[X]$;

γ) on a $B = A[X]/(P(X))$ (II, § 5, nº 1, prop. 2) ;

δ) $P'(Z)$ est inversible dans B (remarquer que $P'(Z) \neq 0$ dans K′ car K′ est séparable sur K. Utiliser alors II, § 5, nº 1, corollaire à la prop. 3).

Montrer que dans ce cas, pour tout idéal maximal $\mathfrak{m}$ de A, $B/\mathfrak{m}B$ est une $(A/\mathfrak{m})$-algèbre étale (A, V, p. 32), donc régulière. Conclure en utilisant l'exerc. 14, *b*).)

¶ 18) Soient k un corps, A une k-algèbre de type fini. Montrer que Reg(A) est une partie ouverte de Spec(A). (En utilisant l'exerc. 16, se ramener à démontrer que Reg(A) contient une partie ouverte non vide lorsque A est intègre. En utilisant le lemme de normalisation (V, § 3, nº 1, th. 1) et l'exerc. 17, *a*), se ramener à démontrer cette dernière propriété lorsque A est la clôture intégrale de $k[X_1, ..., X_n]$ dans une extension finie quasi-galoisienne K de $k(X_1, ..., X_n)$. Soient K′ la clôture radicielle de $k(X_1, ..., X_n)$ dans K et A′ la clôture intégrale de $k[X_1, ..., X_n]$ dans K′. Se ramener à démontrer la propriété demandée pour A′ grâce à l'exerc. 17, *b*). En s'inspirant de la démonstration du th. 2 de V, § 3, nº 2, inclure K′ dans une extension $k'(X_1^{q^{-1}}, ..., X_n^{q^{-1}}) = K''$ où k' est une extension radicielle de k et se ramener au cas où A′ est la clôture intégrale de $k[X_1, ..., X_n]$ dans K″ grâce à l'exerc. 17, *a*). Remarquer alors que $A' = k'[X_1^{q^{-1}}, ..., X_n^{q^{-1}}]$ (V, § 1, nº 3, cor. 2 à la prop. 13) et que A′ est régulier (p. 94, exerc. 6).)

19) Soit A une algèbre intègre et de type fini sur un corps k. L'ensemble des idéaux maximaux $\mathfrak{m} \in$ Specmax(A) tels que $A_\mathfrak{m}$ soit régulier est ouvert et dense dans Specmax(A).

20) Soient k un corps, k_i $(i = 1, 2)$ deux extensions de k, n_i $(i = 1, 2)$ le degré de transcendance de k_i sur k si celui-ci est fini ou le symbole $+\infty$ sinon. Montrer que l'on a

$$\dim(k_1 \otimes_k k_2) = \inf(n_1, n_2)$$

et que $k_1 \otimes_k k_2$ est noethérien si l'une des extensions k_i est de type fini.

21) Soient I un ensemble ordonné filtrant, (A_i, φ_{ij}) un système inductif d'anneaux de limite inductive A. On suppose que, pour tout i, l'anneau A_i est noethérien, que pour tout couple (i, j) tel que $i < j$, φ_{ij} fait de A_j un A_i-module plat et que A est noethérien. Montrer que si les A_i sont réguliers pour tout $i \in I$, alors A est régulier. (On pourra tout d'abord se ramener au cas où les A_i et A sont locaux et les φ_{ij} sont locaux. On utilisera ensuite les exerc. 3, p. 94 et 14, p. 96.)

22) *a*) Soient k un corps, A une k-algèbre de type fini, k' une extension finie et séparable de k. Montrer que si A est régulière, alors $A \otimes_k k'$ est régulière. (On pourra utiliser l'exerc. 14, *b*), p. 96.)

b) Avec les mêmes hypothèses sur A, soit k' une extension finie et radicielle de k. Montrer qu'en général $A \otimes_k k'$ n'est pas régulière (prendre $A = k'$).

¶ 23) Soient k un corps d'exposant caractéristique p, A une k-algèbre de type fini, $\mathfrak{p}$ un idéal premier de A. Montrer que les conditions suivantes sont équivalentes :

(i) l'anneau $A_\mathfrak{p} \otimes_k k'$ est régulier pour toute extension k' de k ;

(ii) l'anneau $A_\mathfrak{p} \otimes_k k^{p^{-\infty}}$ est régulier ;

(iii) l'anneau $A_\mathfrak{p} \otimes_k k'$ est régulier pour toute extension finie et radicielle k' de k.

(Pour démontrer (ii) ⇒ (iii), utiliser l'exerc. 14, *a*), p. 96. Pour démontrer (iii) ⇒ (i), il suffit de montrer que $A_\mathfrak{p} \otimes_k k'$ est régulier lorsque k' est une extension de type fini de k (exerc. 21), extension radicielle d'une extension transcendante pure (exerc. 22 et 14, *a*), et majoration de l'extension k' par une extension finie quasi-galoisienne d'une extension transcendante pure). Majorer alors k' par une extension $k''(X_1, ..., X_n)$ où k'' est une extension finie et radicielle de k et se ramener au cas $k' = k''(X_1, ..., X_n)$ par l'exerc. 14, *a*). En posant $B = A_\mathfrak{p} \otimes_k k''$, algèbre régulière d'après (iii), on a $A_{\mathfrak{p}} \otimes_k k' = B \otimes_{k''} k''(X_1, ..., X_n)$, algèbre régulière d'après l'exerc. 6, *e*), p. 94.)

On dit que $\mathfrak{p} \in \mathrm{Spec}(A)$ est *lisse* s'il possède les propriétés équivalentes ci-dessus.

24) Soient k un corps, A une k-algèbre, k' une extension radicielle de k, $A' = A \otimes_k k'$. Montrer que l'application canonique $\mathrm{Spec}(A') \to \mathrm{Spec}(A)$ est un homéomorphisme. (Lorsque A est un corps, A' est de dimension 0 (exerc. 20) ; on montrera qu'il ne possède qu'un seul idéal premier. On en déduira que pour tout idéal premier $\mathfrak{p}$ de A, la racine $\mathfrak{p}'$ de $\mathfrak{p}A'$ est un idéal premier et que l'application $\mathfrak{p} \mapsto \mathfrak{p}'$ est continue.)

25) Soient k un corps, A une k-algèbre de type fini, Lis(A) l'ensemble des $\mathfrak{p} \in \mathrm{Spec}(A)$ qui sont lisses (exerc. 23). Montrer que Lis(A) est ouvert dans Spec(A). (Utiliser les exerc. 18, 23 et 24.)

26) Soient k un corps, A une k-algèbre intègre de type fini. Montrer que Lis(A) est dense si et seulement si A est une k-algèbre séparable ; il revient au même de supposer que le corps des fractions de A est une extension séparable de k (A, V, p. 115).

27) Soient k un corps, A une k-algèbre de type fini intègre et séparable. L'ensemble des idéaux maximaux et lisses de A est une partie ouverte dense de Specmax(A).

28) Soient k un corps, k' une extension de k. Montrer que pour toute extension k'' de k, $k' \otimes_k k''$ est un anneau noethérien régulier si et seulement si k' est une extension séparable de type fini de k.

¶ 29) Soient k un corps, A une k-algèbre locale noethérienne complète, κ_A le corps résiduel de A.

a) Supposons que κ_A soit une extension séparable de k. Montrer qu'il existe un homomorphisme de k-algèbres de κ_A dans A, section de l'homomorphisme canonique de A dans κ_A (IX, § 3, nº 2, prop. 1).

b) Supposons que κ_A soit une extension radicielle de k. Montrer qu'il n'existe pas nécessairement de section de k-algèbres de κ_A dans A. (Prendre un corps k de caractéristique 2, un élément a de k qui n'est pas un carré (par exemple $k = \mathbf{F}_2(T)$, $a = T$), l'idéal $\mathfrak{p}$ de $k[X]$ engendré par $X^2 + a$, et poser $A = \widehat{k[X]_{\mathfrak{p}}}$.)

c) On suppose A régulière et κ_A extension séparable de k. Montrer que A est isomorphe comme k-algèbre à $\kappa_A[[T_1, ..., T_n]]$ où $n = \dim(A)$.

d) Montrer qu'il n'en est pas nécessairement de même lorsque κ_A n'est pas une extension séparable de k.

30) Soient k un corps et A une k-algèbre locale, noethérienne et complète. On dit que A est *formellement lisse* si pour toute extension finie k' de k, l'anneau $A \otimes_k k'$ est régulier. Montrer que A est formellement lisse si et seulement si, pour toute extension radicielle finie k' de k, l'anneau $A \otimes_k k'$ est régulier (on pourra utiliser l'exerc. 14, p. 96 et imiter la démonstration de l'exerc. 23, p. 97).

31) Soit k un corps.

a) Soit A une k-algèbre noethérienne, locale, complète, régulière, dont le corps résiduel κ_A soit extension séparable de k. Montrer que A est formellement lisse et isomorphe à $\kappa_A[[T_1, ..., T_n]]$.

b) Soient B une k-algèbre de type fini, $\mathfrak{p} \in \mathrm{Spec}(B)$ un point lisse (p. 97, exerc. 23). Montrer que $\hat{B}_{\mathfrak{p}}$ est une k-algèbre formellement lisse.

c) Soit κ une extension de type fini de k et soit $n \in \mathbf{N}$. Montrer qu'il existe une k-algèbre formellement lisse de corps résiduel κ et de dimension n.

d) Soit A une k-algèbre formellement lisse dont le corps résiduel κ_A ne soit pas une extension séparable de k. Montrer que A n'est pas isomorphe comme k-algèbre à $\kappa_A[[T_1, ..., T_n]]$.

¶ 32) Soient k un corps, K une extension de type fini de k, n un entier positif, A et B deux k-algèbres formellement lisses, de dimension n, telles que les extensions κ_A et κ_B de k soient isomorphes à K. On se propose de montrer que A et B sont des k-algèbres isomorphes.
a) Se ramener au cas où K est une extension radicielle finie de k (exerc. 29, *a*)).
b) Considérer l'algèbre complétée $C = A \hat{\otimes}_k B$ de $A \otimes_k B$ par rapport à l'idéal

$$(A \otimes_k \mathfrak{m}_B) + (\mathfrak{m}_A \otimes_k B).$$

Montrer que C est une k-algèbre noethérienne, locale, complète et régulière. (Pour ce dernier point, on utilisera l'homomorphisme canonique ρ de A dans C. On montrera qu'il fait de C un A-module plat et que $C \otimes_A \kappa_A$ est isomorphe à $\kappa_A \otimes_k B$. On utilisera alors l'exerc. 14, p. 96.)
c) Montrer que ρ induit un isomorphisme sur les corps résiduels et une injection de $\mathfrak{m}_A/\mathfrak{m}_A^2$ dans $\mathfrak{m}_C/\mathfrak{m}_C^2$. Construire alors une rétraction π de ρ qui est un homomorphisme de k-algèbres. Montrer que $\pi \circ \rho' : B \to A$ est un isomorphisme de k-algèbres. (On a noté ρ' l'homomorphisme canonique de B dans C.)

§ 6

1) Soient A un anneau, $\mathfrak{p}$ un idéal premier gradué de A[T] et $\mathfrak{p}_0$ l'idéal premier $\mathfrak{p} \cap A$ de A.
a) Si $T \in \mathfrak{p}$, alors $\mathfrak{p} = \mathfrak{p}_0 + T.A[T]$.
b) Si $T \notin \mathfrak{p}$, alors $\mathfrak{p} = \mathfrak{p}_0.A[T]$.
c) En déduire que, dans le cas *a*) on a $\mathrm{htgr}(\mathfrak{p}) = \mathrm{ht}(\mathfrak{p}_0) + 1$, et dans le cas *b*), on a $\mathrm{htgr}(\mathfrak{p}) = \mathrm{ht}(\mathfrak{p}_0)$.
d) Montrer que $\mathrm{dimgr}(A[T]) = \dim(A) + 1$.
e) En déduire un exemple d'anneau gradué B tel que $\dim(B) \neq \mathrm{dimgr}(B)$ (p. 84, exerc. 7).

2) Soient A un anneau, et $\mathcal{F} = (\mathcal{F}_i)_{i \in \mathbf{Z}}$ une filtration décroissante de A telle que $\mathcal{F}_i = A$ pour $i \leqslant 0$. Soit $\mathcal{A}$ le sous-anneau $\bigoplus_{i \in \mathbf{Z}} \mathcal{F}_i.v^{-i}$ de $A[v, v^{-1}]$ et soit $\mathrm{gr}_{\mathcal{F}}(A)$ l'anneau gradué associé à l'anneau filtré $(A, \mathcal{F})$.
a) Montrer que l'homomorphisme $f : \mathcal{A} \to \mathrm{gr}_{\mathcal{F}}(A)$ défini par $f(\sum_i a_i v^{-i}) = \sum_i \overline{a}_i$, où $\overline{a}_i$ est la classe de a_i dans $\mathcal{F}_i/\mathcal{F}_{i+1}$, induit un isomorphisme de $\mathcal{A}/v.\mathcal{A}$ avec $\mathrm{gr}_{\mathcal{F}}(A)$.
b) Montrer que pour tout élément v_0 inversible dans A, l'homomorphisme $e_{v_0} : \mathcal{A} \to A$ défini par

$$e_{v_0}(\sum a_i v^{-i}) = \sum a_i v_0^{-i}$$

induit un isomorphisme de $\mathcal{A}/(v - v_0)\mathcal{A}$ avec A.
c) Montrer que $\mathcal{A}/A[v]$ est un $A[v]$-module de torsion.
d) Supposant maintenant que A contient un corps k, montrer que le morphisme composé

$$k[v] \to A[v] \to \mathcal{A} \quad (\text{où } A[v] = \bigoplus_{i \leqslant 0} \mathcal{F}_i.v^{-i})$$

fait de $\mathcal{A}$ un $k[v]$-module sans torsion. En déduire que $\mathcal{A}$ est un $k[v]$-module plat.
e) Supposons que A soit local, d'idéal maximal $\mathfrak{m}$, et contienne un corps k tel que A soit somme directe de k et $\mathfrak{m}$ (comme groupe additif). Montrer qu'il existe un idéal S de $\mathcal{A}$ tel que $\mathcal{A}$ soit somme directe de $k[v]$ et S (on a posé $\mathcal{F}_i = \mathfrak{m}^i$ pour tout $i \in \mathbf{Z}$).

3) Reprenons les notations de l'exercice précédent. Soit M un A-module, muni d'une filtration $(K_i)_{i \in \mathbf{Z}}$ telle que $K_i = M$ pour $i \leqslant 0$.
a) Montrer que le A-module gradué $\mathcal{M} = \sum_{i \in \mathbf{Z}} K_i v^{-i}$ possède une structure naturelle de $\mathcal{A}$-module gradué.
b) Montrer que la A-algèbre graduée $\mathcal{A}$ est engendrée par ses éléments de degré 1 et -1 si et seulement s'il existe un idéal $\mathfrak{q}$ de A tel que $\mathcal{F}_i = \mathfrak{q}^i$ $(i \in \mathbf{Z})$.
c) Supposant cette dernière condition réalisée, montrer que la filtration $(K_i)_{i \in \mathbf{Z}}$ est $\mathfrak{q}$-bonne si et seulement si le $\mathcal{A}$-module gradué $\mathcal{M}$ est de type fini.

d) Montrer que si la filtration $(K_i)_{i \in \mathbf{Z}}$ est q-bonne, le $\mathcal{A}$-module $\mathcal{M}$ est sans v-torsion, et que inversement, étant donné un $\mathcal{A}$-module de type fini $\mathcal{M}$ sans v-torsion, on peut lui associer un A-module de type fini M muni d'une filtration q-bonne tel que le $\mathcal{A}$-module associé à M soit $\mathcal{M}$.

4) Reprenons les notations et hypothèses de l'exerc. 2. On dit que la filtration $\mathcal{F}$ est une filtration par des quasi-puissances s'il existe un entier $k > 0$ tel que

$$\mathcal{F}_n = \sum_{i=1}^{k} \mathcal{F}_i . \mathcal{F}_{n-i} \quad \text{pour} \quad n \geqslant 1 .$$

Montrer que si l'anneau A est noethérien, les conditions suivantes sont équivalentes :

(i) La filtration $\mathcal{F}$ est une filtration par des quasi-puissances.

(ii) L'anneau $\mathcal{A}$ est noethérien.

(iii) L'idéal $\mathcal{N}' = \sum_{i \geqslant 1} v^{-i}\mathcal{F}_i$ de $\mathcal{A}$ est de type fini.

(iv) Il existe un entier $k \geqslant 1$ tel que $\mathcal{F}$ soit la plus petite filtration de A, pour la relation d'ordre « $\mathcal{H}_n \subset \mathcal{G}_n$ pour tout n » dont les premiers termes soient $\mathcal{F}_1, \ldots, \mathcal{F}_k$.

(v) La A-algèbre $\mathcal{A}$ est de type fini.

5) Soit $\rho : A \to B$ un homomorphisme injectif d'anneaux noethériens faisant de B une A-algèbre de type fini. Appelons degré de transcendance de B sur A, et notons $d_A(B)$, le plus grand entier d tel qu'il existe un homomorphisme injectif de A-algèbres $b : A[X_1, \ldots, X_d] \to B$.

a) Montrer que si $\sigma : B \to C$ satisfait aux mêmes hypothèses que ρ, on a l'inégalité

$$d_A(C) \geqslant d_A(B) + d_B(C) .$$

b) Montrer que si A et B sont intègres, $d_A(B)$ est égal au degré de transcendance du corps des fractions de B sur celui de A. De plus si dans *a*) on suppose C intègre, on a l'égalité $d_A(C) = d_A(B) + d_B(C)$.

c) Montrer que si B est une sous-algèbre de $A[v, v^{-1}]$ contenant $A[v]$, où v est une indéterminée, on a $d_A(B) = 1$.

¶ 6) Soit $\rho : A \to B$ un homomorphisme injectif d'anneaux noethériens, faisant de B une A-algèbre de type fini. Soit $\mathfrak{q}$ un idéal premier de B distinct de B, et posons $\mathfrak{p} = \rho^{-1}(\mathfrak{q})$.

a) Montrer que l'on a, avec les notations de l'exercice précédent, l'inégalité

$$(*) \quad \operatorname{ht}(\mathfrak{q}) + d_{A/\mathfrak{p}}(B/\mathfrak{q}) \leqslant \operatorname{ht}(\mathfrak{p}) + d_A(B) .$$

(On pourra procéder par récurrence sur $d_A(B)$.)

b) Montrer que si la A-algèbre B est engendrée par d éléments et $d_A(B) = d$, on a égalité dans (*).

c) Montrer que si A est intègre et tel que l'anneau de polynômes $A[T_1, \ldots, T_n]$ soit caténaire pour tout n, on a égalité dans (*) pour toute A-algèbre intègre de type fini B et tout idéal premier $\mathfrak{q}$ de B distinct de B.

¶ 7) Soient A un anneau noethérien et $\mathcal{F} = (\mathcal{F}_i)_{i \in \mathbf{Z}}$ une filtration décroissante de A telle que $\mathcal{F}_0 = A$, $\mathcal{F}_1 \neq A$ et que la A-algèbre $B = \sum_{i \in \mathbf{Z}} \mathcal{F}_i v^{-i}$ soit de type fini.

On se propose de montrer que l'on a $\dim(B) = \dim(A) + 1$ et d'utiliser ce fait pour généraliser le résultat du § 6, nº 3, corollaire de la prop. 5. On utilisera les résultats des deux exercices précédents.

a) Soit $\mathfrak{M}$ un idéal maximal de B. Montrer que l'on a

$$\operatorname{ht}(\mathfrak{M}) \leqslant \dim(A) + 1 ,$$

et en déduire l'inégalité

$$\dim(B) \leqslant \dim(A) + 1 .$$

b) Utilisant le fait que tout élément du $A[v]$-module $A[v, v^{-1}]/A[v]$ est annulé par une puissance de v, montrer que l'on a

$$\dim(A[v, v^{-1}]) = \dim(A[v]) = \dim(A) + 1\,,$$

et en déduire que l'on a $\dim(B) \geqslant \dim(A) + 1$, d'où finalement $\dim(B) = \dim(A) + 1$ (on pourra utiliser le fait que l'anneau $A[v, v^{-1}]$ est un anneau de fractions de B).
c) Montrer que les idéaux premiers minimaux de B sont les idéaux de la forme :

$$\sum_{i \in \mathbf{Z}} (\mathfrak{p} \cap \mathcal{F}_i)\, v^{-i}$$

où $\mathfrak{p}$ est un idéal premier minimal de A.
d) Montrer que l'on a $vB \neq B$ et que v n'appartient à aucun des idéaux premiers minimaux de B. En déduire l'inégalité $\dim(B/vB) \leqslant \dim(A)$ (on pourra utiliser le § 1 et § 3, nº 3, cor. 1 de la prop. 4).
e) Supposons maintenant qu'il existe un idéal maximal $\mathfrak{m}$ de A contenant $\mathcal{F}_1$ et tel que $\mathrm{ht}(\mathfrak{m}) = \dim(A)$. Montrer que dans ce cas on a $\dim(B/vB) \geqslant \dim(A)$ et donc $\dim(B/vB) = \dim(A)$. (On pourra se ramener au cas où A est un anneau local d'idéal maximal $\mathfrak{m}$, montrer que l'idéal $\mathfrak{M}$ de B engendré par v et $\sum_{i \in \mathbf{Z}} (\mathcal{F}_i \cap \mathfrak{m})\, v^{-i}$ est un idéal maximal de B ayant pour hauteur $\dim(A) + 1$ et localiser B en $\mathfrak{M}$.)
f) Si A est un anneau local noethérien, et $\mathcal{F}$ une filtration décroissante de A telle que $\mathcal{F}_0 = A$, $\mathcal{F}_1 \neq A$, on a l'égalité

$$\dim(\mathrm{gr}(A)) = \dim(A)\,.$$

8) Soient A un anneau noethérien, et B une sous-A-algèbre graduée de l'anneau de polynômes A[T].
a) Montrer que l'on a les inégalités

$$\dim(A) \leqslant \dim(B) \leqslant \dim(A) + 1\,.$$

b) Soit B_i l'ensemble des $b \in A$ tels que $bT^i \in B$. Montrer que si l'on a $\dim(B) = \dim(A)$, il existe un entier positif k tel que pour tout $i \geqslant k$, B_i soit contenu dans l'intersection des idéaux premiers minimaux de A.

9) Soient A un anneau et M un A-module de présentation finie. Pour tout $\mathfrak{p} \in \mathrm{Spec}(A)$, on pose $\kappa(\mathfrak{p}) = A_\mathfrak{p}/\mathfrak{p}.A_\mathfrak{p}$. Montrer que pour tout $k \in \mathbf{N}$, l'ensemble des $\mathfrak{p} \in \mathrm{Spec}(A)$ tels que $\dim_{\kappa(\mathfrak{p})}(M \otimes_A \kappa(\mathfrak{p})) \geqslant k$ [1] est une partie fermée de Spec(A). (On pourra prendre une présentation $A^m \xrightarrow{u} A^n \longrightarrow M \longrightarrow 0$ de M et considérer les mineurs de la matrice de u.)

¶ 10) Soit $\rho : A \to B$ un homomorphisme d'anneaux. Pour tout $\mathfrak{p} \in \mathrm{Spec}(B)$, on pose

$$d(\mathfrak{p}) = \dim_\mathfrak{p}(B \otimes_A \kappa(\rho^{-1}(\mathfrak{p})))\,.$$

On se propose de démontrer dans cet exercice, que lorsque B est une A-algèbre de type fini, l'application $\mathfrak{p} \mapsto d(\mathfrak{p})$ de Spec(B) dans $\mathbf{R}$ est semi-continue supérieurement (« théorème de Chevalley »).

Notons $\delta \subset B \otimes_A B$ le noyau du A-homomorphisme canonique $B \otimes_A B \to B$. Pour tout entier r on pose

$$P^r_{B/A} = (B \otimes_A B)/\delta^r\,.$$

La $B \otimes_A B$-algèbre $P^r_{B/A}$ est appelée l'algèbre des parties principales d'ordre r. On considère $B \otimes_A B$ comme une B-algèbre par l'homomorphisme $b \mapsto b \otimes 1$, de sorte que $P^r_{B/A}$ est, pour tout r, une B-algèbre et que les homomorphismes canoniques de passage au quotient $P^{r+1}_{B/A} \to P^r_{B/A}$ définissent un système projectif de B-algèbres.

[1] Il s'agit de la dimension comme espace vectoriel sur le corps $\kappa(\mathfrak{p})$.

a) Soit $p: \mathrm{A} \to \mathrm{A}'$ un homomorphisme d'anneaux. Posons $\mathrm{B}' = \mathrm{B} \otimes_{\mathrm{A}} \mathrm{A}'$ et notons $q : \mathrm{B} \to \mathrm{B}'$ l'homomorphisme canonique. Soit r un entier. Montrer que l'unique homomorphisme de B'-algèbres

$$\mathrm{P}^r_{\mathrm{B/A}} \otimes_{\mathrm{B}} \mathrm{B}' \to \mathrm{P}^r_{\mathrm{B'/A'}}$$

qui associe à la classe de $(b_1 \otimes b_2) \otimes 1$ $(b_i \in \mathrm{B})$, la classe de $q(b_1) \otimes q(b_2)$, est un isomorphisme.
b) Soit S une partie multiplicative de B. Montrer que l'homomorphisme canonique

$$\mathrm{S}^{-1}\mathrm{P}^r_{\mathrm{B/A}} \to \mathrm{P}^r_{\mathrm{S}^{-1}\mathrm{B/A}}$$

est un isomorphisme.
c) On suppose que B est une A-algèbre de présentation finie, c'est-à-dire isomorphe à un quotient de $\mathrm{A}[\mathrm{T}_1, \ldots, \mathrm{T}_n]$ par un idéal de type fini. Montrer que pour tout $r \in \mathbf{N}$, $\mathrm{P}^r_{\mathrm{B/A}}$ est un B-module de présentation finie. Pour tout $\mathfrak{p} \in \mathrm{Spec}(\mathrm{B})$, on pose $\mathrm{P}^{\infty}_{\mathrm{B/A}}[\mathfrak{p}] = \varprojlim_r \mathrm{P}^r_{\mathrm{B/A}} \otimes_{\mathrm{B}} \kappa(\mathfrak{p})$. Montrer que $\mathrm{P}^{\infty}_{\mathrm{B/A}}[\mathfrak{p}]$ est une $\kappa(\mathfrak{p})$-algèbre locale complète de corps résiduel $\kappa(\mathfrak{p})$. Soit $k \in \mathbf{N}$. Montrer que l'ensemble des $\mathfrak{p} \in \mathrm{Spec}(\mathrm{B})$ tels que $\dim(\mathrm{P}^{\infty}_{\mathrm{B/A}}[\mathfrak{p}]) \geqslant k$ est une partie fermée de Spec(B). (Pour tout $r \in \mathbf{N}$, soit $\mathrm{F}_{r,k}$ l'ensemble des $\mathfrak{p}$ tels que $\dim_{\kappa(\mathfrak{p})}(\mathrm{P}^r_{\mathrm{B/A}} \otimes \kappa(\mathfrak{p})) \geqslant \binom{r+k-1}{r-1}$. On montrera que $\mathrm{F}_{r,k}$ est fermé (exerc. 9) et que par suite $\Phi_k = \bigcap_r \mathrm{F}_{r,k}$ est fermé. On appliquera alors § 6, nº 3, cor. 2 à la prop. 6.)
d) Soient $\mathfrak{m}$ un idéal de B et $\mu \subset (\mathrm{B}/\mathfrak{m}) \otimes_{\mathrm{A}} \mathrm{B}$ le noyau de l'application canonique $(\mathrm{B}/\mathfrak{m}) \otimes_{\mathrm{A}} \mathrm{B} \to \mathrm{B}/\mathfrak{m}$. Montrer que l'on a un isomorphisme canonique

$$\mathrm{P}^r_{\mathrm{B/A}} \otimes_{\mathrm{B}} (\mathrm{B}/\mathfrak{m}) \to ((\mathrm{B}/\mathfrak{m}) \otimes_{\mathrm{A}} \mathrm{B})/\mu^r .$$

On suppose que A est un corps, que B est une A-algèbre de type fini, et que $\mathfrak{m}$ est un idéal maximal de B. Montrer que $\mathrm{P}^{\infty}_{\mathrm{B/A}}[\mathfrak{m}]$ est isomorphe au localisé complété de $(\mathrm{B}/\mathfrak{m}) \otimes_{\mathrm{A}} \mathrm{B}$ en l'idéal maximal μ. En déduire que l'on a $\dim(\mathrm{P}^{\infty}_{\mathrm{B/A}}[\mathfrak{m}]) = \dim_{\mathfrak{m}}(\mathrm{B})$. (Appliquer le théorème des zéros et le th. 1 du § 2, nº 3. On remarquera que l'extension $\mathrm{B}/\mathfrak{m}$ de A est contenue dans une extension galoisienne finie d'une extension radicielle finie de A.)
e) On suppose que B est une algèbre de type fini sur A. Soit $\mathfrak{p} \in \mathrm{Spec}(\mathrm{B})$. Montrer que l'on a

$$\dim(\mathrm{P}^{\infty}_{\mathrm{B/A}}[\mathfrak{p}]) = \dim\,(\mathrm{B} \otimes_{\mathrm{A}} \kappa(\rho^{-1}(\mathfrak{p}))) .$$

(Remarquer d'abord que pour tout $r \in \mathbf{N}$, on a $\mathrm{P}^r_{\mathrm{B/A}} \otimes_{\mathrm{B}} \kappa(\mathfrak{p}) = (\mathrm{P}^r_{\mathrm{B/A}} \otimes_{\mathrm{B}} \mathrm{B}') \otimes_{\mathrm{B}'} \kappa(\mathfrak{p})$ en posant $\mathrm{B}' = \mathrm{B} \otimes_{\mathrm{A}} \kappa(\rho^{-1}(\mathfrak{p}))$, et que par suite, en vertu de *a*), on a $\mathrm{P}^{\infty}_{\mathrm{B/A}}[\mathfrak{p}] = \mathrm{P}^{\infty}_{\mathrm{B}'/\kappa(\rho^{-1}(\mathfrak{p}))}[\mathfrak{p}\mathrm{B}']$. On se ramènera ainsi à démontrer, dans le cas où A est un corps, l'égalité

$$\dim(\mathrm{P}^{\infty}_{\mathrm{B/A}}[\mathfrak{p}]) = \dim_{\mathfrak{p}}(\mathrm{B}) .$$

Remarquer alors que dans le cas où $\mathfrak{p}$ est maximal, cette égalité résulte de *d*). Dans le cas général, soient $\mathfrak{q}_1, \ldots, \mathfrak{q}_l$ les idéaux premiers minimaux de B contenus dans $\mathfrak{p}$. Montrer en utilisant le théorème des zéros qu'il existe un ouvert dense U de $\mathrm{V}(\mathfrak{p})$ tel que pour tout idéal maximal $\mathfrak{m}$ appartenant à U, les idéaux premiers minimaux contenus dans $\mathfrak{m}$, soient contenus dans U. En utilisant *c*), montrer qu'on peut, en diminuant U, supposer de plus que, pour tout $\mathfrak{p}' \in \mathrm{U}$, on a $\dim(\mathrm{P}^{\infty}_{\mathrm{B/A}}[\mathfrak{p}]) = \dim(\mathrm{P}^{\infty}_{\mathrm{B/A}}[\mathfrak{p}'])$. Conclure.)
f) On suppose que B est une A-algèbre de type fini. Montrer que la fonction $\mathfrak{p} \mapsto \mathrm{d}(\mathfrak{p}) = \dim_{\mathfrak{p}}(\mathrm{B} \otimes_{\mathrm{A}} \kappa(\rho^{-1}(\mathfrak{p})))$ est semi-continue supérieurement. (Lorsque B est de présentation finie, utiliser *e*) et *c*). Dans le cas général, B est de la forme $\mathrm{A}[\mathrm{T}_1, \ldots, \mathrm{T}_n]/\mathfrak{J}$. Soit $\mathfrak{J}_\alpha$ la famille des idéaux de type fini de $\mathrm{A}[\mathrm{T}_1, \ldots, \mathrm{T}_n]$ contenus dans $\mathfrak{J}$, ordonnée par inclusion et posons $\mathrm{B}_\alpha = \mathrm{A}[\mathrm{T}_1, \ldots, \mathrm{T}_n]/\mathfrak{J}_\alpha$. Pour tout α, on a $\mathrm{Spec}(\mathrm{B}) \subset \mathrm{Spec}(\mathrm{B}_\alpha) \subset \mathrm{Spec}(\mathrm{A}[\mathrm{T}_1, \ldots, \mathrm{T}_n])$, et $\mathrm{Spec}(\mathrm{B}) = \bigcap_\alpha \mathrm{Spec}(\mathrm{B}_\alpha)$. Pour tout $\mathfrak{p} \in \mathrm{Spec}(\mathrm{B})$, posons

$$\mathrm{d}_\alpha(\mathfrak{p}) = \dim_{\mathfrak{p}}(\mathrm{B}_\alpha \otimes \kappa(\rho^{-1}(\mathfrak{p}))) .$$

Montrer que $\mathrm{d}_\alpha(\mathfrak{p}) \geqslant \mathrm{d}(\mathfrak{p})$ et que $\mathrm{d}(\mathfrak{p}) = \inf_\alpha \mathrm{d}_\alpha(\mathfrak{p})$ en vertu du caractère noethérien de $\mathrm{Spec}(\kappa(\rho^{-1}(\mathfrak{p}))[\mathrm{T}_1, \ldots, \mathrm{T}_n])$. En déduire que $\mathfrak{p} \mapsto \mathrm{d}(\mathfrak{p})$ est la borne inférieure d'une famille filtrante décroissante de fonctions semi-continues supérieurement.)

11) Soient $\rho : A \to B$ un homomorphisme d'anneaux, ${}^a\rho : \mathrm{Spec}(B) \to \mathrm{Spec}(A)$ l'application correspondante.
a) Montrer que pour tout $\mathfrak{q} \in \mathrm{Spec}(A)$, $\mathrm{Spec}(B \otimes_A \kappa(\mathfrak{q}))$ s'identifie à ${}^a\rho^{-1}(\mathfrak{q})$.
b) Supposons que B soit une A-algèbre de type fini. Montrer que $\mathfrak{p}$ est un point isolé dans sa fibre ${}^a\rho^{-1}({}^a\rho(\mathfrak{p}))$ si et seulement si $\dim_{\mathfrak{p}}(B \otimes_A \kappa({}^a\rho(\mathfrak{p})))$ est nul.
c) Déduire de l'exerc. 10 que sous les hypothèses de *b*), l'ensemble des points de Spec(B) qui sont isolés dans leur fibre, est une partie ouverte de Spec(B).

12) Soient H une algèbre graduée de type fini, telle que H_0 soit un corps, et $(\xi_a)_{a\in A}$ des éléments homogènes de H qui engendrent H. On suppose qu'il existe une famille d'entiers strictement positifs $(d_i)_{i\in I}$ telle que $P_H = \prod_{i\in I} (1 - T^{d_i})^{-1}$. On note $\delta_a > 0$ le degré de ξ_a.
a) Montrer qu'il existe une injection $\varphi : I \to A$ telle que pour tout i, d_i divise $\delta_{\varphi(i)}$. (On pourra utiliser le § 4, nº 2, th. 1.)
b) Montrer que l'on a $\inf_{\alpha\in A} \delta_a \leqslant \inf_{i\in I} d_i$.
c) En déduire que si les δ_a sont égaux entre eux, l'algèbre graduée H est régulière.
d) On suppose que A possède deux éléments a, a' que $\delta_a < \delta_{a'}$ et que $\delta_{a'}$ n'est pas un multiple de δ_a. Montrer que l'algèbre graduée H est régulière.

§ 7

1) Soit $\Gamma \subset \mathbf{N}$ un sous-monoïde de $\mathbf{N}$ tel que $\mathbf{N} - \Gamma$ soit un ensemble fini. Soit $(a_1, ..., a_r)$ $(0 < a_1 < \cdots < a_r)$ un système minimal de générateurs de Γ, et soit k un corps. Posons $A = k[\Gamma]$.
a) Montrer que A est isomorphe à la sous-k-algèbre de $k[T]$ engendrée par $T^{a_1}, ..., T^{a_r}$.
b) Soit $\mathfrak{m}$ l'idéal maximal de A engendré par $T^{a_1}, ..., T^{a_r}$; soit $A_{\mathfrak{m}}$ l'anneau local de A en $\mathfrak{m}$, et posons $\mathfrak{q} = \mathfrak{m}A_{\mathfrak{m}}$. Montrer que l'on a $\dim_k \mathfrak{q}/\mathfrak{q}^2 = r$ et $e_{\mathfrak{q}}(A_{\mathfrak{m}}) = a_1$.

2) Soient k un corps, m un entier $\geqslant 1$, et I un idéal de l'anneau de polynômes $k[T_1, ..., T_m]$ engendré par des monômes représentés par des points $M_1, ..., M_s$ du « quadrant positif » $\mathbf{R}^m_+$ de $\mathbf{R}^m$. Notons $\mathcal{N}$ l'enveloppe convexe dans $\mathbf{R}^m_+$ de la réunion des ensembles $M_i + \mathbf{R}^m_+$ pour $1 \leqslant i \leqslant s$.
a) Posons $\mathfrak{m} = (T_1, ..., T_m)$, $A = k[T_1, ..., T_m]_{\mathfrak{m}}$ et $\mathfrak{q} = I.A$. Montrer que $A/\mathfrak{q}$ est de longueur finie si et seulement si le volume de $\mathbf{R}^m_+ - \mathcal{N}$ est fini.
b) Démontrer l'égalité $e_{\mathfrak{q}}(A) = m!\, \mathrm{Vol}(\mathbf{R}^m_+ - \mathcal{N})$.

3) Soient k un corps, et $f_1, ..., f_r$ des éléments homogènes de l'anneau gradué $k[X_1, ..., X_n]$ formant une suite complètement sécante. On dira que l'anneau quotient

$$H = k[X_1, ..., X_n]/(f_1, ..., f_r)$$

est un anneau gradué d'intersection complète. Soit I un idéal gradué non nul de l'anneau $H = k[X_1, ..., X_n]/(f_1, ..., f_r)$ muni de la graduation quotient. Montrer que l'on a $\dim(I) = \dim(H)$. En déduire que l'on a ou bien $\dim(H/I) < \dim(H)$, ou bien $\dim(H/I) = \dim(H)$ et $c_{M/I} < c_M$ (§ 4, nº 2). (On considérera l'idéal $\mathfrak{b}$ formé des $s \in H$ tels que $s.I = \{0\}$ et on montrera que si l'on a $\dim(I) < \dim(H)$, alors $\mathfrak{b}$ contient un élément non diviseur de zéro, en examinant la position de $\mathfrak{b}$ par rapport aux idéaux premiers minimaux de H et à $H_+ = H_{\geqslant 1}$.)

4) Soit A un anneau local noethérien, d'idéal maximal $\mathfrak{m}$.
a) Supposons que $\mathrm{gr}_{\mathfrak{m}}(A)$ soit un anneau gradué d'intersection complète (*cf.* exerc. 3). Montrer que le complété $\hat{A}$ de A est d'intersection complète, c'est-à-dire le quotient d'un anneau local régulier par un idéal engendré par une suite complètement sécante.
b) Soit $x \in \mathfrak{m}$, et soit ξ l'image de x dans $\mathfrak{m}^\nu/\mathfrak{m}^{\nu+1}$, où ν est tel que $x \in \mathfrak{m}^\nu$ et $x \notin \mathfrak{m}^{\nu+1}$. Montrer que l'on a $e_{\mathfrak{m}}(A/x.A) = \nu . e_{\mathfrak{m}}(A)$ si et seulement si ξ n'est pas diviseur de zéro dans $\mathrm{gr}_{\mathfrak{m}}(A)$, et que dans ce cas on a $\mathrm{gr}_{\mathfrak{m}}(A/x.A) = \mathrm{gr}_{\mathfrak{m}}(A)/\xi.\mathrm{gr}_{\mathfrak{m}}(A)$ et x n'est pas diviseur de zéro dans A. (Soit I l'idéal homogène de $\mathrm{gr}_{\mathfrak{m}}(A)$ formé des éléments $\eta \in \mathrm{gr}_{\mathfrak{m}}(A)$ tels que $\xi.\eta = 0$. Considérons l'idéal $N_n = \mathfrak{m}^{\nu+n} : x$ de A et l'application de I_n dans $N_{n+1}/\mathfrak{m}^{n+1}$ qui à $\eta \in I_n$ associe la classe

mod. $\mathfrak{m}^{n+1}$ d'un élément $y \in A$ relevant η. On montrera qu'elle est injective, et on en déduira l'inégalité

(i) $$\text{long}_{A/\mathfrak{m}}(I_n) \leqslant \text{long}_{A/\mathfrak{m}}(N_{n+1}/\mathfrak{m}^{n+1});$$

par ailleurs, on démontrera l'égalité

(ii) $$(1 - T^{\nu})\, H_A^{(1)} = T^{-\nu} H_{A/xA}^{(1)} - \sum_{n \geqslant \nu} \text{long}_{A/\mathfrak{m}}(N_n/\mathfrak{m}^n) . T^n .$$

On remarquera enfin que ξ est diviseur de 0 si et seulement si $I \neq \{0\}$, et utilisant l'exercice précédent, on déduira de (i) que l'on a $\sum_{n \geqslant 0} \text{long}_{A/\mathfrak{m}}(N_{n+1}/\mathfrak{m}^{n+1}).T^n = \dfrac{S(T)}{(1-T)^{\nu}}$ avec $S(1) \neq 0$, et de (ii) l'inégalité $e_{\mathfrak{m}}(A/xA) > e_{\mathfrak{m}}(A)$.)

c) Soit $(x_1, ..., x_s)$ une suite d'éléments de l'idéal maximal $\mathfrak{m}$. Supposons qu'on ait $x_i \in \mathfrak{m}^{\nu_i}$ et $x_i \notin \mathfrak{m}^{\nu_i + 1}$, et soit ξ_i la classe de x_i dans $\mathfrak{m}^{\nu_i}/\mathfrak{m}^{\nu_i+1}$. Montrer que l'on a $e_{\mathfrak{m}}(A/\mathfrak{x}) \geqslant e_{\mathfrak{m}}(A).\nu_1 \ldots \nu_s$ et que l'égalité a lieu si et seulement si la suite $(\xi_1, ..., \xi_s)$ est complètement sécante dans l'anneau $\text{gr}_{\mathfrak{m}}(A)$. Dans ce cas on a un isomorphisme d'anneaux gradués de $\text{gr}_{\mathfrak{m}}(A/\mathfrak{x})$ avec $(\text{gr}_{\mathfrak{m}}(A))/\xi$ avec $\mathfrak{x} = \sum_i x_i A$, $\xi = \sum_i \xi_i \, \text{gr}_{\mathfrak{m}}(A)$.

5) Soit k un corps. Posons $R = k[[X, Y, Z]]$ et considérons l'anneau local $A = R/(XY, XZ)$, d'idéal maximal $\mathfrak{m}$. Montrer que l'on a

$$H_A = (1 - T)(1 - T - T^2)\, H_R = 1 + \sum_{n \geqslant 1} (n + 2)\, T^n .$$

En déduire que l'on a $\dim(A) = 2$, $\dim_k(\mathfrak{m}/\mathfrak{m}^2) = 3$ et $e_{\mathfrak{m}}(A) = 1$. (On a $H_A = P_G$ où $G = \text{gr}_{\mathfrak{m}}(A) = k[X, Y, Z]/(XY, XZ)$. On démontrera l'existence d'une suite exacte de H-modules gradués

$$0 \to H(-3) \to H(-2) \oplus H(-2) \to H \to G \to 0$$

où $H = k[X, Y, Z]$.)

6) Soient k un corps, A une k-algèbre locale, complète, réduite, de dimension 1 et $\mathfrak{m}$ son idéal maximal. Montrer que le nombre minimum de générateurs d'un idéal de A est au plus égal à $e_{\mathfrak{m}}(A)$ (il existe $X \in A$ tel que l'injection de $k[[X]]$ dans A fasse de A un $k[[X]]$-module libre de rang $e_{\mathfrak{m}}(A)$).

7) Soient A un anneau local, d'idéal maximal $\mathfrak{m}$, M un A-module de type fini, $(x_1, ..., x_d)$ une suite d'éléments de $\mathfrak{m}$ sécante pour le A-module M, et $\mathfrak{x}$ l'idéal $x_1 A + \cdots + x_d A$.

a) Supposons le A-module M fidèle. Alors le quotient de $\text{gr}_{\mathfrak{x}}(A)$ par son nilradical $\mathfrak{n}$ est isomorphe à $(A/\mathfrak{m})[X_1, ..., X_d]$ et $(\text{gr}_{\mathfrak{x}}(M))_{\mathfrak{n}}$ est un $(\text{gr}_{\mathfrak{x}}(A))_{\mathfrak{n}}$-module de longueur $e_{\mathfrak{x}}(M)$.

b) Dans le cas général, $\text{gr}_{\mathfrak{x}}(A)$ possède un unique idéal premier minimal $\mathfrak{n}$ et $(\text{gr}_{\mathfrak{x}}(M))_{\mathfrak{n}}$ est un $\text{gr}_{\mathfrak{x}}(A)$-module de longueur $e_{\mathfrak{x}}(M)$.

8) Soient A un anneau et $\mathfrak{a}$ un idéal de A. Posons $\mathfrak{a}^i = A$ pour $i \leqslant 0$ et considérons la A-algèbre $\mathcal{A}(\mathfrak{a}) = \sum_{i \in \mathbf{Z}} \mathfrak{a}^{-i} v^i \subset A[v, v^{-1}]$ et la A-algèbre $P(\mathfrak{a}) = \sum_{i \geqslant 0} \mathfrak{a}^i v^i \subset A[v]$. Ce sont deux A-algèbres graduées ayant même anneau total de fractions. Montrer que pour un élément $a \in A$ les conditions suivantes sont équivalentes :

(i) L'élément av de la $\mathcal{A}(\mathfrak{a})$-algèbre $A[v, v^{-1}]$ est entier sur $\mathcal{A}(\mathfrak{a})$.

(ii) L'élément av de la $P(\mathfrak{a})$-algèbre $A[v]$ est entier sur $P(\mathfrak{a})$.

(iii) Il existe une relation de dépendance intégrale :

$$a^k + b_1 a^{k-1} + \cdots + b_k = 0 \quad \text{avec} \quad b_j \in \mathfrak{a}^j .$$

On dira que a est entier sur l'idéal $\mathfrak{a}$.

9) *a*) Soient A et $\mathfrak{a}$ comme ci-dessus et soit $\mathfrak{b}$ un idéal de A contenant $\mathfrak{a}$. Montrer que les conditions suivantes sont équivalentes :

(i) Tout élément de $\mathfrak{b}$ est entier sur $\mathfrak{a}$.

(ii) La $\mathcal{A}(\mathfrak{a})$-algèbre graduée $\mathcal{A}(\mathfrak{b})$ est entière.

(iii) La $P(\mathfrak{a})$-algèbre graduée $P(\mathfrak{b})$ est entière.

(iv) Il existe un entier $k \geqslant 0$ tel que $\mathfrak{a}.\mathfrak{b}^k = \mathfrak{b}^{k+1}$ et donc $\mathfrak{a}^n.\mathfrak{b}^k = \mathfrak{b}^{k+n}$ pour tous les entiers positifs n. On dit que $\mathfrak{b}$ est entier sur $\mathfrak{a}$.

b) Montrer qu'il existe un plus grand idéal parmi ceux qui sont entiers sur $\mathfrak{a}$. On le note $\overline{\mathfrak{a}}$ et on l'appelle la *fermeture intégrale de* $\mathfrak{a}$ dans A. Vérifier que si $\mathfrak{a} \subset \mathfrak{b}$ alors $\overline{\mathfrak{a}} \subset \overline{\mathfrak{b}}$ et que $\overline{\overline{\mathfrak{a}}} = \overline{\mathfrak{a}}$. Montrer que si la fermeture intégrale $\overline{P(\mathfrak{a})}$ est un $P(\mathfrak{a})$-module de type fini, alors $\mathfrak{a}.\overline{\mathfrak{a}^k} = \overline{\mathfrak{a}^{k+1}}$ pour k assez grand.

c) Montrer que si $a \in A$ satisfait la relation de dépendance intégrale

$$a^k + b_1 a^{k-1} + \cdots + b_k = 0 \quad \text{avec} \quad k \geqslant 1 \quad \text{et} \quad b_i \in \mathfrak{a}^i,$$

alors $\mathfrak{a}.(\mathfrak{a} + Aa)^{k-1} = (\mathfrak{a} + Aa)^k$. En déduire que la fermeture intégrale de $\mathfrak{a}$ dans A coïncide avec l'ensemble des éléments de A qui sont entiers sur $\mathfrak{a}$.

10) Soit A un anneau.

a) Soit B une A-algèbre entière. Montrer que pour tout élément a de A et tout idéal $\mathfrak{a}$ de A, l'élément a est entier sur $\mathfrak{a}$ si et seulement si a est entier sur l'idéal $\mathfrak{a}.B$ engendré par $\mathfrak{a}$ dans B.

b) Supposant A noethérien et réduit, notons $\mathfrak{p}_1, \ldots, \mathfrak{p}_r$ les idéaux premiers minimaux de A et considérons l'injection naturelle :

$$A \to \prod_{1 \leqslant i \leqslant r} A/\mathfrak{p}_i .$$

Montrer qu'elle fait de $\prod_{1 \leqslant i \leqslant r} A/\mathfrak{p}_i$ une A-algèbre entière.

c) En déduire que, étant donné un anneau noethérien A, pour qu'un élément a de A soit entier sur un idéal $\mathfrak{a}$, il est nécessaire et suffisant que, pour tout idéal premier minimal $\mathfrak{p}$ de A, l'image de a dans $A/\mathfrak{p}$ soit entière sur l'idéal $(\mathfrak{a} + \mathfrak{p})/\mathfrak{p}$.

d) Montrer que si $\overline{\mathfrak{a}} = \overline{\mathfrak{b}}$, les idéaux $\mathfrak{a}$ et $\mathfrak{b}$ ont mêmes idéaux premiers minimaux associés.

11) Soient A un anneau noethérien, et $\mathfrak{a}$, $\mathfrak{b}$ deux idéaux de A tels que $\mathrm{Supp}(\mathfrak{a}) = \mathrm{Supp}(\mathfrak{b}) = \mathrm{Spec}(A)$. Montrer que les conditions suivantes sont équivalentes :

(i) Il existe un A-module de type fini M tel que $\mathrm{Supp}(M) = \mathrm{Spec}(A)$ et tel que $\mathfrak{b}.M \subset \mathfrak{a}.M$.

(ii) On a $\mathfrak{b} \subset \overline{\mathfrak{a}}$.

12) Soient A un anneau noethérien, $\mathfrak{a}$, $\mathfrak{b}$ et $\mathfrak{c}$ trois idéaux de A tels que $\mathfrak{c}$ soit contenu dans le radical de A.

a) Montrer que si l'on a l'inclusion $\overline{\mathfrak{b} + \mathfrak{c}.\mathfrak{a}} \subset \overline{\mathfrak{a}}$, alors on a $\overline{\mathfrak{b}} \subset \overline{\mathfrak{a}}$.

b) En déduire que si A est local, et si l'on a $\mathfrak{b} \subset \mathfrak{a}$ et $\overline{\mathfrak{b}} = \overline{\mathfrak{a}}$, il existe au moins un idéal $\mathfrak{b}_1 \subset \mathfrak{b}$ tel que

α) $\overline{\mathfrak{b}_1} = \overline{\mathfrak{a}}$,

β) $\mathfrak{b}_1$ est minimal pour cette propriété, c'est-à-dire que si $\mathfrak{b}'_1 \subset \mathfrak{b}_1$ et $\overline{\mathfrak{b}'_1} = \overline{\mathfrak{b}_1}$, alors $\mathfrak{b}'_1 = \mathfrak{b}_1$.

13) Soient A un anneau local et $\mathfrak{a}$ et $\mathfrak{b}$ deux idéaux de A distincts de A. Montrer que si $\mathfrak{a} \subset \mathfrak{b}$, on a $\overline{\mathfrak{a}} = \overline{\mathfrak{b}}$ si et seulement si l'algèbre graduée $\mathrm{gr}_{\mathfrak{b}}(A)$ est entière sur l'algèbre graduée $\mathrm{gr}_{\mathfrak{a}}(A)$. En déduire que si $\mathfrak{a} = (x_1, \ldots, x_d) \subset \mathfrak{b}$ où $d = \dim(A)$, on a $\overline{\mathfrak{a}} = \overline{\mathfrak{b}}$ si et seulement si les formes initiales $\xi_1, \ldots, \xi_d$ dans $\mathrm{gr}_{\mathfrak{b}}(A)$ des x_i sont de degré 1 et forment une suite sécante maximale pour $\mathrm{gr}_{\mathfrak{b}}(A)$.

14) Soient A un anneau local, $\mathfrak{m}$ son idéal maximal, et $\mathfrak{q}$ un idéal de A, distinct de A, tel que $A/\mathfrak{q}$ soit de longueur finie. On suppose que A contient un sous-corps k tel que $A = k + \mathfrak{m}$.

a) Montrer qu'il existe des éléments $x_1, \ldots, x_d$ de $\mathfrak{q}$, où $d = \dim(A)$, avec $x_i \in \mathfrak{q}^{\delta_i}$, tels que, pour tout entier ν assez grand, on ait $\mathfrak{q}^\nu = x_1.\mathfrak{q}^{\nu-\delta_1} + \cdots + x_d.\mathfrak{q}^{\nu-\delta_d}$.

b) Si l'on suppose le corps $A/\mathfrak{m}$ infini, on peut trouver un idéal $\mathfrak{a}$ engendré par d éléments de $\mathfrak{q}$, où $d = \dim(A)$, tel que $\overline{\mathfrak{a}} = \overline{\mathfrak{q}}$. (On pourra utiliser § 7, nº 5.)

15) Soit A un anneau local, noethérien, complet, d'idéal maximal $\mathfrak{m}$. Posons $d = \dim(A)$. On suppose que A contient un sous-corps k tel que $A = k + \mathfrak{m}$.

Montrer que l'on peut trouver $x_1, \ldots, x_d$ dans $\mathfrak{m}$ tels que :

α) le morphisme $\varphi : k[[X_1, \ldots, X_d]] \to A$ défini par $\varphi(X_i) = x_i$ fasse de A une $k[[X_1, \ldots, X_d]]$-algèbre entière ;

β) en notant $\mathfrak{m}_0 = (X_1, \ldots, X_d)$ l'idéal maximal de $k[[X_1, \ldots, X_d]]$, on ait $\overline{\mathfrak{m}_0 A} = \mathfrak{m}$, et donc $e_{\mathfrak{m}_0 A}(A) = e_{\mathfrak{m}}(A)$.

Montrer que si $x_1, \ldots, x_d$ satisfont la condition α), la condition β) est satisfaite si et seulement si les formes initiales $\xi_1, \ldots, \xi_d$ des x_i dans $\mathrm{gr}_{\mathfrak{m}}(A)$ forment une suite sécante maximale.

16) Soient A un anneau local noethérien et $\mathfrak{x} = (x_1, \ldots, x_d)$ un idéal engendré par une suite sécante maximale pour A. Montrer que l'on a l'inégalité $e_{\mathfrak{x}}(A) \leqslant \mathrm{long}(A/\mathfrak{x})$ et que l'égalité n'a lieu que si l'homomorphisme $(A/\mathfrak{x})[T_1, \ldots, T_d] \xrightarrow{\varphi} \mathrm{gr}_{\mathfrak{x}}(A)$ défini par $\varphi(T_i) = \xi_i$, où ξ_i est la classe de x_i modulo $\mathfrak{x}^2$, est un isomorphisme (ce qui signifie que $(x_1, \ldots, x_d)$ est complètement sécante).

17) Soient A un anneau local noethérien possédant une suite complètement sécante de longueur $d = \dim(A)$, $\mathfrak{a}$ l'idéal engendré par une telle suite et $f \in A$ un élément entier sur $\mathfrak{a}$ mais n'appartenant pas à $\mathfrak{a}$ (par exemple $A = k[[X_1, \ldots, X_d]]$, où k est un corps, $\mathfrak{a} = (X_1^k, \ldots, X_d^k)$ et $f = X_1^{k-1}X_2$). Soit $\mathfrak{a}' = \mathfrak{a} + fA$. Montrer que l'on a l'inégalité $e_{\mathfrak{a}'}(A) > \mathrm{long}(A/\mathfrak{a}')$.

18) Soient A un anneau et $\mathfrak{a}$ un idéal de A. Pour tout élément $a \in A$, on note $\nu_{\mathfrak{a}}(a)$ la borne supérieure de l'ensemble des entiers $\nu \in \mathbf{N}$ tels que $a \in \mathfrak{a}^{\nu}$.

a) Montrer que si $a \notin \bigcap_{k=0}^{\infty} \mathfrak{a}^k$ la suite $\left(\dfrac{\nu_{\mathfrak{a}}(a^k)}{k}\right)$ est convergente. On notera $\bar{\nu}_{\mathfrak{a}}(a)$ sa limite. Si $a \in \bigcap_{k=0}^{\infty} \mathfrak{a}^k$ on pose $\bar{\nu}_{\mathfrak{a}}(a) = +\infty$.

b) Montrer que, pour tout $a \in A$, on a $\bar{\nu}_{\mathfrak{a}}(a) = \bar{\nu}_{\bar{\mathfrak{a}}}(a)$ et en déduire que les conditions suivantes sont équivalentes :

(i) $\bar{\nu}_{\mathfrak{a}}(a) \geqslant 1$,

(ii) $a \in \bar{\mathfrak{a}}$.

(Étudier la monotonie de la suite considérée en *a*).)

19) Soient A un anneau noethérien et $\mathfrak{q}$ un idéal de A tel que $A/\mathfrak{q}$ soit de longueur finie et $\mathfrak{q}$ contenu dans le radical de A. Montrer que l'on a

$$e_{\mathfrak{q}}(A) = e_{\bar{\mathfrak{q}}}(A).$$

20) Soient A un anneau noethérien, M un A-module de type fini, et $\mathfrak{q}_1, \ldots, \mathfrak{q}_k$ des idéaux de A tels que $M/\mathfrak{q}_i.M$ soit de longueur finie pour tout i. On suppose $M \neq 0$ et on pose $d = \dim_A(M)$.

a) Montrer que $M/\mathfrak{q}_1^{n_1} \ldots \mathfrak{q}_k^{n_k}.M$ est de longueur finie pour tout k-uple d'entiers positifs $(n_1, \ldots, n_k)$.

b) Considérons l'anneau gradué H de type $\mathbf{N}^k$ tel que

$$H_{n_1, \ldots, n_k} = \mathfrak{q}_1^{n_1} \mathfrak{q}_2^{n_2} \ldots \mathfrak{q}_k^{n_k} / \mathfrak{q}_1^{n_1+1} \mathfrak{q}_2^{n_2} \ldots \mathfrak{q}_k^{n_k},$$

et le H-module gradué N tel que

$$N_{n_1, \ldots, n_k} = \mathfrak{q}_1^{n_1} \mathfrak{q}_2^{n_2} \ldots \mathfrak{q}_k^{n_k}.M / \mathfrak{q}_1^{n_1+1} \mathfrak{q}_2^{n_2} \ldots \mathfrak{q}_k^{n_k}.M ;$$

montrer que N est un H-module gradué de type fini engendré par $N_{0,\ldots,0}$ et un nombre fini d'éléments dont les degrés sont des vecteurs de la base canonique de $\mathbf{Z}^k$.

En déduire qu'il existe un polynôme $Q(T) \in \mathbf{Z}[T_1, \ldots, T_k]$ et des entiers $s_1 \geqslant 1, \ldots, s_k \geqslant 1$ tels que l'on ait

$$\sum_{n \in \mathbf{N}^r} \mathrm{long}_A(H_n).T^n = \frac{Q(T)}{(1 - T_1)^{s_1} \ldots (1 - T_k)^{s_k}}.$$

(On procédera par récurrence sur d.)

c) En déduire, en étendant à $\mathbf{Z}((T_1, \ldots, T_k))$ les résultats du § 6, nº 1, l'existence d'entiers $c(\alpha_1, \ldots, \alpha_k)$ pour les suites $(\alpha_1, \ldots, \alpha_k)$ telles que $|\alpha| = \sum_{i=1}^{k} \alpha_i = d$, tels que l'on ait

$$e_{\mathfrak{q}_1^{\nu_1} \ldots \mathfrak{q}_k^{\nu_k}}(M) = \sum_{|\alpha| = d} \frac{d\,!}{\alpha_1\,! \ldots \alpha_k\,!}\, c(\alpha_1, \ldots, \alpha_k)\, \nu_1^{\alpha_1} \ldots \nu_k^{\alpha_k}$$

pour $(\nu_1, \ldots, \nu_k)$ dans $\mathbf{N}^k$.

d) Supposons maintenant A local, à corps résiduel κ infini. Montrer, en utilisant l'existence d'éléments superficiels pour le H-module gradué N, que l'on a

$$c(\alpha_1, \ldots, \alpha_k) = \inf_{\mathfrak{q}_\alpha} (e_{\mathfrak{q}_\alpha}(M))$$

où $\mathfrak{q}_\alpha$ parcourt l'ensemble des idéaux de A engendrés par α_1 éléments de $\mathfrak{q}_1$, α_2 éléments de $\mathfrak{q}_2, \ldots, \alpha_k$ éléments de $\mathfrak{q}_k$. On note parfois $e(\mathfrak{q}_1^{[\alpha_1]} + \cdots + \mathfrak{q}_k^{[\alpha_k]}\,;\, M)$ l'entier $c(\alpha_1, \ldots, \alpha_k)$, ce qu'on abrège en $e(\mathfrak{q}_1^{[\alpha_1]} + \cdots + \mathfrak{q}_k^{[\alpha_k]})$ lorsque $M = A$.

e) Démontrer l'égalité

$$e_{\mathfrak{q}_1 . \mathfrak{q}_2}(M) = \sum_{i=1}^{d} \binom{d}{i} e(\mathfrak{q}_1^{[i]} + \mathfrak{q}_2^{[d-i]}\,;\, M)\,.$$

f) Montrer que l'on a :

$$e(\overline{\mathfrak{q}}_1^{[\alpha_1]} + \cdots + \overline{\mathfrak{q}}_k^{[\alpha_k]}\,;\, M) = e(\mathfrak{q}_1^{[\alpha_1]} + \cdots + \mathfrak{q}_k^{[\alpha_k]}\,;\, M)$$

où $\overline{\mathfrak{q}}_i$ désigne la fermeture intégrale dans A de l'idéal $\mathfrak{q}_i$ (*cf.* exerc. 19).

21) Soient A et A′ deux anneaux noethériens, et $\mathfrak{q}$ (resp. $\mathfrak{q}'$) un idéal de A (resp. A′) contenu dans le radical de A (resp. A′) et tel que long(A/$\mathfrak{q}$) (resp. long(A′/$\mathfrak{q}'$)) soit fini. Soit $\mathfrak{Q}$ l'idéal $\mathfrak{q} \otimes A' + A \otimes \mathfrak{q}'$ de l'anneau $A \otimes_{\mathbf{Z}} A'$. Montrer qu'il est contenu dans le radical de $A \otimes_{\mathbf{Z}} A'$ et que l'on a l'égalité

$$e_{\mathfrak{Q}}(A \otimes_{\mathbf{Z}} A') = e_{\mathfrak{q}}(A) . e_{\mathfrak{q}'}(A')\,.$$

¶ 22) * Soient A un anneau intègre noethérien, qui soit local et complet (resp. une algèbre de type fini sur un corps k), $a \in A$ un élément non inversible et non nul. On fait les hypothèses suivantes :

α) Supp(A/aA) possède un seul élément minimal $\mathfrak{p}$.

β) On a $aA_{\mathfrak{p}} = \mathfrak{p}A_{\mathfrak{p}}$.

γ) $A/\mathfrak{p}$ est un anneau intégralement clos.

On se propose dans cet exercice de montrer que, pour tout idéal maximal $\mathfrak{m}$ de A contenant a, l'anneau $A_{\mathfrak{m}}$ est alors intégralement clos et qu'on a $\mathfrak{p} = aA$ (« lemme d'Hironaka »). On utilisera dans cet exercice la propriété de caténarité. Cette propriété est satisfaite par les anneaux intègres, noethériens, locaux, complets, ainsi qu'on le verra au chapitre X. Elle est aussi satisfaite par les algèbres intègres de type fini sur un corps (§ 2, nº 4, th. 3).

a) Montrer que $A_{\mathfrak{p}}$ est un anneau de valuation discrète (§ 3, nº 1, prop. 1 et VI, § 3, nº 6, prop. 9).

b) On fait les hypothèses α) et β) et on suppose A intégralement clos. Montrer que l'on a $\mathfrak{p} = aA$ (VII, § 1, nº 4, prop. 8).

c) Soit A′ la clôture intégrale de A. Démontrer que A′ est un anneau intègre, noethérien, local et complet (resp. que c'est une algèbre de type fini sur k). (On remarquera que A est japonais (IX, § 4, nº 2, th. 2), donc que A′ est intègre, noethérien, semi-local et complet et, par suite, local (III, § 2, nº 13, corollaire à la prop. 19). Dans le cas où A est une algèbre de type fini sur k, on utilisera V, § 3, nº 2, th. 2.)

d) Montrer que l'on a $A' \otimes_A A_{\mathfrak{p}} = A_{\mathfrak{p}}$ (utiliser a) et V, § 1, nº 5, prop. 16). En déduire qu'il existe un seul idéal premier $\mathfrak{p}'$ de A′ au-dessus de $\mathfrak{p}$ et qu'on a $A_{\mathfrak{p}} = A'_{\mathfrak{p}'}$, $aA'_{\mathfrak{p}'} = \mathfrak{p}'A'_{\mathfrak{p}'}$.

e) Soit $\mathfrak{q}$ un élément minimal du support de A'/aA'. Montrer que $\mathfrak{q}$ est un idéal premier de A′ au-dessus de $\mathfrak{p}$. (Remarquer que $\mathfrak{q}$ est de hauteur 1 (§ 3, nº 1, prop. 1) et que par suite en vertu

de la caténarité, on a $\dim(A'/\mathfrak{q}) = \dim(A) - 1$. En déduire que l'on a $\dim(A/(\mathfrak{q} \cap A)) = \dim(A) - 1$ et par suite que $\mathfrak{q} \cap A = \mathfrak{p}$.)
f) Déduire de *e*) que aA' est un idéal premier de A' et qu'on a $aA' = \mathfrak{p}' = \mathfrak{p}A'$ (on pourra utiliser *b*)).
g) Montrer que l'on a $A'_{\mathfrak{m}} = A_{\mathfrak{m}}$ pour tout idéal maximal $\mathfrak{m}$ de A contenant *a*. (Des inclusions $A \subset A' \subset A_{\mathfrak{p}}$ déduire les inclusions $A/\mathfrak{p} \subset A'/\mathfrak{p}' \subset A_{\mathfrak{p}}/\mathfrak{p}A_{\mathfrak{p}}$. En déduire que $A/\mathfrak{p}$ et $A'/\mathfrak{p}'$ ont le même corps des fractions et par suite, d'après γ), que $\bar{A}/\mathfrak{p} = A'/\mathfrak{p}' = A' \otimes_A (A/\mathfrak{p})$, la dernière égalité résultant de *f*). On a donc $(A'/A) \otimes_A (A/\mathfrak{p}) = 0$. Conclure.) Achever alors la démonstration du lemme d'Hironaka. $_*$

23) *a*) Soit A un anneau local noethérien tel que $e(A) = 1$. Montrer que A possède un seul idéal premier minimal $\mathfrak{p}$ tel que $\dim(A) = \dim(A/\mathfrak{p})$. Montrer que de plus on a $\operatorname{long}(A_{\mathfrak{p}}) = 1$ et $e(A/\mathfrak{p}) = 1$ (§ 7, nº 1, remarque 4).
b) Rappelons (p. 82, exerc. 10) qu'un anneau local est *équidimensionnel* si, pour tout idéal premier minimal $\mathfrak{q}$ de A, on a $\dim(A/\mathfrak{q}) = \dim(A)$ et qu'il est *sans idéaux premiers immergés* si le A-module A_s ne possède pas d'idéaux premiers associés immergés (IV, § 2, nº 3, remarque). * (On verra au chapitre X que les complétés de quotients intègres d'anneaux locaux de Macaulay possèdent ces deux propriétés.) $_*$ Soit A un anneau local, noethérien, équidimensionnel et sans idéaux premiers immergés, tel que $e(A) = 1$. Montrer que A est intègre.

¶ 24) * Soient A un anneau local noethérien, $\hat{A}$ son complété. On se propose dans cet exercice de démontrer l'équivalence des propriétés :
(i) A est régulier;
(ii) $\hat{A}$ est équidimensionnel et sans idéaux premiers immergés, et $e(A) = 1$;
(iii) $\hat{A}$ est intègre et $e(A) = 1$.
Démontrer les implications (i) ⇒ (ii) ⇒ (iii). Remarquer que (iii) entraîne l'égalité $e(\hat{A}) = 1$ et que, pour démontrer (iii) ⇒ (i), il suffit de démontrer que $\hat{A}$ est régulier. On peut donc, pour démontrer (iii) ⇒ (i), supposer A complet, ce que nous ferons désormais. Nous traiterons d'abord le cas où le corps résiduel κ_A possède une infinité d'éléments. On procède par récurrence sur la dimension de A. Examiner le cas $\dim(A) = 0$, et supposer désormais $\dim(A) > 0$. Il existe alors un élément superficiel $x \in A$ (§ 7, nº 5, remarque 4). En vertu de la propriété de caténarité (exerc. 22) et de § 3, nº 1, prop. 1, pour tout idéal minimal $\mathfrak{p}$ parmi ceux contenant xA, on a $\dim(A/\mathfrak{p}) = \dim(A/xA)$. Comme on a $e(A/xA) = 1$ (§ 7, nº 5, th. 1), il existe un seul idéal premier minimal $\mathfrak{p}$ parmi ceux contenant xA, et l'on a $xA_{\mathfrak{p}} = \mathfrak{p}A_{\mathfrak{p}}$, $e(A/\mathfrak{p}) = 1$ (exerc. 23). Par l'hypothèse de récurrence, $A/\mathfrak{p}$ est régulier, donc intégralement clos (§ 5, nº 2, cor. 1 au th. 1). Par le lemme de Hironaka (exerc. 22), on en déduit $\mathfrak{p} = xA$. Donc A/xA est régulier et comme A est intègre, A est régulier (§ 5, nº 3, prop. 2).

Supposons maintenant que κ_A soit un corps fini. Prouver qu'il suffit de démontrer que le gonflement A]X[(IX, App., nº 2) est régulier. Remarquer que A et par suite A]X[est isomorphe à un quotient d'un anneau régulier (IX, § 2, nº 5, th. 3) et $e(A]X[) = 1$. D'après la théorie des anneaux de Macaulay (chapitre X) le complété $\widehat{A]X[}$ est équidimensionnel et sans idéaux premiers immergés. En déduire que $\widehat{A]X[}$ est intègre (exerc. 23) et que $e(\widehat{A]X[}) = 1$, donc que $\widehat{A]X[}$ est régulier. Conclure. $_*$

¶ 25) Soient *k* un corps, A une *k*-algèbre locale, localisée en un idéal premier d'une *k*-algèbre de type fini. Montrer que A est régulière si et seulement si A est intègre et $e(A) = 1$. (On pourra s'inspirer de la méthode suivie dans l'exerc. 24 ou encore remarquer que comme A est un quotient intègre d'un anneau régulier, l'anneau local $\hat{A}$ est équidimensionnel et sans idéaux premiers immergés.)

CHAPITRE IX

Anneaux locaux noethériens complets

Dans ce chapitre, tous les anneaux sont supposés commutatifs; les algèbres sont associatives, commutatives et unifères. On note 1_A *l'élément unité d'un anneau* A.

Si A *est un anneau et* $\mathfrak{p}$ *un idéal premier de* A, *on note* $\kappa(\mathfrak{p})$ *le corps résiduel de l'anneau local* $A_{\mathfrak{p}}$. *Si l'anneau* A *est local, on note* $\mathfrak{m}_A$ *son idéal maximal et* κ_A *ou* $\kappa(\mathfrak{m}_A)$ *son corps résiduel.*

On dit qu'un homomorphisme d'anneaux $\rho : A \to B$ *est plat* (resp. *fidèlement plat*) *s'il fait de* B *un* A-*module plat* (resp. *fidèlement plat*). *Rappelons* (I, § 3, n° 5, prop. 9) *que si* A *et* B *sont locaux,* ρ *est fidèlement plat si et seulement s'il est plat et local.*

§ 1. VECTEURS DE WITT

Dans tout ce paragraphe, p désigne un nombre premier.

1. Polynômes de Witt

Pour tout entier $n \geqslant 0$, on appelle n-ième polynôme de Witt l'élément Φ_n de $\mathbf{Z}[X_0, ..., X_n]$ défini par

$$(1)\qquad \Phi_n(X_0, ..., X_n) = \sum_{i=0}^{n} p^i X_i^{p^{n-i}} = X_0^{p^n} + pX_1^{p^{n-1}} + \cdots + p^n X_n .$$

On a évidemment $\Phi_0 = X_0$ et les relations de récurrence

$$(2)\qquad \Phi_{n+1}(X_0, ..., X_{n+1}) = \Phi_n(X_0^p, ..., X_n^p) + p^{n+1}X_{n+1}$$

$$(3)\qquad \Phi_{n+1}(X_0, ..., X_{n+1}) = X_0^{p^{n+1}} + p\Phi_n(X_1, ..., X_{n+1}) .$$

Lorsqu'on affecte X_i du poids p^i, le polynôme Φ_n est isobare de poids p^n (A, IV, p. 3).

PROPOSITION 1. — *Soient* A *un anneau filtré et* $(J_n)_{n\in\mathbf{Z}}$ *sa filtration. On suppose que l'on a* $J_0 = A$ *et* $p.1_A \in J_1$. *Soient* m *et* n *des entiers tels que* $m \geqslant 1$ *et* $n \geqslant 0$, *et* $a_0, \ldots, a_n, b_0, \ldots, b_n$ *des éléments de* A.

a) Si l'on a $a_i \equiv b_i \bmod. J_m$ *pour* $0 \leqslant i \leqslant n$, *alors on a*

$$\Phi_i(a_0, \ldots, a_i) \equiv \Phi_i(b_0, \ldots, b_i) \bmod. J_{m+i} \quad \text{pour} \quad 0 \leqslant i \leqslant n.$$

b) Supposons que, pour tout entier $k \geqslant 1$, *et tout* $x \in A$, *la relation* $p.x \in J_{k+1}$ *entraîne* $x \in J_k$. *Si l'on a* $\Phi_i(a_0, \ldots, a_i) \equiv \Phi_i(b_0, \ldots, b_i) \bmod. J_{m+i}$ *pour* $0 \leqslant i \leqslant n$, *alors on a* $a_i \equiv b_i \bmod. J_m$ *pour* $0 \leqslant i \leqslant n$.

Lemme 1. — *Si* x *et* y *sont deux éléments de* A *congrus modulo* J_m, *on a*

$$x^{p^n} \equiv y^{p^n} \bmod. J_{m+n}.$$

Par récurrence sur n, on se ramène au cas où $n = 1$. Notons P le polynôme $\sum_{i=0}^{p-1} X^i Y^{p-1-i}$ de $\mathbf{Z}[X, Y]$. Vu l'hypothèse faite sur x et y, on a $P(x, y) \equiv P(x, x) \equiv p.x^{p-1} \bmod. J_m$. Or on a $J_m + p.A \subset J_1$, d'où $P(x, y) \in J_1$. Finalement, $x^p - y^p = (x - y)\,P(x, y)$ appartient à $J_m J_1 \subset J_{m+1}$.

Démontrons *a*) par récurrence sur n. Le cas $n = 0$ est immédiat. Supposons $n \geqslant 1$. Sous les hypothèses de *a*), on a

(4) $\quad a_i^p \equiv b_i^p \bmod. J_{m+1} \quad$ pour $\quad 0 \leqslant i \leqslant n - 1 \quad$ d'après le lemme 1,

(5) $\quad \Phi_{n-1}(a_0^p, \ldots, a_{n-1}^p) \equiv \Phi_{n-1}(b_0^p, \ldots, b_{n-1}^p) \bmod. J_{m+n}$

d'après l'hypothèse de récurrence appliquée aux éléments $a_0^p, \ldots, a_{n-1}^p, b_0^p, \ldots, b_{n-1}^p$ de A, et

(6) $\quad \Phi_n(a_0, \ldots, a_n) - p^n.a_n \equiv \Phi_n(b_0, \ldots, b_n) - p^n.b_n \bmod. J_{m+n}$

d'après les formules (2) et (5). Comme $a_n - b_n$ appartient à J_m, l'élément $p^n.a_n - p^n.b_n$ appartient à J_{m+n} et on déduit de (6) la congruence

$$\Phi_n(a_0, \ldots, a_n) \equiv \Phi_n(b_0, \ldots, b_n) \bmod. J_{m+n},$$

d'où *a*).

Démontrons *b*) par récurrence sur n. Le cas $n = 0$ est immédiat. Supposons $n \geqslant 1$. Sous les hypothèses de *b*), on a $a_i \equiv b_i \bmod. J_m$ pour $0 \leqslant i \leqslant n - 1$ d'après l'hypothèse de récurrence, et on en déduit comme précédemment les congruences (4), (5) et (6). Mais par hypothèse $\Phi_n(a_0, \ldots, a_n)$ et $\Phi_n(b_0, \ldots, b_n)$ sont congrus mod. J_{m+n}, et l'on a donc $p^n.(a_n - b_n) \in J_{m+n}$. Comme la relation $p.x \in J_{k+1}$ entraîne $x \in J_k$ pour tout $x \in A$ et tout $k \geqslant 1$, on a $a_n - b_n \in J_m$, ce qui achève la démonstration.

2. Les applications f, v et Φ

Soit A un anneau. Munissons $A^{\mathbf{N}}$ de la structure d'anneau produit. Notons f_A, ou simplement f, l'endomorphisme $(a_n)_{n\in\mathbf{N}} \mapsto (a_{n+1})_{n\in\mathbf{N}}$ de $A^{\mathbf{N}}$. Notons v_A, ou simplement v, l'endomorphisme du groupe additif sous-jacent à $A^{\mathbf{N}}$ qui à $(a_n)_{n\in\mathbf{N}}$ associe $(0, p.a_0, p.a_1, \ldots)$.

Pour tout entier $m \geqslant 0$, notons Φ_m l'application de $A^{\mathbf{N}}$ dans A qui à $\boldsymbol{a} = (a_n)_{n\in\mathbf{N}}$ associe $\Phi_m(a_0, \ldots, a_m)$. On note Φ_A, ou simplement Φ, l'application $\boldsymbol{a} \mapsto (\Phi_n(\boldsymbol{a}))_{n\in\mathbf{N}}$ de $A^{\mathbf{N}}$ dans lui-même.

Lemme 2. — Soit A un anneau muni d'un endomorphisme σ vérifiant $\sigma(a) \equiv a^p$ mod. $p.A$ pour tout $a \in A$. Soient $n \geqslant 1$ un entier et $a_0, \ldots, a_{n-1}$ des éléments de A. Posons $u_i = \Phi_i(a_0, \ldots, a_i)$ pour $0 \leqslant i \leqslant n-1$. Soit u_n un élément de A. Les conditions suivantes sont équivalentes :

a) Il existe $a_n \in A$ tel que $u_n = \Phi_n(a_0, \ldots, a_n)$.

b) On a $\sigma(u_{n-1}) \equiv u_n$ mod. $p^n.A$.

Pour $0 \leqslant i \leqslant n-1$, on a $\sigma(a_i) \equiv a_i^p$ mod. $p.A$. D'après la prop. 1 du n° 1 appliquée au cas où $J_k = p^k.A$ (pour $k \in \mathbf{N}$) et où $m = 1$, on a la congruence

(7) $$\Phi_{n-1}(\sigma(a_0), \ldots, \sigma(a_{n-1})) \equiv \Phi_{n-1}(a_0^p, \ldots, a_{n-1}^p) \text{ mod. } p^n.A,$$

c'est-à-dire

(8) $$\sigma(u_{n-1}) \equiv \Phi_{n-1}(a_0^p, \ldots, a_{n-1}^p) \text{ mod. } p^n.A.$$

Or, d'après la formule (2), la relation $u_n = \Phi_n(a_0, \ldots, a_n)$ équivaut à

(9) $$u_n = \Phi_{n-1}(a_0^p, \ldots, a_{n-1}^p) + p^n.a_n.$$

Le lemme en résulte.

PROPOSITION 2. — *Soit A un anneau.*

a) Si $p.1_A$ est non diviseur de 0 dans A, l'application Φ_A est injective.

b) Si $p.1_A$ est inversible dans A, l'application Φ_A est bijective.

c) Si σ est un endomorphisme de l'anneau A, vérifiant $\sigma(a) \equiv a^p$ mod. $p.A$ pour tout $a \in A$, l'image A' de Φ_A est un sous-anneau de $A^{\mathbf{N}}$, stable par f_A et v_A. C'est l'ensemble des éléments $(u_n)_{n\in\mathbf{N}}$ de $A^{\mathbf{N}}$ tels que $\sigma(u_n) \equiv u_{n+1}$ mod. $p^{n+1}.A$ pour tout $n \in \mathbf{N}$.

Si $\boldsymbol{a} = (a_n)_{n\in\mathbf{N}}$ et $\boldsymbol{u} = (u_n)_{n\in\mathbf{N}}$ sont des éléments de $A^{\mathbf{N}}$, la relation $\Phi_A(\boldsymbol{a}) = \boldsymbol{u}$ est équivalente, d'après la formule (2), aux égalités

(10) $$\begin{cases} u_0 = a_0, \\ u_n = \Phi_{n-1}(a_0^p, \ldots, a_{n-1}^p) + p^n.a_n \quad \text{pour tout} \quad n \geqslant 1. \end{cases}$$

Soit $\boldsymbol{u} = (u_n)_{n\in\mathbf{N}}$ dans $A^{\mathbf{N}}$. Lorsque $p.1_A$ est non diviseur de 0 dans A (resp. lorsque $p.1_A$ est inversible dans A), il existe au plus une suite $(a_n)_{n\in\mathbf{N}}$ dans A (resp. exactement une suite $(a_n)_{n\in\mathbf{N}}$ dans A) satisfaisant aux égalités (10), d'où *a*) et *b*).

Démontrons *c*). D'après le lemme 2, l'image A' de $A^{\mathbf{N}}$ par Φ_A est l'ensemble des $\boldsymbol{u} = (u_n)_{n\in\mathbf{N}}$ dans $A^{\mathbf{N}}$ tels que $\sigma(u_n) \equiv u_{n+1}$ mod. $p^{n+1}.A$ pour tout $n \in \mathbf{N}$. Il en résulte aussitôt que A' est un sous-anneau de $A^{\mathbf{N}}$, stable par f_A et v_A.

Remarque. — Soient $\boldsymbol{a} = (a_n)_{n\in\mathbf{N}}$ et $\boldsymbol{u} = (u_n)_{n\in\mathbf{N}}$ des éléments de $A^{\mathbf{N}}$ tels que $\boldsymbol{u} = \Phi_A(\boldsymbol{a})$, et m un entier $\geqslant 0$. On déduit de (10) les assertions suivantes :

Si les u_n, pour $0 \leqslant n \leqslant m$, appartiennent à un sous-anneau B de A et si, pour tout $x \in A$, la relation $p.x \in B$ entraîne $x \in B$, alors les a_n, pour $0 \leqslant n \leqslant m$, appartiennent à B.

Si A est muni d'une graduation de type **N**, si $p.1_A$ est non diviseur de 0 dans A, si $d \in \mathbf{N}$ et si u_n est homogène de degré dp^n pour $0 \leqslant n \leqslant m$, alors a_n est homogène de degré dp^n pour $0 \leqslant n \leqslant m$.

3. Construction de polynômes

Soit A l'anneau $\mathbf{Z}[\mathbf{X}, \mathbf{Y}]$ des polynômes à coefficients entiers en deux familles d'indéterminées $\mathbf{X} = (X_n)_{n\in\mathbf{N}}$ et $\mathbf{Y} = (Y_n)_{n\in\mathbf{N}}$. Soit θ l'endomorphisme de A défini par $\theta(X_n) = X_n^p$ et $\theta(Y_n) = Y_n^p$ pour tout $n \in \mathbf{N}$. Alors p n'est pas diviseur de 0 dans A et l'ensemble des a dans A tels que $\theta(a) \equiv a^p \bmod. p.A$ est un sous-anneau de A contenant les X_n et les Y_n, donc égal à A tout entier.

D'après la prop. 2, *a*) et *c*) du n° 2, il existe des éléments $\mathbf{S} = (S_n)_{n\in\mathbf{N}}$, $\mathbf{P} = (P_n)_{n\in\mathbf{N}}$, $\mathbf{I} = (I_n)_{n\in\mathbf{N}}$ et $\mathbf{F} = (F_n)_{n\in\mathbf{N}}$ de $A^{\mathbf{N}}$ caractérisés respectivement par les égalités

$$(11)\qquad \begin{cases} \Phi_A(\mathbf{S}) = \Phi_A(\mathbf{X}) + \Phi_A(\mathbf{Y}) \\ \Phi_A(\mathbf{P}) = \Phi_A(\mathbf{X})\,\Phi_A(\mathbf{Y}) \\ \Phi_A(\mathbf{I}) \;=\; -\,\Phi_A(\mathbf{X}) \\ \Phi_A(\mathbf{F}) = f_A(\Phi_A(\mathbf{X}))\,. \end{cases}$$

Les éléments S_n, P_n, I_n et F_n de A sont donc caractérisés par les formules suivantes (où n parcourt **N**) :

$$(12)\qquad \Phi_n(S_0, ..., S_n) = \Phi_n(X_0, ..., X_n) + \Phi_n(Y_0, ..., Y_n)\,,$$

$$(13)\qquad \Phi_n(P_0, ..., P_n) = \Phi_n(X_0, ..., X_n)\,\Phi_n(Y_0, ..., Y_n)\,,$$

$$(14)\qquad \Phi_n(I_0, ..., I_n) \;=\; -\,\Phi_n(X_0, ..., X_n)\,,$$

$$(15)\qquad \Phi_n(F_0, ..., F_n) = \Phi_{n+1}(X_0, ..., X_{n+1})\,.$$

Affectons X_n et Y_n du poids p^n pour tout $n \in \mathbf{N}$. On déduit de la remarque du n° 2 les assertions suivantes :

a) On a $S_n \in \mathbf{Z}[X_0, ..., X_n, Y_0, ..., Y_n]$ et S_n est isobare de poids p^n.

b) On a $P_n \in \mathbf{Z}[X_0, ..., X_n, Y_0, ..., Y_n]$ et P_n est isobare de poids p^n en chacune des familles $(X_0, ..., X_n)$ et $(Y_0, ..., Y_n)$.

c) On a $I_n \in \mathbf{Z}[X_0, ..., X_n]$ et I_n est isobare de poids p^n.

d) On a $F_n \in \mathbf{Z}[X_0, ..., X_{n+1}]$ et F_n est isobare de poids p^{n+1}.

La formule (2) permet dans la pratique de déterminer les polynômes S_n, P_n, I_n et F_n de proche en proche.

Exemples. — 1) On a

$$S_0 = X_0 + Y_0$$

$$S_1 = X_1 + Y_1 - \sum_{i=1}^{p-1} \frac{1}{p}\binom{p}{i} X_0^i Y_0^{p-i}.$$

De plus, $S_n - X_n - Y_n$ appartient à l'anneau $\mathbf{Z}[X_0, ..., X_{n-1}, Y_0, ..., Y_{n-1}]$.

2) On a

$$P_0 = X_0 Y_0$$

$$P_1 = pX_1Y_1 + X_0^pY_1 + X_1Y_0^p.$$

3) Lorsque $p \neq 2$, on a $I_n = -X_n$. Pour $p = 2$, on a

$$I_0 = -X_0$$

$$I_1 = -(X_0^2 + X_1)$$

$$I_2 = -X_0^4 - X_0^2X_1 - X_1^2 - X_2.$$

4) On a

$$F_0 = X_0^p + pX_1$$

$$F_1 = X_1^p + pX_2 - \sum_{i=0}^{p-1} \binom{p}{i} p^{p-i-1} X_0^{pi} X_1^{p-i}.$$

Comme on a $\Phi_n(F_0, ..., F_n) \equiv \Phi_n(X_0^p, ..., X_n^p) \bmod. p^{n+1}.A$ pour tout $n \in \mathbf{N}$ (formules (2) et (15)), il résulte de la prop. 1, *b*) qu'on a $F_n \equiv X_n^p \bmod. p.A$ pour tout $n \in \mathbf{N}$.

Remarque. — Soit $\mathbf{J}$ l'ensemble des entiers $j \geqslant 1$. Pour tout élément j de $\mathbf{J}$, définissons le polynôme φ_j de $\mathbf{Z}[(X_j)_{j\in\mathbf{J}}]$ par la formule

$$\varphi_j = \sum_d dX_d^{j/d},$$

où la somme porte sur les éléments de $\mathbf{J}$ qui divisent j. Pour tout entier $n \geqslant 0$, on a

$$\varphi_{p^n} = \Phi_n(X_{p^0}, ..., X_{p^n}).$$

Pour tout anneau A et tout élément m de $\mathbf{J}$, on note φ_m l'application de $A^{\mathbf{J}}$ dans A qui à $(a_j)_{j\in\mathbf{J}}$ associe $\varphi_m((a_j)_{j\in\mathbf{J}})$; on note φ_A, ou simplement φ, l'application de $A^{\mathbf{J}}$ dans lui-même qui à $\boldsymbol{a} = (a_j)_{j\in\mathbf{J}}$ associe $(\varphi_m(\boldsymbol{a}))_{m\in\mathbf{J}}$.

Soit $\mathcal{A} = \mathbf{Z}[(X_j)_{j\in\mathbf{J}}, (Y_j)_{j\in\mathbf{J}}]$ l'anneau des polynômes à coefficients entiers en les deux familles d'indéterminées $\mathbf{X} = (X_j)_{j\in\mathbf{J}}$ et $\mathbf{Y} = (Y_j)_{j\in\mathbf{J}}$. On peut montrer (p. 51, exerc. 34) qu'il existe dans $\mathcal{A}$ des éléments

$$\boldsymbol{s} = (s_j)_{j\in\mathbf{J}}, \quad \boldsymbol{p} = (p_j)_{j\in\mathbf{J}} \quad \text{et} \quad \boldsymbol{i} = (i_j)_{j\in\mathbf{J}},$$

caractérisés par les égalités suivantes :

$$\varphi_{\mathcal{A}}(s) = \varphi_{\mathcal{A}}(\mathrm{X}) + \varphi_{\mathcal{A}}(\mathrm{Y})$$
$$\varphi_{\mathcal{A}}(p) = \varphi_{\mathcal{A}}(\mathrm{X})\, \varphi_{\mathcal{A}}(\mathrm{Y})$$
$$\varphi_{\mathcal{A}}(i) = -\, \varphi_{\mathcal{A}}(\mathrm{X}) .$$

4. L'anneau W(A) des vecteurs de Witt

Soit A un anneau. Si $\boldsymbol{a} = (a_n)_{n\in\mathbf{N}}$ et $\boldsymbol{b} = (b_n)_{n\in\mathbf{N}}$ sont des éléments de $\mathrm{A}^{\mathbf{N}}$, nous noterons $\mathrm{S_A}(\boldsymbol{a}, \boldsymbol{b})$ (resp. $\mathrm{P_A}(\boldsymbol{a}, \boldsymbol{b})$, resp. $\mathrm{I_A}(\boldsymbol{a})$) ou simplement $\mathrm{S}(\boldsymbol{a}, \boldsymbol{b})$ (resp. $\mathrm{P}(\boldsymbol{a}, \boldsymbol{b})$, resp. $\mathrm{I}(\boldsymbol{a})$) la suite $(\mathrm{S}_n(a_0, \ldots, a_n ; b_0, \ldots, b_n))_{n\in\mathbf{N}}$ (resp. $(\mathrm{P}_n(a_0, \ldots, a_n ; b_0, \ldots, b_n))_{n\in\mathbf{N}}$, resp. $(\mathrm{I}_n(a_0, \ldots, a_n))_{n\in\mathbf{N}}$). En substituant a_n à X_n et b_n à Y_n, pour tout $n \in \mathbf{N}$, dans les formules (12), (13) et (14), on obtient les égalités

$$\Phi_{\mathrm{A}}(\mathrm{S_A}(\boldsymbol{a}, \boldsymbol{b})) = \Phi_{\mathrm{A}}(\boldsymbol{a}) + \Phi_{\mathrm{A}}(\boldsymbol{b}) \tag{16}$$
$$\Phi_{\mathrm{A}}(\mathrm{P_A}(\boldsymbol{a}, \boldsymbol{b})) = \Phi_{\mathrm{A}}(\boldsymbol{a})\, \Phi_{\mathrm{A}}(\boldsymbol{b}) \tag{17}$$
$$\Phi_{\mathrm{A}}(\mathrm{I_A}(\boldsymbol{a})) = -\, \Phi_{\mathrm{A}}(\boldsymbol{a}) . \tag{18}$$

Nous noterons W(A) l'ensemble $\mathrm{A}^{\mathbf{N}}$ muni des lois de composition $\mathrm{S_A}$ et $\mathrm{P_A}$.

Soit $\rho : \mathrm{B} \to \mathrm{A}$ un homomorphisme d'anneaux. Nous noterons $\rho^{\mathbf{N}}$ ou encore $\mathrm{W}(\rho)$ l'application de $\mathrm{B}^{\mathbf{N}}$ dans $\mathrm{A}^{\mathbf{N}}$ qui à l'élément $\boldsymbol{b} = (b_n)_{n\in\mathbf{N}}$ de $\mathrm{B}^{\mathbf{N}}$ associe $(\rho(b_n))_{n\in\mathbf{N}}$. Il résulte aussitôt des définitions qu'on a

$$\mathrm{W}(\rho) \circ \mathrm{S_B} = \mathrm{S_A} \circ (\mathrm{W}(\rho) \times \mathrm{W}(\rho)) \tag{19}$$
$$\mathrm{W}(\rho) \circ \mathrm{P_B} = \mathrm{P_A} \circ (\mathrm{W}(\rho) \times \mathrm{W}(\rho)) \tag{20}$$
$$\mathrm{W}(\rho) \circ \mathrm{I_B} = \mathrm{I_A} \circ \mathrm{W}(\rho) \tag{21}$$
$$\rho^{\mathbf{N}} \circ \Phi_{\mathrm{B}} = \Phi_{\mathrm{A}} \circ \mathrm{W}(\rho) . \tag{22}$$

Lemme 3. — *Soit* A *un anneau. Il existe un homomorphisme surjectif d'anneaux* $\rho : \mathrm{B} \to \mathrm{A}$, *où* B *est un anneau satisfaisant aux conditions suivantes : p n'est pas diviseur de* 0 *dans* B, *et il existe un endomorphisme* σ *de* B *tel que* $\sigma(b) \equiv b^p \bmod. p.\mathrm{B}$ *pour tout* $b \in \mathrm{B}$.

Il suffit en effet de poser $\mathrm{B} = \mathbf{Z}[(\mathrm{X}_a)_{a\in\mathrm{A}}]$, de prendre pour σ l'endomorphisme de B défini par $\sigma(\mathrm{X}_a) = \mathrm{X}_a^p$ pour tout $a \in \mathrm{A}$, et pour ρ l'homomorphisme de B dans A défini par $\rho(\mathrm{X}_a) = a$ pour tout $a \in \mathrm{A}$.

THÉORÈME 1. — *a) Soit* A *un anneau* (commutatif). *Muni de l'addition* $\mathrm{S_A}$ *et de la multiplication* $\mathrm{P_A}$, W(A) *est un anneau* (commutatif). *L'élément neutre pour l'addition est la suite* $\mathbf{0}_{\mathrm{A}}$ *dont tous les termes sont nuls ; l'élément neutre pour la multiplication est la suite* $\mathbf{1}_{\mathrm{A}}$ *dont tous les termes sont nuls sauf celui d'indice* 0 *qui vaut* 1_{A}. *L'opposé d'un élément* $\boldsymbol{a}$ *de* W(A) *est* $\mathrm{I_A}(\boldsymbol{a})$.

b) Soit $\rho: B \to A$ *un homomorphisme d'anneaux. Alors* $W(\rho): W(B) \to W(A)$ *est un homomorphisme d'anneaux.*

c) Soit A *un anneau. L'application* Φ_A *est un homomorphisme d'anneaux de* W(A) *dans l'anneau produit* $A^{\mathbf{N}}$. *En particulier, pour tout* $n \in \mathbf{N}$, *l'application* $\Phi_n : \boldsymbol{a} \mapsto \Phi_n(a_0, ..., a_n)$ *est un homomorphisme d'anneaux de* W(A) *dans* A.

Compte tenu des formules (16), (17), (19) et (20), il suffit de démontrer l'assertion *a*).

Soit $\rho: B \to A$ un homomorphisme d'anneaux satisfaisant aux conditions du lemme 3. Soit B′ le sous-anneau de $B^{\mathbf{N}}$ formé des éléments $(b_n)_{n\in\mathbf{N}}$ tels que $\sigma(b_n) \equiv b_{n+1}$ mod. $p^{n+1}.B$ pour tout $n \in \mathbf{N}$. D'après la prop. 2 du n° 2, Φ_B induit une *bijection* Φ'_B *de* W(B) *sur* B′. Au vu des formules (16) à (18) et des relations $\Phi_n(\mathbf{0}_B) = 0$ et $\Phi_n(\mathbf{1}_B) = 1_B$ $(n \in \mathbf{N})$, on voit par transport de structure que W(B) est un anneau, d'élément neutre $\mathbf{0}_B$ pour l'addition, $\mathbf{1}_B$ pour la multiplication, l'opposé de $\boldsymbol{b}$ étant $I_B(\boldsymbol{b})$.

L'application $W(\rho): W(B) \to W(A)$ est *surjective*. D'après les formules (19) et (20), la relation d'équivalence R sur W(B) associée à l'application W(ρ) est compatible avec la structure d'anneau de W(B). Comme W(ρ) induit une bijection Ψ de l'anneau quotient W(B)/R sur W(A), compatible avec les lois d'addition et de multiplication, l'assertion *a*) se déduit de là par transport de structure.

DÉFINITION 1. — *Soit* A *un anneau. L'anneau* W(A) *est appelé* l'anneau des vecteurs de Witt *à coefficients dans* A.

Pour $\boldsymbol{a}$ dans W(A) et n dans $\mathbf{N}$, l'élément $\Phi_n(\boldsymbol{a}) = \Phi_n(a_0, ..., a_n)$ est parfois appelé la *composante fantôme* d'indice n de $\boldsymbol{a}$.

Remarque. — Reprenons les notations de la remarque du n° 3. Soit A un anneau. Si $\boldsymbol{a}$ et $\boldsymbol{b}$ sont des éléments de $A^{\mathbf{J}}$ et $\boldsymbol{r} = (r_j)_{j\in\mathbf{J}}$ un élément de $\mathcal{A}^{\mathbf{J}}$, on note $\boldsymbol{r}_A(\boldsymbol{a}, \boldsymbol{b})$ l'élément $(r_j(\boldsymbol{a}, \boldsymbol{b}))_{j\in\mathbf{J}}$ de $A^{\mathbf{J}}$. Notons U(A) l'ensemble $A^{\mathbf{J}}$ muni des lois de composition $\boldsymbol{s}_A$ et $\boldsymbol{p}_A$. On peut montrer (p. 52, exerc. 35) que, muni de l'addition $\boldsymbol{s}_A$ et de la multiplication $\boldsymbol{p}_A$, U(A) est un anneau (commutatif) ; on l'appelle l'*anneau de Witt universel de* A. L'élément neutre pour l'addition est l'élément de U(A) dont toutes les composantes sont nulles ; l'élément neutre pour la multiplication est l'élément de U(A) dont toutes les composantes sont nulles sauf celle d'indice 1 qui vaut 1_A ; l'opposé d'un élément $\boldsymbol{a}$ de U(A) est $\boldsymbol{i}_A(\boldsymbol{a})$. L'application φ_A est un homomorphisme d'anneaux de U(A) dans l'anneau produit $A^{\mathbf{J}}$.

Soit $\rho: B \to A$ un homomorphisme d'anneaux ; on note U(ρ) l'application de $B^{\mathbf{J}}$ dans $A^{\mathbf{J}}$ qui à l'élément $(b_j)_{j\in\mathbf{J}}$ de $B^{\mathbf{J}}$ associe l'élément $(\rho(b_j))_{j\in\mathbf{J}}$ de $A^{\mathbf{J}}$. On peut montrer (*loc. cit.*) que U(ρ) est un homomorphisme d'anneaux de U(B) dans U(A).

5. L'homomorphisme F et le décalage V

Soit A un anneau. Dans la suite de ce paragraphe, on note respectivement $\boldsymbol{+}$ et $\boldsymbol{\times}$ les lois d'addition et de multiplication dans W(A). Nous écrirons aussi $\mathbf{0}$ pour $\mathbf{0}_A$ et $\mathbf{1}$

pour $\mathbf{1}_A$. On définit [1] deux applications F_A et V_A (notées aussi simplement F et V) de W(A) dans lui-même par les formules

$$F_A(\boldsymbol{a}) = (F_n(a_0, \ldots, a_{n+1}))_{n\in\mathbf{N}}, \tag{23}$$

$$V_A(\boldsymbol{a}) = (0, a_0, a_1, \ldots) \tag{24}$$

(pour $\boldsymbol{a} = (a_n)_{n\in\mathbf{N}}$ dans W(A)). L'application V_A s'appelle le *décalage*.

La formule

$$\Phi_n(F_0(\boldsymbol{a}), \ldots, F_n(\boldsymbol{a})) = \Phi_{n+1}(a_0, \ldots, a_{n+1}) \qquad (n \in \mathbf{N}) \tag{25}$$

résulte aussitôt de (15). On peut aussi l'écrire sous la forme

$$\Phi_A \circ F_A = f_A \circ \Phi_A . \tag{26}$$

La formule

$$\Phi_A \circ V_A = v_A \circ \Phi_A \tag{27}$$

résulte de la relation (3).

Soit $\rho : B \to A$ un homomorphisme d'anneaux. Les relations

$$W(\rho) \circ F_B = F_A \circ W(\rho) \tag{28}$$

$$W(\rho) \circ V_B = V_A \circ W(\rho) \tag{29}$$

résultent aussitôt des définitions.

PROPOSITION 3. — *Soit* A *un anneau.*

a) L'application F_A *est un endomorphisme de l'anneau* W(A).

b) L'application V_A *est un endomorphisme du groupe additif sous-jacent à l'anneau* W(A).

c) Pour tout $\boldsymbol{a}$ *dans* W(A), *on a* $F_A(V_A(\boldsymbol{a})) = p.\boldsymbol{a}$ (somme dans W(A) de p termes égaux à $\boldsymbol{a}$).

d) Quels que soient $\boldsymbol{a}$ *et* $\boldsymbol{b}$ *dans* W(A), *on a*

$$V_A(\boldsymbol{a} \times F_A(\boldsymbol{b})) = V_A(\boldsymbol{a}) \times \boldsymbol{b} \tag{30}$$

$$V_A(\boldsymbol{a}) \times V_A(\boldsymbol{b}) = p.V_A(\boldsymbol{a} \times \boldsymbol{b}) \tag{31}$$

(somme dans W(A) de p termes égaux à $V_A(\boldsymbol{a} \times \boldsymbol{b})$).

e) Posons $\mu = V_A(\mathbf{1}) = (0, 1, 0, \ldots)$. *Pour tout* $\boldsymbol{b}$ *dans* W(A), *on a*

$$V_A(F_A(\boldsymbol{b})) = \mu \times \boldsymbol{b} . \tag{32}$$

[1] La lettre F est l'initiale du nom de Frobenius, et la lettre V celle du mot allemand *Verschiebung*.

f) Pour tout élément $\boldsymbol{a}$ *de* W(A) *notons* $\boldsymbol{a}^{*p}$ *le produit dans* W(A) *de p éléments égaux à a. Alors on a*

(33) $$\mathrm{F_A}(\boldsymbol{a}) \equiv \boldsymbol{a}^{*p} \text{ mod. } p.\mathrm{W(A)} \quad (\text{idéal de W(A) engendré par } p.\mathbf{1}).$$

Soit $\rho : \mathrm{B} \to \mathrm{A}$ un homomorphisme d'anneaux satisfaisant aux conditions du lemme 3 du nº 4. Alors $\mathrm{W}(\rho) : \mathrm{W(B)} \to \mathrm{W(A)}$ est un homomorphisme *surjectif* d'anneaux, et $\Phi_\mathrm{B} : \mathrm{W(B)} \to \mathrm{B^N}$ est un homomorphisme *injectif* d'anneaux. De plus, $f_\mathrm{B} : \mathrm{B^N} \to \mathrm{B^N}$ est un homomorphisme d'anneaux. D'après les formules (26) et (28), on a

$$\Phi_\mathrm{B} \circ \mathrm{F_B} = f_\mathrm{B} \circ \Phi_\mathrm{B}, \quad \mathrm{W}(\rho) \circ \mathrm{F_B} = \mathrm{F_A} \circ \mathrm{W}(\rho),$$

d'où aussitôt l'assertion *a*). L'assertion *b*) résulte de manière analogue des formules (27) et (29) et du fait que v_B est un endomorphisme du groupe additif sous-jacent à $\mathrm{B^N}$.

Soit $\boldsymbol{a}$ un élément de W(A), et choisissons un élément $\boldsymbol{x}$ de W(B) que W(ρ) applique sur $\boldsymbol{a}$. Posons $\xi = \Phi_\mathrm{B}(\boldsymbol{x})$. Il résulte aussitôt des définitions de f_B et v_B qu'on a $f_\mathrm{B}(v_\mathrm{B}(\xi)) = p.\xi$ (somme dans $\mathrm{B^N}$ de p termes égaux à ξ). D'après les formules (26) et (27) (où l'on remplace A par B), les éléments $\mathrm{F_B}(\mathrm{V_B}(\boldsymbol{x}))$ et $p.\boldsymbol{x}$ de W(B) ont donc même image $p.\xi$ par l'application injective Φ_B, et ainsi sont égaux. La formule $\mathrm{F_A}(\mathrm{V_A}(\boldsymbol{a})) = p.\boldsymbol{a}$ résulte alors des relations (28) et (29). Ceci prouve *c*).

Raisonnant de manière analogue, on ramène la démonstration de la formule (30) à celle de la relation

$$v_\mathrm{B}(\xi f_\mathrm{B}(\eta)) = v_\mathrm{B}(\xi)\,\eta$$

pour ξ, η dans $\mathrm{B^N}$. Or cela résulte des égalités

$$\xi f_\mathrm{B}(\eta) = (\xi_0\eta_1, \xi_1\eta_2, \ldots)$$
$$v_\mathrm{B}(\xi)\,\eta = (0, p\xi_0\eta_1, p\xi_1\eta_2, \ldots).$$

Compte tenu de *b*) et *c*), la formule (31) résulte de la formule (30), où l'on remplace $\boldsymbol{b}$ par $\mathrm{V_A}(\boldsymbol{b})$. La formule (32) est le cas particulier $\boldsymbol{a} = \mathbf{1}$ de la formule (30).

De façon analogue, on ramène la démonstration de la formule (33) à celle de la relation

$$f_\mathrm{B}(\xi) \equiv \xi^p \text{ mod. } p.\Phi_\mathrm{B}(\mathrm{B^N}),$$

où ξ^p désigne le produit dans $\mathrm{B^N}$ de p éléments égaux à ξ. Par la prop. 2, *c*) du nº 2, ceci équivaut au fait que pour tout $n \geqslant 0$, on ait

$$\sigma(\xi_{n+1} - \xi_n^p) \equiv \xi_{n+2} - \xi_{n+1}^p \text{ mod. } p^{n+2}\mathrm{B}.$$

Or, pour tout $n \geqslant 0$, on a, par *loc. cit.*,

$$\sigma(\xi_n) \equiv \xi_{n+1} \text{ mod. } p^{n+1}\mathrm{B}$$

puisque $\xi = \Phi_B(x)$; on en déduit, grâce au lemme 1 du n° 1,

$$\sigma(\xi_n)^p \equiv \xi_{n+1}^p \bmod. p^{n+2}B .$$

Ceci prouve la relation voulue.

Remarque. — Pour la définition d'applications analogues aux applications F et V, dans le cas de l'anneau de Witt universel, voir les exerc. 36, 37 et 38, p. 52 et suivantes.

6. Filtration et topologie de l'anneau W(A)

Lemme 4. — Soient A *un anneau et* $m \geqslant 1$ *un entier. On a*

$$a = (a_0, \ldots, a_{m-1}, 0, \ldots) + (\underbrace{0, \ldots, 0}_{m \text{ termes}}, a_m, a_{m+1}, \ldots) \tag{34}$$

pour tout $\boldsymbol{a}$ *dans* W(A).

Soit $\rho : B \to A$ un homomorphisme d'anneaux satisfaisant aux conditions du lemme 3 du n° 4. Alors $W(\rho) : W(B) \to W(A)$ est un homomorphisme surjectif d'anneaux, et $\Phi_B : W(B) \to B^{\mathbf{N}}$ est un homomorphisme injectif. Il suffit donc de prouver que l'on a

$$\Phi_n(\boldsymbol{b}) = \Phi_n(b_0, \ldots, b_{m-1}, 0, \ldots) + \Phi_n(0, \ldots, 0, b_m, b_{m+1}, \ldots) \tag{35}$$

quels que soient $\boldsymbol{b}$ dans W(B) et les entiers $m \geqslant 1$, $n \geqslant 0$. Or on a

$$\begin{aligned}
\Phi_n(b_0, \ldots, b_{m-1}, \ldots) &= \Phi_n(b_0, \ldots, b_n) && \text{si} \quad 0 \leqslant n < m \\
&= \sum_{i=0}^{m-1} p^i . b_i^{p^{n-i}} && \text{si} \quad m \leqslant n \\
\Phi_n(0, \ldots, 0, b_m, b_{m+1}, \ldots) &= 0 && \text{si} \quad 0 \leqslant n < m \\
&= \sum_{i=m}^{n} p^i . b_i^{p^{n-i}} && \text{si} \quad m \leqslant n ,
\end{aligned}$$

d'où la formule (35).

Soit A un anneau. Pour tout entier $m \geqslant 0$, on note $V_m(A)$ l'ensemble des vecteurs de Witt $\boldsymbol{a} = (a_n)_{n \in \mathbf{N}}$ tels que $a_n = 0$ pour $0 \leqslant n < m$. C'est l'image de la puissance m-ième V^m de l'application V_A. Les formules

$$V^m(\boldsymbol{a} + \boldsymbol{b}) = V^m(\boldsymbol{a}) + V^m(\boldsymbol{b}) \tag{36}$$

$$V^m(\boldsymbol{a}) \times \boldsymbol{b} = V^m(\boldsymbol{a} \times F^m(\boldsymbol{b})) \tag{37}$$

résultent de la prop. 3 du n° 5 par récurrence sur m. Elles entraînent que $V_m(A)$ est un *idéal* de W(A).

On pose $V_m(A) = W(A)$ si $m < 0$. La suite $(V_m(A))_{m \in \mathbf{Z}}$ est une *filtration décroissante* sur le groupe additif de l'anneau W(A). Elle est compatible avec la structure d'anneau de W(A) (III, § 2, n° 1, déf. 2) si et seulement si A est un anneau de caractéristique p (*cf.* n° 3, exemple 2 et *infra*, n° 8, corollaire de la prop. 5).

Dans la suite, on munira W(A) de la topologie $\mathcal{T}$ associée à la filtration $(V_m(A))_{m \in \mathbf{Z}}$. Comme $V_m(A)$ est un idéal de W(A) pour tout $m \in \mathbf{Z}$, la topologie $\mathcal{T}$ est compatible avec la structure d'anneau de W(A) (TG, III, p. 49, exemple 3). Soit $\boldsymbol{a} \in W(A)$; les ensembles $\boldsymbol{a} + V_m(A)$, où m parcourt $\mathbf{N}$, forment un système fondamental de voisinages de $\boldsymbol{a}$ pour $\mathcal{T}$. Or, il résulte du lemme 4 que $\boldsymbol{a} + V_m(A)$ se compose des vecteurs de Witt $\boldsymbol{b}$ tels que $a_i = b_i$ pour $0 \leqslant i < m$. Par suite, $\mathcal{T}$ n'est autre que la topologie produit sur $A^{\mathbf{N}}$ de la topologie discrète sur chacun des facteurs, et W(A) est donc un *anneau topologique séparé et complet* (TG, II, p. 17, prop. 10 et TG, III, p. 22, prop. 4).

Notons τ_A (ou simplement τ) l'application de A dans W(A) qui à un élément a de A associe $(a, 0, 0, \ldots)$. On a $\Phi_n(\tau(a)) = a^{p^n}$ pour tout $n \in \mathbf{N}$. Pour tout homomorphisme d'anneaux $\rho : B \to A$, on a $W(\rho) \circ \tau_B = \tau_A \circ \rho$.

PROPOSITION 4. — *Soient a et b dans A et $\boldsymbol{x} = (x_n)_{n \in \mathbf{N}}$ un élément de W(A).*

a) On a les formules

$$\tau(ab) = \tau(a) \times \tau(b) \tag{38}$$

$$\tau(a) \times \boldsymbol{x} = (a^{p^n} x_n)_{n \in \mathbf{N}} . \tag{39}$$

b) La série de terme général $V^n(\tau(x_n))$ est convergente dans W(A), de somme $\boldsymbol{x}$.

Soit n un entier positif. Le polynôme $P_n(X_0, \ldots, X_n ; Y_0, \ldots, Y_n)$ introduit au n° 3 est isobare de poids p^n en la famille $(X_0, \ldots, X_n)$ lorsqu'on affecte X_i du poids p^i. On a donc

$$P_n(X_0, 0, \ldots, 0 ; Y_0, \ldots, Y_n) = X_0^{p^n} P_n(1, 0, \ldots, 0 ; Y_0, \ldots, Y_n) . \tag{40}$$

Comme $\mathbf{1} = (1, 0, 0, \ldots)$ est élément unité de l'anneau des vecteurs de Witt à coefficients dans $\mathbf{Z}[(X_n)_{n \in \mathbf{N}}, (Y_n)_{n \in \mathbf{N}}]$, on a

$$P_n(1, 0, \ldots, 0 ; Y_0, \ldots, Y_n) = Y_n . \tag{41}$$

Par substitution de a à X_0 et de x_i à Y_i, on déduit de (40) et (41) la relation :

$$P_n(a, 0, \ldots, 0 ; x_0, \ldots, x_n) = a^{p^n} x_n .$$

D'après la définition de la multiplication dans W(A), on a prouvé (39) ; la formule (38) est un cas particulier de (39).

Démontrons *b*). Par définition, $V^n(\tau(x_n))$ est la suite dont toutes les composantes sont nulles, sauf celle d'indice n qui est égale à x_n. Il résulte du lemme 4, par récurrence sur m, qu'on a

$$\sum_{n=0}^{m} V^n(\tau(x_n)) = (x_0, \ldots, x_m, 0, 0, \ldots)$$

pour tout entier $m \geqslant 0$; on en déduit *b*) par passage à la limite puisque la topologie $\mathcal{T}$ sur W(A) est produit des topologies discrètes des facteurs A.

7. Les anneaux $W_n(A)$ des vecteurs de Witt de longueur finie

DÉFINITION 2. — *Soient* A *un anneau et* $n \geqslant 1$ *un entier. On note* $W_n(A)$ *l'anneau quotient* $W(A)/V_n(A)$.

Étant donnés des éléments $a_0, ..., a_{n-1}$ de A, on note $[a_0, ..., a_{n-1}]$ ou $[a_i]_{0 \leqslant i < n}$ la classe modulo $V_n(A)$ de l'élément $(a_0, ..., a_{n-1}, 0, 0, ...)$ de W(A). D'après le lemme 4 du nº 6, l'application $(a_0, ..., a_{n-1}) \mapsto [a_0, ..., a_{n-1}]$ de A^n dans $W_n(A)$ est une bijection. Pour cette raison, on dit que les éléments de $W_n(A)$ sont les *vecteurs de Witt de longueur n* ; par analogie, on qualifie parfois de vecteurs de Witt de longueur infinie les éléments de W(A).

On note π_n l'homomorphisme canonique de W(A) dans $W_n(A)$. D'après le lemme 4 du nº 6, on a

$$\pi_n(\boldsymbol{a}) = [a_0, ..., a_{n-1}] \tag{42}$$

pour tout $\boldsymbol{a} = (a_n)_{n \in \mathbf{N}}$ dans W(A).

D'après la définition des opérations dans W(A), on a la description suivante des opérations dans $W_n(A)$:

$$[a_0, ..., a_{n-1}] + [b_0, ..., b_{n-1}] = [S_i(a_0, ..., a_i ; b_0, ..., b_i)]_{0 \leqslant i < n}$$
$$[a_0, ..., a_{n-1}] \times [b_0, ..., b_{n-1}] = [P_i(a_0, ..., a_i ; b_0, ..., b_i)]_{0 \leqslant i < n}$$
$$- [a_0, ..., a_{n-1}] = [I_i(a_0, ..., a_i)]_{0 \leqslant i < n} .$$

De plus, l'élément neutre de l'addition dans $W_n(A)$ est [0, ..., 0] et celui de la multiplication est [1, 0, ..., 0].

Soit i un entier tel que $0 \leqslant i \leqslant n$. Par passage au quotient, l'homomorphisme Φ_i de W(A) dans A définit un homomorphisme Φ_i de $W_n(A)$ dans A. Celui-ci associe au vecteur de Witt $[a_0, ..., a_{n-1}]$ l'élément $\Phi_i(a_0, ..., a_i)$ de A (appelé aussi *composante fantôme* d'indice i de $[a_0, ..., a_{n-1}]$).

Soit $\rho : B \to A$ un homomorphisme d'anneaux. Par passage aux quotients, l'homomorphisme $W(\rho)$ de W(B) dans W(A) définit un homomorphisme $W_n(\rho)$ de $W_n(B)$ dans $W_n(A)$. Il se décrit par la formule

$$W_n(\rho)\,[b_0, ..., b_{n-1}] = [\rho(b_0), ..., \rho(b_{n-1})] \tag{43}$$

pour tout $[b_0, ..., b_{n-1}]$ dans $W_n(B)$.

Soient m et n deux entiers tels que $1 \leqslant n \leqslant m$. On a $V_n(A) \supset V_m(A)$, d'où un homomorphisme canonique de $W_m(A) = W(A)/V_m(A)$ sur $W_n(A) = W(A)/V_n(A)$; on notera $\pi_{n,m}$ cet homomorphisme. On a explicitement

$$\pi_{n,m}[a_0, ..., a_{m-1}] = [a_0, ..., a_{n-1}] \tag{44}$$

pour $[a_0, \dots, a_{m-1}]$ dans $W_m(A)$. La famille $(W_n(A), \pi_{n,m})$ est un système projectif d'anneaux et l'application $\pi : a \mapsto (\pi_n(a))_{n \geqslant 1}$ est un homomorphisme d'anneaux de $W(A)$ dans $\varprojlim W_n(A)$, dit canonique. Comme $W(A)$ est séparé et complet pour la filtration $(V_n(A))_{n \in \mathbf{Z}}$ (*cf.* n° 6), l'homomorphisme canonique π est un isomorphisme d'anneaux topologiques, lorsque l'on munit $W_n(A)$ de la topologie discrète pour tout entier $n \geqslant 1$ (III, § 2, n° 6).

Désormais, les homomorphismes π_n et $\pi_{n,m}$ seront qualifiés d'*homomorphismes de projection* de $W(A)$ dans $W_n(A)$, et de $W_m(A)$ dans $W_n(A)$ respectivement.

Exemples. — 1) L'homomorphisme $\Phi_0 : W_1(A) \to A$ est un isomorphisme.

2) Explicitons les opérations dans $W_2(A)$. On a

$$[a_0, a_1] + [b_0, b_1] = \left[a_0 + b_0, a_1 + b_1 - \sum_{i=1}^{p-1} \frac{1}{p} \binom{p}{i} a_0^i b_0^{p-i} \right]$$

$$[a_0, a_1] \times [b_0, b_1] = [a_0 b_0, a_0^p b_1 + a_1 b_0^p + p.a_1 b_1]$$

pour $[a_0, a_1]$ et $[b_0, b_1]$ dans $W_2(A)$. Les composantes fantômes de $[a_0, a_1]$ sont a_0 et $a_0^p + p.a_1$.

3) Soit $n \geqslant 1$ un entier. Si $a_0, \dots, a_{n-1}, b_0, \dots, b_{n-1}$ sont des entiers tels que $a_i \equiv b_i$ mod. p pour $0 \leqslant i < n$, on a (n° 1, prop. 1)

$$\Phi_{n-1}(a_0, \dots, a_{n-1}) \equiv \Phi_{n-1}(b_0, \dots, b_{n-1}) \text{ mod. } p^n .$$

Par suite, Φ_{n-1} définit par passage aux quotients un homomorphisme d'anneaux $\varphi_n : W_n(\mathbf{Z}/p\mathbf{Z}) \to \mathbf{Z}/p^n\mathbf{Z}$. L'image de φ_n est un sous-groupe de $\mathbf{Z}/p^n\mathbf{Z}$ contenant 1, donc φ_n est surjectif. Comme les ensembles finis $W_n(\mathbf{Z}/p\mathbf{Z})$ et $\mathbf{Z}/p^n\mathbf{Z}$ ont même cardinal p^n, φ_n est un isomorphisme.

Soient m et n des entiers tels que $1 \leqslant n \leqslant m$. Il existe un seul homomorphisme d'anneaux $\alpha_{n,m} : \mathbf{Z}/p^m\mathbf{Z} \to \mathbf{Z}/p^n\mathbf{Z}$; par suite le diagramme

$$\begin{array}{ccc} \mathbf{Z}/p^m\mathbf{Z} & \xrightarrow{\alpha_{n,m}} & \mathbf{Z}/p^n\mathbf{Z} \\ \uparrow{\scriptstyle \varphi_m} & & \uparrow{\scriptstyle \varphi_n} \\ W_m(\mathbf{Z}/p\mathbf{Z}) & \xrightarrow{\pi_{n,m}} & W_n(\mathbf{Z}/p\mathbf{Z}) \end{array}$$

est commutatif. Il en résulte que $\varphi = \varprojlim \varphi_n$ est un isomorphisme d'anneaux topologiques de $W(\mathbf{Z}/p\mathbf{Z}) = \varprojlim W_n(\mathbf{Z}/p\mathbf{Z})$ sur $\mathbf{Z}_p = \varprojlim \mathbf{Z}/p^n\mathbf{Z}$ (III, § 2, n° 12, exemple 3).

Soient m et n deux entiers $\geqslant 1$. Par construction, on a une suite exacte de groupes additifs

(E) $$0 \longrightarrow W(A) \xrightarrow{V^m} W(A) \xrightarrow{\pi_m} W_m(A) \longrightarrow 0 .$$

Par passage aux quotients, l'endomorphisme V^n du groupe additif de $W(A)$ définit un homomorphisme V^n_m du groupe additif de $W_m(A)$ dans celui de $W_{m+n}(A)$. Autrement dit, on a un diagramme commutatif

$$\begin{array}{ccc} W(A) & \xrightarrow{V^n} & W(A) \\ \downarrow{\scriptstyle \pi_m} & & \downarrow{\scriptstyle \pi_{n+m}} \\ W_m(A) & \xrightarrow{V^n_m} & W_{n+m}(A)\,. \end{array}$$

Par passage aux quotients, on déduit de la suite exacte (E) une suite exacte

$$\text{(E}'\text{)} \qquad 0 \longrightarrow W_m(A) \xrightarrow{V^n_m} W_{n+m}(A) \xrightarrow{\pi_{n,n+m}} W_n(A) \longrightarrow 0\,.$$

On a

$$\text{(45)} \qquad V^n_m[a_0, \ldots, a_{m-1}] = [\underbrace{0, \ldots, 0}_{n \text{ fois}}, a_0, \ldots, a_{m-1}]\,,$$

pour tout élément $[a_0, \ldots, a_{m-1}]$ de $W_m(A)$.

D'après la prop. 3, *c*) du n° 5, on a $FV^{m+1}(\boldsymbol{a}) = p.V^m(\boldsymbol{a})$ pour tout $\boldsymbol{a}$ dans $W(A)$ et on a par suite $F(V_{m+1}(A)) \subset V_m(A)$. Par récurrence sur n, on en déduit que F^n applique $V_{n+m}(A)$ dans $V_m(A)$, et définit donc, par passage aux quotients, un homomorphisme d'anneaux $F^n_m : W_{n+m}(A) \to W_m(A)$. Par construction, on a un diagramme commutatif

$$\begin{array}{ccc} W(A) & \xrightarrow{F^n} & W(A) \\ \downarrow{\scriptstyle \pi_{n+m}} & & \downarrow{\scriptstyle \pi_m} \\ W_{n+m}(A) & \xrightarrow{F^n_m} & W_m(A)\,. \end{array}$$

Rappelons (n° 3) que le polynôme F_i appartient à $\mathbf{Z}[X_0, \ldots, X_{i+1}]$ pour tout entier $i \geqslant 0$; l'homomorphisme F^1_m de $W_{m+1}(A)$ dans $W_m(A)$ s'explicite donc comme suit :

$$\text{(46)} \qquad F^1_m[a_0, \ldots, a_m] = [F_i(a_0, \ldots, a_{i+1})]_{0 \leqslant i < m}\,.$$

Soient $\boldsymbol{a} \in W_m(A)$, $\boldsymbol{a}' \in W_m(A)$ et $\boldsymbol{b} \in W_{m+1}(A)$. Les formules suivantes résultent par passages aux quotients de la prop. 3 du n° 5 :

$$\text{(47)} \qquad F^1_m(V^1_m(\boldsymbol{a})) = p.\boldsymbol{a}$$

$$\text{(48)} \qquad V^1_m(\boldsymbol{a} \times F^1_m(\boldsymbol{b})) = V^1_m(\boldsymbol{a}) \times \boldsymbol{b}$$

$$\text{(49)} \qquad V^1_m(\boldsymbol{a}) \times V^1_m(\boldsymbol{a}') = p.V^1_m(\boldsymbol{a} \times \boldsymbol{a}')$$

$$\text{(50)} \qquad V^1_m(F^1_m(\boldsymbol{b})) = \boldsymbol{\mu}_{m+1} \times \boldsymbol{b}$$

(avec $\boldsymbol{\mu}_{m+1} = [0, 1, \underbrace{0, \ldots, 0}_{m-1 \text{ fois}}]$).

8. L'anneau des vecteurs de Witt à coefficients dans un anneau de caractéristique *p*

PROPOSITION 5. — *Soit* A *un anneau de caractéristique p* (A, V, p. 2). *Quels que soient les éléments* $\boldsymbol{a}$ *et* $\boldsymbol{b}$ *de* W(A), *et les entiers positifs m, n, on a, si* $\boldsymbol{a} = (a_n)_{n \in \mathbf{N}}$,

$$\text{(51)} \qquad F(\boldsymbol{a}) = (a_n^p)_{n \in \mathbf{N}}$$

$$\text{(52)} \qquad p.\boldsymbol{a} = VF(\boldsymbol{a}) = FV(\boldsymbol{a}) = (0, a_0^p, a_1^p, \ldots)$$

$$\text{(53)} \qquad V^m(\boldsymbol{a}) \times V^n(\boldsymbol{b}) = V^{m+n}(F^n(\boldsymbol{a}) \times F^m(\boldsymbol{b})).$$

La formule (51) résulte de l'exemple 4 du n° 3. On déduit aussitôt de là l'égalité

$$VF(\boldsymbol{a}) = FV(\boldsymbol{a}) = (0, a_0^p, a_1^p, \ldots),$$

et l'égalité $p.\boldsymbol{a} = FV(\boldsymbol{a})$ a été prouvée (n° 5, prop. 3), d'où (52).

Prouvons (53). D'après la formule (37) (où l'on substitue $V^n(\boldsymbol{b})$ à $\boldsymbol{b}$), on a

$$\text{(54)} \qquad V^m(\boldsymbol{a}) \times V^n(\boldsymbol{b}) = V^m(\boldsymbol{a} \times F^m(V^n(\boldsymbol{b}))).$$

De la formule (37), on déduit aussi

$$\text{(55)} \qquad V^n(F^m(\boldsymbol{b})) \times \boldsymbol{a} = V^n(F^m(\boldsymbol{b}) \times F^n(\boldsymbol{a})).$$

La formule (53) résulte alors de (54) et (55) et de la relation $F^m \circ V^n = V^n \circ F^m$, elle-même conséquence de (51).

COROLLAIRE. — *Si m et n sont deux entiers positifs, on a*

$$V_m(A) \times V_n(A) \subset V_{m+n}(A).$$

Cela résulte de la formule (53), car $V_m(A)$ est l'image de $V^m : W(A) \to W(A)$.

PROPOSITION 6. — *Soit* A *un anneau.*

a) Pour tout entier $k \geqslant 1$, *on a* $(V_1(A))^k = p^{k-1}.V_1(A)$.

b) Supposons que A *soit un anneau de caractéristique p. Sur l'anneau* W(A), *la topologie* $V_1(A)$*-adique et la topologie p-adique coïncident, et elles sont plus fines que la topologie produit* $\mathscr{C}$ (*cf.* n° 6). *L'anneau* W(A) *est séparé et complet pour la topologie p-adique.*

Prouvons *a*) par récurrence sur *k*. Le cas $k = 1$ est évident. Supposons $k \geqslant 2$. D'après l'hypothèse de récurrence, on a $V_1(A)^{k-1} = p^{k-2}.V_1(A)$ et par suite $V_1(A)^k = p^{k-2}.(V_1(A))^2$. Mais il résulte de la prop. 3, *d*), formule (31), du n° 5 qu'on a $(V_1(A))^2 = p.V_1(A)$, d'où *a*).

Supposons maintenant que A soit de caractéristique *p*. Comme on a

$$p.W(A) = VF(W(A)) \subset V_1(A) \quad \text{(formule (52))},$$

on déduit de *a*) les inclusions $p^k.\mathrm{W}(\mathrm{A}) \subset (\mathrm{V}_1(\mathrm{A}))^k \subset p^{k-1}.\mathrm{W}(\mathrm{A})$, et du corollaire à la prop. 5 l'inclusion $(\mathrm{V}_1(\mathrm{A}))^k \subset \mathrm{V}_k(\mathrm{A})$, pour tout entier $k \geqslant 1$. La première assertion de *b*) en résulte.

Soit k un entier $\geqslant 1$. D'après la formule (52), l'idéal $p^k.\mathrm{W}(\mathrm{A})$ de W(A) est l'ensemble des éléments $\boldsymbol{a} = (a_n)_{n\in\mathbf{N}}$ de W(A) tels qu'on ait $a_n = 0$ pour $n < k$ et $a_n \in \mathrm{A}^{p^k}$ pour $n \geqslant k$. Il est donc fermé pour la topologie $\mathcal{T}$. Comme W(A) est séparé et complet pour la topologie $\mathcal{T}$ (nº 6) et que les idéaux $p^k.\mathrm{W}(\mathrm{A})$ de W(A), pour $k \geqslant 1$, forment une base de voisinages de **0** dans W(A) pour la topologie p-adique, l'anneau W(A) est séparé et complet pour la topologie p-adique (TG, III, p. 26, cor. 1 à la prop. 10).

Proposition 7. — *Soit* A *un anneau parfait de caractéristique p.*

a) *Pour tout élément* $\boldsymbol{a} = (a_n)_{n\in\mathbf{N}}$ *de* W(A), *la série de terme général* $p^n\tau(a_n^{p^{-n}})$ *est convergente dans* W(A), *de somme* $\boldsymbol{a}$.

b) *Sur* W(A), *la topologie* $\mathrm{V}_1(\mathrm{A})$-*adique, la topologie p-adique et la topologie* $\mathcal{T}$ *coïncident. Plus précisément, on a* $\mathrm{V}_n(\mathrm{A}) = p^n.\mathrm{W}(\mathrm{A}) = (\mathrm{V}_1(\mathrm{A}))^n$ *pour tout entier* $n \geqslant 0$. *En particulier* Φ_0 *définit un isomorphisme de* $\mathrm{W}(\mathrm{A})/p.\mathrm{W}(\mathrm{A})$ *sur* A.

Par définition (A, V, p. 5), l'application $a \mapsto a^p$ est un automorphisme de l'anneau A. D'après la prop. 5, F est donc un automorphisme de l'anneau W(A), et l'on a, pour tout $n \in \mathbf{N}$,

$$p^n.\mathrm{W}(\mathrm{A}) = \mathrm{V}^n\mathrm{F}^n(\mathrm{W}(\mathrm{A})) = \mathrm{V}^n(\mathrm{W}(\mathrm{A})) = \mathrm{V}_n(\mathrm{A})\,.$$

En particulier, on a $(\mathrm{V}_1(\mathrm{A}))^n = (p.\mathrm{W}(\mathrm{A}))^n = p^n.\mathrm{W}(\mathrm{A})$. L'assertion *b*) résulte de là.

D'après la prop. 5, on a

$$p^n.\tau(a_n^{p^{-n}}) = \mathrm{V}^n\mathrm{F}^n\tau(a_n^{p^{-n}}) = \mathrm{V}^n\tau(a_n)\,,$$

et l'assertion *a*) résulte de la prop. 4 du nº 6.

Proposition 8. — *Soit* A *un corps de caractéristique p. L'anneau* W(A) *est un anneau local intègre séparé et complet, d'idéal maximal* $\mathrm{V}_1(\mathrm{A})$ *et de corps résiduel isomorphe à* A. *Si le corps* A *est parfait, l'anneau* W(A) *est un anneau de valuation discrète, et son idéal maximal est* $p.\mathrm{W}(\mathrm{A})$.

L'homomorphisme Φ_0 définit un isomorphisme de $\mathrm{W}(\mathrm{A})/\mathrm{V}_1(\mathrm{A})$ sur A (nº 7, exemple 1). L'idéal $\mathrm{V}_1(\mathrm{A})$ de W(A) est donc maximal. Comme l'anneau W(A) est séparé et complet pour la topologie $\mathrm{V}_1(\mathrm{A})$-adique (prop. 6, *b*)), c'est un anneau local, d'idéal maximal $\mathrm{V}_1(\mathrm{A})$ (III, § 2, nº 13, prop. 19).

Soient $\boldsymbol{a}$ et $\boldsymbol{b}$ deux éléments non nuls de W(A). Il existe des entiers $m \geqslant 0$ et $n \geqslant 0$, et des éléments $\boldsymbol{a}' = (a'_n)_{n\in\mathbf{N}}$ et $\boldsymbol{b}' = (b'_n)_{n\in\mathbf{N}}$ de W(A) tels que $\boldsymbol{a} = \mathrm{V}^m(\boldsymbol{a}')$, $\boldsymbol{b} = \mathrm{V}^n(\boldsymbol{b}')$ et que les éléments a'_0 et b'_0 de A soient non nuls. Alors la composante d'indice $m + n$ de $\boldsymbol{a} \times \boldsymbol{b}$ est égale à la composante d'indice 0 de $\mathrm{F}^n(\boldsymbol{a}') \times \mathrm{F}^m(\boldsymbol{b}')$ (formule (53)), c'est-à-dire à $a_0'^{p^n} b_0'^{p^m}$ (formule (51) et nº 3, exemple 2). Par suite $\boldsymbol{a} \times \boldsymbol{b}$ est non nul et W(A) est intègre.

Si le corps A est parfait, l'idéal maximal $\mathrm{V}_1(\mathrm{A})$ de W(A) est égal à $p.\mathrm{W}(\mathrm{A})$

(prop. 7, *b*)) et par suite W(A) est un anneau de valuation discrète (VI, § 3, n° 6, prop. 9, *c*)).

Remarques. — 1) Soit A un corps de caractéristique p. On peut montrer que l'anneau W(A) est noethérien si et seulement si A est parfait (p. 43, exerc. 9).

2) Soit A un anneau de caractéristique p. D'après la prop. 5, on a les formules

$$F_m^n[a_0, \ldots, a_{n+m-1}] = [a_0^{p^n}, \ldots, a_{m-1}^{p^n}]$$

$$p^n.[a_0, \ldots, a_{n+m-1}] = [\underbrace{0, \ldots, 0}_{n \text{ fois}}, a_0^{p^n}, \ldots, a_{m-1}^{p^n}]$$

pour tout vecteur de Witt $[a_0, \ldots, a_{n+m-1}]$ de longueur $n + m$.

En fait, l'application $F : W(A) \to W(A)$ permet, par passage aux quotients par $V_m(A)$, de définir une application $\overline{F}_m : W_m(A) \to W_m(A)$. On a la formule

$$\overline{F}_m[a_0, \ldots, a_{m-1}] = [a_0^p, \ldots, a_{m-1}^p].$$

Les applications $V_m^1 \circ \overline{F}_m$ et $\overline{F}_{m+1} \circ V_m^1$ de $W_m(A)$ dans $W_{m+1}(A)$ sont égales et sont déduites, par passage au quotient, de la multiplication par p dans $W_{m+1}(A)$.

§ 2. ANNEAUX DE COHEN

Dans tout ce paragraphe, p désigne un nombre premier.

1. *p*-anneaux

DÉFINITION 1. — *On dit qu'un anneau C est un p-anneau si l'idéal pC de C est maximal, et si C est séparé et complet pour la topologie pC-adique.*

Soit C un anneau ; si $p1_C$ est nilpotent et si l'idéal pC de C est maximal, C est un p-anneau, car la topologie pC-adique de C est discrète. Plus particulièrement, tout corps de caractéristique p est un p-anneau.

PROPOSITION 1. — *Soit C un p-anneau.*

a) L'anneau C est local, d'idéal maximal pC.

b) Supposons $p1_C$ *nilpotent. Soit d le plus petit entier positif tel que* $p^d 1_C = 0$. *Les idéaux de C sont de la forme* $p^k C$ *avec* $0 \leqslant k \leqslant d$ *et l'on a* $p^k C \neq p^l C$ *lorsque k et l sont deux entiers distincts vérifiant* $0 \leqslant k \leqslant d, 0 \leqslant l \leqslant d$. *Le C-module C est de longueur d.*

c) Supposons que $p1_C$ *ne soit pas nilpotent. Alors C est un anneau de valuation discrète dont le corps résiduel est de caractéristique p, et le corps des fractions de caractéristique 0. Les idéaux de la forme* $p^n C$, *avec* $n \in \mathbf{N}$, *sont deux à deux distincts ; ils forment tous les idéaux non nuls de C. Le C-module C n'est pas de longueur finie.*

L'assertion *a*) résulte de la prop. 19 de III, § 2, nº 13.

On a $\bigcap_{n \geqslant 0} p^n\mathrm{C} = \{0\}$ par hypothèse. Soit $x \neq 0$ dans C ; il existe un entier $n \geqslant 0$ tel que $x \in p^n\mathrm{C}$, $x \notin p^{n+1}\mathrm{C}$; il existe donc un élément y de C tel que $x = p^n y$; comme y n'appartient pas à $p\mathrm{C}$, y est inversible.

Supposons que $p1_{\mathrm{C}}$ ne soit pas nilpotent. Si x et x' sont deux éléments non nuls de C, il existe deux entiers $n \geqslant 0$, $n' \geqslant 0$ et deux éléments inversibles y, y' de C tels que $x = p^n y$, $x' = p^{n'} y'$. On a alors $xx' = p^{n+n'} yy' \neq 0$, donc C est intègre. Comme C est un anneau local, mais n'est pas un corps et que l'idéal maximal $\mathfrak{m}_{\mathrm{C}} = p\mathrm{C}$ de C est principal, C est un anneau de valuation discrète (VI, § 3, nº 6, prop. 9). Les idéaux non nuls de C sont alors de la forme $p^n\mathrm{C}$ d'après *loc. cit.*, prop. 8, et sont deux à deux distincts. En particulier, l'anneau C n'est pas artinien, donc le C-module C n'est pas de longueur finie. Le corps résiduel $\mathrm{C}/p\mathrm{C}$ de C est de caractéristique p. Soit q la caractéristique du corps des fractions de C. On a $p1_{\mathrm{C}} \neq 0$, d'où $p \neq q$. Par ailleurs, si q était non nulle, on aurait $q1_{\mathrm{C}} = 0$ donc $\mathrm{C}/p\mathrm{C}$ serait de caractéristique $q \neq p$, ce qui est absurde. Ceci prouve *c*).

Supposons que $p1_{\mathrm{C}}$ soit nilpotent. Soit d le plus petit entier positif tel que $p^d 1_{\mathrm{C}} = 0$. On a une suite d'idéaux

$$\text{(E)} \qquad \mathrm{C} \supset p\mathrm{C} \supset p^2\mathrm{C} \supset \ldots \supset p^{d-1}\mathrm{C} \supset p^d\mathrm{C} = \{0\}\,.$$

Si k est un entier tel que $0 \leqslant k < d$ et $p^k\mathrm{C} = p^{k+1}\mathrm{C}$, on en déduit

$$p^{d-k-1}p^k\mathrm{C} = p^{d-k-1}p^{k+1}\mathrm{C} = \{0\}$$

contrairement à l'hypothèse $p^{d-1}1_{\mathrm{C}} \neq 0$. Donc les éléments de la suite (E) sont deux à deux distincts. Soit $\mathfrak{a}$ un idéal de C et soit k le plus petit entier positif tel que $\mathfrak{a} \supset p^k\mathrm{C}$. Soit x un élément non nul de $\mathfrak{a}$; on a vu que x est de la forme $p^m u$ avec $m \geqslant 0$ et u inversible dans C. On a donc $p^m\mathrm{C} \subset \mathfrak{a}$, d'où $m \geqslant k$, et finalement $x \in p^k\mathrm{C}$. En conclusion, on a $\mathfrak{a} = p^k\mathrm{C}$. La suite (E) est alors une suite de Jordan-Hölder du C-module C, qui est de longueur d.

Corollaire 1. — *Si le p-anneau* C *est intègre, c'est un anneau de valuation discrète, ou un corps de caractéristique p.*

Supposons C intègre. Si $p1_{\mathrm{C}}$ est nilpotent, on a $p1_{\mathrm{C}} = 0$, et $\{0\}$ est un idéal maximal de C, donc C est un corps de caractéristique p. Si $p1_{\mathrm{C}}$ n'est pas nilpotent, alors C est un anneau de valuation discrète d'après la prop. 1, *c*).

Corollaire 2. — *Soient* C *un p-anneau et* $\mathfrak{a}$ *un idéal de* C *distinct de* C. *L'anneau* $\mathrm{C}/\mathfrak{a}$ *est un p-anneau.*

On peut supposer $\mathfrak{a} \neq \{0\}$. Il existe alors un entier $i \geqslant 1$ tel que $\mathfrak{a} = p^i\mathrm{C}$; l'idéal $p\mathrm{C}/\mathfrak{a}$ de $\mathrm{C}/\mathfrak{a}$ est maximal et l'on a $p^i 1_{\mathrm{C}/\mathfrak{a}} = 0$, donc $\mathrm{C}/\mathfrak{a}$ est un p-anneau.

Soit C un p-anneau. On appelle *longueur de* C, et l'on note $l(\mathrm{C})$, la borne supérieure dans $\overline{\mathbf{R}}$ de l'ensemble des entiers $n \geqslant 1$ tels que $p^{n-1}1_{\mathrm{C}} \neq 0$. Lorsque $l(\mathrm{C})$ est finie, c'est la longueur du C-module C, et lorsque $l(\mathrm{C})$ est égale à $+\infty$, le C-module C n'est pas de longueur finie (prop. 1).

Exemples. — 1) Pour tout entier $n \geqslant 1$, l'anneau $\mathbf{Z}/p^n\mathbf{Z}$ est un p-anneau de longueur n. L'anneau $\mathbf{Z}_p$ des entiers p-adiques est un p-anneau de longueur infinie.

2) Soit K un corps *parfait* de caractéristique p. D'après la prop. 8 du § 1, n° 8, l'anneau W(K) des vecteurs de Witt est un p-anneau de longueur infinie. L'application $(a_n)_{n\in\mathbf{N}} \mapsto a_0$ induit par passage au quotient un isomorphisme de $W(K)/pW(K)$ sur le corps K (*loc. cit.*, prop. 7). Pour tout entier $n \geqslant 1$, l'anneau

$$W_n(K) = W(K)/p^nW(K)$$

est un p-anneau de longueur n.

PROPOSITION 2. — *Soient C et C′ deux p-anneaux et u un homomorphisme de C dans C′. Soit v l'homomorphisme de $\kappa_C = C/pC$ dans $\kappa_{C'} = C'/pC'$ déduit de u par passage aux quotients.*

a) On a $l(C) \geqslant l(C')$ et u est injectif si et seulement si l'on a $l(C) = l(C')$.

b) Pour que u soit surjectif, il faut et il suffit que v soit un isomorphisme.

c) Pour que u soit un isomorphisme, il faut et il suffit que v soit un isomorphisme et qu'on ait $l(C) = l(C')$.

Soit $n \geqslant 1$ un entier. On a $u(p^{n-1}1_C) = p^{n-1}1_{C'}$, donc la relation $p^{n-1}1_{C'} \neq 0$ entraîne $p^{n-1}1_C \neq 0$ et lui est équivalente si u est injectif. On a donc $l(C') \leqslant l(C)$ avec égalité si u est injectif. Si u n'est pas injectif, il existe un entier $i < l(C)$ tel que le noyau de u soit l'idéal p^iC de C ; on a alors $p^i1_{C'} = 0$, d'où $l(C') \leqslant i$. Ceci prouve *a*).

Comme κ_C et $\kappa_{C'}$ sont des corps, l'homomorphisme v est injectif. Si u est surjectif, il en est de même de v qui est donc un isomorphisme. Réciproquement, supposons v surjectif. Alors pour tout entier $n \geqslant 0$, l'application $v_n : p^nC/p^{n+1}C \to p^nC'/p^{n+1}C'$ déduite de u est surjective. Comme C est complet pour la filtration pC-adique et C′ séparé pour la filtration pC'-adique, u est surjectif d'après le cor. 2 du th. 1 de III, § 2, n° 8. Ceci prouve *b*).

Enfin, *c*) résulte de *a*) et *b*).

PROPOSITION 3. — *Soit $(C_n, \pi_{n,m})$ un système projectif d'anneaux relatif à l'ensemble d'indices* **N**. *On suppose que C_n est un p-anneau pour tout $n \in \mathbf{N}$ et que les homomorphismes $\pi_{n,m}$ sont surjectifs. Alors $C = \varprojlim C_n$ est un p-anneau, et pour tout $n \in \mathbf{N}$, l'homomorphisme canonique $\pi_n : C \to C_n$ est surjectif et induit un isomorphisme de κ_C sur κ_{C_n}.*

Comme les applications $\pi_{n,m}$ sont surjectives, il en est de même des applications π_n (E, III, p. 58, prop. 5). Montrons que C est un p-anneau. Soit d_n la longueur de C_n. D'après la prop. 2, *a*), la suite des éléments d_n de $\mathbf{N} \cup \{+\infty\}$ est croissante ; si elle est stationnaire, il existe un entier n_0 tel que $\pi_{n,m}$ soit un isomorphisme de C_m sur C_n lorsque $n_0 \leqslant n \leqslant m$, de sorte que C, isomorphe à C_{n_0}, est un p-anneau.

Il suffit donc de considérer le cas où chaque d_n est fini, et où la suite (d_n) tend vers $+\infty$. Munissons l'anneau C de la filtration triviale (III, § 2, n° 1, exemple 5). Pour $n \in \mathbf{N}$, soit I_n le noyau de π_n ; posons $I_n = C$ si $n < 0$. Notons E le C-module C muni de la filtration $(I_n)_{n\in\mathbf{Z}}$. Il est séparé et complet, car la topologie $\mathscr{T}$ définie par la filtration $(I_n)_{n\in\mathbf{Z}}$ est la topologie limite projective des topologies discrètes sur les C_n.

Soit k un entier $\geqslant 1$. On a $p^k C \subset \varprojlim(p^k C_n)$ (E, III, p. 55, formule (9)). Réciproquement, si $x = (x_n)_{n\in\mathbf{N}} \in \varprojlim(p^k C_n)$ et si on pose $X_n = \{y \in C | \pi_n(p^k y) = x_n\}$, la suite $(X_n)_{n\in\mathbf{N}}$ est une suite décroissante de parties affines fermées non vides de E. Comme E/I_n est un C-module artinien, l'intersection des X_n est non vide (III, § 2, n° 7, prop. 7); pour tout $z \in \bigcap_{n\in\mathbf{N}} X_n$, on a $p^k z = x$. Nous avons donc prouvé qu'on a $p^k C = \varprojlim p^k C_n$ pour tout entier $k \geqslant 1$. En particulier l'idéal $p^k C$ de C est fermé pour la topologie $\mathcal{T}$. Sur C, la topologie p-adique est plus fine que la topologie $\mathcal{T}$ car on a $p^{d_n} C \subset I_n$. Il résulte alors de TG, III, p. 26, cor. 1 à la prop. 10, que C est séparé et complet pour la topologie pC-adique. En outre on a $pC = \varprojlim pC_n = \pi_0^{-1}(pC_0)$ et donc l'homomorphisme surjectif de C/pC dans C_0/pC_0 déduit de π_0 est un isomorphisme. Ceci montre que l'idéal pC de C est maximal et par suite que C est un p-anneau. La dernière assertion de la prop. 3 résulte de la prop. 2, *b*).

2. Anneaux de Cohen

DÉFINITION 2. — *Soit* A *un anneau local séparé et complet, dont le corps résiduel est de caractéristique p. On appelle sous-anneau de Cohen de* A *un sous-anneau* C *de* A *qui est un p-anneau tel que* $A = \mathfrak{m}_A + C$ (i.e. $A/\mathfrak{m}_A = C/(\mathfrak{m}_A \cap C)$).

Si C est un sous-anneau de Cohen de A, l'idéal $\mathfrak{m}_A \cap C$ de C est maximal, donc égal à pC. L'application canonique de $\kappa_C = C/pC$ sur $\kappa_A = A/\mathfrak{m}_A$ est donc un isomorphisme de corps.

Exemple. — Soit C un p-anneau. L'anneau de séries formelles $A = C[[T_1, ..., T_n]]$ est un anneau noethérien, local, séparé et complet, dont l'idéal maximal est engendré par la suite $(p, T_1, ..., T_n)$. Il est immédiat que C est un sous-anneau de Cohen de A. Ceci s'applique en particulier lorsque C est égal à $\mathbf{Z}_p$, à $\mathbf{Z}/p^n\mathbf{Z}$ ou à un corps de caractéristique p.

THÉORÈME 1. — *Soit* A *un anneau local, séparé et complet, dont le corps résiduel k est de caractéristique p. Soit* π *l'application canonique de* A *sur k, et soit* S *une partie de* A, *telle que* π *induise une bijection de* S *sur une p-base de k* (A, V, p. 95).

a) *Il existe un sous-anneau de Cohen* C *de* A *contenant* S, *et un seul.*

b) *Le sous-anneau* C *de* A *est fermé, et la topologie p*C*-adique de* C *est induite par la topologie* $\mathfrak{m}_A$*-adique de* A.

c) *Tout sous-anneau fermé* A′ *de* A, *contenant* S, *et tel que* $A = A' + \mathfrak{m}_A$, *contient* C.

A) *Cas particulier* : $\mathfrak{m}_A$ *nilpotent*

Soit n un entier positif tel que $\mathfrak{m}_A^{n+1} = \{0\}$. Si Φ_n est le n-ième polynôme de Witt (§ 1, n° 1), l'application $u : [a_0, ..., a_n] \mapsto \Phi_n(a_0, ..., a_n)$ est un homomorphisme d'anneaux de $W_{n+1}(A)$ dans A (§ 1, n° 7). Soit B_n l'image de u et soit C_n le sous-anneau de A engendré par $B_n \cup S$.

Lemme 1. — *Soit* A′ *un sous-anneau de* A *contenant* S. *Pour que* A′ *contienne* C_n, *il faut et il suffit qu'on ait* $A' + \mathfrak{m}_A = A$.

On a $pA \subset \mathfrak{m}_A$ et B_n se compose des éléments de la forme $a_0^{p^n} + pa_1^{p^{n-1}} + \cdots + p^n a_n$ avec $a_0, \ldots, a_n$ dans A. Par suite, on a $\pi(B_n) = k^{p^n}$, d'où $\pi(C_n) = k^{p^n}[\pi(S)]$. Mais comme $\pi(S)$ est une p-base de k, on a $k = k^{p^n}[\pi(S)]$ (A, V, p. 96), d'où $\pi(C_n) = k$, c'est-à-dire $C_n + \mathfrak{m}_A = A$.

Soit A′ un sous-anneau de A contenant S. Si A′ contient C_n, on a

$$A' + \mathfrak{m}_A \supset C_n + \mathfrak{m}_A = A, \quad \text{d'où} \quad A' + \mathfrak{m}_A = A.$$

Réciproquement, supposons qu'on ait $A' + \mathfrak{m}_A = A$. Soient $a_0, \ldots, a_n$ des éléments de A ; il existe par hypothèse des éléments $a'_0, \ldots, a'_n$ de A′ tels que $a_i \equiv a'_i \bmod. \mathfrak{m}_A$ pour $0 \leqslant i \leqslant n$. D'après la prop. 1 du § 1, n° 1 et l'hypothèse $\mathfrak{m}_A^{n+1} = \{0\}$, on a donc $\Phi_n(a_0, \ldots, a_n) = \Phi_n(a'_0, \ldots, a'_n) \in A'$, d'où $B_n \subset A'$. Comme C_n est l'anneau engendré par $B_n \cup S$, on a $C_n \subset A'$.

Dans l'ensemble $\mathcal{S}$ des sous-anneaux A′ de A contenant S et tels que $A' + \mathfrak{m}_A = A$, il existe d'après le lemme 1 un plus petit élément C, et l'on a $C_n = C$ pour tout entier $n \geqslant 0$ tel que $\mathfrak{m}_A^{n+1} = \{0\}$.

On a $C + \mathfrak{m}_A = A$ par construction et $p1_C$ est nilpotent. On a évidemment $pC \subset C \cap \mathfrak{m}_A$ et le lemme 2 qui suit montre donc que pC est un idéal maximal de C et par suite que C est un sous-anneau de Cohen de A.

Lemme 2. — *On a* $C \cap \mathfrak{m}_A \subset pC$.

Choisissons un entier $m \geqslant 1$ tel que $\mathfrak{m}_A^m = \{0\}$, d'où $C = C_m = C_{m-1}$. Soit Λ la partie de $\mathbf{N}^{(S)}$ formée des familles à support fini d'entiers $(\alpha_s)_{s \in S}$ satisfaisant à $0 \leqslant \alpha_s < p^m$ pour tout $s \in S$. Comme B_m contient $s^{p^m} = \Phi_m(s, 0, \ldots, 0)$ pour tout $s \in S$, les monômes $Z_\alpha = \prod_{s \in S} s^{\alpha_s}$, où α parcourt Λ, engendrent C_m comme B_m-module. De plus, d'après la formule

$$\Phi_m(a_0, \ldots, a_m) = a_0^{p^m} + p\Phi_{m-1}(a_1, \ldots, a_m),$$

tout élément de B_m est de la forme $a^{p^m} + pb$ avec $a \in A$ et $b \in B_{m-1}$. Par suite tout élément de $C = C_m$ est de la forme

$$x = \sum_{\alpha \in \Lambda} c_\alpha^{p^m} Z_\alpha + py \tag{1}$$

avec $c_\alpha \in A$ pour tout $\alpha \in \Lambda$, et $y \in C_{m-1} = C$. Si x appartient à $C \cap \mathfrak{m}_A$, on a $\pi(x) = 0$ d'où $\sum_{\alpha \in \Lambda} \pi(c_\alpha)^{p^m} \pi(Z_\alpha) = 0$. Comme $\pi(S)$ est une p-base de k, on a $\pi(c_\alpha) = 0$ pour tout $\alpha \in \Lambda$ d'après A, V, p. 96. On a alors $c_\alpha \in \mathfrak{m}_A$, d'où $c_\alpha^m = 0$ et *a fortiori* $c_\alpha^{p^m} = 0$. D'après (1), on a $x = py$, d'où le lemme 2.

On a $p^m C = \mathfrak{m}_A^m = \{0\}$ pour m assez grand et l'assertion *b*) est donc triviale. L'assertion *c*) résulte du lemme 1. Si C′ est un sous-anneau de Cohen de A contenant S, on a $C' \supset C$ d'après le lemme 1. Mais comme l'inclusion de C dans C′ induit un isomorphisme de κ_C sur $\kappa_{C'}$, on a $C = C'$ (n° 1, prop. 2, *b*)), et ceci achève de prouver *a*).

B) *Cas général*

Pour tout entier $n \geqslant 0$, notons A_n l'anneau local $A/\mathfrak{m}_A^{n+1}$, $\mathfrak{m}_n = \mathfrak{m}_A/\mathfrak{m}_A^{n+1}$ son idéal maximal et π_n l'homomorphisme canonique de A sur A_n. D'après A), il existe un unique sous-anneau de Cohen C_n de A_n contenant $\pi_n(S)$. Lorsque $0 \leqslant n \leqslant m$, on note $\pi_{n,m}$ l'homomorphisme canonique de A_m sur A_n. D'après le cor. 2 de la prop. 1 du n° 1, $\pi_{n,m}(C_m)$ est un *p*-anneau ; on a $\pi_{n,m}(C_m) + \mathfrak{m}_n = A_n$, donc $\pi_{n,m}(C_m)$ est égal au sous-anneau de Cohen C_n de A_n. D'après la prop. 3 du n° 1, le sous-anneau $\varprojlim C_n$ de $\varprojlim A_n$ est un *p*-anneau. Posons $C = \bigcap_{n\in\mathbf{N}} \pi_n^{-1}(C_n)$. Comme C est l'image réciproque de $\varprojlim C_n$ par l'isomorphisme $a \mapsto (\pi_n(a))_{n\in\mathbf{N}}$ de A sur $\varprojlim A_n$, c'est un sous-anneau fermé de A, et un *p*-anneau. On a $\pi_n(C) = C_n$ pour tout $n \in \mathbf{N}$ (n° 1, prop. 3), et en particulier $\pi_0(C) = A_0$, c'est-à-dire $\pi(C) = k$. Donc C est un sous-anneau de Cohen de A.

Pour tout entier $n \geqslant 0$, posons $J_n = C \cap \mathfrak{m}_A^n$. Comme l'anneau local A est séparé, on a $\bigcap_{n\in\mathbf{N}} J_n = \{0\}$, et vu la structure des idéaux d'un *p*-anneau (n° 1, prop. 1), tout idéal de C de la forme p^kC contient l'un des J_n. Réciproquement, J_n contient p^nC. Par suite, la topologie *p*C-adique de C est induite par la topologie $\mathfrak{m}_A$-adique de A. Ceci prouve *b*).

Soit A′ un sous-anneau fermé de A, contenant S et tel que $A' + \mathfrak{m}_A = A$. Comme A′ est fermé, on a $A' = \bigcap_{n\in\mathbf{N}} \pi_n^{-1}(\pi_n(A'))$. On a $\pi_n(A') \supset \pi_n(S)$ et $\pi_n(A') + \mathfrak{m}_n = A_n$, d'où $\pi_n(A') \supset C_n$ d'après ce qu'on a vu en A). Finalement, on a $\pi_n^{-1}(\pi_n(A')) \supset \pi_n^{-1}(C_n)$ d'où $A' \supset C$. Ceci prouve *c*). On en déduit l'unicité d'un sous-anneau de Cohen comme en A).

Remarque. — Supposons que $p1_A$ ne soit pas nilpotent (ceci a lieu en particulier lorsque A est un anneau intègre dont le corps des fractions est de caractéristique 0). Alors C est un anneau de valuation discrète dont le corps des fractions est de caractéristique 0.

3. Existence et unicité des *p*-anneaux

PROPOSITION 4. — *Soient* C *et* C′ *deux p-anneaux tels que* $l(C) \geqslant l(C')$, π (resp. π') *l'homomorphisme canonique de* C (resp. C′) *sur* κ_C (resp. $\kappa_{C'}$). *Soit* $(x_\lambda)_{\lambda\in\Lambda}$ (resp. $(x'_\lambda)_{\lambda\in\Lambda}$) *une famille d'éléments de* C (resp. C′) *dont l'image par* π (resp. π') *soit une p-base de* κ_C (resp. $\kappa_{C'}$). *Soit v un isomorphisme de* κ_C *sur* $\kappa_{C'}$ *tel que* $v(\pi(x_\lambda)) = \pi'(x'_\lambda)$ *pour tout* $\lambda \in \Lambda$. *Il existe alors un unique homomorphisme u de* C *dans* C′, *tel que* $v \circ \pi = \pi' \circ u$ *et* $u(x_\lambda) = x'_\lambda$ *pour tout* $\lambda \in \Lambda$. *Il est surjectif. Si* $l(C) = l(C')$, *c'est un isomorphisme.*

Prouvons l'*existence* de *u*. Soit A le sous-anneau de $C \times C'$ formé des couples (x, x') tels que $v(\pi(x)) = \pi'(x')$. L'application $(x, x') \mapsto \pi(x)$ est un homomorphisme surjectif d'anneaux de A sur κ_C. Son noyau $\mathfrak{m}$, égal à $pC \times pC'$ est donc un idéal maximal de A. Le sous-espace topologique A de $C \times C'$ est fermé dans $C \times C'$, donc complet, et la topologie induite sur A par celle de $C \times C'$ est la topologie $\mathfrak{m}$-adique. Par suite A est un anneau local séparé et complet d'idéal maximal $\mathfrak{m}$ (III, § 2, n° 13, prop. 19). Pour tout $\lambda \in \Lambda$, on a $(x_\lambda, x'_\lambda) \in A$ par hypothèse; si ξ_λ est la classe de (x_λ, x'_λ) modulo $\mathfrak{m}$, la famille $(\xi_\lambda)_{\lambda\in\Lambda}$ est une p-base du corps $A/\mathfrak{m}$. D'après le th. 1 du n° 2, il existe un sous-anneau de Cohen C″ de A, et un seul, contenant (x_λ, x'_λ) pour tout $\lambda \in \Lambda$. On a $l(C'') = l(C) \geqslant l(C')$. La restriction à C″ de la projection de $C \times C'$ sur C est un homomorphisme $h: C'' \to C$ qui induit un isomorphisme de $\kappa_{C''}$ sur κ_C. D'après la prop. 2, *c*) du n° 2, h est un isomorphisme de C″ sur C. On voit de même que la restriction h' à C″ de la projection de $C \times C'$ sur C′ est un homomorphisme surjectif de C″ dans C′. Par suite, C″ est le graphe d'un homomorphisme surjectif $u = h' \circ h^{-1}$ de C sur C′, et l'on a évidemment $v \circ \pi = \pi' \circ u$, $u(x_\lambda) = x'_\lambda$ pour tout $\lambda \in \Lambda$. En outre, si $l(C) = l(C')$, u est un isomorphisme.

Prouvons l'*unicité* de u. Soit u_1 un homomorphisme de C dans C′ tel que $v \circ \pi = \pi' \circ u_1$ et $u_1(x_\lambda) = x'_\lambda$ pour tout $\lambda \in \Lambda$, et soit C_1 le graphe de u_1. Il est immédiat que C_1 est un sous-anneau de Cohen de A, contenant (x_λ, x'_λ) pour tout $\lambda \in \Lambda$, d'où $C_1 = C''$ (th. 1 du n° 2) et finalement $u_1 = u$.

PROPOSITION 5. — *Soit k un corps de caractéristique p, et soit n un entier $\geqslant 1$, ou $+\infty$. Il existe un p-anneau de longueur n dont le corps résiduel est isomorphe à k.*

L'anneau $W(k)$ des vecteurs de Witt à coefficients dans k est un anneau local intègre séparé et complet, dont le corps résiduel est isomorphe à k (§ 1, n° 8, prop. 8), et on a $p.1_{W(k)} \neq 0$ (*loc. cit.*, formule (52)). Soit C un sous-anneau de Cohen de $W(k)$ (n° 2, th. 1). Alors C est un p-anneau de longueur $+\infty$ dont le corps résiduel est isomorphe à k, et, si n est un entier $\geqslant 1$, le quotient C/p^nC est un p-anneau de longueur n dont le corps résiduel est isomorphe à k.

Remarques. — 1) Soient n un entier $\geqslant 1$ et S une p-base de k. On peut montrer que le sous-anneau de $W_n(k)$ engendré par $W_n(k^{p^n})$ et par les éléments $[\xi, 0, ..., 0]$ ($\xi \in S$), est un p-anneau de longueur n dont le corps résiduel est isomorphe à k (*cf.* p. 72, exerc. 10).

2) Le lecteur trouvera en Appendice une démonstration de la prop. 5 qui n'utilise ni les résultats du § 1, ni le théorème d'existence de sous-anneaux de Cohen (n° 2, th. 1).

COROLLAIRE. — *Soit C un p-anneau de longueur finie n. Il existe un p-anneau C′ de longueur infinie tel que C soit isomorphe à C'/p^nC'.*

D'après la prop. 5, il existe un p-anneau C′ de longueur infinie tel que $\kappa_{C'}$ soit isomorphe à κ_C. Alors $C'/p^nC' = C'_n$ est un p-anneau de longueur n, et le corps $\kappa_{C'_n}$ est isomorphe à $\kappa_{C'}$, donc à κ_C. D'après la prop. 4, les anneaux C et C'_n sont donc isomorphes.

4. Représentants multiplicatifs

PROPOSITION 6. — *Soit* C *un p-anneau, dont le corps résiduel k soit parfait. Supposons* C *de longueur finie n* (resp. infinie). *Il existe un unique isomorphisme* $u : \mathrm{W}_n(k) \to \mathrm{C}$ (resp. $u : \mathrm{W}(k) \to \mathrm{C}$) *qui induise par passage aux quotients l'application identique de k.*

Comme $\mathrm{W}_n(k)$ (resp. $\mathrm{W}(k)$) est un p-anneau de corps résiduel k, et de longueur n (resp. de longueur infinie) (nº 1, exemple 2), et que $\varnothing$ est une p-base du corps parfait k, la prop. 6 est un cas particulier de la prop. 4 du nº 3.

THÉORÈME 2. — *Soient* A *un anneau local séparé et complet, k son corps résiduel et* π *l'homomorphisme canonique de* A *sur k. On suppose que k est un corps* parfait *de caractéristique p.*

a) Il existe un unique homomorphisme d'anneaux $u : \mathrm{W}(k) \to \mathrm{A}$ *tel que* $\pi(u(\boldsymbol{a})) = a_0$ *pour* $\boldsymbol{a} = (a_n)_{n \in \mathbf{N}}$ *dans* $\mathrm{W}(k)$.

b) L'homomorphisme u est continu lorsqu'on munit $\mathrm{W}(k)$ *de la topologie* $p\mathrm{W}(k)$*-adique, et l'image de u est l'unique sous-anneau de Cohen de* A.

D'après le th. 1 du nº 2, il existe un unique sous-anneau de Cohen de A ; notons-le C. Soit u un homomorphisme de $\mathrm{W}(k)$ dans A tel que $\pi(u(\boldsymbol{a})) = a_0$ pour tout $\boldsymbol{a} = (a_n)_{n \in \mathbf{N}}$ dans $\mathrm{W}(k)$; il est immédiat que l'image de u est un sous-anneau de Cohen de A, donc égal à C. L'existence et l'unicité de u résultent alors de la prop. 6. La topologie pC-adique de C est induite par la topologie $\mathfrak{m}_{\mathrm{A}}$-adique de A (nº 2, th. 1, *b*)), d'où la continuité de u.

Pour une construction directe de u, voir p. 70, exerc. 6.

PROPOSITION 7. — *Conservons les hypothèses et notations du th. 2. Il existe une unique partie multiplicative* S *de* A *telle que* π *induise une bijection de* S *sur k. Pour qu'un élément a de* A *appartienne à* S, *il faut et il suffit que pour tout* $n \in \mathbf{N}$, *il existe un élément* a_n *de* A *tel que* $a = a_n^{p^n}$. *L'ensemble* S *est l'ensemble des éléments de la forme* $u(x, 0, 0, \ldots)$.

Prouvons tout d'abord l'unicité de S. Soit S une partie multiplicative de A, telle que π induise une bijection de S sur k. Soit T l'ensemble des éléments de A qui sont des puissances p^n-ièmes pour tout $n \in \mathbf{N}$.

a) On a $\mathrm{S} \subset \mathrm{T}$: Soient $a \in \mathrm{S}$ et $n \in \mathbf{N}$; comme le corps k est parfait, il existe un élément x_n de k tel que $x_n^{p^n} = \pi(a)$; comme on a $\pi(S) = k$, il existe un élément a_n de S tel que $x_n = \pi(a_n)$. On a alors $\pi(a_n^{p^n}) = \pi(a)$ d'où $a_n^{p^n} = a$ puisque la restriction de π à S est injective.

b) La restriction de π *à* T *est injective* : soient a et b deux éléments de T tels que $\pi(a) = \pi(b)$. Soit $n \in \mathbf{N}$; il existe deux éléments a_n et b_n de A tels que $a = a_n^{p^n}$, $b = b_n^{p^n}$. On a alors $\pi(a_n)^{p^n} = \pi(b_n)^{p^n}$, d'où $\pi(a_n) = \pi(b_n)$, c'est-à-dire $a_n \equiv b_n$ mod. $\mathfrak{m}_{\mathrm{A}}$. D'après le lemme 1 du § 1, nº 1, on a $a_n^{p^n} \equiv b_n^{p^n}$ mod. $\mathfrak{m}_{\mathrm{A}}^{n+1}$ c'est-à-dire $a \equiv b$ mod. $\mathfrak{m}_{\mathrm{A}}^{n+1}$. Comme n est arbitraire, on a $a = b$.

Les propriétés *a*) et *b*) ci-dessus, jointes à la formule $\pi(S) = k$, entraînent la relation $S = T$, d'où l'unicité.

Prouvons maintenant l'existence de S. Avec les notations du th. 2, posons $\varphi = u \circ \tau_k$, c'est-à-dire (§ 1, n° 6)

$$(2) \qquad \varphi(x) = u(x, 0, 0, \ldots)$$

pour tout $x \in k$. D'après la prop. 4 de *loc. cit.*, on a

$$(3) \qquad \varphi(1) = 1\,, \quad \varphi(xy) = \varphi(x)\,\varphi(y) \quad \text{pour} \quad x, y \text{ dans } k\,.$$

Il est clair que l'application $\pi \circ \varphi$ est l'application identique de k. Donc l'image S de φ satisfait aux conditions de la prop. 7.

Les éléments de S sont souvent appelés les *représentants multiplicatifs* (ou de Teichmüller) *de* A.

Remarques. — 1) Conservons les hypothèses et notations précédentes. On a

$$\boldsymbol{a} = \sum_{n=0}^{\infty} p^n \tau_k(a_n^{p^{-n}}) \quad (\boldsymbol{a} = (a_n)_{n \in \mathbf{N}} \in \mathrm{W}(k))$$

d'après la prop. 7 du § 1, n° 8. On a donc

$$(4) \qquad u(\boldsymbol{a}) = \sum_{n=0}^{\infty} p^n \varphi(a_n^{p^{-n}})$$

pour tout $\boldsymbol{a} = (a_n)_{n \in \mathbf{N}}$ dans $\mathrm{W}(k)$, car u est continu (th. 2, *b*)). D'après la formule (4), l'unique sous-anneau de Cohen de A se compose des éléments de la forme $\sum_{n=0}^{\infty} p^n s_n$ avec $s_n \in S$ pour tout entier $n \geqslant 0$.

2) Soient A un anneau local séparé et complet, k son corps résiduel et π l'homomorphisme canonique de A sur k. On peut montrer qu'il existe une partie multiplicative S de A (non unique en général) telle que π induise une bijection de S sur k (*cf.* p. 72, exerc. 11).

Exemples. — 1) Soit k un corps parfait de caractéristique p. Les représentants multiplicatifs de l'anneau $\mathrm{W}(k)$ sont les vecteurs de Witt $\tau(x) = (x, 0, 0, \ldots)$ pour $x \in k$.

2) Soit A un anneau local intègre, séparé et complet. On suppose que le corps résiduel k de A est fini, à $q = p^f$ éléments, donc parfait de caractéristique p. On a $x^q = x$ pour tout $x \in k$, d'où $s^q = s$ pour tout représentant multiplicatif s. Il en résulte que l'ensemble des représentants multiplicatifs se compose de 0 et des $q - 1$ racines $(q-1)$-ièmes de l'unité dans le corps des fractions de A. Si le corps des fractions de A est localement compact, l'existence des représentants multiplicatifs découle aussi de VI, § 9, n° 2, prop. 3 (*cf.* aussi VI, § 9, exerc. 5).

3) Plus particulièrement, considérons le cas $A = \mathbf{Z}_p$. Alors les représentants

multiplicatifs sont 0 et les racines $(p - 1)$-ièmes de l'unité dans le corps des fractions $\mathbf{Q}_p$ de $\mathbf{Z}_p$.

5. Structure des anneaux locaux noethériens et complets

Soient A et C des anneaux locaux noethériens *complets* et soit u un homomorphisme local de C dans A, induisant par passage aux quotients un *isomorphisme de* κ_C *sur* κ_A. Soit $(p_1, ..., p_m)$ une suite engendrant l'idéal $\mathfrak{m}_C$ de C, et soient $t_1, ..., t_n$ des éléments de $\mathfrak{m}_A$. Posons $B = C[[T_1, ..., T_n]]$.

Lemme 3. — *a) Il existe un unique homomorphisme* $v : B \to A$ *qui prolonge* u *et applique* T_i *sur* t_i *pour* $1 \leqslant i \leqslant n$.

b) Pour que v *soit surjectif, il faut et il suffit que la suite* $(u(p_1), ..., u(p_m), t_1, ..., t_n)$ *engendre l'idéal* $\mathfrak{m}_A$ *de* A, *ou encore que les classes de ces éléments modulo* $\mathfrak{m}_A^2$ *engendrent* $\mathfrak{m}_A/\mathfrak{m}_A^2$ *comme espace vectoriel sur le corps* κ_A.

c) Pour que v *fasse de* A *une* B*-algèbre finie, il faut et il suffit que la suite* $(u(p_1), ..., u(p_m), t_1, ..., t_n)$ *engendre un idéal de définition de (la topologie* $\mathfrak{m}_A$*-adique de)* A.

Notons $\mathfrak{n}$ l'idéal de l'anneau B engendré par $T_1, ..., T_n$. Tout homomorphisme v de B dans A qui prolonge u et tel que $v(T_i) = t_i$ applique $\mathfrak{n}$ dans $\mathfrak{m}_A$, donc est continu lorsqu'on munit B de la topologie $\mathfrak{n}$-adique. L'existence et l'unicité de v résultent alors de A, IV, p. 26, prop. 4.

L'anneau $B = C[[T_1, ..., T_n]]$ est un anneau local noethérien complet (III, § 2, n° 10, cor. 6 du th. 2 et n° 6, prop. 6), dont l'idéal maximal $\mathfrak{m}_B$ est engendré par $p_1, ..., p_m, T_1, ..., T_n$. On a donc $v(\mathfrak{m}_B) \subset \mathfrak{m}_A$ et v définit un homomorphisme $\mathrm{gr}(v)$ de $\mathrm{gr}(B) = \bigoplus_{n=0}^{\infty} \mathfrak{m}_B^n/\mathfrak{m}_B^{n+1}$ dans $\mathrm{gr}(A) = \bigoplus_{n=0}^{\infty} \mathfrak{m}_A^n/\mathfrak{m}_A^{n+1}$. Or l'anneau $\mathrm{gr}(A)$ est engendré par $A/\mathfrak{m}_A = \kappa_A$ et $\mathfrak{m}_A/\mathfrak{m}_A^2$, $\mathrm{gr}(v)$ induit un isomorphisme de $\kappa_B = \kappa_C$ sur κ_A, et les classes modulo $\mathfrak{m}_B^2$ des éléments $p_1, ..., p_m, T_1, ..., T_n$ engendrent $\mathfrak{m}_B/\mathfrak{m}_B^2$ comme espace vectoriel sur κ_B ; de plus v est surjectif si et seulement si $\mathrm{gr}(v)$ est surjectif (III, § 2, n° 8, cor. 2 du th. 1). Ceci prouve *b*).

L'idéal de A engendré par la suite $(u(p_1), ..., u(p_m), t_1, ..., t_n)$ n'est autre que $v(\mathfrak{m}_B)$ A. Puisque $\mathfrak{m}_A$ contient $v(\mathfrak{m}_B)$, A est un anneau de Zariski pour la topologie $v(\mathfrak{m}_B)$ A-adique. L'anneau $A/v(\mathfrak{m}_B)$ A est artinien si et seulement si sa longueur en tant que A-module est finie. Mais comme tout module simple sur A est annulé par $\mathfrak{m}_A$ et que, par hypothèse, $A/\mathfrak{m}_A$ et $B/\mathfrak{m}_B$ sont isomorphes, cela se produit si et seulement si la dimension sur le corps $B/\mathfrak{m}_B$ de l'espace vectoriel $A/v(\mathfrak{m}_B)$ A est finie. Par IV, § 2, n° 5, cor. 2 de la prop. 9, on voit donc que $v(\mathfrak{m}_B)$ A est un idéal de définition de A si et seulement si la dimension de $A/v(\mathfrak{m}_B)$ A sur $B/\mathfrak{m}_B$ est finie. C'est bien le cas si A est une B-algèbre finie.

Supposons que $v(\mathfrak{m}_B)$ A soit un idéal de définition de A. La topologie $\mathfrak{m}_B$-adique du B-module A coïncide alors avec la topologie $\mathfrak{m}_A$-adique de l'anneau A, donc est séparée. Comme $A/v(\mathfrak{m}_B)$ A est un module de type fini sur $B/\mathfrak{m}_B$, A est un B-module de type fini (III, § 2, n° 3, exemple 3 et n° 9, cor. 1 de la prop. 12). Ceci prouve *c*).

Lemme 4. — Supposons que l'anneau local noethérien C *soit régulier, et que* $(p_1, ..., p_m)$ *soit un système de coordonnées de* C (VIII, § 5, n° 1, déf. 1).

a) Si la suite $(u(p_1), ..., u(p_m), t_1, ..., t_n)$ *est sécante pour* A (VIII, § 3, n° 2, déf. 1), *l'homomorphisme* $v : \mathrm{B} \to \mathrm{A}$ *est injectif.*

b) Pour que v soit injectif et fasse de A *une algèbre finie sur* B, *il faut et il suffit que* $(u(p_1), ..., u(p_m), t_1, ..., t_n)$ *soit une suite sécante maximale pour* A. *Alors* A *est de dimension* $m + n$.

Pour que la suite $(u(p_1), ..., u(p_m), t_1, ..., t_n)$ soit une suite sécante maximale pour A, il faut et il suffit qu'elle engendre un idéal de définition de A, et que A soit de dimension $m + n$ (VIII, § 3, n° 2, th. 1). D'après le lemme 3, *c*), il revient au même de dire que A est une B-algèbre finie, et un anneau de dimension $m + n$. Or C est un anneau intègre noethérien de dimension m, donc $\mathrm{B} = \mathrm{C}[[\mathrm{T}_1, ..., \mathrm{T}_n]]$ est un anneau intègre noethérien de dimension $m + n$ (VIII, § 3, n° 4, cor. 3 de la prop. 8). Si A est une B-algèbre finie, et si $\mathfrak{a}$ est le noyau de v, on a $\dim(\mathrm{A}) = \dim(\mathrm{B}/\mathfrak{a})$ (VIII, § 2, n° 3, th. 1, *c*)) ; comme B est un anneau intègre de dimension finie, on a $\dim(\mathrm{B}/\mathfrak{a}) < \dim(\mathrm{B})$ si $\mathfrak{a} \neq \{0\}$ (VIII, § 1, n° 3, prop. 6, *e*)). Donc, si A est une B-algèbre finie, v est injectif si et seulement si A est de dimension $m + n$. Ceci prouve *b*).

Supposons que la suite $(u(p_1), ..., u(p_m), t_1, ..., t_n)$ d'éléments de $\mathfrak{m}_\mathrm{A}$ soit sécante. On peut lui adjoindre (VIII, § 3, n° 2, th. 1) des éléments $t_{n+1}, ..., t_{n+r}$ de $\mathfrak{m}_\mathrm{A}$ pour en faire une suite sécante maximale. D'après ce qui précède, il existe alors un homomorphisme *injectif* w de $\mathrm{C}[[\mathrm{T}_1, ..., \mathrm{T}_n, \mathrm{T}_{n+1}, ..., \mathrm{T}_{n+r}]] = \mathrm{B}[[\mathrm{T}_{n+1}, ..., \mathrm{T}_{n+r}]]$ qui prolonge v et applique T_{n+j} sur t_{n+j} pour $1 \leqslant j \leqslant r$. Donc v est injectif. Ceci prouve *a*).

THÉORÈME 3. — *Soit* A *un anneau local, noethérien et complet dont le corps résiduel k soit de caractéristique p. Soit* C *un p-anneau de longueur infinie, dont le corps résiduel soit isomorphe à k* (n° 3, prop. 5).

a) Soit m la dimension de l'espace vectoriel $\mathfrak{m}_\mathrm{A}/(\mathfrak{m}_\mathrm{A}^2 + p\mathrm{A})$ *sur le corps k. Il existe un idéal* $\mathfrak{a}$ *de l'anneau* $\mathrm{C}[[\mathrm{T}_1, ..., \mathrm{T}_m]]$ *tel que* A *soit isomorphe à* $\mathrm{C}[[\mathrm{T}_1, ..., \mathrm{T}_m]]/\mathfrak{a}$.

b) Soit d la dimension de A. *Supposons que* $p1_\mathrm{A}$ *ne soit pas diviseur de* 0 *dans* A. *Alors il existe un sous-anneau* A′ *de* A *isomorphe à* $\mathrm{C}[[\mathrm{T}_1, ..., \mathrm{T}_{d-1}]]$ *et tel que* A *soit une algèbre finie sur* A′.

Soit C′ un sous-anneau de Cohen de A (n° 2, th. 1). Comme C est de longueur infinie, il existe un homomorphisme de C sur C′ (n° 3, prop. 4). Par suite, il existe un homomorphisme local $u : \mathrm{C} \to \mathrm{A}$. Choisissons des éléments $t_1, ..., t_m$ de $\mathfrak{m}_\mathrm{A}$ dont les classes forment une base de l'espace vectoriel $\mathfrak{m}_\mathrm{A}/(\mathfrak{m}_\mathrm{A}^2 + p\mathrm{A})$ sur le corps k. On a $u(p1_\mathrm{C}) = p1_\mathrm{A}$, et le lemme 3, *b*) prouve l'existence d'un homomorphisme surjectif de $\mathrm{C}[[\mathrm{T}_1, ..., \mathrm{T}_m]]$ dans A, prolongeant u et appliquant T_i sur t_i pour $1 \leqslant i \leqslant m$. Ceci prouve *a*).

Supposons que $p1_\mathrm{A}$ ne soit pas diviseur de 0 dans A donc sécant pour A (VIII, § 3, n° 2, prop. 3). Il existe alors (VIII, § 3, n° 2, th. 1) des éléments $t_1, ..., t_{d-1}$ de $\mathfrak{m}_\mathrm{A}$ tels que la suite $(p1_\mathrm{A}, t_1, ..., t_{d-1})$ soit sécante maximale pour A. L'anneau local noethérien C est régulier, et $(p1_\mathrm{C})$ est un système de coordonnées de C. L'assertion *b*) du th. 3 résulte alors du lemme 4, *b*).

§ 3. CORPS DE REPRÉSENTANTS

1. Anneaux locaux d'égales caractéristiques

Soit A un anneau. Rappelons (A, V, p. 2) que la caractéristique de A est définie lorsque A contient un sous-corps. Elle est égale à 0 si et seulement si A contient un sous-corps isomorphe à **Q**, et égale à un nombre premier p si et seulement si on a $p1_A = 0$. Si la caractéristique de A est définie, et si $f : A \to B$ est un homomorphisme non nul d'anneaux, la caractéristique de B est définie et elle est égale à celle de A.

Soit A un anneau local, d'idéal maximal $\mathfrak{m}$, et de corps résiduel k.

a) Supposons k de caractéristique 0. Alors A contient un corps et la caractéristique de A est égale à 0. En effet, l'homomorphisme canonique de **Z** dans A est injectif, et pour tout entier n non nul, $n1_A$ est inversible dans A, car il n'appartient pas à $\mathfrak{m}$.

b) Supposons k de caractéristique $p \neq 0$. Alors A contient un corps si et seulement si $p1_A = 0$. Dans ce cas la caractéristique de A est égale à p.

Supposons que A soit un anneau local intègre, de corps des fractions K et de corps résiduel k.

a') L'anneau A contient un sous-corps si et seulement si les caractéristiques de k et K sont égales. Dans ce cas, la caractéristique de A est égale à celle de k et de K, et on dit que A est un anneau local d'égales caractéristiques.

b') Supposons que les corps k et K n'aient pas même caractéristique. Alors il existe un nombre premier p tel que k soit de caractéristique p. Comme on a $q1_A \neq 0$ pour tout nombre premier $q \neq p$, le corps K est de caractéristique 0. On dit alors que A est un anneau local d'inégales caractéristiques.

2. Un théorème de relèvement

PROPOSITION 1. — *Soient k_0 un corps,* A *une k_0-algèbre qui est un anneau local séparé et complet,* K *une sous-k_0-extension de κ_A qui possède une base de transcendance séparante $(\xi_\lambda)_{\lambda\in\Lambda}$ sur k_0* (A, V, p. 130, déf. 1). *Pour tout $\lambda \in \Lambda$, soit x_λ un représentant de ξ_λ dans* A. *Il existe un unique sous-corps* L *de* A, *contenant k_0 et les éléments x_λ, et tel que l'homomorphisme canonique π de* A *sur κ_A induise un isomorphisme de* L *sur* K.

Soit φ le k_0-homomorphisme de l'anneau de polynômes $k_0[(X_\lambda)_{\lambda\in\Lambda}]$ dans A qui applique X_λ sur x_λ pour tout $\lambda \in \Lambda$. Soit u un élément non nul de $k_0[(X_\lambda)_{\lambda\in\Lambda}]$; on a $\pi(\varphi(u)) \neq 0$, car la famille $(\xi_\lambda)_{\lambda\in\Lambda}$ est algébriquement libre sur k_0 dans κ_A ; par suite, $\varphi(u)$ est inversible dans l'anneau local A. Il en résulte que φ se prolonge en un homomorphisme ψ du corps $k_1 = k_0((X_\lambda)_{\lambda\in\Lambda})$ dans A. Alors A est une k_1-algèbre, κ_A est une extension de k_1 et K une sous-extension de κ_A qui est *algébrique et séparable* sur k_1. Il s'agit de prouver qu'il existe un unique sous-corps L de A contenant $\psi(k_1)$ et tel que $\pi(L) = K$.

a) *Existence de* L : Soit $\mathcal{S}$ l'ensemble des sous-corps L de A, contenant $\psi(k_1)$ et tels que $\pi(L) \subset K$; il est inductif pour la relation d'inclusion. Soit L un élément maximal de $\mathcal{S}$; on considère K comme une extension (algébrique et séparable, d'après A, V, p. 40, prop. 9) de L. Soit $\xi \in K$ et soit $P \in L[X]$ son polynôme minimal sur L. Comme ξ est racine simple de P, le lemme de Hensel (III, § 4, n° 5, cor. 1 du th. 2) assure l'existence d'un élément x de A tel que $\pi(x) = \xi$ et $P(x) = 0$. Le sous-anneau L[X] de A appartient à $\mathcal{S}$; d'après le caractère maximal de L, on a donc $x \in L$, d'où $\xi \in \pi(L)$. Finalement on a $\pi(L) = K$.

b) *Unicité de* L : Soient L et L′ deux sous-corps de A contenant $\psi(k_1)$ et tels que $\pi(L) = \pi(L') = K$. Soit $\xi \in K$, et soient $x \in L$ et $x' \in L'$ les éléments tels que $\pi(x) = \pi(x') = \xi$. Si $P \in k_1[X]$ est le polynôme minimal de ξ sur k_1, alors ξ est racine simple de P, et l'on a $P(x) = P(x') = 0$. D'après le lemme de Hensel (*loc. cit.*) on a $x = x'$. On a donc $L = L'$.

Remarque. — * La démonstration précédente s'applique plus généralement au cas où on suppose seulement que A est un anneau local hensélien*. La démonstration d'unicité utilise l'hypothèse que l'anneau local A est séparé, mais non qu'il est complet.

3. Corps de représentants

DÉFINITION 1. — *Soit* A *un anneau local. On appelle corps de représentants de* A *tout sous-corps* K *de* A *tel que l'homomorphisme canonique de* A *sur* κ_A *induise un isomorphisme de* K *sur* κ_A *(autrement dit, tel que* $A = K + \mathfrak{m}_A$*).*

Il ne peut exister de corps de représentants de A que si A admet une caractéristique. Cette condition est suffisante lorsque A est séparé et complet. Plus précisément, on a le théorème suivant :

THÉORÈME 1. — *Soit* A *un anneau local séparé et complet de caractéristique* p.

a) *Supposons* $p = 0$ *et soit* $(x_\lambda)_{\lambda \in \Lambda}$ *une famille d'éléments de* A *dont les classes modulo* $\mathfrak{m}_A$ *forment une base de transcendance de* κ_A *sur* **Q**. *Il existe un unique corps de représentants de* A *contenant les éléments* x_λ.

b) *Supposons* $p \neq 0$. *Soit* $(x_\lambda)_{\lambda \in \Lambda}$ *une famille d'éléments de* A *dont les classes modulo* $\mathfrak{m}_A$ *forment une p-base de* κ_A (A, V, p. 95). *Il existe un unique corps de représentants de* A *contenant les éléments* x_λ. *C'est un sous-anneau de Cohen de* A.

Supposons qu'on ait $p = 0$ de sorte que A est une **Q**-algèbre. Toute base de transcendance de κ_A sur **Q** étant séparante, l'assertion *a*) résulte de la prop. 1 du n° 1 appliquée au cas $k_0 = \mathbf{Q}$, $K = \kappa_A$.

Supposons maintenant qu'on ait $p \neq 0$. Alors on a $p1_A = 0$, et tout sous-anneau de Cohen C de A satisfait à $pC = 0$. Autrement dit, il y a identité entre les notions de corps de représentants et de sous-anneau de Cohen de A. L'assertion *b*) résulte alors du § 2, n° 2, th. 1.

COROLLAIRE 1. — *Soit* A *un anneau local séparé et complet, dont le corps résiduel est une extension algébrique de* **Q**. *Il existe alors un unique corps de représentants de* A.

En effet l'anneau A est de caractéristique 0 (nº 1).

COROLLAIRE 2. — *Soit* A *un anneau local séparé et complet de caractéristique* $p \neq 0$. *Supposons que le corps résiduel* κ_A *soit parfait. Alors il existe un unique corps de représentants de* A, *à savoir l'ensemble des représentants multiplicatifs.*

Le cor. 2 résulte aussitôt du th. 1 et de la prop. 7 du § 2, nº 4.

THÉORÈME 2. — *Soit* A *un anneau local noethérien complet de dimension* d *contenant un corps. Soit* K *un corps de représentants de* A, *et soit* m *la dimension de l'espace vectoriel* $\mathfrak{m}_A/\mathfrak{m}_A^2$ *sur le corps* K.

a) Il existe un idéal $\mathfrak{a}$ *de* $K[[T_1, ..., T_m]]$ *tel que la* K*-algèbre* A *soit isomorphe à* $K[[T_1, ..., T_m]]/\mathfrak{a}$.

*b) Il existe une sous-*K*-algèbre* A′ *de* A, *isomorphe à* $K[[T_1, ..., T_d]]$ *et telle que* A *soit une algèbre finie sur* A′.

c) Supposons que l'anneau local noethérien A *soit régulier, i.e.* $d = m$. *Alors il existe un* K*-isomorphisme de* A *sur* $K[[T_1, ..., T_d]]$.

Soient $t_1, ..., t_m$ des éléments de $\mathfrak{m}_A$ dont les classes modulo $\mathfrak{m}_A^2$ engendrent le K-espace vectoriel $\mathfrak{m}_A/\mathfrak{m}_A^2$. D'après le lemme 3 du § 2, nº 5, il existe un K-homomorphisme surjectif de $K[[T_1, ..., T_m]]$ dans A, transformant T_i en t_i pour $1 \leqslant i \leqslant m$. Ceci prouve *a*).

De même, l'assertion *b*) résulte du lemme 4 de *loc. cit.* et de l'existence d'une suite sécante maximale pour A (VIII, § 3, nº 2, th. 1).

Enfin, l'assertion *c*) n'est autre que le cor. 3 du th. 1 de VIII, § 5, nº 2.

§ 4. FERMETURE INTÉGRALE D'UN ANNEAU LOCAL COMPLET

1. Anneaux japonais

DÉFINITION 1. — *Soit* A *un anneau noethérien intègre. On dit que* A *est japonais si la fermeture intégrale de* A *dans toute extension finie de son corps des fractions est une* A*-algèbre finie.*

Remarques. — 1) Il revient au même de dire que A satisfait à la condition suivante : toute A-algèbre intègre B entière sur A, contenue dans une extension de type fini du corps des fractions K de A, est une A-algèbre finie. En effet, le corps des fractions L de B est une extension algébrique de K, donc est de degré fini sur K (A, V, p. 112, cor. 1 de la prop. 17). La A-algèbre B est contenue dans la fermeture intégrale de A dans L, et est donc finie si cette dernière est finie.

2) Soient A un anneau noethérien intègre japonais et S une partie multiplicative de A ne contenant pas 0. L'anneau de fractions $S^{-1}A$ est japonais. Soient en effet L une extension finie du corps des fractions de A et B la fermeture intégrale de A dans L ; alors la fermeture intégrale de $S^{-1}A$ dans L est $S^{-1}B$ (V, § 1, nº 5, prop. 16), donc est une $S^{-1}A$-algèbre finie.

Exemple. — Toute algèbre intègre de type fini sur un corps est un anneau japonais (V, § 3, nº 2, th. 2).

PROPOSITION 1. — *Soient* A *un anneau noethérien intègre,* K *son corps des fractions. Supposons que pour toute extension finie* radicielle L *de* K, *la fermeture intégrale de* A *dans* L *soit une* A*-algèbre finie. Alors l'anneau* A *est japonais.*

Soit E une extension finie de K. Soient N une extension finie quasi-galoisienne de K contenant E (A, V, p. 54, cor. 1), et L le corps des invariants du groupe des K-automorphismes de N. Alors (A, V, p. 73, prop. 13), L est une extension radicielle de K et N est une extension séparable de L. La fermeture intégrale B de A dans L est donc par hypothèse une A-algèbre finie ; la fermeture intégrale C de B dans N est une B-algèbre finie (V, § 1, nº 6, cor. 1 à la prop. 18), donc une A-algèbre finie. La fermeture intégrale de A dans E est contenue dans C, donc est une A-algèbre finie puisque A est noethérien.

COROLLAIRE. — *Supposons le corps* K *parfait* (*par exemple de caractéristique* 0). *Alors* A *est japonais si et seulement si sa clôture intégrale est une* A*-algèbre finie.*

PROPOSITION 2. — *Soient* B *un anneau noethérien intègre et* A *un sous-anneau noethérien de* B, *tel que* B *soit une* A*-algèbre finie. Pour que* A *soit japonais, il faut et il suffit que* B *soit japonais.*

Notons K (resp. L) le corps des fractions de A (resp. B). Supposons d'abord A japonais, et soit M une extension finie de L. Notons C la fermeture intégrale de B dans M. D'après V, § 1, nº 1, prop. 6, C est la fermeture intégrale de A dans M, donc est une A-algèbre finie puisque M est une extension finie de K et que A est japonais. *A fortiori*, C est une B-algèbre finie. Ceci prouve que B est japonais.

Inversement, supposons B japonais et soit N une extension finie de K. Notons D la fermeture intégrale de A dans N. Soit E une extension de K composée de L et N ; comme B est japonais, la fermeture intégrale D′ de B dans E est une B-algèbre finie, donc une A-algèbre finie ; le A-module D qui est un sous-module de D′ est donc de type fini, ce qui entraîne que A est japonais.

2. Théorème de Nagata

THÉORÈME 1 (Tate). — *Soient* A *un anneau noethérien intégralement clos,* a *un élément de* A. *On suppose que l'idéal* aA *est premier, que l'anneau* A/aA *est japonais et que* A *est complet pour la topologie* aA*-adique. Alors l'anneau* A *est japonais.*

a) Soit K le corps des fractions de A. L'assertion étant triviale lorsque K est de caractéristique 0 (nº 1, corollaire de la prop. 1), on peut supposer K de caractéristique $p > 0$. On peut aussi supposer $a \neq 0$.

Soient L une extension finie radicielle de K et q une puissance de p telle que $L \subset K^{1/q}$. Posons $x = a^{1/q}$ et $M = L(x)$. D'après la prop. 1 du nº 1, il suffit de démontrer que la fermeture intégrale B de A dans M est une A-algèbre finie.

b) Démontrons d'abord que l'idéal xB est l'unique idéal premier de B au-dessus de aA. Il existe en effet au moins un idéal premier de B au-dessus de aA (V, § 2, nº 1, th. 1). Soit $\mathfrak{q}$ l'un de ces idéaux. On a $x^q = a \in \mathfrak{q}$, d'où $xB \subset \mathfrak{q}$ puisque $\mathfrak{q}$ est premier. Inversement, soit y un élément de $\mathfrak{q}$; l'élément y^q de K est entier sur A, donc appartient à A puisque A est intégralement clos. Puisque $\mathfrak{q} \cap A = aA$, il existe un élément α de A tel que $y^q = a\alpha = x^q\alpha$. Par conséquent l'élément y/x de M est entier sur A, donc appartient à B ; ainsi on a $y \in xB$, d'où $\mathfrak{q} = xB$, ce qui démontre notre assertion.

c) Il en résulte que l'anneau B_{xB} est la fermeture intégrale dans M de l'anneau A_{aA} (V, § 1, nº 5, prop. 16 et § 2, nº 1, prop. 2). D'après VI, § 3, nº 6, prop. 9, A_{aA} est un anneau de valuation discrète ; on déduit alors du théorème de Krull-Akizuki (VII, § 2, nº 5, prop. 5) que le corps $\kappa(xB)$ est une extension finie de $\kappa(aA)$ et que B_{xB} est noethérien.

d) L'anneau B/xB est entier sur l'anneau japonais A/aA et son corps des fractions est une extension finie du corps des fractions de ce dernier. Par conséquent, B/xB est un (A/aA)-module de type fini. Pour tout entier $i \geqslant 0$, il en est de même du module $x^iB/x^{i+1}B$; par suite le (A/aA)-module B/aB possède une suite de composition de longueur q dont les quotients sont des (A/aA)-modules de type fini, donc est lui-même un (A/aA)-module de type fini.

e) Munissons l'anneau A de la filtration (aA)-adique et l'anneau B de la filtration (aB)-adique. Alors A est complet par hypothèse ; comme B_{xB} est intègre et noethérien, la filtration aB_{xB}-adique de B_{xB} est séparée (III, § 3, nº 2, corollaire à la prop. 5) ; par suite on a $\bigcap a^nB \subset \bigcap a^nB_{xB} = \{0\}$, et la filtration aB-adique de B est séparée ; le gr(A)-module gr(B) est engendré par $gr_0(B)$, donc est de type fini d'après *d*). Il résulte alors de III, § 2, nº 9, cor. 1 à la prop. 12, que B est un A-module de type fini, ce qui achève la démonstration.

COROLLAIRE. — *Soient* R *un anneau noethérien intègre et* n *un entier. Si* R *est japonais, l'anneau* $R[[T_1, ..., T_n]]$ *est japonais.*

Raisonnant par récurrence, on peut supposer $n = 1$. Notons S la clôture intégrale de R ; si R est japonais, S est une algèbre finie sur R, donc un anneau japonais (nº 1, prop. 2). L'anneau S[[T]] est noethérien et intégralement clos (V, § 1, nº 4, prop. 14) ; appliquant le th. 1 à $A = S[[T]]$ et $a = T$, on en déduit que S[[T]] est japonais. Par conséquent R[[T]] est japonais (nº 1, prop. 2).

THÉORÈME 2 (Nagata). — *Tout anneau* A *local noethérien intègre et complet est japonais.*

D'après le th. 3 du § 2, nº 5 et le th. 2 du § 3, nº 3, il existe un entier $n \geqslant 0$, un anneau R qui est un corps ou un anneau de valuation discrète de corps des fractions de caractéristique 0, et un sous-anneau B de A, isomorphe à $R[[T_1, ..., T_n]]$ et tel que A soit une B-algèbre finie. Alors R est japonais (n° 1, exemple et corollaire de la prop. 1), donc B est japonais (corollaire au th. 1), et A est japonais (n° 1, prop. 2).

COROLLAIRE. — *Soit* A *un anneau semi-local noethérien dont le complété est réduit. Alors la fermeture intégrale* A' *de* A *dans son anneau total des fractions* R *est une* A-*algèbre finie.*

Supposons d'abord A local et complet, et soient $\mathfrak{p}_1, ..., \mathfrak{p}_n$ les idéaux premiers minimaux (distincts) de A ; pour $i = 1, ..., n$, notons K_i le corps des fractions de $A/\mathfrak{p}_i$ et A'_i la clôture intégrale de $A/\mathfrak{p}_i$. Comme A est réduit, R est le produit des anneaux K_i et A' le produit des anneaux A'_i (V, § 1, n° 2, cor. 1 à la prop. 9). Puisque les anneaux locaux $A/\mathfrak{p}_i$ sont intègres et complets, ils sont japonais (th. 2), de sorte que chaque A'_i est une A-algèbre finie, et A' est une A-algèbre finie.

Si A est semi-local et complet, il est isomorphe à un produit fini d'anneaux locaux complets (III, § 2, n° 13, corollaire à la prop. 19), et on conclut aussitôt d'après ce qui précède.

Passons au cas général et notons que le complété $\hat{A}$ de A est un anneau semi-local, complet, noethérien et fidèlement plat sur A (III, *loc. cit.*, § 3, n° 4, corollaire de la prop. 8 et § 3, n° 5, prop. 9). Soit S l'ensemble des éléments non diviseurs de zéro de A ; on a $R = S^{-1}A$. Puisque $\hat{A}$ est plat sur A, les éléments de S sont non diviseurs de zéro dans $\hat{A}$, et $S^{-1}\hat{A}$ s'identifie à un sous-anneau de l'anneau total des fractions T de $\hat{A}$. Toujours puisque $\hat{A}$ est plat sur A, l'anneau $A' \otimes_A \hat{A}$ s'identifie à un sous-anneau de $R \otimes_A \hat{A} = S^{-1}\hat{A}$, donc aussi à un sous-anneau de T entier sur $\hat{A}$. D'après la première partie de la démonstration, $A' \otimes_A \hat{A}$ est donc un $\hat{A}$-module de type fini ; par suite, A' est un A-module de type fini (I, § 3, n° 6, prop. 11).

Rappelons (A, V, p. 114, déf. 1) qu'une algèbre E sur un corps K est dite *séparable* si l'anneau $L \otimes_K E$ est réduit pour toute extension L de K ; il suffit qu'il en soit ainsi pour toute extension finie de K. La proposition suivante généralise le th. 2 :

PROPOSITION 3. — *Soient* A *un anneau semi-local noethérien intègre,* K *son corps des fractions. Si la* K-*algèbre* $K \otimes_A \hat{A}$ *est séparable, l'anneau* A *est japonais.*

Soient L une extension finie de K et B la fermeture intégrale de A dans L. Soit F une partie finie de B telle que $L = K[F]$ (V, § 1, n° 5, cor. 2 à la prop. 16) ; notons C la A-algèbre (finie) engendrée par F. Puisque L est le corps des fractions de C, l'anneau B est la clôture intégrale de C (V, § 1, n° 1, prop. 6) et il suffit de prouver que B est une C-algèbre finie. Or, C est un anneau semi-local noethérien (IV, § 2, n° 5, cor. 3 à la prop. 9) ; son complété s'identifie à $C \otimes_A \hat{A}$ (III, § 3, n° 4, th. 3 (ii)), donc aussi à un sous-anneau de l'anneau réduit $L \otimes_A \hat{A} = L \otimes_K (K \otimes_A \hat{A})$ et par suite est réduit. La prop. 3 résulte donc du corollaire au th. 2.

3. Quelques lemmes

Lemme 1. — *Soient* A *un anneau semi-local noethérien et* B *une* A-*algèbre finie. Alors l'anneau* B *est semi-local et noethérien ; soient* $\mathfrak{m}_1, ..., \mathfrak{m}_n$ *ses idéaux maximaux.*

L'homomorphisme canonique de B *dans* $\prod_{i=1}^{n} \hat{B}_{\mathfrak{m}_i}$ *se prolonge en un isomorphisme de* $\hat{A} \otimes_A B$ *sur* $\prod_{i=1}^{n} \hat{B}_{\mathfrak{m}_i}$.

D'après IV, § 2, nº 5, cor. 3 à la prop. 9, l'anneau B est semi-local et $\mathfrak{m}_A B$ en est un idéal de définition. D'après III, § 3, nº 4, th. 3, (ii), l'anneau $\hat{A} \otimes_A B$ est le complété de B pour la topologie définie par son radical ; on applique alors III, § 2, nº 13, corollaire à la prop. 19.

Lemme 2. — *Soient* A *un anneau noethérien et* M *un* A*-module. L'application canonique de* M *dans le produit* $\prod_{\mathfrak{p} \in \mathrm{Ass}(M)} M_{\mathfrak{p}}$ *est injective.*

Soit en effet m un élément non nul de M ; alors $\mathrm{Ann}(m)$ est contenu dans un idéal premier $\mathfrak{p}$ de A associé à M (IV, § 1, nº 1, prop. 2), et l'image de m dans $M_{\mathfrak{p}}$ est non nulle (II, § 2, nº 2, prop. 4).

Lemme 3. — *Soient* A *un anneau noethérien,* x *un élément de* A, M *un* A*-module de type fini, et* $\mathfrak{p}$ *un idéal premier de* A *associé à* M. *On suppose que l'homothétie* x_M *est injective. Soit* $\mathfrak{q}$ *un idéal premier de* A, *minimal parmi ceux qui contiennent* $\mathfrak{p} + xA$. *Alors* $\mathfrak{q}$ *est associé au* A*-module* M/xM.

Notons N le sous-module de M formé des éléments m tels que $\mathfrak{p}m = 0$. On a $N \cap xM = xN$; en effet, si un élément m de M est tel que $\mathfrak{p}xm = 0$, on a $\mathfrak{p}m = 0$ puisque x_M est injective, donc $m \in N$. Par conséquent, le A-module N/xN est isomorphe au sous-module $(N + xM)/xM$ de M/xM, et il suffit de démontrer que $\mathfrak{q}$ est associé à N/xN. Puisque $\mathfrak{p}$ est associé à M, il existe un élément m de M tel que $\mathfrak{p} = \mathrm{Ann}(m)$; on a $m \in N$ d'où $\mathfrak{p} = \mathrm{Ann}(N)$ et par suite $\mathrm{Supp}(N/xN) = V(\mathfrak{p} + xA)$ d'après II, § 4, nº 4, corollaire à la prop. 18 ; par conséquent, $\mathfrak{q}$ est associé à N/xN (IV, § 1, nº 4, th. 2).

Lemme 4. — *Soient* A *un anneau de valuation discrète,* B *un anneau local noethérien, et* $\rho : A \to B$ *un homomorphisme local et plat. Si l'anneau* $\kappa_A \otimes_A B$ *est réduit, alors* B *est réduit.*

Supposons qu'il existe un élément nilpotent non nul x de B, et soit π une uniformisante de A. Puisqu'on a $\pi B \subset \mathfrak{m}_B$, l'anneau B est séparé pour la topologie πB-adique. Il existe donc $n \in \mathbf{N}$ et $y \in B$ avec $x = \pi^n y$ et $y \notin \pi B$. Puisque B est plat sur A, la multiplication par π est injective dans B. La classe de y dans $B/\pi B$ est donc un élément nilpotent non nul, ce qui contredit l'hypothèse.

4. Anneaux de Nagata

DÉFINITION 2. — *On dit qu'un anneau* A *est un anneau de Nagata s'il est noethérien et si, pour tout idéal premier* $\mathfrak{p}$ *de* A, *l'anneau noethérien intègre* $A/\mathfrak{p}$ *est japonais* (nº 1, déf. 1).

Exemples. — 1) Toute algèbre de type fini sur un corps est un anneau de Nagata (nº 1, exemple).

2) Tout anneau noethérien local complet est un anneau de Nagata (n° 2, th. 2).

3) L'anneau **Z** est un anneau de Nagata (n° 1, exemple et corollaire de la prop. 1).

4) On peut montrer (exerc. 30) que toute algèbre de type fini sur un anneau de Nagata est un anneau de Nagata.

PROPOSITION 4. — *Soit* A *un anneau de Nagata.*

a) Toute A*-algèbre finie est un anneau de Nagata.*

b) Pour toute partie multiplicative S *de* A, *l'anneau* $S^{-1}A$ *est un anneau de Nagata.*

a) Soit B une A-algèbre finie, $\rho : A \to B$ l'homomorphisme canonique. Pour tout idéal premier $\mathfrak{p}$ de B, l'anneau $B/\mathfrak{p}$ qui est une algèbre finie sur l'anneau japonais $A/\rho^{-1}(\mathfrak{p})$, est japonais (n° 1, prop. 2).

b) Soit $\mathfrak{q}$ un idéal premier de $S^{-1}A$; alors il existe un idéal premier $\mathfrak{p}$ de A tel que $\mathfrak{q} = S^{-1}\mathfrak{p}$. L'anneau $(S^{-1}A)/\mathfrak{q}$ est un anneau de fractions de l'anneau japonais $A/\mathfrak{p}$, donc est japonais (n° 1, remarque 2).

THÉORÈME 3 (Zariski-Nagata). — *Soit* A *un anneau semi-local noethérien. Les conditions suivantes sont équivalentes* :

(i) A *est un anneau de Nagata* ;

(ii) *pour tout idéal premier* $\mathfrak{p}$ *de* A, *la* $\kappa(\mathfrak{p})$*-algèbre* $\kappa(\mathfrak{p}) \otimes_A \hat{A}$ *est séparable* ;

(iii) *pour toute* A*-algèbre réduite* R, *l'anneau* $R \otimes_A \hat{A}$ *est réduit.*

Démontrons d'abord l'équivalence des conditions (ii) et (iii). L'implication (iii) ⇒ (ii) est triviale ; supposons inversement que A satisfasse à la condition (ii). Alors, pour toute A-algèbre K qui est un corps, l'anneau $K \otimes_A \hat{A}$ est réduit. Soit maintenant C une A-algèbre réduite de type fini ; l'anneau C, étant noethérien, est isomorphe à un sous-anneau d'un produit fini $K_1 \times \cdots \times K_n$ de corps (IV, § 2, n° 5, prop. 10) ; puisque $\hat{A}$ est plat sur A, l'anneau $C \otimes_A \hat{A}$ est isomorphe à un sous-anneau de l'anneau réduit $\prod_i (K_i \otimes_A \hat{A})$, donc est réduit. Soit enfin R une A-algèbre réduite quelconque ; alors R est réunion de la famille filtrante (C_α) de ses sous-algèbres de type fini, et $R \otimes_A \hat{A}$ est limite inductive de la famille filtrante $(C_\alpha \otimes_A \hat{A})$ d'anneaux réduits, donc est réduit.

Montrons que (ii) implique (i). Soit $\mathfrak{p}$ un idéal premier de A ; le corps des fractions K de l'anneau $A/\mathfrak{p}$ s'identifie à $\kappa(\mathfrak{p})$, et la K-algèbre $K \otimes_{A/\mathfrak{p}} \widehat{(A/\mathfrak{p})}$ s'identifie à $\kappa(\mathfrak{p}) \otimes_{A/\mathfrak{p}} \hat{A}/\mathfrak{p}\hat{A}$, donc à $\kappa(\mathfrak{p}) \otimes_A \hat{A}$. Si $\kappa(\mathfrak{p}) \otimes_A \hat{A}$ est une $\kappa(\mathfrak{p})$-algèbre séparable, l'anneau $A/\mathfrak{p}$ est japonais (n° 2, prop. 3).

Démontrons l'implication (i) ⇒ (ii) par récurrence sur dim(A). Elle est évidente si dim(A) = 0 puisqu'alors A est artinien, donc complet. Soit n un entier > 0 ; considérons l'hypothèse suivante :

(R_n) $\begin{cases} \textit{pour tout anneau local noethérien de Nagata } C \textit{ de dimension} < n \textit{ et tout idéal} \\ \textit{premier } \mathfrak{r} \textit{ de } C, \textit{ l'anneau } \kappa(\mathfrak{r}) \otimes_C \hat{C} \textit{ est réduit.} \end{cases}$

Soit A un anneau semi-local noethérien de Nagata de dimension n, soient $\mathfrak{p}$ un idéal premier de A et L une extension finie du corps $\kappa(\mathfrak{p})$; il suffit de démontrer, sous l'hypothèse (R_n), que l'anneau $L \otimes_A \hat{A}$ est réduit. Notons B la fermeture intégrale de $A/\mathfrak{p}$ dans L ; puisque $A/\mathfrak{p}$ est japonais, B est une A-algèbre finie donc un anneau de Nagata semi-local (prop. 4). Notons $\mathfrak{m}_1, \ldots, \mathfrak{m}_r$ les idéaux maximaux de B ; l'anneau $L \otimes_A \hat{A}$ s'identifie à un anneau de fractions de $B \otimes_A \hat{A}$, et ce dernier s'identifie au produit des complétés des anneaux locaux $B_{\mathfrak{m}_i}$ (n° 3, lemme 1). Il suffit donc de prouver que, pour tout idéal maximal $\mathfrak{m}$ de B, l'anneau $\hat{B}_{\mathfrak{m}}$ est réduit (II, § 2, n° 6, prop. 17). L'anneau $B_{\mathfrak{m}}$ est local, intégralement clos, de Nagata (prop. 4), et l'on a $\dim(B_{\mathfrak{m}}) \leqslant \dim(B) \leqslant \dim(A) = n$ (VIII, § 1, n° 3, prop. 6 et § 2, n° 3, th. 1). Changeant de notations, on est ramené à prouver, *sous l'hypothèse* (R_n), *que pour tout anneau local noethérien* A *intégralement clos, de Nagata et de dimension* $\leqslant n$, *l'anneau* $\hat{A}$ *est réduit*, c'est-à-dire (n° 3, lemme 2) que $\hat{A}_{\mathfrak{p}'}$ est réduit pour tout idéal premier $\mathfrak{p}' \in \mathrm{Ass}(\hat{A})$. Comme cela est immédiat si $\dim(A) = 0$, on peut supposer $\dim(A) > 0$. Soient alors x un élément non nul de $\mathfrak{m}_A$, et $\mathfrak{q}'$ un idéal premier de $\hat{A}$, minimal parmi ceux qui contiennent $x\hat{A} + \mathfrak{p}'$; puisque $\hat{A}_{\mathfrak{p}'}$ s'identifie à un anneau de fractions de l'anneau $\hat{A}_{\mathfrak{q}'}$, il suffit de prouver que ce dernier est réduit (II, § 2, n° 6, prop. 17). D'après le lemme 3, l'idéal $\mathfrak{q}'$ est associé au $\hat{A}$-module $\hat{A}/x\hat{A}$; puisque $\hat{A}$ est plat sur A, l'image réciproque $\mathfrak{q}$ de $\mathfrak{q}'$ dans A est associée au A-module A/xA (IV, § 2, n° 6, cor. 1 au th. 2). L'anneau A étant supposé intégralement clos, cela implique que $\mathfrak{q}$ est de hauteur 1 (VII, § 1, n° 6, prop. 10), donc que l'anneau $A_{\mathfrak{q}}$ est de valuation discrète (*loc. cit.*, n° 3, corollaire au th. 2 et n° 6, th. 4). Puisque $A/\mathfrak{q}$ est un anneau de Nagata de dimension $< n$, l'anneau $\kappa(\mathfrak{q}) \otimes_{A/\mathfrak{q}} \widehat{A/\mathfrak{q}}$ est réduit d'après l'hypothèse (R_n). L'anneau $\kappa(\mathfrak{q}) \otimes_A \hat{A}$, qui lui est isomorphe, est réduit, ainsi par conséquent que l'anneau $\kappa(\mathfrak{q}) \otimes_{A_{\mathfrak{q}}} \hat{A}_{\mathfrak{q}'}$, qui en est un anneau de fractions. On peut donc appliquer à l'homomorphisme canonique de $A_{\mathfrak{q}}$ dans $\hat{A}_{\mathfrak{q}'}$ le lemme 4 du n° 3 et on en conclut que l'anneau $\hat{A}_{\mathfrak{q}'}$ est réduit, ce qu'on voulait prouver. Le th. 3 est ainsi démontré.

COROLLAIRE 1. — *Le complété d'un anneau de Nagata local et réduit est réduit.*

Il suffit en effet de poser R = A dans le th. 3, (iii).

COROLLAIRE 2 (Chevalley). — *Soient* A *une algèbre réduite de type fini sur un corps, et* $\mathfrak{p}$ *un idéal premier de* A. *Le complété de l'anneau local* $A_{\mathfrak{p}}$ *est réduit.*

Comme A est réduit, l'anneau local $A_{\mathfrak{p}}$ est réduit ; de plus A est un anneau de Nagata (exemple 1), donc $A_{\mathfrak{p}}$ est un anneau de Nagata (prop. 4), et le cor. 2 résulte du cor. 1, appliqué à l'anneau $A_{\mathfrak{p}}$.

COROLLAIRE 3. — *Soient k un corps de caractéristique* 0, *et* A *une k-algèbre locale et noethérienne. Pour que* A *soit un anneau de Nagata, il faut et il suffit que, pour tout idéal premier* $\mathfrak{p}$ *de* A, *l'anneau* $(\widehat{A/\mathfrak{p}})$ *soit réduit.*

En effet, puisque les corps $\kappa(\mathfrak{p})$ sont de caractéristique 0, il est équivalent de dire que les algèbres $\kappa(\mathfrak{p}) \otimes_A \hat{A} = \kappa(\mathfrak{p}) \otimes_{A/\mathfrak{p}} (\widehat{A/\mathfrak{p}})$ sont réduites ou qu'elles sont séparables (A, V, p. 117, th. 1), ce qui montre que la condition énoncée est suffisante (th. 3, (ii) $\Rightarrow$ (i)) ; elle est par ailleurs nécessaire (th. 3, (i) $\Rightarrow$ (iii) avec $R = A/\mathfrak{p}$).

APPENDICE

1. Limite inductive d'anneaux locaux

Soit I un ensemble préordonné non vide filtrant à droite et soit $(A_\alpha, \varphi_{\beta\alpha})$ un système inductif d'anneaux relatif à I. On suppose que, pour tout $\alpha \in I$, l'anneau A_α est *local*, d'idéal maximal $\mathfrak{m}_\alpha$, que les homomorphismes $\varphi_{\beta\alpha}$ sont *locaux* et *plats*, et qu'on a $\varphi_{\beta\alpha}(\mathfrak{m}_\alpha) A_\beta = \mathfrak{m}_\beta$ pour $\beta \geqslant \alpha$. Notons A la limite inductive des A_α, et pour tout $\alpha \in I$, soit $\varphi_\alpha : A_\alpha \to A$ l'homomorphisme canonique.

PROPOSITION 1. — *a) L'anneau* A *est local, d'idéal maximal* $\mathfrak{m} = \varinjlim \mathfrak{m}_\alpha$. *Pour tout* $\alpha \in I$, *l'homomorphisme* φ_α *est local et plat, et on a* $\varphi_\alpha(\mathfrak{m}_\alpha) A = \mathfrak{m}$.

b) Si A_α *est noethérien pour tout* $\alpha \in A$, *alors* A *est noethérien.*

a) Posons $\mathfrak{m} = \varinjlim \mathfrak{m}_\alpha$; c'est un idéal de A. L'anneau quotient $A/\mathfrak{m}$ est limite inductive des corps $A_\alpha/\mathfrak{m}_\alpha$, donc est un corps (A, I, p. 116, prop. 3). Par ailleurs, tout élément de $A - \mathfrak{m}$ est inversible dans A : en effet, soit $x \in A - \mathfrak{m}$; il existe $\alpha \in I$ et $\xi \in A_\alpha$ tels que $x = \varphi_\alpha(\xi)$; on a $\xi \notin \mathfrak{m}_\alpha$, donc ξ est inversible dans A_α et x est inversible dans A. Par conséquent, A est un anneau local, d'idéal maximal $\mathfrak{m}$. Soit $\alpha \in I$. Des relations $\varphi_{\beta\alpha}(\mathfrak{m}_\alpha) A_\beta = \mathfrak{m}_\beta$ pour $\beta \geqslant \alpha$, on déduit, par passage à la limite inductive, $\varphi_\alpha(\mathfrak{m}_\alpha) A = \mathfrak{m}$; enfin, l'homomorphisme φ_α est plat d'après I, § 2, n° 7, prop. 9.

b) Soient $\hat{A}$ l'anneau séparé complété de A pour la topologie $\mathfrak{m}$-adique et π l'application canonique de A dans $\hat{A}$. Supposons les anneaux A_α noethériens. Fixons $\alpha \in I$ et prouvons que l'anneau $\hat{A}$ est noethérien et plat sur A_α. Par hypothèse, $\mathfrak{m}_\alpha$ est un idéal de type fini de A_α, donc $\mathfrak{m} = \varphi_\alpha(\mathfrak{m}_\alpha)$. A est un idéal de type fini de A. Il s'ensuit que l'idéal maximal $\hat{\mathfrak{m}}$ de $\hat{A}$ est égal à $\mathfrak{m}\hat{A}$ (III, § 2, n° 12, cor. 2 à la prop. 16 et n° 13, prop. 19), donc est de type fini. Par conséquent, l'anneau $\hat{A}$ est noethérien (*loc. cit.*, n° 10, cor. 5 au th. 2). D'autre part, pour tout $n \in \mathbf{N}$, le quotient $\hat{A}/\hat{\mathfrak{m}}^n$ est isomorphe à $A/\mathfrak{m}^n$ (*loc. cit.*, n° 12, cor. 2 à la prop. 16 et formule (21)), ce qui signifie que $\hat{A}/\pi \circ \varphi_\alpha(\mathfrak{m}_\alpha^n) \hat{A}$ est isomorphe à $A \otimes_A (A_\alpha/\mathfrak{m}_\alpha^n)$; puisque A est un A_α-module plat, le $(A_\alpha/\mathfrak{m}_\alpha^n)$-module $\hat{A}/\pi \circ \varphi_\alpha(\mathfrak{m}_\alpha^n) \hat{A}$ est plat pour tout $n \in \mathbf{N}$. D'après III, § 5, n° 4, prop. 2, le A_α-module $\hat{A}$ est idéalement séparé pour $\mathfrak{m}_\alpha$; d'après *loc. cit.*, n° 2, th. 1, le A_α-module $\hat{A}$ est donc plat. Il en résulte par passage à la limite inductive que $\hat{A}$ est (fidèlement) plat sur A (I, § 2, n° 7, prop. 9), donc que A est noethérien (I, § 3, n° 5, corollaire à la prop. 8).

2. Gonflement d'un anneau local

Soit A un anneau local.

On note A]X[l'anneau local de l'anneau de polynômes A[X] en l'idéal premier $\mathfrak{m}_A A[X]$. C'est un anneau local d'idéal maximal $\mathfrak{m}_A A]X[$, l'homomorphisme canonique $A \to A]X[$ est local et plat, et le corps résiduel de $A]X[$ est l'extension pure de κ_A engendrée par la classe de X.

Lemme 1. — *Soit* $P \in A[X]$ *un polynôme unitaire dont l'image* $\overline{P}$ *dans* $\kappa_A[X]$ *est irréductible. Alors la* A-*algèbre* $B = A[X]/(P)$ *est locale et finie sur* A, *d'idéal maximal* $\mathfrak{m}_A B$, *l'homomorphisme canonique* $\rho : A \to B$ *est local et plat, l'extension résiduelle* $\kappa_A \to \kappa_B$ *est algébrique et engendrée par la classe x de* X, *et le polynôme minimal de x sur* κ_A *est* $\overline{P}$.

Comme le polynôme P est unitaire, le A-module B est libre de type fini (A, IV, p. 10). L'anneau $B/\mathfrak{m}_A B$ s'identifie à $\kappa_A[X]/(\overline{P})$, donc est un corps; l'idéal $\mathfrak{m}_A B$ est donc maximal. Soit $\mathfrak{q}$ un idéal maximal de B; alors l'idéal $\rho^{-1}(\mathfrak{q})$ est maximal (V, § 2, nº 1, prop. 1); on a donc $\rho^{-1}(\mathfrak{q}) = \mathfrak{m}_A$, d'où $\mathfrak{q} \supset \mathfrak{m}_A B$ et enfin $\mathfrak{q} = \mathfrak{m}_A B$. Ainsi l'anneau B est local. Le lemme 1 en résulte aussitôt.

Définition 1. — *Soit* A *un anneau local. On dit qu'une* A-*algèbre* B *est un gonflement élémentaire de* A *si* B *est isomorphe à la* A-*algèbre* $A]X[$, *ou bien s'il existe un polynôme unitaire* P *de* A[X], *d'image irréductible dans* $\kappa_A[X]$, *tel que* B *soit isomorphe à la* A-*algèbre* A[X]/(P).

Soit B un gonflement élémentaire de A. De ce qui précède résultent les propriétés suivantes :

a) L'anneau B est local et l'homomorphisme canonique de A dans B est local et plat, et en particulier injectif (I, § 3, nº 5, prop. 8).

b) Le corps résiduel κ_B de B est une extension monogène du corps résiduel κ_A de A. Si κ_A est de degré fini *d* sur κ_A, alors B est un A-module libre de rang *d*.

c) On a $\mathfrak{m}_B = \mathfrak{m}_A B$. En particulier, si A est un corps, il en est de même de B. Une extension de corps est un gonflement élémentaire si et seulement si elle est monogène.

d) Si A est noethérien, il en est de même de B.

Définition 2. — *Soit* A *un anneau local. On dit qu'une* A-*algèbre* B *est un gonflement de* A *s'il existe un ensemble bien ordonné* Λ *ayant un plus grand élément* ω, *et une famille croissante* $(B_\lambda)_{\lambda \in \Lambda}$ *de sous-algèbres de* B *satisfaisant aux conditions suivantes* :

a) *On a* $B_\omega = B$ *et l'anneau* B_λ *est local pour tout* $\lambda \in \Lambda$.

b) *Si* α *est le plus petit élément de* Λ, *la* A-*algèbre* B_α *est isomorphe à* A.

c) *Soit* $\nu \neq \alpha$ *dans* Λ *et soit* S_ν *l'ensemble des* $\lambda \in \Lambda$ *tels que* $\lambda < \nu$. *Si* S_ν *n'a pas de plus grand élément, on a* $B_\nu = \bigcup_{\lambda \in S_\nu} B_\lambda$; *si* S_ν *a un plus grand élément* μ, *alors* B_ν *est un gonflement élémentaire de* B_μ.

Soient B un anneau et $\rho : A \to B$ un homomorphisme d'anneaux. On dit que ρ est un gonflement (resp. un gonflement élémentaire) si la A-algèbre définie par ρ a cette propriété. S'il en est ainsi, ρ est injectif.

Exemples. — 1) *Toute extension de corps est un gonflement.* Soit en effet K une extension d'un corps k. Munissons K d'un bon ordre pour lequel 0 est le plus grand élément, et pour $\lambda \in K$, soit K_λ la sous-k-extension de K engendrée par les éléments β de K tels que $\beta < \lambda$. La vérification des conditions *a*), *b*), *c*), pour k, K et la famille $(K_\lambda)_{\lambda\in K}$, est immédiate.

2) Soient A un anneau local, et I un ensemble d'indices. Notons $A](X_i)_{i\in I}[$ l'anneau local de l'anneau de polynômes $A[(X_i)_{i\in I}]$ en l'idéal premier $\mathfrak{m}_A A[(X_i)_{i\in I}]$. La A-algèbre $A](X_i)_{i\in I}[$ est un gonflement de A. En effet, munissons l'ensemble I d'un bon ordre ; soit Λ l'ensemble bien ordonné obtenu en adjoignant à I un plus grand élément ω. Pour $i \in I$, identifions $A](X_j)_{j<i}[$ à une sous-algèbre B_i de $B = A](X_i)_{i\in I}[$, et posons $B_\omega = B$. La famille $(B_\lambda)_{\lambda\in\Lambda}$ satisfait aux conditions *a*), *b*), *c*).

Remarque. — Avec les notations de la déf. 2, l'anneau B_μ est un gonflement de B_λ lorsque $\lambda \leqslant \mu$.

PROPOSITION 2. — *Soient* A *un anneau local et* B *un gonflement de* A.

a) *L'anneau* B *est local et l'on a* $\mathfrak{m}_A B = \mathfrak{m}_B$.

b) *La* A-*algèbre* B *est fidèlement plate.*

c) *L'homomorphisme canonique*

$$\gamma_B : \mathrm{gr}(A) \otimes_{\kappa_A} \kappa_B \to \mathrm{gr}(B)$$

est bijectif.

d) *Si* A *est noethérien, il en est de même de* B *et les séries de Hilbert-Samuel* (VIII, § 4, n° 3) *de* A *et* B *sont égales.*

Soit $(B_\lambda)_{\lambda\in\Lambda}$ une famille de sous-algèbres de B satisfaisant aux conditions *a*), *b*) et *c*) de la déf. 2.

Soit Λ' l'ensemble des indices $\lambda \in \Lambda$ tels que, pour tout $\mu \leqslant \lambda$ dans Λ, la A-algèbre B_μ soit locale et fidèlement plate, et qu'on ait $\mathfrak{m}_{B_\mu} = \mathfrak{m}_A B_\mu$. Supposons qu'on ait $\Lambda' \neq \Lambda$ et soit ν le plus petit élément de $\Lambda - \Lambda'$. On a $\alpha \in \Lambda'$, d'où $\nu \neq \alpha$. Or S_ν est contenu dans Λ'. Si S_ν n'a pas de plus grand élément, on a $B_\nu = \bigcup_{\lambda\in S_\nu} B_\lambda$ et ν appartient à Λ' d'après la prop. 1 du n° 1. Si S_ν a un plus grand élément μ, on a $\mu \in \Lambda'$ et B_ν est un gonflement élémentaire de B_μ : on a encore $\nu \in \Lambda'$ d'après les remarques qui suivent la déf. 1, d'où une contradiction.

Lorsque A est noethérien, on prouve de manière analogue que l'ensemble Λ'' des indices $\lambda \in \Lambda$ tels que l'anneau B_λ soit noethérien est égal à Λ.

On a donc $\omega \in \Lambda'$, d'où les assertions *a*) et *b*). Lorsque A est noethérien, on a $\omega \in \Lambda''$, donc $B = B_\omega$ est noethérien.

L'assertion *c*) résulte de *a*), *b*), et du th. 1 de III, § 5, n° 2. Supposons A (donc B) noethérien ; comme on a

$$[\mathfrak{m}_B^n/\mathfrak{m}_B^{n+1} : \kappa_B] = [\mathfrak{m}_A^n/\mathfrak{m}_A^{n+1} : \kappa_A]$$

pour tout $n \in \mathbf{N}$, les séries de Hilbert-Samuel de A et B sont égales.

Corollaire. — *Supposons* A *noethérien.*

a) On a dim(A) = dim(B).

b) Supposons A *régulier, et soit* $(x_1, ..., x_n)$ *un système de coordonnées de* A. *Alors* B *est régulier et la suite* $(x_1 1_B, ..., x_n 1_B)$ *est un système de coordonnées de* B.

Cela résulte de la prop. 1 de VIII, § 5, nº 1.

Proposition 3. — *Soient* A, B, C *trois anneaux locaux et* $u: A \to B$, $v: B \to C$ *deux gonflements. Alors* $v \circ u$ *est un gonflement.*

Soient $(B_\lambda)_{\lambda \in \Lambda}$ et $(C_\mu)_{\mu \in M}$ des familles de sous-A-algèbres de B et de sous-B-algèbres de C respectivement, ayant les propriétés *a*), *b*), *c*) de la déf. 2. Sur l'ensemble N somme de Λ et M, considérons la relation d'ordre induisant sur Λ et M les ordres donnés et telle qu'on ait $\lambda < \mu$ pour $\lambda \in \Lambda$, $\mu \in M$. C'est une relation de bon ordre. Pour $\lambda \in \Lambda \subset N$, posons $C_\lambda = v(B_\lambda)$. Alors la famille $(C_\nu)_{\nu \in N}$ satisfait aux conditions *a*), *b*), *c*) de la déf. 1 relativement à la A-algèbre C.

Théorème 1. — *Soient* $f: A \to A'$ *un homomorphisme local surjectif d'anneaux locaux et* B′ *un gonflement de* A′. *Il existe un gonflement* B *de* A *et un isomorphisme de* A-*algèbres de* $B \otimes_A A'$ *sur* B′.

A) *Supposons que* B′ *soit un gonflement élémentaire de* A′. Distinguons deux cas :

1) Si B′ est finie sur A′, choisissons un isomorphisme de A′-algèbres $\varphi: A'[X]/(P') \to B'$, où $P' \in A'[X]$ est un polynôme unitaire d'image irréductible dans $\kappa_{A'}[X]$. Choisissons un polynôme unitaire $P \in A[X]$ dont l'image dans A′[X] est P′. Il est nécessairement irréductible modulo l'idéal maximal de A. Posons alors $B = A[X]/(P)$. La A-algèbre B est un gonflement élémentaire de A et φ induit un isomorphisme de A-algèbres de $B \otimes_A A'$ sur B′.

2) Si B′ n'est pas finie sur A′, choisissons un isomorphisme de A′-algèbres $\psi: A']X[\to B'$. Posons $B = A]X[$. La A-algèbre B est un gonflement élémentaire de A, et $B \otimes_A A'$ est canoniquement isomorphe à A′]X[. Par suite ψ induit un isomorphisme de A-algèbres de $B \otimes_A A'$ sur B′.

B) *Passons au cas général.* Soit $(B'_\lambda)_{\lambda \in \Lambda}$ une famille de sous-A′-algèbres de B′ ayant relativement à A′ et B′ les propriétés *a*), *b*), *c*) de la déf. 2. Nous allons définir par récurrence transfinie un système inductif $(\tilde{B}_\lambda, i_{\mu\lambda})$ relatif à Λ d'anneaux locaux et d'homomorphismes locaux injectifs, et des isomorphismes $u_\lambda: \tilde{B}_\lambda \otimes_A A' \to B'_\lambda$ tels que, pour $\lambda \leqslant \mu$, $u_\mu \circ (i_{\mu\lambda} \otimes \mathrm{Id}_{A'}) \circ u_\lambda^{-1}$ soit l'injection canonique de B'_λ dans B'_μ.

Si α est le plus petit élément de Λ, on pose $\tilde{B}_\alpha = A$, $i_{\alpha\alpha} = \mathrm{Id}_A$ et on prend pour u_α l'isomorphisme canonique $A \otimes_A A' \to A'$.

Soit $\nu \in \Lambda$, et supposons $\tilde{B}_\lambda$, u_λ et $i_{\mu\lambda}$ construits lorsque $\lambda \leqslant \mu < \nu$. Soit S_ν l'ensemble des éléments ε de Λ tels que $\varepsilon < \nu$. Si S_ν n'a pas de plus grand élément, on prend pour $\tilde{B}_\nu$ la limite inductive des $\tilde{B}_\lambda$ pour $\lambda \in S_\nu$, pour u_ν l'isomorphisme composé $\tilde{B}_\nu \otimes_A A' \to \varinjlim(\tilde{B}_\lambda \otimes_A A') \to \varinjlim B'_\lambda \to B'_\nu$, et pour $i_{\nu\lambda}$, lorsque $\lambda \in S_\nu$, l'application canonique de $\tilde{B}_\lambda$ dans $\tilde{B}_\nu$. Si S_ν a un plus grand élément μ, alors B'_ν est un gonflement élémentaire de B'_μ. D'après A), il existe un gonflement élémentaire

$i_{\nu\mu} : \tilde{B}_\mu \to \tilde{B}_\nu$ et un isomorphisme de $\tilde{B}_\mu$-algèbres de $\tilde{B}_\nu \otimes_{\tilde{B}_\mu} B'_\mu$ sur B'_ν. Prenons pour u_ν l'isomorphisme de A-algèbres composé

$$\tilde{B}_\nu \otimes_A A' \to \tilde{B}_\nu \otimes_{\tilde{B}_\mu} (\tilde{B}_\mu \otimes_A A') \to \tilde{B}_\nu \otimes_{\tilde{B}_\mu} B'_\mu \to B'_\nu$$

et pour $i_{\nu\lambda}$, lorsque $\lambda \in S_\nu$, l'homomorphisme $i_{\nu\mu} \circ i_{\mu\lambda}$.

Posons alors $B = \tilde{B}_\omega$ et, pour tout $\lambda \in \Lambda$, notons B_λ l'image de $\tilde{B}_\lambda$ par l'injection canonique $\tilde{B}_\lambda \to B$. La famille $(B_\lambda)_{\lambda \in \Lambda}$ satisfait aux conditions *a*), *b*), *c*) de la déf. 2, et B est un gonflement de A. D'autre part, l'homomorphisme u_ω est un A'-isomorphisme de $B \otimes_A A'$ dans B'.

COROLLAIRE. — *Soient* A *un anneau local et* K *une extension de son corps résiduel* κ_A. *Il existe un anneau local* B *et un gonflement* $A \to B$ *tels que la* κ_A*-algèbre* κ_B *soit isomorphe à* K.

En effet, l'homomorphisme $\kappa_A \to K$ est un gonflement (exemple 1). Appliquant le th. 1 avec $A' = \kappa_A$ et $B' = K$, on obtient l'existence d'un gonflement B de A et d'un A-isomorphisme de $B/\mathfrak{m}_A B$ sur K, d'où le corollaire.

3. Existence des *p*-anneaux

PROPOSITION 4. — *Soient* p *un nombre premier,* k *un corps de caractéristique* p, *et soit* n *un entier* $\geqslant 1$, *ou* $+\infty$. *Il existe un* p*-anneau* (§ 2, n° 1, déf. 1) *de longueur* n *dont le corps résiduel est isomorphe à* k.

On peut considérer k comme une extension du corps résiduel $\mathbf{Z}/p\mathbf{Z}$ de l'anneau local $\mathbf{Z}_{(p)}$. D'après le corollaire du th. 1, il existe un anneau local B, gonflement de $\mathbf{Z}_{(p)}$, tel que κ_B soit isomorphe à k. L'anneau local $\mathbf{Z}_{(p)}$ est régulier et $\{p\}$ est un système de coordonnées de $\mathbf{Z}_{(p)}$. D'après le corollaire de la prop. 2 du n° 2, l'anneau B est régulier et $\{p1_B\}$ est un système de coordonnées de B. Autrement dit, B est un anneau de valuation discrète, d'idéal maximal pB. Le complété C de B est alors un p-anneau de longueur infinie et le corps résiduel κ_C est isomorphe à κ_B, donc à k. De plus, pour tout entier $n \geqslant 1$, C/p^nC est un p-anneau de longueur n, de corps résiduel isomorphe à κ_C, donc à k.

Exercices

§ 1

Dans les exercices 1 à 27, p est un nombre premier fixé. Si A est un anneau, l'anneau des vecteurs de Witt W(A) est celui attaché au nombre premier p.

1) Soit A un anneau. L'endomorphisme V du groupe additif W(A) peut-il être compatible à la multiplication de W(A) ?

2) Notons A l'anneau $\mathbf{Z}[(X_n)_{n\in\mathbf{N}}, (Y_n)_{n\in\mathbf{N}}]$ des polynômes en les deux familles d'indéterminées (X_n) et (Y_n), et B l'anneau $\mathbf{Z}[X, Y]$ des polynômes en deux indéterminées X et Y. Pour tout polynôme R de B, il existe une suite unique de polynômes $(R_n)_{n\in\mathbf{N}}$ de A telle que l'on ait, pour tout $n \in \mathbf{N}$,

$$R(\Phi_n(X_0, \dots, X_n), \Phi_n(Y_0, \dots, Y_n)) = \Phi_n(R_0, \dots, R_n).$$

On a $R_0 = R(X_0, Y_0)$ et R_n ne dépend pas des X_i et Y_i pour $i > n$. Si R est homogène de degré r par rapport à X (resp. Y, resp. (X, Y)) et qu'on attribue pour tout $i \in \mathbf{N}$, le poids p^i à X_i et Y_i, alors R_n est isobare de poids rp^n par rapport à $(X_i)_{i\in\mathbf{N}}$ (resp. $(Y_i)_{i\in\mathbf{N}}$, resp. $((X_i)_{i\in\mathbf{N}}, (Y_i)_{i\in\mathbf{N}})$). Si R est constant, R_n est constant. Examiner les cas $R = 0, 1, -1, X + Y, XY, -X$.

3) *a*) Il existe une unique suite de polynômes $(R_n)_{n\in\mathbf{N}}$ de $\mathbf{Z}[X, Y]$ telle que, pour tout entier $n \geqslant 0$, on ait

$$X^{p^n} + Y^{p^n} = \sum_{i=0}^{n} p^i R_i(X, Y)^{p^{n-i}}.$$

b) Si p est impair, on a, pour tout $n \in \mathbf{N}$,

$$R_n(X, -X) = 0.$$

Si $p = 2$, on a

$$R_1(X, Y) = -XY$$

et

$$R_n(X, X) \equiv 0 \text{ mod. } 2 \quad \text{pour} \quad n \geqslant 2.$$

4) Soient A un anneau, $\boldsymbol{a} = (a_n)_{n\in\mathbf{N}}$ un élément de W(A), $\boldsymbol{a}^{(p)}$ l'élément $(a_n^p)_{n\in\mathbf{N}}$ de W(A). Posons

$$\boldsymbol{b} = (b_n)_{n\in\mathbf{N}} = p.\boldsymbol{a} - V\boldsymbol{a}^{(p)}.$$

Prouver que l'on a $b_n - pa_n \in p^{p-1}A$ pour tout $n \in \mathbf{N}$. (Se ramener au cas où $A = \mathbf{Z}[(X_n)_{n\in\mathbf{N}}]$ et $\boldsymbol{a} = (X_n)_{n\in\mathbf{N}}$ et utiliser la prop. 1 du § 1, nº 1.)

5) Soit A un anneau de caractéristique p.
a) L'anneau W(A) est intègre si et seulement si A est intègre.
b) W(A) est réduit si et seulement si A est réduit.
c) Les conditions suivantes sont équivalentes :
(i) A est un anneau parfait de caractéristique p.
(ii) W(A)/pW(A) est réduit.

6) Soit A une $\mathbf{Z}_{(p)}$-algèbre. Soient n un entier, $n \geqslant 1$, $\boldsymbol{g} = (g_0, \ldots, g_{n-1})$ un élément de $\mathrm{W}_n(\mathrm{A})$, et $f = g_0$. Alors notant A_f (resp. $\mathrm{W}_n(\mathrm{A})_{\boldsymbol{g}}$) le localisé de A (resp. $\mathrm{W}_n(\mathrm{A})$) par rapport au système multiplicatif des puissances de f (resp. $\boldsymbol{g}$), on a $\mathrm{W}_n(\mathrm{A}_f) = \mathrm{W}_n(\mathrm{A})_{\boldsymbol{g}}$.

7) Soit A un anneau de caractéristique p. Prouver que les topologies $\mathcal{T}$ et p-adique de W(A) coïncident si et seulement si A est parfait.

8) Soient A un anneau, et ξ un élément de A vérifiant $\sum_{i=0}^{p-1} \xi^i = 0$. On a alors, dans W(A), l'équation

$$\mathrm{V}_{\mathrm{A}}(\mathbf{1}) = \sum_{i=0}^{p-1} \tau_{\mathrm{A}}(\xi^i).$$

En déduire que si A est de caractéristique p, on a

$$\mathrm{V}_{\mathrm{A}} \circ \mathrm{F}_{\mathrm{A}}(\boldsymbol{a}) = p.\boldsymbol{a} \quad \text{pour tout} \quad \boldsymbol{a} \in \mathrm{W}(\mathrm{A}).$$

9) Soit A un corps de caractéristique p. Montrer que l'anneau W(A) est noethérien si et seulement si A est parfait. (Calculer la dimension sur A de l'espace vectoriel $\mathrm{V}_1(\mathrm{A})/\mathrm{V}_1(\mathrm{A})^2$.)

10) Soit k un corps de caractéristique p, possédant une p-base finie. Soient A un anneau et φ un homomorphisme de k dans A, qui fasse de A une k-algèbre de type fini.

a) Pour tout entier $n \geqslant 1$, A est un module de type fini sur A^{p^n}.

b) Pour tout entier $n \geqslant 1$, $\mathrm{W}_n(\mathrm{A})$ est une $\mathrm{W}_n(k)$-algèbre de type fini.

(Si $a_1, \ldots, a_{\mathrm{N}}$ engendrent A comme k-algèbre et comme $\mathrm{A}^{p^{n-1}}$-module, prouver que les éléments $\mathrm{V}^j\tau(a_i)$, $1 \leqslant i \leqslant \mathrm{N}$, $0 \leqslant j \leqslant n-1$, engendrent la $\mathrm{W}_n(k)$-algèbre $\mathrm{W}_n(\mathrm{A})$.)

11) Soit A un anneau de caractéristique p.

a) Soit $n \in \mathbf{N}$; prouver qu'on a $p^{n-1}/n\,! \in \mathbf{Z}_{(p)}$. Prouver que $(nm)\,!/n\,!(m\,!)^n$ est un entier pour n, m dans $\mathbf{N}$.

b) Pour $n \in \mathbf{N}$, soit $\gamma_n : \mathrm{V}_1(\mathrm{A}) \to \mathrm{W}(\mathrm{A})$ l'application définie par

$$\gamma_n(\mathrm{V}x) = 1 \quad \text{si } n = 0,$$
$$\gamma_n(\mathrm{V}x) = (p^{n-1}/n\,!)\,\mathrm{V}(x^n) \quad \text{si } n \geqslant 1.$$

(i) Prouver qu'on a $\gamma_n(x) \in \mathrm{V}_1(\mathrm{A})$ si $n \geqslant 1$ et $x \in \mathrm{V}_1(\mathrm{A})$.

(ii) Pour $x, y \in \mathrm{V}_1(\mathrm{A})$ et $n \in \mathbf{N}$, on a

$$\gamma_n(x+y) = \sum_{i=0}^{n} \gamma_i(x)\,\gamma_{n-i}(y).$$

(iii) Pour $\lambda \in \mathrm{W}(\mathrm{A})$, $x \in \mathrm{V}_1(\mathrm{A})$, $n \in \mathbf{N}$, on a

$$\gamma_n(\lambda x) = \lambda^n \gamma_n(x).$$

(iv) Pour $x \in \mathrm{V}_1(\mathrm{A})$ et n, m dans $\mathbf{N}$, on a

$$\gamma_n(x)\,\gamma_m(x) = \binom{m+n}{n} \gamma_{n+m}(x)$$

et

$$\gamma_n(\gamma_m(x)) = \frac{(nm)\,!}{n\,!(m\,!)^n}\,\gamma_{nm}(x).$$

(v) On a $\mathrm{F}\gamma_n(\mathrm{V}x) = (p^n/n\,!)\,x^n$ et $\gamma_n(px) = (p^n/n\,!)\,x^n$, pour $x \in \mathrm{W}(\mathrm{A})$.

12) Soit A un anneau de caractéristique p. Pour tout élément $\boldsymbol{a} = (a_n)_{n\in\mathbf{N}}$ de W(A) et tout entier $n \in \mathbf{N}$, posons $\boldsymbol{a}_+ = (a_{n+1})_{n\in\mathbf{N}}$.
a) On a $\boldsymbol{a} = \tau(a_0) + \mathrm{V}\boldsymbol{a}_+$.
b) Notons $\alpha : \mathrm{W}(\mathrm{A}) \to \mathrm{W}(\mathrm{A})$ l'application qui à $\boldsymbol{a} = (a_n)_{n\in\mathbf{N}}$ associe

$$\alpha(\boldsymbol{a}) = \boldsymbol{a}_+ - \sum_{i=1}^{p-1} \frac{1}{p}\binom{p}{i} \tau(\alpha_0)^{p-i}(\mathrm{V}\boldsymbol{a}_+)^i - (p-1)!\,\gamma_p(\mathrm{V}\boldsymbol{a}_+),$$

où (*cf.* exercice précédent) on a posé $\gamma_p(\mathrm{V}\boldsymbol{a}_+) = (p^{p-1}/p\,!)\,\mathrm{V}(\boldsymbol{a}_+^p)$. Prouver que l'on a, dans W(A), l'égalité $\mathrm{F}\boldsymbol{a} = \boldsymbol{a}^p + p\alpha(\boldsymbol{a})$.
c) Prouver que, pour tout entier $n \geqslant 1$, α définit, par passage aux quotients, une application α_n de $\mathrm{W}_{n+1}(\mathrm{A})$ dans $\mathrm{W}_n(\mathrm{A})$.

13) Soit A un anneau de caractéristique p. La filtration de W(A) par les idéaux $\mathrm{V}_n(\mathrm{A})$ est compatible à la structure d'anneau de W(A) et on note $\mathrm{gr}_\mathrm{V}(\mathrm{W}(\mathrm{A}))$ l'anneau gradué associé. Pour tout entier $n \geqslant 0$, on notera $\varphi^n_*\mathrm{A}$ l'anneau A muni de la structure de A-algèbre donnée par l'homomorphisme $\varphi^n : \mathrm{A} \to \mathrm{A}$, où φ désigne l'élévation à la puissance p-ième. Prouver que, pour tout entier $n \geqslant 0$, l'application de A dans $\mathrm{V}_n(\mathrm{A})/\mathrm{V}_{n+1}(\mathrm{A})$ qui à $x \in \mathrm{A}$ associe la classe de $\mathrm{V}^n\tau(x)$, est un isomorphisme du A-module $\varphi^n_*\mathrm{A}$ sur le A-module $\mathrm{gr}^n_\mathrm{V}(\mathrm{W}(\mathrm{A}))$.

Munissons le A-module $\bigoplus_{n\in\mathbf{N}} \varphi^n_*\mathrm{A}$ de la structure d'anneau gradué donnée par les applications $(x, y) \mapsto \varphi^n x . \varphi^m y$ de $\varphi^m_*\mathrm{A} \times \varphi^n_*\mathrm{A}$ dans $\varphi^{m+n}_*\mathrm{A}$ (pour tout couple d'entiers positifs (m, n)). Montrer que les isomorphismes précédents définissent un isomorphisme de A-algèbres graduées de $\bigoplus_{n\in\mathbf{N}} \varphi^n_*\mathrm{A}$ sur $\mathrm{gr}_\mathrm{V}(\mathrm{W}(\mathrm{A}))$.

14) Soit A un anneau. On suppose que la multiplication par $p.1_\mathrm{A}$ est injective dans A. Soit σ un endomorphisme de A tel que $\sigma(x) \equiv x^p$ mod. pA, pour tout $x \in \mathrm{A}$.
a) Il existe un unique homomorphisme d'anneaux s_σ de A dans W(A) qui vérifie

$$s_\sigma \circ \sigma = \mathrm{F}_\mathrm{A} \circ s_\sigma$$

et

$$\Phi_0 \circ s_\sigma = \mathrm{Id}_\mathrm{A}\,.$$

C'est aussi l'unique homomorphisme s_σ de A dans W(A) qui vérifie, pour tout entier n positif, $\Phi_n \circ s_\sigma = \sigma^n$.
b) Soit B un anneau. On suppose que la multiplication par $p.1_\mathrm{B}$ est injective dans B. Soit σ' un endomorphisme de B tel que $\sigma'(x) \equiv x^p$ mod. pB pour tout $x \in \mathrm{B}$. Soit u un homomorphisme de A dans B vérifiant $u \circ \sigma = \sigma' \circ u$. Alors on a $\mathrm{W}(u) \circ s_\sigma = s_{\sigma'} \circ u$.
c) Si t_σ désigne le composé de s_σ et de la projection canonique de W(A) sur W(A/pA), prouver que t_σ induit, pour tout entier $n \geqslant 1$, un homomorphisme $t_{\sigma,n}$ de $\mathrm{A}/p^n\mathrm{A}$ dans $\mathrm{W}_n(\mathrm{A}/p\mathrm{A})$.
d) Si A/pA est parfait, prouver que $t_{\sigma,n}$ est un isomorphisme. (Munissant A de la filtration par les puissances de l'idéal pA et notant $\mathrm{gr}_p(\mathrm{A})$ l'anneau gradué associé, on montrera que l'homomorphisme de $\mathrm{gr}_p(\mathrm{A})$ dans $\mathrm{gr}_\mathrm{V}(\mathrm{W}(\mathrm{A}/p\mathrm{A}))$ (*cf.* exerc. 13) induit par t_σ est un isomorphisme.)
e) Si A/pA est parfait, et que A est séparé et complet pour la topologie p-adique, t_σ est un isomorphisme de A sur W(A/pA).

15) *a*) Soit A un anneau tel que la multiplication par $p.1_\mathrm{A}$ dans A soit injective. Alors il existe un unique homomorphisme d'anneaux s_A de W(A) dans W(W(A)) qui vérifie

$$s_\mathrm{A} \circ \mathrm{F}_\mathrm{A} = \mathrm{F}_{\mathrm{W}(\mathrm{A})} \circ s_\mathrm{A}$$

et

$$\Phi_0 \circ s_\mathrm{A} = \mathrm{Id}_{\mathrm{W}(\mathrm{A})}$$

(où Φ_0 est la projection de W(W(A)) sur W(A)). C'est aussi l'unique homomorphisme d'anneaux qui vérifie $\Phi_n \circ s_\mathrm{A} = \mathrm{F}^n_\mathrm{A}$ pour tout entier $n \in \mathbf{N}$ (où $\Phi_n : \mathrm{W}(\mathrm{W}(\mathrm{A})) \to \mathrm{W}(\mathrm{A})$ est la n-ième composante fantôme dans W(W(A))).
b) Considérons l'anneau $\mathcal{A} = \mathbf{Z}[(\mathrm{X}_n)_{n\in\mathbf{N}}]$ des polynômes en une famille d'indéterminées $(\mathrm{X}_n)_{n\in\mathbf{N}}$. Soit $\mathbf{X}$ l'élément $(\mathrm{X}_n)_{n\in\mathbf{N}}$ de $\mathrm{W}(\mathcal{A})$. Posons $s_\mathcal{A}(\mathbf{X}) = (s_n(\mathbf{X}))_{n\in\mathbf{N}}$, où $s_n(\mathbf{X}) \in \mathrm{W}(\mathcal{A})$. Pour

tout anneau A, définissons l'application s_A de W(A) dans W(W(A)) par la formule $s_A(\boldsymbol{a}) = (s_n(\boldsymbol{a}))_{n \in \mathbf{N}}$. Prouver que s_A est un homomorphisme d'anneaux vérifiant

$$s_A \circ F_A = F_{W(A)} \circ s_A$$

et

$$\Phi_0 \circ s_A = \mathrm{Id}_{W(A)}.$$

c) Pour tout homomorphisme d'anneaux $u : B \to A$, on a

$$s_A \circ W(u) = W(W(u)) \circ s_B.$$

d) Les applications $W(s_A) \circ s_A$ et $s_{W(A)} \circ s_A$ de W(A) dans W(W(W(A))) sont égales.
e) Pour tout $x \in A$, on a $s_A(\tau_A(x)) = \tau_{W(A)}(\tau_A(x))$.
f) On a $s_A \circ V_A = V_{W(A)} \circ s_A$, et l'application s_A est continue quand on munit W(A) et W(W(A)) des topologies $\mathfrak{T}$.

16) *a*) Soient A, B deux anneaux et φ un homomorphisme de A dans B. Alors l'application W(φ) permet de munir l'ensemble W(B) et, pour tout $m \in \mathbf{N}$, l'ensemble $W_m(B)$, d'une structure de W(A)-module. Si *m* et *n* sont deux entiers $\geqslant 0$, tels que $n \geqslant m$, l'application canonique de $W_n(B)$ sur $W_m(B)$ est W(A)-linéaire. En outre, W(B) est le W(A)-module limite projective des $W_m(B)$.
b) Soient A, B deux anneaux et ψ un homomorphisme de W(A) dans B. Posons $\tilde{\psi} = W(\psi) \circ s_A$ (*cf.* exerc. 15). L'application $\tilde{\psi}$ de W(A) dans W(B) permet de munir l'ensemble W(B) et, pour tout $m \in \mathbf{N}$, l'ensemble $W_m(B)$, d'une structure de W(A)-module, et les deux dernières assertions de *a*) sont encore vraies. Si φ est un homomorphisme de A dans B tel que $\psi = \varphi \circ \Phi_0$, on a $\tilde{\psi} = W(\varphi)$.

17) Soit A l'anneau Q[X]. Soit $\boldsymbol{\Omega} = (\Omega_n)_{n \in \mathbf{N}}$ l'élément de A qui vérifie $\Phi_A(\boldsymbol{\Omega}) = (X, X, \ldots, X, \ldots)$. Pour tout élément *a* de $\mathbf{Z}_p$, posons

$$\boldsymbol{\Omega}(a) = (\Omega_n(a))_{n \in \mathbf{N}}.$$

a) Pour tout $a \in \mathbf{Z}_p$, et tout entier $n \in \mathbf{N}$, on a $\Omega_n(a) \in \mathbf{Z}_p$.
b) Pour tout $a \in \mathbf{Z}$ et tout entier $n \in \mathbf{N}$, on a $\Omega_n(a) \in \mathbf{Z}$, et, si $a \in \mathbf{N}$, $\boldsymbol{\Omega}(a)$ est l'élément de W(Z) somme de *a* termes égaux à l'élément unité de W(Z).
c) L'application $a \mapsto \boldsymbol{\Omega}(a)$ définit un homomorphisme de $\mathbf{Z}_p$ dans $W(\mathbf{Z}_p)$ qui, quand on identifie $\mathbf{Z}_p$ avec $W(\mathbf{F}_p)$ (§ 1, nº 7, exemple 3), coïncide avec l'homomorphisme $s_{\mathbf{F}_p}$ défini dans l'exerc. 15.

18) *a*) Soit L un corps (commutatif). Soient G un groupe d'automorphismes de L et K le corps des invariants de G. Alors tout élément *g* de G agit sur W(L) (par W(*g*)) et, pour tout entier $n \geqslant 1$, sur $W_n(L)$. L'ensemble des éléments de W(L) (resp. $W_n(L)$) invariants sous l'action de G est W(K) (resp. $W_n(K)$).
b) Supposons que L soit une extension galoisienne finie de K, et notons Z[G] l'algèbre sur Z du groupe (fini) G. Pour tout Z-module M, notons M^G le Z[G]-module $\mathrm{Hom}_{\mathbf{Z}}(\mathbf{Z}[G], M)$ (muni de sa structure naturelle de Z[G]-module à gauche). Prouver que le Z[G]-module W(L) (resp. $W_n(L)$) est isomorphe à $W(K)^G$ (resp. $W_n(K)^G$). En déduire qu'on a

$$H^i(G, W(L)) = 0 \quad (\text{resp. } H^i(G, W_n(L)) = 0)$$

pour tout entier $i > 0$. (Utiliser le théorème de la base normale A, V, p. 70, th. 6 et A, X, p. 111 à 113.)

19) Soient K un corps de caractéristique *p*, P son sous-corps premier, Ω une clôture algébrique de K. On note $\wp$ l'endomorphisme $x \mapsto Fx - x$ du groupe W(Ω), et aussi, pour tout entier $n \geqslant 1$, l'endomorphisme de $W_n(\Omega)$ qu'il induit par passage aux quotients.
a) Fixons un entier $n \geqslant 1$. L'endomorphisme $\wp$ de W(Ω) (resp. $W_n(\Omega)$) laisse stable W(K) (resp. $W_n(K)$) et son noyau est W(P) (resp. $W_n(P)$).
On identifiera, dans la suite de cet exercice, W(P) et $\mathbf{Z}_p$, $W_n(P)$ et $\mathbf{Z}/p^n\mathbf{Z}$ (§ 1, nº 7, exemple 3).

b) Soit $a \in W_n(K)$. Notant V l'homomorphisme de décalage $W_n(K) \to W_{n+1}(K)$, prouver que l'on a $a \in \wp W_n(K)$ si et seulement si l'on a $Va \in \wp W_{n+1}(K)$. Si K est séparablement clos, on a $\wp W_n(K) = W_n(K)$.

c) Soit $a \in W_n(\Omega)$ tel que $\wp a \in W_n(K)$. On note $K(a)$ le sous-corps de Ω engendré par K et les composantes $a_0, ..., a_{n-1}$ de a. Si A est une partie de $W_n(K)$, on note $K(\wp^{-1}(A))$ la sous-extension de Ω engendrée par les corps $K(a)$, pour tous les éléments a de $W_n(\Omega)$ vérifiant $\wp a \in A$.

Raisonnant comme dans A, V, p. 87 et utilisant l'exercice précédent, prouver les assertions suivantes :

(i) Soit L une extension galoisienne de K dans Ω. Il existe une unique application $(\sigma, a) \mapsto [\sigma, a\rangle$ de $\mathrm{Gal}(L/K) \times (\wp W_n(L) \cap W_n(K))/\wp W_n(K)$ dans $\mathbf{Z}/p^n\mathbf{Z}$ telle que pour tout $\sigma \in \mathrm{Gal}(L/K)$ et tout $x \in W_n(L)$ tel que $\wp(x) \in W_n(K)$, on ait, en notant $\overline{\wp(x)}$ la classe de $\wp(x)$ modulo $\wp W_n(K)$

$$[\sigma, \overline{\wp(x)}\rangle = \sigma x - x .$$

Si $\sigma, \sigma' \in \mathrm{Gal}(L/K)$ et $a, a' \in (\wp W_n(L) \cap W_n(K))/\wp W_n(K)$, on a

$$[\sigma\sigma', a\rangle = [\sigma, a\rangle + [\sigma', a\rangle$$

et

$$[\sigma, a + a'\rangle = [\sigma, a\rangle + [\sigma, a'\rangle .$$

(ii) Notons, pour toute extension galoisienne L de K dans Ω,

$$a_L : (\wp W_n(L) \cap W_n(K))/\wp W_n(K) \to \mathrm{Hom}(\mathrm{Gal}(L/K), \mathbf{Z}/p^n\mathbf{Z})$$

et

$$a'_L : \mathrm{Gal}(L/K) \to \mathrm{Hom}((\wp W_n(L) \cap W_n(K))/\wp W_n(K), \mathbf{Z}/p^n\mathbf{Z})$$

les homomorphismes déduits de l'application $(\sigma, a) \mapsto [\sigma, a\rangle$ construite en (i). Pour toute extension galoisienne L de K dans Ω, l'homomorphisme a_L est injectif, et son image est le groupe des homomorphismes continus du groupe topologique Gal(L/K) dans le groupe discret $\mathbf{Z}/p^n\mathbf{Z}$.

(iii) L'application $A \mapsto K(\wp^{-1}(A))$ est une bijection de l'ensemble des sous-groupes de $W_n(K)$ contenant $\wp W_n(K)$ sur l'ensemble des extensions de K dans Ω, abéliennes sur K et d'exposant divisant p^n. L'application réciproque est $L \mapsto \wp W_n(L) \cap W_n(K)$.

(iv) Pour tout sous-groupe A de $W_n(K)$ contenant $\wp W_n(K)$, l'homomorphisme

$$a'_{K(\wp^{-1}(A))} : \mathrm{Gal}(K(\wp^{-1}(A))/K) \to \mathrm{Hom}(A/\wp W_n(K), \mathbf{Z}/p^n\mathbf{Z})$$

est bijectif. Lorsqu'on munit $\mathrm{Hom}(A/\wp W_n(K), \mathbf{Z}/p^n\mathbf{Z})$ de la topologie de la convergence simple, c'est un homéomorphisme.

20) Conservons les hypothèses et notations de l'exercice précédent.

a) Pour chaque extension L de K dans Ω, considérons le $\mathbf{Z}_p$-module

$$\mathcal{W}(L) = (W(L)/\wp W(L)) \otimes_{\mathbf{Z}_p} (\mathbf{Q}_p/\mathbf{Z}_p)$$

et pour chaque entier $n \geq 0$ son sous-module

$$\mathcal{W}_n(L) = (W(L)/\wp W(L)) \otimes_{\mathbf{Z}_p} (p^{-n}\mathbf{Z}_p/\mathbf{Z}_p) .$$

Prouver que $\mathcal{W}(L)$ s'identifie à la limite inductive de ses sous-modules $\mathcal{W}_n(L)$ selon les applications d'inclusion

$$i_n : \mathcal{W}_n(L) \to \mathcal{W}_{n+1}(L) .$$

b) Pour tout entier $n \geq 0$, soit ψ_n l'application de $\mathcal{W}_n(L)$ dans $W_n(L)/\wp W_n(L)$ qui à $x \otimes p^{-n}$ associe la classe de x. Prouver que ψ_n est un isomorphisme et qu'on a

$$V_n \circ \psi_n = \psi_{n+1} \circ i_n ,$$

où V_n est l'application de $W_n(L)/\wp W_n(L)$ dans $W_{n+1}(L)/\wp W_{n+1}(L)$ induite par le décalage V. En déduire que $\mathcal{W}(L)$ s'identifie à la limite inductive des groupes $W_n(L)/\wp W_n(L)$ selon les applications V_n.

c) Soit $a \in \mathfrak{W}(\mathrm{K})$. Si n est un entier tel que a appartienne à $\mathfrak{W}_n(\mathrm{K})$, on a construit à l'exerc. 19, *c*) l'extension $\mathrm{K}(\wp^{-1}(\psi_n(a)))$. Cette extension ne dépend pas du choix de l'entier n ; on la note $\mathrm{K}(\wp^{-1}(a))$. Si A est une partie de $\mathfrak{W}(\mathrm{K})$, on notera $\mathrm{K}(\wp^{-1}(\mathrm{A}))$ l'extension engendrée par les corps $\mathrm{K}(\wp^{-1}(a))$ pour a parcourant A. Prouver que $\mathrm{K}(\wp^{-1}(\mathrm{A}))$ est une extension abélienne de K. Prouver dans cette situation des assertions analogues aux assertions (i) à (iv) de l'exerc. 19, *c*).

21) Conservons les hypothèses et notations des deux exercices précédents.
a) La multiplication par p dans $\mathrm{W(K)}/\wp\mathrm{W(K)}$ est injective.
b) Soit $\boldsymbol{a}$ un élément de $\mathrm{W}(\Omega)$ tel que $\boldsymbol{a} \notin \mathrm{W(K)}$ et $\wp\boldsymbol{a} \in \mathrm{W(K)}$. On note $\mathrm{K}(\boldsymbol{a})$ le sous-corps de Ω engendré sur K par les composantes $(a_n)_{n\in\mathbf{N}}$ de $\boldsymbol{a}$. Prouver que $\mathrm{K}(\boldsymbol{a})$ est une extension abélienne de K, dont le groupe de Galois est isomorphe au groupe topologique $\mathbf{Z}_p$.
c) Si A est une partie de W(K), on note $\mathrm{K}(\wp^{-1}(\mathrm{A}))$ la sous-extension de Ω engendrée par les corps $\mathrm{K}(\boldsymbol{a})$ pour tous les éléments $\boldsymbol{a}$ de $\mathrm{W}(\Omega)$ tels que $\wp\,\boldsymbol{a} \in \mathrm{A}$. Prouver dans cette situation des assertions analogues aux assertions (i) à (iv) de l'exerc. 19, *c*).
d) Soit Γ le groupe des automorphismes de Ω sur K. Soient n un entier $\geqslant 1$ et φ_n un homomorphisme continu de Γ dans $\mathbf{Z}/p^n\mathbf{Z}$. Prouver qu'il existe un homomorphisme continu φ de Γ dans $\mathbf{Z}_p$ qui induise φ_n par passage au quotient. Désignant par $\mathrm{Hom}_c(\Gamma, \Gamma')$ le groupe des homomorphismes continus de Γ dans Γ', Γ' étant un groupe topologique, prouver que l'application canonique

$$\mathrm{Hom}_c(\Gamma, \mathbf{Z}_p) \otimes_{\mathbf{Z}_p} (\mathbf{Q}_p/\mathbf{Z}_p) \to \mathrm{Hom}_c(\Gamma, \mathbf{Q}_p/\mathbf{Z}_p)$$

est un isomorphisme.

22) Soit A une $\mathbf{Z}_{(p)}$-algèbre. On note $\mathfrak{D}_\mathrm{A}$ l'algèbre sur W(A) engendrée par deux indéterminées **F** et **V** soumises aux relations

$$\begin{aligned} \mathbf{F}a &= (\mathrm{F}a).\mathbf{F} && \text{pour } a \in \mathrm{W(A)} \\ a\mathbf{V} &= \mathbf{V}(\mathrm{F}a) && \text{pour } a \in \mathrm{W(A)} \\ \mathbf{FV} &= p && \\ \mathbf{V}a\mathbf{F} &= \mathrm{V}a && \text{pour } a \in \mathrm{W(A)}, \end{aligned}$$

où F et V désignent respectivement les homomorphismes de Frobenius et de décalage de W(A).
a) Soit B une A-algèbre. Faisant agir **F** et **V** sur W(B) par les homomorphismes de Frobenius et de décalage de W(B), on munit W(B) d'une structure de $\mathfrak{D}_\mathrm{A}$-module. De même pour chaque entier $n \geqslant 1$, $\mathrm{W}_n(\mathrm{B})$ est un $\mathfrak{D}_\mathrm{A}$-module.
b) Pour tout élément x de $\mathfrak{D}_\mathrm{A}$, il existe une famille $(a_i)_{i\in\mathbf{Z}}$, à support fini, d'éléments de W(A), caractérisée par l'égalité

$$x = \sum_{n\geqslant 1} a_{-n}\, \mathbf{F}^n + a_0 + \sum_{n\geqslant 1} \mathbf{V}^n a_n .$$

c) Supposons W(A) intègre. Soit $x \in \mathfrak{D}_\mathrm{A}$. On note $\delta(x)$ le plus grand entier n tel que a_n soit non nul. Si x et y sont deux éléments non nuls de $\mathfrak{D}_\mathrm{A}$, on a $\delta(xy) = \delta(x) + \delta(y)$. En déduire que $\mathfrak{D}_\mathrm{A}$ est intègre.
d) Si A est un anneau parfait de caractéristique p, on peut remplacer la condition $\mathbf{V}a\mathbf{F} = \mathrm{V}a$ pour $a \in \mathrm{W(A)}$ par la condition $\mathbf{VF} = p$. L'idéal à gauche $\mathfrak{D}_\mathrm{A}\mathbf{V}$ de $\mathfrak{D}_\mathrm{A}$ est bilatère.
e) Si k est un corps parfait de caractéristique p, $\mathfrak{D}_k$ est noethérien. (Considérer $\mathfrak{D}_k$ comme quotient de l'anneau engendré sur W(k) par deux indéterminées X et Y soumises aux relations $\mathrm{XY} = \mathrm{YX}$ et $\mathrm{X}a = (\mathrm{F}a)\,\mathrm{X}$, $a\mathrm{Y} = \mathrm{Y}(\mathrm{F}a)$ pour $a \in \mathrm{W}(k)$. Appliquer ensuite, III, § 2, nº 8, corollaire 2 au th. 1 et exerc. 10.)

23) Soient A un anneau et I l'ensemble des entiers négatifs. Soient m un entier $\geqslant 1$ et $[a_0, \ldots, a_{m-1}]$ un élément de $\mathrm{W}_m(\mathrm{A})$. Associons-lui l'élément $(b_i)_{i\in\mathrm{I}}$ de A^I défini par

$$\begin{cases} b_i = a_{i+m-1} & \text{pour } 1 - m \leqslant i \leqslant 0 \\ b_i = 0 & \text{pour } i \leqslant -m . \end{cases}$$

On identifie ainsi $W_m(A)$ à un sous-ensemble de A^I.

a) Pour tout entier $n \geqslant 0$, l'application $V_n : W_n(A) \to W_{n+1}(A)$ induite par le décalage est un homomorphisme de groupes. Les identifications des groupes $W_n(A)$ à des sous-ensembles de A^I sont compatibles aux applications V_n et permettent d'identifier le groupe $\varinjlim W_n(A)$, limite inductive des groupes $W_n(A)$ suivant les V_n, au sous-ensemble $CW^u(A)$ de A^I formé des éléments dont les composantes sont nulles sauf un nombre fini, éléments qu'on appellera *covecteurs de Witt unipotents*. Par transport de structure, on obtient sur ce sous-ensemble une structure de groupe.

b) Pour $\boldsymbol{a} = (a_i)_{i\in I}$ et $\boldsymbol{b} = (b_i)_{i\in I}$ dans $CW^u(A)$, on a

$$\boldsymbol{a} + \boldsymbol{b} = (c_i)_{i\in I} \quad \text{où} \quad c_{-n} = S_m(a_{-m-n}, \ldots, a_{-n-1}, a_{-n}; b_{-m-n}, \ldots, b_{-n-1}, b_{-n})$$

pour tout entier m suffisamment grand.

c) Pour tout homomorphisme d'anneaux $\varphi : A \to B$, l'application $CW^u(\varphi) : CW^u(A) \to CW^u(B)$ définie par $CW^u(\varphi)(a_i)_{i\in I} = (\varphi(a_i))_{i\in I}$ est un homomorphisme de groupes.

24) Soit I l'ensemble des entiers négatifs. Pour tout anneau A, tout idéal nilpotent $\mathfrak{n}$ de A, et tout entier $r \geqslant 0$, soit $CW(A, \mathfrak{n}, r)$ le sous-ensemble de A^I formé des éléments $(a_i)_{i\in I}$ tels que $a_{-n} \in \mathfrak{n}$ si $n \geqslant r$. Autrement dit, on a

$$CW(A, \mathfrak{n}, r) = A^{\{0,-1,\ldots,1-r\}} \times \mathfrak{n}^{\{-r,-r-1,\ldots\}}.$$

On munit $CW(A, \mathfrak{n}, r)$ de la topologie produit, chaque facteur A ou $\mathfrak{n}$ étant muni de la topologie discrète. On note $CW(A)$ la réunion des $CW(A, \mathfrak{n}, r)$ et on munit $CW(A)$ de la topologie limite inductive. Pour cette topologie, $CW(A)$ est séparé et $CW^u(A)$ (*cf.* exerc. 23) est dense dans $CW(A)$. Les éléments de $CW(A)$ sont appelés *covecteurs de Witt de* A.

a) Soit t un entier positif, et soient $\omega_0, \ldots, \omega_t$ des entiers positifs tels que ω_0 soit non nul et que p^{t+1} divise $\sum_{i=0}^{t} p^i\omega_i$. Alors on a $\sum_{i=0}^{t} \omega_i \geqslant t(p-1) + p$.

b) Soit $\mathcal{A}$ l'anneau $\mathbf{Z}[\mathbf{X}, \mathbf{Y}]$ des polynômes en deux familles d'indéterminées $\mathbf{X} = (X_i)_{i\in I}$ et $\mathbf{Y} = (Y_i)_{i\in I}$. Pour tout entier $r \geqslant 0$, soit $\mathfrak{n}_r$ l'idéal de $\mathcal{A}$ engendré par les X_{-n} et Y_{-n} pour $n \geqslant r$. Soient r et s deux entiers $\geqslant 1$. Alors on a

$$S_m(X_{-m}, \ldots, X_0; Y_{-m}, \ldots, Y_0) \equiv S_{m+1}(X_{-m-1}, X_{-m}, \ldots, X_0; Y_{-m-1}, \ldots, Y_0)$$

modulo $\mathfrak{n}_r^s$ pour tout entier $m \geqslant r-1$ si $s < p$ et pour tout entier $m \geqslant r - 1 + (s-p)/(p-1)$ si $s \geqslant p$. (Par des arguments de poids, montrer que la différence des deux membres est combinaison linéaire à coefficients entiers de termes de la forme $X_{-m-1}^{u_0} Y_{-m-1}^{v_0} X_{-m}^{u_1} Y_{-m}^{v_1} \ldots X_0^{u_{m+1}} Y_0^{v_{m+1}}$ où, si l'on pose $\omega_i = u_i + v_i$ pour $0 \leqslant i \leqslant m+1$, on a $\omega_0 \neq 0$ et $\sum_{i=0}^{m+1} p^i\omega_i = p^{m+1}$. Utiliser alors *a*).)

c) Soient A un anneau, $\mathfrak{n}$ un idéal nilpotent de A, r un entier positif et $\boldsymbol{a}$, $\boldsymbol{b}$ deux éléments de $CW(A, \mathfrak{n}, r)$. Alors :

(i) Pour tout entier $n \geqslant 0$, la suite des éléments

$$d_m = S_m(a_{-n-m}, \ldots, a_{-n-1}, a_{-n}; b_{-n-m}, \ldots, b_{-n-1}, b_{-n})$$

de A est stationnaire.

(ii) Pour tout entier $n \geqslant 0$, soit c_{-n} la limite de la suite précédente. Alors l'élément $\boldsymbol{c} = (c_i)_{i\in I}$ appartient à $CW(A, \mathfrak{n}, r)$. On posera $\boldsymbol{a} + \boldsymbol{b} = \boldsymbol{c}$.

(iii) La loi d'addition précédente munit $CW(A)$ d'une structure de groupe commutatif, compatible avec sa topologie. Pour tout idéal nilpotent $\mathfrak{n}$ de A et tout entier $r \geqslant 0$, le sous-ensemble $CW(A, \mathfrak{n}, r)$ de $CW(A)$ en est un sous-groupe topologique. Il en est de même de $CW^u(A)$.

d) Soient A et B deux anneaux, φ un homomorphisme d'anneaux de A dans B. Notons $CW(\varphi)$ l'application de $CW(A)$ dans $CW(B)$ qui à $(a_i)_{i\in I}$ associe $(\varphi(a_i))_{i\in I}$. Alors $CW(\varphi)$ est un homomorphisme de groupes et une application continue.

25) Soit A un anneau parfait de caractéristique p.
a) Soient B une A-algèbre et $\varphi : A \to B$ l'homomorphisme structural. Pour tout entier $n \geqslant 1$, munissons le groupe $W_n(B)$ de la structure de W(A)-module définie par

$$(a, b) \mapsto \varphi(F^{1-n}a).b \quad \text{pour} \quad (a, b) \in W(A) \times W_n(B).$$

Muni de l'action de **F** par l'homomorphisme de Frobenius F et de **V** par l'homomorphisme de décalage V, $W_n(B)$ est alors un $\mathfrak{D}_A$-module (exerc. 22). L'application $V_n : W_n(B) \to W_{n+1}(B)$ induite par le décalage est un homomorphisme de $\mathfrak{D}_A$-modules.

Par transport de structure, on munit le groupe $CW^u(B)$ d'une structure de $\mathfrak{D}_A$-module.
b) Soit $\mathcal{A}$ l'anneau de polynômes $A[X]$ en une famille $\mathbf{X} = (X_i)_{i\in I}$ d'indéterminées. Pour tout entier $r \geqslant 0$, soit $\mathfrak{b}_r$ l'idéal de $\mathcal{A}$ engendré par les X_{-n}, pour $n \geqslant r$. Soient r et s des entiers $\geqslant 1$. Alors, pour tout élément $\boldsymbol{a} = (a_n)_{n\in N}$ de W(A), on a

$$P_m(a_0^{p^{-m}}, \ldots, a_m^{p^{-m}}; X_{-m}, \ldots, X_0) \equiv P_{m+1}(a_0^{p^{-m-1}}, \ldots, a_{m+1}^{p^{-m-1}}; X_{-m-1}, \ldots, X_0) \bmod. \mathfrak{b}_r^s,$$

pour tout entier $m \geqslant r - 1$ si $s < p$, et pour tout entier $m \geqslant r - 1 + (s - p)/(p - 1)$ si $s \geqslant p$.
c) Soient B une A-algèbre et $\varphi : A \to B$ l'homomorphisme structural. Soient $\boldsymbol{a} = (a_n)_{n\in N}$ un élément de W(A), et $\boldsymbol{b} = (b_i)_{i\in I}$ un élément de CW(B). Pour tout entier $n \geqslant 0$, la suite des éléments $P_m(\varphi(a_0^{p^{-n-m}}), \ldots, \varphi(a_m^{p^{-n-m}}); b_{-m-n}, \ldots, b_{-n})$ est stationnaire.

Notant c_{-n} la limite de cette suite, l'élément $\boldsymbol{c} = (c_i)_{i\in I}$ appartient à CW(B). Posons $\boldsymbol{c} = \boldsymbol{a}.\boldsymbol{b}$. L'application de $W(A) \times CW(B)$ dans CW(B) qui à $(\boldsymbol{a}, \boldsymbol{b})$ associe $\boldsymbol{c}$, munit CW(B) d'une structure de W(A)-module, qui prolonge la structure de W(A)-module de $CW^u(A)$.

Pour tout $a \in A$ et tout $\boldsymbol{b} \in CW(B)$, on a

$$\tau(a).\boldsymbol{b} = (c_i)_{i\in I} \quad \text{avec} \quad c_i = a^{p^i} b_i \quad \text{pour tout} \quad i \in I$$

et

$$p.\boldsymbol{b} = (b_{i-1}^p)_{i\in I}.$$

Si pour tout $\boldsymbol{b} \in CW(B)$, on pose

$$\mathbf{F}\boldsymbol{b} = (b_i^p)_{i\in I}$$
$$\mathbf{V}\boldsymbol{b} = (b_{i-1})_{i\in I},.$$

alors **F** et **V** sont des endomorphismes continus de CW(B) et permettent de munir CW(B) d'une structure de $\mathfrak{D}_A$-module. Le $\mathfrak{D}_A$-module $CW^u(B)$ est un sous-$\mathfrak{D}_A$-module de CW(B).

26) Soit M l'ensemble des nombres rationnels positifs dont le dénominateur est une puissance de p, muni de la structure de monoïde donnée par l'addition. Soit k un corps parfait de caractéristique p. On munit W(k) et son corps de fractions K de la topologie donnée par la valuation de W(k). Soit n un entier positif. Soit C l'algèbre sur K du monoïde produit M^n. Pour $1 \leqslant i \leqslant n$, on notera T_i l'image dans C de l'élément de M ayant pour i-ième composante 1 et pour autres composantes 0, et pour $\alpha \in M^n$ on notera T^α l'image de α. Pour $\alpha \in M^n$, on posera

$$\operatorname{den}(\alpha) = \sup_{1 \leqslant i \leqslant n} (p^{-\inf(0, w_p(\alpha_i))})$$

où w_p désigne la valuation p-adique de **Q**. On note A l'anneau $k[T_1, \ldots, T_n]$, B l'anneau $W(k)[T_1, \ldots, T_n]$, $\overline{B}$ l'algèbre de M^n sur W(k), $\overline{A}$ l'algèbre de M^n sur k. On considère A comme un sous-anneau de $\overline{A}$, B comme un sous-anneau de $\overline{B}$, $\overline{B}$ comme un sous-anneau de C.

Soit E l'ensemble des éléments de C de la forme $\sum_{\alpha\in M^n} \operatorname{den}(\alpha)\, a_\alpha T^\alpha$ où la famille à support fini (a_α) est formée d'éléments de W(k).

Soient F l'automorphisme de C coïncidant avec l'automorphisme de Frobenius sur W(k) et vérifiant $F(T_i^\alpha) = T_i^{p\alpha}$ pour tout i ($1 \leqslant i \leqslant n$) et tout $\alpha \in M$, et V l'automorphisme du groupe additif de C défini par $V = pF^{-1}$.
a) E est un sous-anneau de C, contenant B et stable par F et V.
b) E est un W(k)-module, et est somme de ses sous-modules V^iB, pour $i \in \mathbf{N}$.
c) On a $\bigcap_{i\in \mathbf{N}} V^iE = 0$.
d) Pour tout $i \in \mathbf{N}$, on a $B \cap V^iE = p^iB$.

e) Notons $\rho : \overline{\mathrm{B}} \to \overline{\mathrm{A}}$ l'application obtenue en réduisant les coefficients des éléments de M^n modulo $p\mathrm{W}(k)$. Alors on a $\rho(\mathrm{E}) = \mathrm{A}$, et ρ induit un isomorphisme ρ' de E/VE sur A.
f) Pour tout entier $r \geqslant 0$, $\mathrm{V}^r\mathrm{E}/\mathrm{V}^{r+1}\mathrm{E}$ est un module sur E/VE. Par ρ'^{-1}, on peut le considérer comme un A-module. L'application de A dans $\mathrm{V}^r\mathrm{E}/\mathrm{V}^{r+1}\mathrm{E}$ qui à $a \in \mathrm{A}$ associe la classe de $\mathrm{V}^r e$, pour tout élément $e \in \mathrm{E}$ vérifiant $\rho(e) = a$, est un isomorphisme du A-module $\varphi^r_*\mathrm{A}$ (p. 44, exerc. 13) sur le A-module $\mathrm{V}^r\mathrm{E}/\mathrm{V}^{r+1}\mathrm{E}$.
g) Il existe un unique homomorphisme de $\mathrm{W}(k)$-algèbres $\sigma : \overline{\mathrm{B}} \to \mathrm{W}(\overline{\mathrm{A}})$ tel que pour $1 \leqslant i \leqslant n$ et $r \in \mathrm{M}$, on ait $\sigma(\mathrm{T}_i^r) = \tau_{\overline{\mathrm{A}}}(\mathrm{T}_i^r)$. On a $\sigma \circ \mathrm{F} = \mathrm{F}_{\overline{\mathrm{A}}}$ et $\sigma \circ \mathrm{V} = \mathrm{V}_{\overline{\mathrm{A}}} \circ \sigma$ (s'inspirer de l'exerc. 14, p. 44).
h) L'homomorphisme σ induit un homomorphisme de $\mathrm{W}(k)$-algèbres $\tilde{\sigma} : \mathrm{E} \to \mathrm{W}(\mathrm{A})$, qui est le seul $\mathrm{W}(k)$-homomorphisme de E dans W(A) vérifiant $\tilde{\sigma}(\mathrm{T}_i) = \tau_{\mathrm{A}}(\mathrm{T}_i)$ pour $1 \leqslant i \leqslant n$ et $\tilde{\sigma} \circ \mathrm{V} = \mathrm{V}_{\mathrm{A}} \circ \tilde{\sigma}$.
i) Pour tout entier $r \geqslant 1$, $\tilde{\sigma}$ induit un isomorphisme de $\mathrm{E}/\mathrm{V}^r\mathrm{E}$ et $\mathrm{W}_r(\mathrm{A})$ (utiliser l'exerc. 13, p. 44) ; $\tilde{\sigma}$ est injectif.
j) Soit $\hat{\mathrm{C}}$ le complété de C pour la topologie p-adique. Pour tout $x \in \hat{\mathrm{C}}$, il existe une unique famille $(a_\alpha)_{\alpha \in \mathrm{M}^n}$ d'éléments de K, telle que a_α tende vers 0 quand α tend vers l'infini suivant le filtre des complémentaires des parties finies de M^n, et que x soit la somme de la famille $a_\alpha \mathrm{T}^\alpha$.
k) Soit $\hat{\mathrm{E}}$ l'ensemble des éléments $x = \sum_{\alpha \in \mathrm{M}^n} \mathrm{den}(\alpha)\, \alpha_\alpha \mathrm{T}^\alpha$ de $\hat{\mathrm{C}}$ tels qu'on ait $a_\alpha \in \mathrm{W}(k)$ pour tout $\alpha \in \mathrm{M}^n$. Prouver que $\tilde{\sigma} : \mathrm{E} \to \mathrm{W}(\mathrm{A})$ se prolonge en un isomorphisme de $\hat{\mathrm{E}}$ sur W(A).

27) Soient r_1, r_2, n des entiers vérifiant

$$1 \leqslant r_1 \leqslant r_2 \leqslant n\,.$$

Soient $\mathrm{T}_1, \ldots, \mathrm{T}_n$ des indéterminées. Par des arguments analogues à ceux de l'exercice précédent, donner une description de l'anneau des vecteurs de Witt sur l'anneau

$$k[\mathrm{T}_1, \ldots, \mathrm{T}_{r_1}, \mathrm{T}_1^{-1}, \ldots, \mathrm{T}_{r_1}^{-1}, \mathrm{T}_{r_1+1}, \ldots, \mathrm{T}_{r_2}][[\mathrm{T}_{r_2+1}, \ldots, \mathrm{T}_n]]\,.$$

28) Soit **J** l'ensemble des entiers $\geqslant 1$. Pour tout $n \in \mathbf{J}$, notons $\mathbf{J}_n$ l'ensemble des entiers $d \geqslant 1$ qui divisent n. Soit A un anneau. On munit $\mathrm{A}^{\mathbf{J}}$ de sa structure d'anneau produit. On définit les applications Φ, f_n, v_n $(n \in \mathbf{J})$ de $\mathrm{A}^{\mathbf{J}}$ dans lui-même par les formules suivantes. Pour $\boldsymbol{a} = (a_j)_{j \in \mathbf{J}}$, on pose

$$\Phi(\boldsymbol{a}) = (\Phi_n(\boldsymbol{a}))_{n \in \mathbf{J}}, \quad \text{où} \quad \Phi_n(\boldsymbol{a}) = \sum_{d \in \mathbf{J}_n} d a_d^{n/d}\,,$$

$$v_n(\boldsymbol{a}) = (n a_{m/n})_{m \in \mathbf{J}}\,, \quad f_n(\boldsymbol{a}) = (a_{mn})_{m \in \mathbf{J}}\,;$$

on convient que $a_{m/n} = 0$ si $m/n \notin \mathbf{J}$. Remarquons que Φ_n ne dépend que des a_d $(d \in \mathbf{J}_n)$. On écrira parfois $\Phi_n((a_d)_{d \in \mathbf{J}_n})$ au lieu de $\Phi_n(\boldsymbol{a})$.

Pour tout nombre premier p, on note w_p la valuation p-adique de **Q**. *Ces notations seront conservées dans la suite des exercices du* § 1.
a) f_n est un endomorphisme de l'anneau $\mathrm{A}^{\mathbf{J}}$, et $f_n \circ f_m = f_{nm}$ quels que soient n, m dans **J**.
b) v_n est un endomorphisme du groupe additif de $\mathrm{A}^{\mathbf{J}}$, et $v_n \circ v_m = v_{nm}$ quels que soient n, m dans **J**.

Soient n, m dans **J** et $d = \mathrm{pgcd}(m, n)$.
c) On a $f_n \circ v_m = d.v_{m/d} \circ f_{n/d}$. En particulier $f_n \circ v_n = n.\mathrm{Id}$, et $f_n \circ v_m = v_m \circ f_n$ si $d = 1$.
d) Quels que soient $\boldsymbol{a}$, $\boldsymbol{b}$ dans $\mathrm{A}^{\mathbf{J}}$ on a

$$v_n(\boldsymbol{a}).v_m(\boldsymbol{b}) = d.v_{nm/d}(f_{m/d}(\boldsymbol{a}).f_{n/d}(\boldsymbol{b}))$$

$$\frac{n}{d}\, v_n(\boldsymbol{a}.f_m(\boldsymbol{b})) = v_n(\boldsymbol{a}).v_{n/d}(f_{m/d}(\boldsymbol{b}))$$

$$\frac{n}{d}\, v_n(f_m(\boldsymbol{b})) = v_n(\mathbf{1}).v_{n/d}(f_{m/d}(\boldsymbol{b}))\,.$$

(La seconde formule résulte de la première, et la troisième de la seconde en prenant $\boldsymbol{a} = 1$.) En particulier, on a

$$v_n(\boldsymbol{a}).v_n(\boldsymbol{b}) = n v_n(\boldsymbol{a}.\boldsymbol{b})\,,$$

et

$$v_n(\boldsymbol{a}).v_m(\boldsymbol{b}) = v_{nm}(f_m(\boldsymbol{a}).f_n(\boldsymbol{b}))$$

si $d = 1$.

29) Soit A un anneau. Soient $n \in \mathbf{J}$, p un nombre premier, et $\boldsymbol{a} \in \mathrm{A}^{\mathbf{J}}$. Établir la relation $\Phi_{pn}(\boldsymbol{a}) = \Phi_n(\boldsymbol{a}^p) + p^w\Phi_m(f_{p^w}(\boldsymbol{a}))$, où $w = w_p(pn)$ et $pn = p^w m$. On a donc

$$\Phi_{pn}(\boldsymbol{a}) \equiv \Phi_n(\boldsymbol{a}^p) \bmod. p^{w_p(pn)}\mathrm{A}, \quad \text{et en particulier} \quad \Phi_{pn}(\boldsymbol{a}) \equiv \Phi_n(\boldsymbol{a})^p \bmod. p\mathrm{A}.$$

30) Soit p un nombre premier. Soient A un anneau filtré et $(\mathrm{J}_r)_{r\in\mathbf{Z}}$ sa filtration. On suppose que l'on a $\mathrm{J}_0 = \mathrm{A}$ et $p.1_{\mathrm{A}} \in \mathrm{J}_1$. Soient $\boldsymbol{a}$ et $\boldsymbol{b}$ des éléments de $\mathrm{A}^{\mathbf{J}}$ et $r \in \mathbf{N}$.
a) Si l'on a $a_d \equiv b_d \bmod. \mathrm{J}_r$ pour tout $d \in \mathbf{J}_n$, alors on a $\Phi_n(\boldsymbol{a}) \equiv \Phi_n(\boldsymbol{b}) \bmod. \mathrm{J}_{r+k}$ où $k = w_p(n)$.
b) Supposons que, pour tout entier $m \geqslant 1$ et tout $x \in \mathrm{A}$, la relation $p.x \in \mathrm{J}_{m+1}$ entraîne $x \in \mathrm{J}_m$. Si l'on a $\Phi_d(\boldsymbol{a}) \equiv \Phi_d(\boldsymbol{b}) \bmod. \mathrm{J}_{r+w_p(d)}$, pour tout $d \in \mathbf{J}_n$, alors $a_d \equiv b_d \bmod. \mathrm{J}_r$ pour tout $d \in \mathbf{J}_n$.

31) Soit A un anneau. Soit $n \in \mathbf{J}$. Soit $(a_d)_{d\in\mathbf{J}_n-\{n\}}$ une famille d'éléments de A. Posons $u_d = \Phi_d((a_e)_{e\in\mathbf{J}_d})$ pour $d \in \mathbf{J}_n - \{n\}$, et soit u_n un élément de A. Pour tout nombre premier $p \in \mathbf{J}_n$, supposons donné de plus un endomorphisme σ_p de A tel que $\sigma_p(a) \equiv a^p \bmod. p\mathrm{A}$ pour tout $a \in \mathrm{A}$. Alors les conditions suivantes sont équivalentes :
a) Il existe un élément a_n de A tel que $u_n = \Phi_n((a_d)_{d\in\mathbf{J}_n})$.
b) Pour tout nombre premier $p \in \mathbf{J}_n$, on a $u_n \equiv \sigma_p(u_{n/p}) \bmod. p^{w_p(n)}\mathrm{A}$.

32) Soit A un anneau.
a) Le noyau de $\Phi : \mathrm{A}^{\mathbf{J}} \to \mathrm{A}^{\mathbf{J}}$ est formé des éléments $\boldsymbol{a}$ tels que $da_d = 0$ pour tout $d \in \mathbf{J}$.
b) Supposons donné pour tout nombre premier p un endomorphisme σ_p de A tel que $\sigma_p(a) \equiv a^p \bmod. p\mathrm{A}$ pour tout $a \in \mathrm{A}$. Alors l'image de Φ est formée des éléments $\boldsymbol{u}$ tels que $u_{np} \equiv \sigma_p(u_n) \bmod. p^{w_p(np)}\mathrm{A}$ pour tout $n \in \mathbf{J}$. Cette image est un sous-anneau de $\mathrm{A}^{\mathbf{J}}$ stable par f_n et v_n pour tout $n \in \mathbf{J}$.
c) Soit $q \in \mathbf{J}$. Si la multiplication par q dans A est bijective, alors la multiplication par q est encore bijective dans $\mathrm{Ker}(\Phi)$ et dans $\mathrm{Im}(\Phi)$.

33) *a*) Soit J′ une partie de $\mathbf{J}$. Soient R un anneau commutatif et R[X] la R-algèbre de polynômes en une famille $\mathbf{X} = (\mathrm{X}_n)_{n\in\mathrm{J}'}$ d'indéterminées, munie de la graduation de type $\mathbf{Z}$ telle que X_n soit de degré n pour tout $n \in \mathrm{J}'$. Soit, pour tout $n \in \mathrm{J}'$, $\varphi_n(\mathrm{X})$ un élément de R[X] homogène de degré n où le coefficient de X_n soit inversible dans R. Alors l'endomorphisme φ de R[X] tel que $\varphi(\mathrm{X}_n) = \varphi_n(\mathrm{X})$ est un automorphisme de la R-algèbre graduée R[X].
b) Soient $\mathrm{J}' = \mathbf{J}$, $\mathrm{R} = \mathbf{Q}$, et $\varphi_n(\mathrm{X}) = \Phi_n(\mathrm{X})$. Il existe, pour tout $n \in \mathbf{J}$, un et un seul élément $\Psi_n(\mathrm{X})$ de $\mathbf{Q}[\mathrm{X}]$, homogène de degré n, qui ne dépend que des indéterminées $(\mathrm{X}_d)_{d\in\mathbf{J}_n}$, et tel que $\Psi_n(\Phi(\mathrm{X})) = \mathrm{X}_n$. (Appliquer *a*) avec $\mathrm{J}' = \mathbf{J}_n$.)
c) Si A est une $\mathbf{Q}$-algèbre, $\Phi : \mathrm{A}^{\mathbf{J}} \to \mathrm{A}^{\mathbf{J}}$ est bijectif, son inverse étant donné par $\boldsymbol{a} \mapsto (\Psi_n(\boldsymbol{a}))_{n\in\mathbf{J}}$.
d) Si A est un anneau dont le groupe additif est sans $\mathbf{Z}$-torsion, $\Phi : \mathrm{A}^{\mathbf{J}} \to \mathrm{A}^{\mathbf{J}}$ est injectif. (Plonger $\mathrm{A}^{\mathbf{J}}$ dans $(\mathbf{Q} \otimes \mathrm{A})^{\mathbf{J}}$.)

34) Soit $\mathrm{R} = \mathbf{Z}[\mathrm{X}, \mathrm{Y}]$ la $\mathbf{Z}$-algèbre des polynômes en deux familles d'indéterminées $\mathbf{X} = (\mathrm{X}_n)_{n\in\mathbf{J}}$ et $\mathbf{Y} = (\mathrm{Y}_n)_{n\in\mathbf{J}}$. Pour tout nombre premier p, soit σ_p l'endomorphisme de R défini par $\sigma_p(\mathrm{X}_n) = \mathrm{X}_n^p$ et $\sigma_p(\mathrm{Y}_n) = \mathrm{Y}_n^p$ pour tout $n \in \mathbf{J}$; on a alors $\sigma_p(a) \equiv a^p \bmod. p\mathrm{R}$ pour tout $a \in \mathrm{R}$. De plus, R est sans $\mathbf{Z}$-torsion.
a) Il existe dans $\mathrm{R}^{\mathbf{J}}$ des éléments $\mathbf{S} = (\mathrm{S}_n)_{n\in\mathbf{J}}$, $\mathbf{P} = (\mathrm{P}_n)_{n\in\mathbf{J}}$, $\mathbf{I} = (\mathrm{I}_n)_{n\in\mathbf{J}}$, et, pour tout $q \in \mathbf{J}$, $\mathbf{F}_q = (\mathrm{F}_{q,n})_{n\in\mathbf{J}}$ et $\mathbf{V}_q = (\mathrm{V}_{q,n})_{n\in\mathbf{J}}$, caractérisés respectivement par les égalités

$$\begin{aligned}
\Phi(\mathbf{S}) &= \Phi(\mathbf{X}) + \Phi(\mathbf{Y}), \\
\Phi(\mathbf{P}) &= \Phi(\mathbf{X}).\Phi(\mathbf{Y}), \\
\Phi(\mathbf{I}) &= -\Phi(\mathbf{X}), \\
\Phi(\mathbf{F}_q) &= f_q(\Phi(\mathbf{X})), \\
\Phi(\mathbf{V}_q) &= v_q(\Phi(\mathbf{X})).
\end{aligned}$$

(En plongeant R dans $\mathbf{Q} \otimes R$, on a, avec les notations de l'exerc. 33,

$$S_n(X, Y) = \Psi_n(\Phi(X) + \Phi(Y)), \quad P_n(X, Y) = \Psi_n(\Phi(X).\Phi(Y)), \quad I_n(X) = \Psi_n(-\Phi(X)),$$
$$F_{q,n}(X) = \Psi_n(f_q(\Phi(X))), \quad \text{et} \quad V_{q,n}(X) = \Psi_n(v_q(\Phi(X))).)$$

b) Pour tout $n \in \mathbf{J}$, affectons X_n et Y_n du poids n. Alors S_n, P_n et I_n ne dépendent que des familles $(X_d)_{d \in \mathbf{J}_n}$ et $(Y_d)_{d \in \mathbf{J}_n}$. De plus :

α) S_n est isobare de poids n.

β) P_n est isobare de poids $2n$, et isobare de poids n en chacune des familles $(X_d)_{d \in \mathbf{J}_n}$ et $(Y_d)_{d \in \mathbf{J}_n}$.

γ) I_n est isobare de poids n.

c) $F_{q,n}$ est isobare de poids qn, et ne dépend que de la famille $(X_d)_{d \in \mathbf{J}_{qn}}$.

d) On a $V_{q,n}(X) = X_{n/q}$, où on convient que $X_{n/q} = 0$ si $n/q \notin \mathbf{J}$. (Il suffit de vérifier qu'avec cette définition de V_q, on a $v_q(\Phi(X)) = \Phi(V_q(X))$.)

35) Soit A un anneau.

a) L'ensemble $A^{\mathbf{J}}$, muni de l'addition

$$\boldsymbol{a} + \boldsymbol{b} = \mathbf{S}(\boldsymbol{a}, \boldsymbol{b})$$

et de la multiplication

$$\boldsymbol{a} \times \boldsymbol{b} = \mathbf{P}(\boldsymbol{a}, \boldsymbol{b}),$$

est un anneau commutatif, noté U(A). L'élément neutre pour l'addition est la suite $\mathbf{0}$ dont tous les termes sont nuls ; l'élément neutre pour la multiplication est la suite $\mathbf{1}$ dont tous les termes sont nuls sauf celui d'indice 1, qui vaut $1_{\mathbf{A}}$. L'opposé d'un élément $\boldsymbol{a}$ de U(A) est $\mathbf{I}(\boldsymbol{a})$.

b) Soit $\rho : B \to A$ un homomorphisme d'anneaux. Alors $U(\rho) : U(B) \to U(A)$ défini par $U(\rho)\,(b_n)_{n \in \mathbf{J}} = (\rho(b_n))_{n \in \mathbf{J}}$ est un homomorphisme d'anneaux.

c) L'application $\Phi : U(A) \to A^{\mathbf{J}}$ est un homomorphisme d'anneaux. En d'autres termes $\Phi_n : U(A) \to A$ est un homomorphisme d'anneaux pour tout $n \in \mathbf{J}$.

d) Si le groupe additif de A est sans $\mathbf{Z}$-torsion, le groupe additif de U(A) l'est aussi.

e) Soit $q \in \mathbf{J}$. Si la multiplication par q est bijective dans A, elle est encore bijective dans U(A). (Utiliser l'exerc. 32, *c*), p. 51.)

36) Soit A un anneau. Soient n, m dans $\mathbf{J}$ et $d = \text{pgcd}(n, m)$.

a) L'application $\boldsymbol{a} \mapsto \mathbf{F}_n(\boldsymbol{a}) = (F_{n,r}(\boldsymbol{a}))_{r \in \mathbf{J}}$ est un endomorphisme de l'anneau U(A), et l'on a $\mathbf{F}_n \circ \mathbf{F}_m = \mathbf{F}_{mn}$, $\Phi_n \circ \mathbf{F}_m = \Phi_{nm}$.

b) L'application $\boldsymbol{a} \mapsto \mathbf{V}_n(\boldsymbol{a}) = (V_{n,r}(\boldsymbol{a}))_{r \in \mathbf{J}}$ est un endomorphisme du groupe additif de U(A), et l'on a $\mathbf{V}_n \circ \mathbf{V}_m = \mathbf{V}_{nm}$. De plus, $\Phi_n \circ \mathbf{V}_q$ est égal à 0 si q ne divise pas n et à $q\Phi_{n/q}$ si q divise n.

c) On a $\mathbf{F}_n \circ \mathbf{V}_m = d \times \mathbf{V}_{m/d} \circ \mathbf{F}_{n/d}$; autrement dit $\mathbf{F}_n(\mathbf{V}_m(\boldsymbol{a}))$ (pour $\boldsymbol{a} \in U(A)$) est somme dans U(A) de d termes égaux à $\mathbf{V}_{m/d}(\mathbf{F}_{n/d}(\boldsymbol{a}))$. En particulier, on a $\mathbf{F}_n(\mathbf{V}_n(\boldsymbol{a})) = n \times \boldsymbol{a}$ et $\mathbf{F}_n \circ \mathbf{V}_m = \mathbf{V}_m \circ \mathbf{F}_n$ si $d = 1$.

d) Quels que soient $\boldsymbol{a}$, $\boldsymbol{b}$ dans U(A), on a

$$\mathbf{V}_n(\boldsymbol{a}) \times \mathbf{V}_m(\boldsymbol{b}) = d \times \mathbf{V}_{nm/d}(\mathbf{F}_{m/d}(\boldsymbol{a}) \times \mathbf{F}_{n/d}(\boldsymbol{b}))$$

$$\frac{n}{d} \times \mathbf{V}_n(\boldsymbol{a} \times \mathbf{F}_m(\boldsymbol{b})) = \mathbf{V}_n(\boldsymbol{a}) \times \mathbf{V}_{n/d}(\mathbf{F}_{m/d}(\boldsymbol{b}))$$

$$\frac{n}{d} \times \mathbf{V}_n(\mathbf{F}_m(\boldsymbol{b})) = \mathbf{V}_n(\mathbf{1}) \times \mathbf{V}_{n/d}(\mathbf{F}_{m/d}(\boldsymbol{b})).$$

En particulier, on a

$$\mathbf{V}_n(\boldsymbol{a}) \times \mathbf{V}_n(\boldsymbol{b}) = n \times \mathbf{V}_n(\boldsymbol{a} \times \boldsymbol{b}),$$

et

$$\mathbf{V}_n(\boldsymbol{a}) \times \mathbf{V}_m(\boldsymbol{b}) = \mathbf{V}_{nm}(\mathbf{F}_m(\boldsymbol{a}) \times \mathbf{F}_n(\boldsymbol{b}))$$

si $d = 1$. (Se ramener au cas où $A = \mathbf{Z}[X, Y]$, $\boldsymbol{a} = \mathbf{X}$, $\boldsymbol{b} = \mathbf{Y}$ et utiliser l'exerc. 33, *d*), p. 51 et l'exerc. 28, p. 50.)

37) Soit A un anneau.
a) Soit $m \in \mathbf{J}$. Pour tout élément $\boldsymbol{a} = (a_n)_{n \in \mathbf{J}}$ de U(A), on a

$$\boldsymbol{a} = (a_1, \ldots, a_m, 0, \ldots, 0, \ldots) + (\underbrace{0, \ldots, 0}_{m \text{ termes}}, a_{m+1}, a_{m+2}, \ldots).$$

b) On munit U(A) de la topologie produit sur $A^{\mathbf{J}}$ de la topologie discrète sur chacun des facteurs. Elle fait de U(A) un anneau topologique séparé et complet.
c) On note τ_A (ou τ) l'application de A dans U(A) qui à $a \in A$ associe $(a, 0, \ldots, 0) \in U(A)$. Soient a, b deux éléments de A, $\boldsymbol{x} = (x_n)_{n \in \mathbf{J}}$ un élément de U(A).
(i) On a les formules

$$\tau(ab) = \tau(a) \times \tau(b), \quad \tau(a) \times \boldsymbol{x} = (a^n x_n)_{n \in \mathbf{J}},$$
$$\Phi(\tau(a)) = (a^n)_{n \in \mathbf{J}},$$
$$F_n(\tau(a)) = \tau(a^n) \quad \text{pour tout} \quad n \in \mathbf{J}.$$

(ii) La série de terme général $V_n \tau(x_n)$ est convergente dans U(A), de somme $\boldsymbol{x}$.

38) Soient p un nombre premier, A un anneau et $\boldsymbol{a} \in U(A)$.
a) On a $F_p(\boldsymbol{a}) \equiv \boldsymbol{a}^p \bmod. pA^{\mathbf{J}}$; autrement dit, on a $F_{p,n}(\boldsymbol{a}) \equiv a_n^p \bmod. pA$ pour tout $n \in \mathbf{J}$.
b) On a $F_p(\boldsymbol{a}) \equiv \boldsymbol{a}^{*p} \bmod. p \times U(A)$, où $\boldsymbol{a}^{*p}$ désigne le produit dans U(A) de p termes égaux à $\boldsymbol{a}$, et où $p \times U(A)$ désigne l'idéal de U(A) engendré par $p \times 1_{U(A)}$, somme dans U(A) de p termes égaux à $1_{U(A)}$. (Il suffit de traiter le cas où $A = \mathbf{Z}[X]$ et $\boldsymbol{a} = \mathbf{X}$. Alors A est sans $\mathbf{Z}$-torsion et $\Phi : U(A) \to A^{\mathbf{J}}$ est injectif. Pour *a*) il suffit (p. 51, exerc. 30, *b*)) de montrer que, pour tout $n \in \mathbf{J}$, $\Phi_n(F_p(\mathbf{X})) = \Phi_{pn}(\mathbf{X})$ est congru à $\Phi_n(\mathbf{X}^p)$ modulo $p^{w_p(pn)}A$, ce qui résulte de l'exerc. 29, p. 51. Pour *b*) il suffit de montrer que $\Phi(F_p(\mathbf{X})) = f_p(\Phi(\mathbf{X}))$ est congru à $\Phi(\mathbf{X}^{*p}) = \Phi(\mathbf{X})^p$ modulo $p.\Phi(U(A))$. Or il existe un élément $\boldsymbol{u} \in A^{\mathbf{J}}$ tel que

$$f_p(\Phi(\mathbf{X})) - \Phi(\mathbf{X})^p = (\Phi_{np}(\mathbf{X}) - \Phi_n(\mathbf{X})^p)_{n \in \mathbf{J}} = p.u \quad \text{(p. 51, exerc. 29)}$$

et il s'agit de montrer que $\boldsymbol{u} \in \Phi(U(A))$. Pour tout nombre premier q, soit σ_q l'endomorphisme de l'anneau $A = \mathbf{Z}[X]$ tel que $\sigma_q(X_n) = X_n^q$ pour tout $n \in \mathbf{J}$. D'après l'exerc. 32, p. 51, il suffit de montrer que, pour tout nombre premier q et pour tout $n \in \mathbf{J}$, on a $u_{qn} \equiv \sigma_q(u_n) \bmod. q^{w_q(qn)}A$, ce qui équivaut à prouver la congruence suivante

$$(1) \qquad \Phi_{pqn}(\mathbf{X}) - \Phi_{qn}(\mathbf{X})^p \equiv \sigma_q(\Phi_{pn}(\mathbf{X}) - \Phi_n(\mathbf{X})^p) \bmod. pq^{w_q(qn)}A.$$

Or le terme de droite est égal à $\Phi_{pn}(\mathbf{X}^q) - \Phi_n(\mathbf{X}^q)^p$. D'après l'exerc. 29, p. 51, on a

$$(2) \qquad \Phi_{pqn}(\mathbf{X}) \equiv \Phi_{pn}(\mathbf{X}^q) \bmod. q^{w_q(pqn)}A$$

et

$$(3) \qquad \Phi_{qn}(\mathbf{X}) \equiv \Phi_n(\mathbf{X}^q) \bmod. q^{w_q(qn)}A.$$

Les termes de droite et de gauche de (1) sont tous deux congrus à zéro modulo pA (p. 51, exerc. 29), donc (1) résulte de (2) et (3) si $q \neq p$. Supposons que l'on ait $q = p$. Alors il résulte de (3) et du lemme 1 qu'on a

$$(4) \qquad \Phi_{pn}(\mathbf{X})^p \equiv \Phi_n(\mathbf{X}^p)^p \bmod. p^{w_p(pn)+1}A,$$

et (1) résulte de (2) et (4).)

39) Soit S une partie non vide de $\mathbf{J}$ telle que pour tout n dans S, S contienne $\mathbf{J}_n$. Notons π_S la projection canonique de $A^{\mathbf{J}}$ sur A^S.
a) Le noyau de π_S est un idéal de A. On notera $U_S(A)$ l'anneau obtenu en munissant A^S de la structure d'anneau quotient. On a un diagramme commutatif d'homomorphismes d'anneaux

$$\begin{array}{ccc} U(A) & \xrightarrow{\ \Phi\ } & A^{\mathbf{J}} \\ \Big\downarrow{\scriptstyle \pi_S} & & \Big\downarrow{\scriptstyle \pi_S} \\ U_S(A) & \xrightarrow{\ \Phi_S\ } & A^S \end{array}$$

où $\Phi_S((a_n)_{n \in S}) = (\Phi_n((a_d)_{d \in \mathbf{J}_n}))_{n \in S}$.

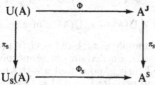

b) Pour tout $n \in \mathbf{J}$, $\mathrm{Ker}(\pi_S)$ est stable par $\mathbf{V}_n$, et $\mathrm{Ker}(\pi_S)$ contient $\mathbf{V}_n(\mathrm{U}(\mathrm{A}))$ si $n \notin \mathrm{S}$. Par passage au quotient $\mathbf{V}_n$ définit un endomorphisme, encore noté $\mathbf{V}_n$, du groupe additif de $\mathrm{U_S(A)}$.
c) Si $n \in \mathbf{J}$ et si $n\mathrm{S} \subset \mathrm{S}$ alors $\mathrm{Ker}(\pi_S)$ est stable par $\mathbf{F}_n$, qui définit, par passage au quotient, un endomorphisme, encore noté $\mathbf{F}_n$, de l'anneau $\mathrm{U_S(A)}$.
d) Soit $n \in \mathbf{J}$. L'anneau $\mathrm{U_S(A)}$ se notera aussi $\mathrm{U}_n(\mathrm{A})$ si $S = \mathbf{J}_n$, et $\mathrm{U}_{n\infty}(\mathrm{A})$ si $\mathrm{S} = \bigcup_{r\geqslant 1} \mathbf{J}_{n^r}$.
Soit p un nombre premier. Montrer que $\mathrm{U}_{p\infty}(\mathrm{A})$ s'identifie à l'anneau de Witt W(A), et que, pour tout $n \in \mathbf{N}$, $\mathrm{U}_{p^n}(\mathrm{A})$ s'identifie à l'anneau $\mathrm{W}_{n+1}(\mathrm{A})$ (on identifiera l'élément $(u_1, u_p, u_{p^2}, \ldots, u_{p^{n-1}}, u_{p^n})$ de $\mathrm{U}_{p^n}(\mathrm{A})$ au vecteur de Witt $[a_0, \ldots, a_n]$ avec $a_i = u_{p^i}$ pour $0 \leqslant i \leqslant n$). Les endomorphismes de groupes $\mathbf{V}_p$ et $\mathbf{F}_p$ de $\mathrm{U}_{p\infty}(\mathrm{A})$ correspondent respectivement, par cette identification, au décalage et à l'endomorphisme de Frobenius de W(A).

40) Soit A un anneau. Soit $\mathbf{J} = \mathrm{P} \times \mathrm{Q}$ une décomposition du monoïde J en produit de sous-monoïdes P et Q (qui sont donc engendrés par les nombres premiers qu'ils contiennent). On suppose que tout $q \in \mathrm{Q}$ est inversible dans A, donc aussi dans U(A) (p. 52, exerc. 35, *e*)).
a) Pour tout $\boldsymbol{a} \in \mathrm{U(A)}$, la série

$$\varepsilon_{\mathrm{Q}}(\boldsymbol{a}) = \sum_{q\in\mathrm{Q}} \frac{\mu(q)}{q} \mathbf{V}_q\mathbf{F}_q(a),$$

où μ désigne la fonction de Möbius (Lie, II, p. 71), est convergente pour la topologie produit de $\mathrm{U(A)} = \mathrm{A}^{\mathbf{J}}$. On définit ainsi l'endomorphisme additif $\varepsilon_{\mathrm{Q}} = \sum_{q\in\mathrm{Q}} \frac{\mu(q)}{q} \mathbf{V}_q\mathbf{F}_q$ de U(A). Pour tout $n \in \mathbf{J}$, l'application $\Phi_n \circ \varepsilon_{\mathrm{Q}}$ de U(A) dans A est égale à 0 si $n \notin \mathrm{P}$ et à Φ_n si $n \in \mathrm{P}$.
b) Pour tout $q \in \mathrm{Q}$, $q \neq 1$, on a

$$\varepsilon_{\mathrm{Q}}\mathbf{V}_q = 0 = \mathbf{F}_q\varepsilon_{\mathrm{Q}}.$$

(Utiliser l'exerc. 36, *c*), p. 52.)
c) Montrer que ε_{Q} est un idempotent ayant pour image l'intersection des noyaux des $\mathbf{F}_q$ ($q \in \mathrm{Q}$, $q \neq 1$).
Pour $m \in \mathbf{J}$ et $a \in \mathrm{A}$, calculer $\varepsilon_{\mathrm{Q}}\mathbf{V}_m\tau(a)$. En déduire que le noyau de ε_{Q} est l'ensemble des éléments de la forme $\sum_{n\in\mathrm{Q}} \mathbf{V}_n\tau(a_n)$, avec $a_n \in \mathrm{A}$. Le sous-ensemble $\varepsilon_{\mathrm{Q}}\mathrm{U(A)}$ de U(A) est stable par addition et multiplication. Muni de ces deux opérations, c'est un anneau commutatif, d'unité $\varepsilon_{\mathrm{Q}}(1_{\mathrm{U(A)}})$, et l'application $\varepsilon_{\mathrm{Q}} : \mathrm{U(A)} \to \varepsilon_{\mathrm{Q}}\mathrm{U(A)}$ est un homomorphisme d'anneaux.
d) Pour tout $q \in \mathrm{Q}$, posons $e_q = \frac{1}{q}\mathbf{V}_q\varepsilon_{\mathrm{Q}}\mathbf{F}_q$. Montrer que l'on a $e_q^2 = e_q$ et $e_qe_{q'} = 0$ si $q \neq q'$, et que, pour tout $\boldsymbol{a} \in \mathrm{U(A)}$ on a

$$(*) \quad \boldsymbol{a} = \sum_{q\in\mathrm{Q}} e_q(\boldsymbol{a}),$$

où la somme est convergente pour la topologie produit de U(A). (Pour (*) se ramener au cas où $\boldsymbol{a} = \mathbf{X} \in \mathrm{U(R[X])}$, R étant le sous-anneau de $\mathbf{Q}$ formé des nombres rationnels à dénominateur dans Q. Il suffit alors d'appliquer Φ et de vérifier l'analogue de (*) dans $\mathrm{R[X]}^{\mathbf{J}}$ ce qui résulte de la formule $\Phi_{pq} \circ e_{q'} = \Phi_{pq}\delta_{qq'}$ si $p \in \mathrm{P}$, $q \in \mathrm{Q}$, $q' \in \mathrm{Q}$.
Le sous-ensemble $e_q\mathrm{U(A)}$ de U(A) est stable par addition et multiplication. Muni de ces deux opérations, c'est un anneau commutatif, d'unité $e_q(1_{\mathrm{U(A)}})$ et l'application $e_q : \mathrm{U(A)} \to e_q\mathrm{U(A)}$ est un homomorphisme d'anneaux.
e) Pour tout $q \in \mathrm{Q}$, on a $\mathbf{F}_qe_q = \varepsilon_{\mathrm{Q}}\mathbf{F}_q$ et $\left(\frac{1}{q}\mathbf{V}_q\right)\varepsilon_{\mathrm{Q}} = e_q\left(\frac{1}{q}\mathbf{V}_q\right)$. En conclure que $\boldsymbol{a} \mapsto \mathbf{F}_q(\boldsymbol{a})$ est un isomorphisme d'anneaux $e_q\mathrm{U(A)} \to \varepsilon_{\mathrm{Q}}\mathrm{U(A)}$, d'inverse $\boldsymbol{a} \mapsto \frac{1}{q}\mathbf{V}_q(\boldsymbol{a})$.
f) Montrer que la projection canonique $\pi_{\mathrm{P}} : \mathrm{U(A)} \to \mathrm{U_P(A)}$ (exerc. 39) définit un isomorphisme d'anneaux $\varepsilon_{\mathrm{Q}}\mathrm{U(A)} \to \mathrm{U_P(A)}$. En déduire un isomorphisme d'anneaux de U(A) sur $\mathrm{U_P(A)}^{\mathrm{Q}}$ transformant $\boldsymbol{a}$ en $(\pi_{\mathrm{P}}\varepsilon_{\mathrm{Q}}\mathbf{F}_q(\boldsymbol{a}))_{q\in\mathrm{Q}}$ pour tout $\boldsymbol{a} \in \mathrm{U(A)}$.
g) Si A est une $\mathbf{Q}$-algèbre, on peut prendre $\mathrm{P} = \{1\}$ et $\mathrm{Q} = \mathbf{J}$. On déduit un isomorphisme d'anneaux $\mathrm{U(A)} \to \mathrm{A}^{\mathbf{J}}$, qui n'est autre que Φ.

h) Supposons que $P = \{p^n | n \in \mathbf{N}\}$, où p est un nombre premier. Ainsi tout nombre premier $q \neq p$ est inversible dans A. On obtient un isomorphisme d'anneaux $U(A) \to W(A)^Q$ (*cf.* exerc. 39, *d*)).

On notera ω_A l'application de W(A) dans U(A), qui, par l'isomorphisme de U(A) et $W(A)^Q$, correspond à l'inclusion de W(A) dans $W(A)^Q$ selon la première composante.

41) Soit A un anneau.
a) Soit $\mu : A \to U(A)$ un homomorphisme d'anneaux tel que $\Phi_1 \circ \mu = \mathrm{Id}_A$. Posons $\sigma = \Phi \circ \mu$ et $\sigma(a) = (\sigma_n(a))_{n \in \mathbf{J}}$ pour $a \in A$. Les applications $\sigma_n : A \to A$ ($n \in \mathbf{J}$) satisfont aux conditions suivantes :
(1) σ_n est un homomorphisme d'anneaux pour tout $n \in \mathbf{J}$, et $\sigma_1 = \mathrm{Id}_A$.
(2) Pour tout nombre premier p et pour tout $a \in A$, on a $\sigma_p(a) \equiv a^p \bmod. pA$ et
$$\sigma_p(\sigma_n(a)) \equiv \sigma_{pn}(a) \bmod. p^{w_p(pn)}A \quad \text{pour tout} \quad n \in \mathbf{J}.$$
b) Supposons que le groupe additif de A soit sans **Z**-torsion. Soit $\sigma = (\sigma_n)_{n \in \mathbf{J}}$ une famille d'applications $\sigma_n : A \to A$ satisfaisant aux conditions (1) et (2) de *a*). Il existe un unique homomorphisme d'anneaux $\mu : A \to U(A)$ tel que $\Phi_1 \circ \mu = \mathrm{Id}_A$ et $\Phi \circ \mu = \sigma$. (Appliquer les exerc. 32 et 33, *d*), p. 51.)
c) Supposons que le groupe additif de A soit sans **Z**-torsion. Il existe un unique homomorphisme d'anneaux
$$\mu^A : U(A) \to U(U(A))$$
tel que $\Phi^{U(A)} \circ \mu^A$ soit l'application
$$\mathbf{F}^A : U(A) \to U(A)^{\mathbf{J}}$$
définie par $\mathbf{F}^A(a) = (\mathbf{F}_n(a))_{n \in \mathbf{J}}$. (Se ramener au cas où $A = \mathbf{Z}[\mathbf{X}]$. Appliquer *b*) et les exerc. 36 et 38, *b*), p. 52 et 53.)
d) Soit $\mathbf{X} = (X_n)_{n \in \mathbf{J}}$ une famille d'indéterminées considérée comme élément de $U(\mathbf{Z}[\mathbf{X}])$. Posons
$$\mu^{\mathbf{Z}[\mathbf{X}]}(\mathbf{X}) = (\mu_n(\mathbf{X}))_{n \in \mathbf{J}} = ((\mu_{n,m}(\mathbf{X}))_{m \in \mathbf{J}})_{n \in \mathbf{J}}$$
où $\mu_{n,m}(\mathbf{X}) \in \mathbf{Z}[\mathbf{X}]$ pour n, m dans $\mathbf{J}$. Pour tout anneau A définissons $\mu^A : U(A) \to U(U(A))$ par $\mu^A(a) = ((\mu_{n,m}(a))_{m \in \mathbf{J}})_{n \in \mathbf{J}}$. Montrer que μ^A est un homomorphisme d'anneaux tel que le diagramme suivant soit commutatif

(1)

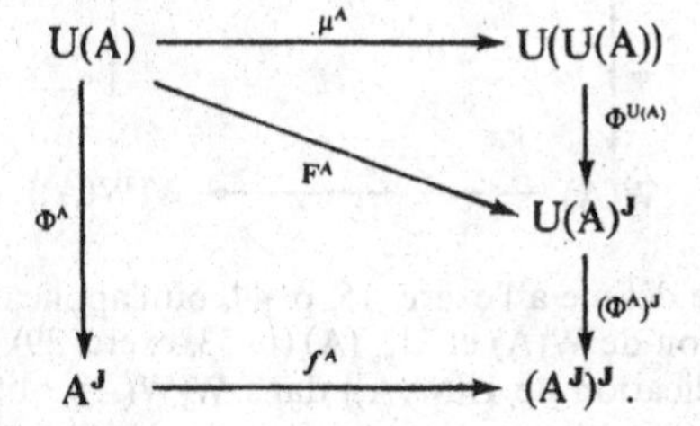

Ici par définition, $f^A(a) = (f_n(a))_{n \in \mathbf{J}}$ pour $a \in A^{\mathbf{J}}$, et Φ^A (resp. $\Phi^{U(A)}$) est l'homomorphisme Φ associé à l'anneau A (resp. U(A)).
e) Pour tout homomorphisme d'anneaux $\rho : B \to A$ le diagramme

$$
\begin{array}{ccc}
U(B) & \xrightarrow{\;\;U(\rho)\;\;} & U(A) \\
\downarrow{\scriptstyle \mu^B} & & \downarrow{\scriptstyle \mu^A} \\
U(U(B)) & \xrightarrow{U(U(\rho))} & U(U(A))
\end{array}
$$

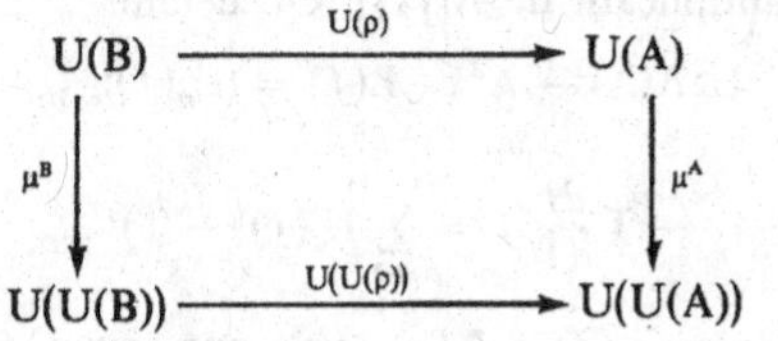

est commutatif.

f) Montrer que le diagramme suivant est commutatif

$$\begin{array}{ccc} \mathrm{U}(\mathrm{A}) & \xrightarrow{\ \mu^{\mathrm{A}}\ } & \mathrm{U}(\mathrm{U}(\mathrm{A})) \\ \Big\downarrow{\scriptstyle \mu^{\mathrm{A}}} & & \Big\downarrow{\scriptstyle \mu^{\mathrm{U}(\mathrm{A})}} \\ \mathrm{U}(\mathrm{U}(\mathrm{A})) & \xrightarrow{\ \mathrm{U}(\mu^{\mathrm{A}})\ } & \mathrm{U}(\mathrm{U}(\mathrm{U}(\mathrm{A}))). \end{array}$$

(Se ramener au cas où $\mathrm{A} = \mathbf{Q}[\mathrm{X}]$. Alors A est une $\mathbf{Q}$-algèbre, donc $\Phi^{\mathrm{A}} : \mathrm{U}(\mathrm{A}) \to \mathrm{A}^{\mathbf{J}}$ est un isomorphisme et U(A) est également une $\mathbf{Q}$-algèbre. Si, à l'aide du diagramme (1) et par transport de structure, on remplace μ^{A} par f^{A} lorsque A est une $\mathbf{Q}$-algèbre, on est ramené à démontrer la commutativité du diagramme

$$\begin{array}{ccc} \mathrm{A}^{\mathbf{J}} & \xrightarrow{\ f^{\mathrm{A}}\ } & (\mathrm{A}^{\mathbf{J}})^{\mathbf{J}} \\ \Big\downarrow{\scriptstyle f^{\mathrm{A}}} & & \Big\downarrow{\scriptstyle f^{(\mathrm{A}^{\mathbf{J}})}} \\ (\mathrm{A}^{\mathbf{J}})^{\mathbf{J}} & \xrightarrow{\ (f^{\mathrm{A}})^{\mathbf{J}}\ } & ((\mathrm{A}^{\mathbf{J}})^{\mathbf{J}})^{\mathbf{J}}. \end{array}$$

On a

$$f^{(\mathrm{A}^{\mathbf{J}})}(f^{\mathrm{A}}(\mathbf{X})) = f^{(\mathrm{A}^{\mathbf{J}})}((f_n(\mathbf{X}))_{n\in\mathbf{J}}) = ((f_m(f_n(\mathbf{X})))_{n\in\mathbf{J}})_{m\in\mathbf{J}} = ((f_{mn}(\mathbf{X}))_{n\in\mathbf{J}})_{m\in\mathbf{J}},$$

et

$$(f^{\mathrm{A}})^{\mathbf{J}}(f^{\mathrm{A}}(\mathbf{X})) = (f^{\mathrm{A}})^{\mathbf{J}}((f_n(\mathbf{X}))_{n\in\mathbf{J}}) = (f^{\mathrm{A}}(f_n(\mathbf{X})))_{n\in\mathbf{J}} = ((f_{mn}(\mathbf{X}))_{m\in\mathbf{J}})_{n\in\mathbf{J}}.)$$

g) Pour tout $a \in \mathrm{A}$, on a

$$\mu_n^{\mathrm{A}}(\tau(a)) = 0 \quad \text{pour} \quad n \geqslant 2.$$

h) On a le diagramme commutatif suivant

$$\begin{array}{ccc} \mathrm{U}(\mathrm{A}) & \xrightarrow{\ \mu^{\mathrm{A}}\ } & \mathrm{U}(\mathrm{U}(\mathrm{A})) \\ \Big\downarrow{\scriptstyle \varphi} & & \Big\downarrow{\scriptstyle \psi} \\ \mathrm{W}(\mathrm{A}) & \xrightarrow{\ s_{\mathrm{A}}\ } & \mathrm{W}(\mathrm{W}(\mathrm{A})) \end{array}$$

où l'application s_{A} est celle définie à l'exerc. 15, p. 44, où l'application φ de U(A) dans W(A) est obtenue par identification de W(A) et $\mathrm{U}_{p\infty}(\mathrm{A})$ (p. 53, exerc. 39), et l'application ψ est composée de $\mathrm{U}(\varphi)$ et de l'application de U(W(A)) dans W(W(A)) obtenue par identification de W(W(A)) à $\mathrm{U}_{p\infty}(\mathrm{W}(\mathrm{A}))$.

42) Soient A un anneau et T une indéterminée. On note $\Lambda(\mathrm{A})$ (ou $\Lambda_{\mathrm{T}}(\mathrm{A})$) l'ensemble $1 + \mathrm{TA}[[\mathrm{T}]]$ des séries formelles à coefficients dans A de terme constant égal à 1 ; c'est un sous-groupe du groupe multiplicatif de A[[T]]. On définit

$$\mathrm{L} : \Lambda(\mathrm{A}) \to \mathrm{A}^{\mathbf{J}}, \quad \mathrm{L}(f) = (\mathrm{L}_n(f))_{n\in\mathbf{J}},$$

par

$$-\,\mathrm{T}\frac{df}{d\mathrm{T}}/f = \sum_{n\in\mathbf{J}} \mathrm{L}_n(f)\,(-\,\mathrm{T})^n.$$

a) Montrer que l'on a $\mathrm{L}(fg) = \mathrm{L}(f) + \mathrm{L}(g)$ quels que soient $f, g \in \Lambda(\mathrm{A})$.

b) Si A est une **Q**-algèbre, alors L est bijectif, son inverse ε étant donné par

$$\varepsilon(\boldsymbol{a}) = \exp(-\sum_{n\in\mathbf{J}} \frac{a_n}{n}(-\mathrm{T})^n)$$

pour $\boldsymbol{a} \in \mathrm{A}^{\mathbf{J}}$.

43) Soit $\mathrm{E} : \mathrm{U}(\mathrm{A}) \to \Lambda(\mathrm{A})$ l'application définie par

$$\mathrm{E}(\boldsymbol{a}) = \prod_{n\in\mathbf{J}} (1 - a_n(-\mathrm{T})^n)$$

pour $\boldsymbol{a} \in \mathrm{U}(\mathrm{A})$.
a) Démontrer la commutativité du diagramme

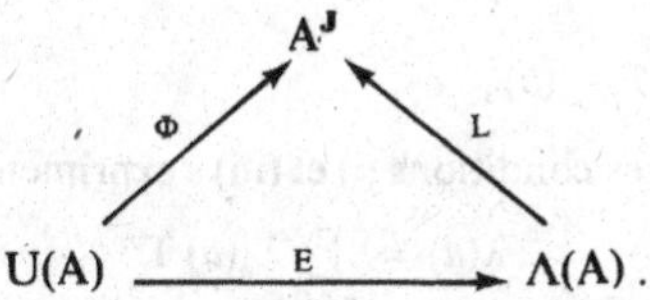

En déduire que si A est une **Q**-algèbre, on a

$$\prod_{n\in\mathbf{J}} (1 - a_n\mathrm{T}^n) = \exp(-\sum_{n\in\mathbf{J}} (\Phi_n(\boldsymbol{a})/n)\,\mathrm{T}^n)$$

quel que soit $\boldsymbol{a} \in \mathrm{U}(\mathrm{A})$.
b) Montrer que E est bijectif. (Si l'on pose $\prod_{n\in\mathbf{J}} (1 - a_n(-\mathrm{T})^n) = \sum_{n\geq 0} c_n(\boldsymbol{a})(-\mathrm{T})^n$, il suffit d'appliquer l'exerc. 33, *a*), p. 51 à la famille de polynômes $c_n(\mathrm{X})$ de $\mathbf{Z}[\mathrm{X}]$.)
c) On munit Λ(A) de l'unique structure d'anneau telle que E soit un isomorphisme d'anneaux. Montrer que l'addition de Λ(A) est la multiplication des séries, d'élément neutre 1. La multiplication de l'anneau Λ(A) notée $(f, g) \mapsto f * g$, est définie par la formule

$$\mathrm{E}(\boldsymbol{a} \times \boldsymbol{b}) = \mathrm{E}(\boldsymbol{a}) * \mathrm{E}(\boldsymbol{b})$$

quels que soient $\boldsymbol{a}, \boldsymbol{b} \in \mathrm{U}(\mathrm{A})$; son élément neutre est $1 + \mathrm{T}$.
d) Soit $\tau : \mathrm{A} \to \mathrm{U}(\mathrm{A})$ l'application définie dans l'exerc. 37, *c*), p. 53. On a

$$\mathrm{E}(\tau(a)) = 1 + a\mathrm{T}$$
$$(1 + a\mathrm{T}) * (1 + b\mathrm{T}) = 1 + ab\mathrm{T}$$
$$(1 + a\mathrm{T}) * f(\mathrm{T}) = f(a\mathrm{T})$$
$$\mathrm{L}(1 + a\mathrm{T}) = (a^n)_{n\in\mathbf{J}}$$

quels que soient a, b dans A et $f(\mathrm{T})$ dans Λ(A).
e) Soient f et g deux éléments de Λ(A) qui soient des polynômes en T, et soit m le degré de f. Posons

$$\varphi(\mathrm{X}) = \mathrm{X}^m f(\mathrm{T}/\mathrm{X})$$

et

$$\gamma(\mathrm{X}) = g(-\mathrm{X}).$$

Ce sont des polynômes en X à coefficients dans A[T] ; φ est unitaire et $f * g$ est le résultant res(φ, γ) des polynômes φ et γ (*cf.* A, IV, p. 75).
(On pourra partir de la formule

$$(1 + a\mathrm{T}) * g = g(a\mathrm{T}),$$

en déduire le résultat si $\mathrm{A} = \mathbf{Z}[\mathrm{X}_1, ..., \mathrm{X}_m]$ et $f = \prod_{i=1}^{m} (1 + \mathrm{X}_i\mathrm{T})$, et passer de là au cas général.)

44) Soit A un anneau.
a) L'ensemble $\hat{\mathrm{U}}(\mathrm{A})$ des éléments de U(A) à coordonnées nilpotentes, nulles sauf un nombre fini d'entre elles, est un idéal de l'anneau U(A). Pour tout $n \in \mathbf{J}$, il est stable par F_n et V_n.
b) Soit $\boldsymbol{a} \in \hat{\mathrm{U}}(\mathrm{A})$. Alors l'élément $\mathrm{E}(\boldsymbol{a})$ de $\Lambda(\mathrm{A})$ est un polynôme en T. Sa valeur en -1 est un élément inversible de A, qui est aussi, pour tout $n \in \mathbf{J}$, la valeur en -1 du polynôme $\mathrm{E}(\mathrm{V}_n\boldsymbol{a})$.
c) Si $\boldsymbol{a} \in \mathrm{U}(\mathrm{A})$ et $\boldsymbol{b} \in \hat{\mathrm{U}}(\mathrm{A})$, on note $\langle \boldsymbol{a}, \boldsymbol{b} \rangle$ la valeur en -1 du polynôme $\mathrm{E}(\boldsymbol{ab})$. On définit ainsi une application **Z**-bilinéaire de $\mathrm{U}(\mathrm{A}) \times \hat{\mathrm{U}}(\mathrm{A})$ dans A^* et on a

$$\langle \mathbf{F}_n\boldsymbol{a}, \boldsymbol{b} \rangle = \langle \boldsymbol{a}, \mathbf{V}_n\boldsymbol{b} \rangle$$
$$\langle \mathbf{V}_n\boldsymbol{a}, \boldsymbol{b} \rangle = \langle \boldsymbol{a}, \mathbf{F}_n\boldsymbol{b} \rangle \quad \text{pour tout } n \in \mathbf{J}\,.$$

45) Par *pré-λ-anneau* on entend un anneau A muni d'applications $\lambda_n : \mathrm{A} \to \mathrm{A}$ ($n \in \mathbf{N}$) telles que
(i) $\lambda_0(a) = 1$,
(ii) $\lambda_1(a) = a$,
(iii) $\lambda_n(a + b) = \sum_{p=0}^{n} \lambda_p(a)\,\lambda_{n-p}(b)$,

quels que soient a, b dans A. Les conditions (i) et (iii) s'expriment également en disant que

$$\lambda(a) = \sum_{n \geqslant 0} \lambda_n(a)\,\mathrm{T}^n$$

définit un homomorphisme du groupe additif de A dans le groupe multiplicatif $\Lambda(\mathrm{A})$.

Par *λ-morphisme* d'un pré-λ-anneau A dans un autre B, on entend un homomorphisme $\rho : \mathrm{A} \to \mathrm{B}$ d'anneaux tel que $\rho(\lambda_n(a)) = \lambda_n(\rho(a))$ quels que soient $a \in \mathrm{A}$, $n \in \mathbf{N}$, autrement dit tel que le diagramme

$$\begin{array}{ccc} \Lambda(\mathrm{A}) & \xrightarrow{\Lambda(\rho)} & \Lambda(\mathrm{B}) \\ \uparrow{\scriptstyle\lambda} & & \uparrow{\scriptstyle\lambda} \\ \mathrm{A} & \xrightarrow{\rho} & \mathrm{B} \end{array}$$

soit commutatif (l'application $\Lambda(\rho)$ transforme la série $1 + \sum_{n \geqslant 1} a_n \mathrm{T}^n$ en la série $1 + \sum_{n \geqslant 1} \rho(a_n)\,\mathrm{T}^n$).

Soit A un anneau. Nous nous proposons de munir $\Lambda(\mathrm{A})$ d'une structure de pré-λ-anneau. Notons $\mathrm{E}^{\mathrm{A}} : \mathrm{U}(\mathrm{A}) \to \Lambda_{\mathrm{T}}(\mathrm{A})$ l'isomorphisme d'anneaux défini dans l'exerc. 43. Soit S une autre indéterminée.
a) Montrer que les deux isomorphismes composés

$$\mathrm{U}(\mathrm{U}(\mathrm{A})) \xrightarrow{\mathrm{U}(\mathrm{E}^{\mathrm{A}})} \mathrm{U}(\Lambda_{\mathrm{T}}(\mathrm{A})) \xrightarrow{\mathrm{E}^{\Lambda_{\mathrm{T}}(\mathrm{A})}} \Lambda_{\mathrm{S}}(\Lambda_{\mathrm{T}}(\mathrm{A}))$$

et

$$\mathrm{U}(\mathrm{U}(\mathrm{A})) \xrightarrow{\mathrm{E}^{\mathrm{U}(\mathrm{A})}} \Lambda_{\mathrm{S}}(\mathrm{U}(\mathrm{A})) \xrightarrow{\Lambda_{\mathrm{S}}(\mathrm{E}^{\mathrm{A}})} \Lambda_{\mathrm{S}}(\Lambda_{\mathrm{T}}(\mathrm{A}))$$

coïncident ; on les notera $\tilde{\mathrm{E}}^{\mathrm{A}}$.

On définit l'application λ^{A} par la commutativité du diagramme

$$\begin{array}{ccc} \mathrm{U}(\mathrm{U}(\mathrm{A})) & \xrightarrow{\tilde{\mathrm{E}}^{\mathrm{A}}} & \Lambda_{\mathrm{S}}(\Lambda_{\mathrm{T}}(\mathrm{A})) \\ \uparrow{\scriptstyle\mu^{\mathrm{A}}} & & \uparrow{\scriptstyle\lambda^{\mathrm{A}}} \\ \mathrm{U}(\mathrm{A}) & \xrightarrow{\mathrm{E}^{\mathrm{A}}} & \Lambda_{\mathrm{T}}(\mathrm{A}) \end{array}$$

où μ^{A} désigne l'homomorphisme défini dans l'exerc. 41, *d*), p. 55.

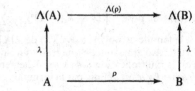

b) L'anneau $\Lambda(A)$, muni de λ^A, est un pré-λ-anneau. Pour tout homomorphisme d'anneaux $\rho : A \to B$, $\Lambda(\rho) : \Lambda(A) \to \Lambda(B)$ est un λ-morphisme.
c) Un pré-λ-anneau A s'appelle un λ-*anneau* si $\lambda : A \to \Lambda(A)$ est un λ-morphisme (pour la structure de pré-λ-anneau sur $\Lambda(A)$ qu'on vient de définir).
Soit A un anneau. Montrer que $(\Lambda(A), \lambda^A)$ est un λ-anneau. (Utiliser l'exerc. 41, *f*), p. 56.)

46) *a*) Soient A un pré-λ-anneau et $a \in A$. On appelle λ-*rang de a* la borne supérieure dans $\overline{\mathbf{R}}$ de l'ensemble des entiers $n \in \mathbf{N}$ tels que $\lambda_n(a) \neq 0$. Soit P une partie multiplicative de A formée d'éléments de λ-rang $\leqslant 1$. Soit $a = \sum_{i \in I} a_i$ la somme d'une famille finie d'éléments de P. On a $\lambda(a) = \prod_{i \in I} (1 + a_i T)$, donc $\lambda_n(a) = s_n((a_i)_{i \in I})$, où s_n désigne le polynôme symétrique élémentaire de degré n (A, IV, p. 63).
b) Soient A un anneau et a, b des éléments de A. Alors dans $\Lambda(A)$ les éléments $1 + aT$ et $(1 + aT) * (1 + bT) = 1 + abT$ sont de λ-rang $\leqslant 1$.
c) Soit A un pré-λ-anneau. Supposons qu'il existe un sous-monoïde multiplicatif de A, formé d'éléments de λ-rang $\leqslant 1$, qui engendre le groupe additif de A. Montrer que A est alors un λ-anneau. Plus généralement, A est un λ-anneau s'il existe un λ-morphisme injectif de A dans un pré-λ-anneau satisfaisant à la propriété précédente (« Principe de scindage »). (Il s'agit de montrer que l'application $\mathbf{Z}$-bilinéaire $(a, b) \mapsto \lambda(a) * \lambda(b)\, \lambda(ab)^{-1}$ est nulle et que les applications $\mathbf{Z}$-linéaires $a \mapsto \Lambda_S(\lambda_T)[\lambda_S(a)]$ et $a \mapsto \lambda_S^A(\lambda_T(a))$ de A dans $\Lambda_S(\Lambda_T(A))$ coïncident. Il suffit de vérifier ces propriétés pour $a, b \in P$.)
d) Soit $A = \mathbf{Z}[(X_i)_{i \in I}, (X'_{i'})_{i' \in I'}]$ l'anneau des polynômes en deux familles finies d'indéterminées. On a

$$\prod_{i \in I} (1 + X_i T) = \sum_{n \geqslant 0} s_n((X_i)_{i \in I})\, T^n$$

où

$$s_n((X_i)_{i \in I}) = \sum_{H \in \binom{I}{n}} X_H\,,$$

$\binom{I}{n}$ désignant l'ensemble des parties à n éléments de I, et où $X_H = \prod_{h \in H} X_h$. En affectant les X_i (et $X'_{i'}$) du poids 1, s_n est homogène de poids n. Tout polynôme symétrique en $(X_i)_{i \in I}$ s'exprime de façon unique comme polynôme en les s_n ($n \geqslant 1$) (A, IV, p. 58). En particulier, pour tout $m \geqslant 0$, on a

$$s_m((X_H)_{H \in \binom{I}{n}}) = Q_{n,m}(s_1, \ldots, s_{nm})$$

où $Q_{n,m}$ est homogène de poids nm en les $s_r = s_r((X_i)_{i \in I})$ ($r = 1, \ldots, nm$). C'est le coefficient de T^m dans $\prod_{H \in \binom{I}{n}} (1 + X_H T)$, et il est bien défini et indépendant de I, pourvu que $\mathrm{Card}(I) \geqslant nm$.
Le coefficient de T^n dans $\prod_{(i,i') \in I \times I'} (1 + X_i X'_{i'} T)$ est

$$s_n((X_i X'_{i'})_{(i,i') \in I \times I'}) = P_n(s_1, \ldots, s_n, s'_1, \ldots, s'_n)$$

où $s'_r = s_r((X'_{i'})_{i' \in I'})$, et où P_n est homogène de poids n en chacune des familles de variables (s_r) et (s'_r). Il est bien défini et indépendant de I et I' pourvu que I et I' soient de cardinaux $\geqslant n$.
Montrer que dans le λ-anneau $\Lambda(A)$ on a

$$\left(\sum_{r \geqslant 0} s_r T^r\right) * \left(\sum_{r \geqslant 0} s'_r T^r\right) = \sum_{n \geqslant 0} P_n(s_1, \ldots, s_n, s'_1, \ldots, s'_n)\, T^n$$

et

$$\lambda_n^A\left(\sum_{r \geqslant 0} s_r T^r\right) = \sum_{m \geqslant 0} Q_{n,m}(s_1, \ldots, s_{nm})\, T^m\,.$$

D'après *a*) et *b*), on a

$$\left(\sum_r s_r T^r\right) * \left(\sum_r s'_r T^r\right) = \left(\prod_i (1 + X_i T)\right) * \left(\prod_{i'} (1 + X'_{i'} T)\right) = \prod_{i,i'} (1 + X_i X'_{i'} T)$$

et

$$\lambda(\sum_r s_r T^r) = \lambda(\prod_i (1 + X_i T)) = \prod_i (1 + (1 + X_i T)S) = \sum_n s_n((1 + X_i T)_{i \in I}) S^n$$

et

$$s_n((1 + X_i T)_{i \in I}) = \prod_{H \in \binom{I}{n}} \mathop{\ast}_{h \in H} (1 + X_h T) = \prod_{H \in \binom{I}{n}} (1 + X_H T).$$

e) Soit A un pré-λ-anneau. Pour que A soit un λ-anneau, il faut et il suffit que les conditions suivantes soient satisfaites, quels que soient *a*, *b* dans A, et *n*, *m* dans **N**.

(i) $\lambda(1) = 1 + T$,

(ii) $\lambda_n(ab) = P_n(\lambda_1(a), \ldots, \lambda_n(a), \lambda_1(b), \ldots, \lambda_n(b))$,

(iii) $\lambda_m(\lambda_n(a)) = Q_{n,m}(\lambda_1(a), \ldots, \lambda_{nm}(a))$.

f) Soit $\rho : A \to B$ un λ-morphisme de pré-λ-anneaux. Si A est un λ-anneau et ρ surjectif, alors B est un λ-anneau. Si B est un λ-anneau et si ρ est injectif, alors A est un λ-anneau.

47) Soit A un anneau. On définit des applications F_n, V_n ($n \in \mathbf{J}$) de $\Lambda(A)$ dans lui-même par les formules

$$F_n(E(\boldsymbol{a})) = E(\mathbf{F}_n(\boldsymbol{a})), \quad V_n(E(\boldsymbol{a})) = E(\mathbf{V}_n(\boldsymbol{a}))$$

quel que soit $\boldsymbol{a} \in U(A)$.

a) On a $L(F_n(f)) = f_n(L(f))$ et $L(V_n(f)) = v_n(L(f))$ quel que soit $f \in \Lambda(A)$.

Soient *n*, *m* dans **J** et posons $d = \text{pgcd}(n, m)$.

b) Montrer que F_n est un endomorphisme de l'anneau $\Lambda(A)$, et que l'on a $F_n \circ F_m = F_{nm}$. Pour tout nombre premier *p* et pour tout $f \in \Lambda(A)$, on a $F_p(f) \equiv f^{*p}$ mod. $p * \Lambda(A)$, où f^{*p} désigne le produit dans l'anneau $\Lambda(A)$ de *p* termes égaux à *f*, et où $p * \Lambda(A)$ désigne l'idéal principal de $\Lambda(A)$ engendré par la somme dans $\Lambda(A)$ de *p* termes égaux à l'élément neutre $1 + T$, autrement dit par $(1 + T)^p$.

c) Prouver que V_n est un endomorphisme du groupe additif de $\Lambda(A)$, et que l'on a $V_n \circ V_m = V_{nm}$.

d) Pour tout $f \in \Lambda(A)$, on a $F_n(V_m(f)) = V_{m/d}(F_{n/d}(f))^d$. En particulier $F_n(V_n(f)) = f^n$, et $F_n \circ V_m = V_m \circ F_n$ si $d = 1$.

e) Quels que soient *f*, *g* dans $\Lambda(A)$, on a

$$V_n(f) * V_m(g) = V_{nm/d}(F_{m/d}(f) * F_{n/d}(g))^d,$$
$$V_n(f * F_m(g))^{n/d} = V_n(f) * V_{n/d}(F_{m/d}(g)),$$
$$V_n(F_m(g))^{n/d} = V_n(1 + T) * V_{n/d}(F_{m/d}(g)).$$

En particulier, on a

$$V_n(f) * V_n(g) = V_n(f * g)^n$$

et

$$V_n(f) * V_m(g) = V_{nm}(F_m(f) * F_n(g)) \quad \text{si} \quad d = 1.$$

f) On a

$$V_n(f)(T) = f(-(-T)^n)$$

quel que soit $f \in \Lambda(A)$. En particulier

$$V_n(1 + aT) = 1 - a(-T)^n$$

pour tout $a \in A$.

g) Pour tout $a \in A$, on a

$$F_n(1 + aT) = 1 + a^n T.$$

Pour tout $f \in \Lambda(A)$, on a

$$F_n(f)(-(-T)^n) = N(f(T))$$

où N désigne la norme dans l'extension $A[[T^n]] \subset A[[T]]$. (Il suffit de traiter le cas où $f \in A[T]$, puis de plonger A dans un anneau B où *f* se décompose en produit de facteurs linéaires, auxquels on peut appliquer la première formule.)

Pour tout $a \in A$, on a

$$F_n(1 - a(-T)^m) = (1 - a^{n/d}(-T)^{m/d})^d .$$

(Observer que $1 - a(-T)^m = V_m(1 + aT)$ et utiliser *c*) et *f*).)

h) Quels que soient $a, b \in A$, on a

$$(1 - a(-T)^n) * (1 - b(-T)^m) = (1 - a^{m/d}b^{n/d}(-T)^{mn/d})^d .$$

(Utiliser la première formule de *e*).)

48) Soit A un pré-λ-anneau. Notons Ψ le composé $A \xrightarrow{\lambda} \Lambda(A) \xrightarrow{L} A^{\mathbf{J}}$, de sorte que $\Psi(a) = (\psi_n(a))_{n \in \mathbf{J}}$, où

$$-T\frac{d}{dT}\lambda(a)/\lambda(a) = \sum_{n \in \mathbf{J}} \psi_n(a)(-T)^n .$$

Plus explicitement,

$$-n\lambda_n(a) = (-1)^n\psi_n(a) + (-1)^{n-1}\psi_{n-1}(a).\lambda_1(a) + \cdots + (-\psi_1(a)).\lambda_{n-1}(a)$$

quel que soit $n \in \mathbf{J}$. En particulier,

$$\begin{aligned}\psi_1(a) &= \lambda_1(a) = a\\ \psi_2(a) &= \lambda_1(a)^2 - 2\lambda_2(a)\\ \psi_3(a) &= \lambda_1(a)^3 - 3\lambda_1(a)\,\lambda_2(a) + 3\lambda_3(a).\end{aligned}$$

Les applications $\psi_n : A \to A$ s'appellent *opérations d'Adams.*

Lorsque $(A, \lambda) = (\Lambda(B), \lambda^B)$, B étant un anneau, on écrira aussi Ψ^B pour Ψ.

a) Soit B un anneau. Montrer que pour tout $n \in \mathbf{J}$, on a

$$\psi_n^B = F_n : \Lambda(B) \to \Lambda(B) .$$

(Utiliser le diagramme commutatif

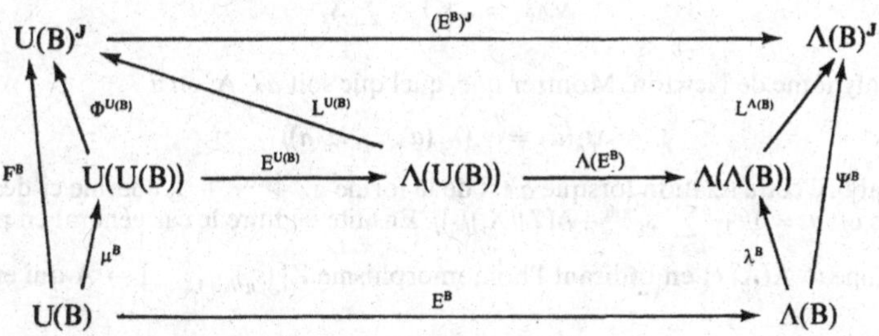

où toutes les applications horizontales sont bijectives.)

b) Soit A un pré-λ-anneau. Pour tout $n \in \mathbf{J}$, ψ_n est un endomorphisme du groupe additif de A, et $\psi_1 = \mathrm{Id}_A$. Si A est un λ-anneau, ψ_n est un endomorphisme de l'anneau A, et $\psi_n \circ \psi_m = \psi_{nm}$ quels que soient *n*, *m* dans **J**. De plus, pour tout nombre premier *p* on a $\psi_p(a) \equiv a^p \bmod. pA$ quel que soit $a \in A$. (Utiliser l'injectivité de $\lambda : A \to \Lambda(A)$, et les propriétés analogues des $\psi_n^A = F_n$.)

c) Soit A un pré-λ-anneau dont le groupe additif soit sans **Z**-torsion. Pour que A soit un λ-anneau, il faut et il suffit que les conditions suivantes soient satisfaites pour tous les entiers $n \geqslant 2$ et $m \geqslant 2$:

(i) $\psi_n(1) = 1$;
(ii) $\psi_n(ab) = \psi_n(a)\,\psi_n(b)$ quels que soient *a*, *b* dans A ;
(iii) $\psi_n \circ \psi_m = \psi_{nm}$.

(Puisque $L : \Lambda(A) \to A^J$ est un homomorphisme *injectif* d'anneaux, $\Psi = L \circ \lambda$ est un homomorphisme d'anneaux si et seulement si λ en est un. De même du diagramme

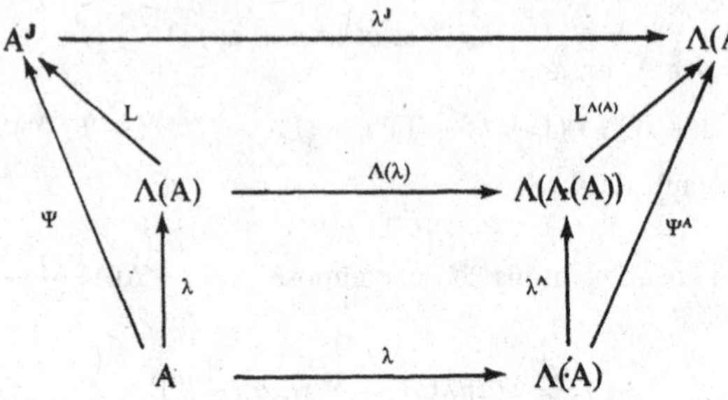

on déduit que

$$\begin{aligned} &\Lambda(\lambda) \circ \lambda = \lambda^A \circ \lambda \quad (\lambda \text{ est un } \lambda\text{-morphisme}) \\ &\Leftrightarrow \lambda^J \circ \Psi = \Psi^A \circ \lambda \Leftrightarrow \lambda \circ \psi_n = \psi_n^A \circ \lambda \text{ pour tout } n \\ &\Leftrightarrow L \circ \lambda \circ \psi_n = L \circ \psi_n^A \circ \lambda \text{ pour tout } n\,. \end{aligned}$$

Or $L \circ \lambda = \Psi$ et $L \circ \psi_n^A = L \circ F_n = f_n \circ L$. Donc

$$\begin{aligned} \Lambda(\lambda) \circ \lambda = \lambda^A \circ \lambda &\Leftrightarrow \Psi \circ \psi_n = f_n \circ \Psi \text{ pour tout } n \\ &\Leftrightarrow \psi_m \circ \psi_n = \psi_{nm} \text{ quels que soient } m \text{ et } n.) \end{aligned}$$

d) Soit A un λ-anneau. Soit $a \in A$ un élément de λ-rang $\leqslant 1$ (i.e. $\lambda(a) = 1 + aT$). Alors $\psi_n(a) = a^n$ quel que soit $n \in \mathbf{J}$. Si P est une partie multiplicative de A formée d'éléments de λ-rang $\leqslant 1$ et si $a_1, \ldots, a_r$ appartiennent à P, on a $\psi_n(a_1 + \cdots + a_r) = a_1^n + \cdots + a_r^n$.

Dans l'algèbre de polynômes $\mathbf{Z}[(X_i)_{i \in I}]$, notons (s_n) les polynômes symétriques élémentaires, $\sum_{n \geqslant 0} s_n T^n = \prod_i (1 + X_i T)$, et

$$\nu_n(s_1, \ldots, s_n) = \sum_i X_i^n$$

le n-ième polynôme de Newton. Montrer que, quel que soit $a \in A$, on a

$$\psi_n(a) = \nu_n(\lambda_1(a), \ldots, \lambda_n(a))\,.$$

(Vérifier d'abord cette relation lorsque a est de la forme $a_1 + \cdots + a_r$ comme ci-dessus. Passer de là au cas où $a = 1 + \sum_{h \geqslant 1} s_h T^h \in \Lambda(\mathbf{Z}[(X_i)_{i \in I}])$. Ensuite déduire le cas général en plongeant A dans le λ-anneau $\Lambda(A)$ et en utilisant l'homomorphisme $\mathbf{Z}[(s_h)_{h=1,\ldots,n}] \to A$ qui envoie s_h sur $\lambda_h(a)$.)

49) Soient A un anneau, E un A-module projectif de type fini, et $u \in \mathrm{End}_A(E)$. Si E est un A-module libre, on note $\det_E(u)$ le déterminant de u. En général, on peut choisir un A-module F tel que $E \oplus F$ soit un A-module libre de type fini, et on pose

$$\det_E(u) = \det_{E \oplus F}(u \oplus 1_F)\,.$$

a) Montrer que $\det_E(u)$ est indépendant du choix de F, que $\det(1_E) = 1$, et que $\det_E(u \circ v) = \det_E(u) . \det_E(v)$ quels que soient u, v dans $\mathrm{End}_A(E)$.

b) Supposons que L soit un sous-module facteur direct de E stable par u, et notons $u_L \in \mathrm{End}_A(L)$ et $u_{E/L} \in \mathrm{End}_A(E/L)$ les endomorphismes définis par u. Alors on a $\det_E(u) = \det_L(u_L) . \det_{E/L}(u_{E/L})$.

Soient T une indéterminée, $E[T] = A[T] \otimes_A E$, et identifions u à $1_{A[T]} \otimes_A u \in \mathrm{End}_{A[T]}(E[T])$. Posons

$$\chi_E(u) = \det(T.1 - u)$$

(polynôme caractéristique de u) et

$$\overline{\chi}_{E}(u) = \det(1 + uT) = \sum_{n\geqslant 0} \operatorname{Tr}(\mathbf{\Lambda}^n(u))\, T^n$$

où 1 désigne $1_{E[T]}$ (*cf.* A, III, p. 107).
c) On a $\overline{\chi}_{E}(0) = 1$. Supposons que E soit localement libre de rang constant r. On a $\overline{\chi}_{E}(1_E) = (1 + T)^r$. Si $\sigma_r : A[T, T^{-1}] \to A[T, T^{-1}]$ désigne l'application $(\sigma_r f)(T) = T^r . f((-T)^{-1})$ on a $\sigma_r(\sigma_r(f)) = (-1)^r f$ et $\sigma_r(\overline{\chi}_{E}(u)) = \chi_{E}(u)$.
d) Soit $\alpha : A \to A'$ un homomorphisme d'anneaux. On a $\overline{\chi}_{A'\otimes_A E}(\mathrm{Id}_{A'} \otimes_A u) = \alpha(\overline{\chi}_{E}(u))$, où on note α aussi l'homomorphisme $A[T] \to A'[T]$ défini par α.
e) On a $\overline{\chi}_{E}(u) \in \Lambda(A)$. Pour tout $n \in \mathbf{J}$, on a

$$\lambda_n^A(\overline{\chi}_{E}(u)) = \overline{\chi}_{\mathbf{\Lambda}^n(E)}(\mathbf{\Lambda}^n(u)),$$
$$\psi_n^A(\overline{\chi}_{E}(u)) = \overline{\chi}_{E}(u^n).$$

(Il suffit de vérifier les formules localement sur le spectre de A, donc on peut supposer E égal à A^r. Soit $(u_{ij})_{1\leqslant i,j\leqslant r}$ la matrice de u, soit $(X_{ij})_{1\leqslant i,j\leqslant r}$ une famille d'indéterminées, posons $B = \mathbf{Z}[(X_{ij})]$, et soit v l'endomorphisme de B^r de matrice $X = (X_{ij})_{1\leqslant i,j\leqslant r}$. Il suffit de vérifier les formules pour B^r et $v \in \operatorname{End}_B(B^r)$. On peut plonger B dans un corps C algébriquement clos, et il suffit de vérifier les formules pour C^r et $w = \mathrm{Id}_C \otimes_B v$. Soient $a_1, \ldots, a_r$ les valeurs propres de w, de sorte que $\overline{\chi}_{C^r}(w^n) = \prod_i (1 + a_i T)$. On a $\psi_n^C(\overline{\chi}_{C^r}(w)) = \prod_{i=1}^{r} (1 + a_i^n T) = \overline{\chi}_{C^r}(w^n)$. De plus $\chi_{\mathbf{\Lambda}^n(C^r)}(\mathbf{\Lambda}^n(w)) = \prod_H (1 + a_H T)$, où H parcourt l'ensemble des parties à n éléments de $\{1, \ldots, r\}$, et où $a_H = \prod_{h\in H} a_h$. On peut maintenant appliquer l'exerc. 46, *d*), p. 59, pour montrer que $\lambda_n^C(\overline{\chi}_{C^r}(w)) = \overline{\chi}_{\mathbf{\Lambda}^n(C^r)}(\mathbf{\Lambda}^n(w))$.)
f) On a

$$-T\left[\frac{d}{dT}\overline{\chi}_{E}(u)\right]\Big/\overline{\chi}_{E}(u) = \sum_{n\in\mathbf{J}} \operatorname{Tr}(u^n)(-T)^n,$$

autrement dit $L_n(\overline{\chi}_{E}(u)) = \operatorname{Tr}(u^n)$ pour $n \in \mathbf{J}$. (Raisonner comme dans *e*).)
g) Soient E′ un A-module projectif de type fini, et $u' \in \operatorname{End}_A(E')$. On a, dans l'anneau $\Lambda(A)$,

$$\overline{\chi}_{E\otimes_A E'}(u \otimes_A u') = \overline{\chi}_{E}(u) * \overline{\chi}_{E'}(u').$$

(Raisonner comme dans *e*).)
h) Soient k un corps algébriquement clos de caractéristique p non nulle, E un espace vectoriel sur k de dimension finie n, u un endomorphisme de E. On notera $\tilde{\chi}_{E}(u)$ l'image de $\overline{\chi}_{E}(u)$ dans $W(k)$ par les homomorphismes canoniques (exerc. 43, p. 57 et exerc. 39, p. 53) :

$$\Lambda(k) \xrightarrow{E^{-1}} U(k) \longrightarrow U_{p^\infty}(k) \longrightarrow W(k).$$

Prouver que si $\alpha_1, \ldots, \alpha_n$ sont les valeurs propres de l'endomorphisme u, on a

$$\tilde{\chi}_{E}(u) = \sum_{i=1}^{n} \tau(\alpha_i) \quad \text{dans} \quad W(k).$$

50) Soit A un pré-λ-anneau. Par *λ-idéal* de A on entend un idéal $\mathfrak{a}$ de A tel que $\lambda_n(\mathfrak{a}) \subset \mathfrak{a}$ pour tout $n \in \mathbf{J}$.
a) Soit $\mathfrak{a}$ un λ-idéal de A. Montrer qu'il existe une unique structure $\lambda : A/\mathfrak{a} \to \Lambda(A/\mathfrak{a})$ de pré-λ-anneau sur $A/\mathfrak{a}$ telle que la projection canonique $A \to A/\mathfrak{a}$ soit un λ-morphisme.
b) Les λ-idéaux de A sont précisément les noyaux des λ-morphismes de A dans d'autres pré-λ-anneaux.
c) Soit $(\mathfrak{a}_i)_{i\in I}$ une famille de λ-idéaux de A. Alors $\bigcap_i \mathfrak{a}_i$ et $\sum_i \mathfrak{a}_i$ sont des λ-idéaux de A.
d) Soit A un λ-anneau. Si $\mathfrak{a}$ et $\mathfrak{a}'$ sont des λ-idéaux de A, alors $\mathfrak{a}\mathfrak{a}'$ est un λ-idéal.
e) Soit A un λ-anneau et soit $a \in A$. L'idéal $\mathfrak{a}$ de A engendré par a, $\lambda_2(a)$, $\lambda_3(a)$, ... est un λ-idéal.

51) Soit A un λ-anneau et soit $(X_i)_{i\in I}$ une famille d'indéterminées. Introduisons la famille d'indéterminées $(\lambda_n X_i)_{(n,i)\in J\times I}$ telle que $\lambda_1 X_i = X_i$ quel que soit $i \in I$. Considérons l'algèbre de polynômes $B = A[(\lambda_n X_i)_{(n,i)\in J\times I}]$.

L'homomorphisme d'anneaux $\lambda : A \to \Lambda(A) \subset \Lambda(B)$ se prolonge de façon unique en un homomorphisme d'anneaux $\lambda : B \to \Lambda(B)$ tel que

$$\lambda(X_i) = 1 + \sum_{n\in J} (\lambda_n X_i)\, T^n$$

et, pour $q \geqslant 2$,

$$\lambda(\lambda_q X_i) = \lambda_q^B(\lambda(X_i)).$$

a) Montrer que (B, λ) est un λ-anneau. (Il s'agit de montrer que le diagramme d'*homomorphismes d'anneaux*

$$\begin{array}{ccc}
\Lambda_S(B) & \xrightarrow{\Lambda_S(\lambda_T)} & \Lambda_S(\Lambda_T(B)) \\
\uparrow{\scriptstyle \lambda_S} & & \uparrow{\scriptstyle \lambda_S^B} \\
B & \xrightarrow{\lambda_T} & \Lambda_T(B)
\end{array}$$

est commutatif. Il suffit de le vérifier sur un système générateur de l'anneau B.)

b) Soient C un λ-anneau, $\rho : A \to C$ un λ-morphisme, et $(c_i)_{i\in I}$ une famille d'éléments de C. Il existe un et un seul λ-morphisme $\rho' : B \to C$ prolongeant ρ et tel que $\rho'(X_i) = c_i$ pour tout $i \in I$.

52) Soient $(A_i)_{i\in I}$ une famille d'anneaux, $A = \prod_i A_i$, et $p_i : A \to A_i$ la projection canonique pour tout $i \in I$.

a) L'application $\alpha : A[[T]] \to \prod_i A_i[[T]]$, qui applique $\sum a_n T^n$ sur $(\sum_n p_i(a_n)\, T^n)_{i\in I}$ est un isomorphisme d'anneaux. Elle définit, par restriction, un isomorphisme d'anneaux $\alpha : \Lambda(A) \to \prod_i \Lambda(A_i)$. De plus on a, pour tout $n \in J$, $\alpha \circ \lambda_n^A = (\prod_i \lambda_n^{A_i}) \circ \alpha$. (Utiliser les « polynômes universels » de l'exerc. 46, *d*), p. 59.)

b) Supposons que, pour tout $i \in I$, A_i soit muni d'une structure $\lambda_i : A_i \to \Lambda(A_i)$ de pré-λ-anneau. En identifiant $\Lambda(A)$ à $\prod_i \Lambda(A_i)$ au moyen de α, on définit $\lambda = \prod_i \lambda_i : A \to \Lambda(A)$. Alors (A, λ) est un pré-λ-anneau, appelé produit de la famille $((A_i, \lambda_i))_{i\in I}$. Pour que (A, λ) soit un λ-anneau, il faut et il suffit que (A_i, λ_i) en soit un pour tout $i \in I$.

53) Soit $u = 1 + T + \sum_{n=2}^{\infty} a_n T^n$ un élément de $\Lambda(\mathbf{Z})$. Il existe un et un seul homomorphisme de groupes $\lambda^u : \mathbf{Z} \to \Lambda(\mathbf{Z})$ tel que $\lambda^u(1) = u$, et $(\mathbf{Z}, \lambda^u)$ est un pré-λ-anneau. On a $\lambda^u(n) = u^n$ quel que soit $n \in \mathbf{Z}$. Pour que $(\mathbf{Z}, \lambda^u)$ soit un λ-anneau, il faut et il suffit que $u = 1 + T$, auquel cas on a

$$\lambda_m^{1+T}(n) = \binom{n}{m} = \frac{n(n-1)\dots(n-m+1)}{m!}$$

quels que soient $n \in \mathbf{Z}$ et $m \in \mathbf{N}$.

54) Soient C un anneau et A une C-algèbre (non nécessairement commutative). On note $\mathrm{Rep}_C(A)$ l'ensemble additif des classes des A-modules qui sont des C-modules projectifs de type fini, et on note $R_C(A)$ le groupe de Grothendieck $K(\mathrm{Rep}_C(A))$ (*cf.* A, VIII, § 10, n° 6).

a) Soit $\alpha : A' \to A$ un homomorphisme de C-algèbres. Si E est un A-module de type $\mathrm{Rep}_C(A)$, alors le module $\alpha_* E$ obtenu par restriction à A' de l'anneau des scalaires A (A, II, p. 30) est un A'-module de type $\mathrm{Rep}_C(A')$, et $[E] \mapsto [\alpha_* E]$ définit un homomorphisme $\alpha_* : R_C(A) \to R_C(A')$.

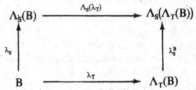

Si $\alpha_1 : A_1 \to A'$ est un homomorphisme de C-algèbres, on a $(\alpha \circ \alpha_1)_* = \alpha_{1*} \circ \alpha_*$.
b) On pose $K_0(C) = R_C(C)$. L'homomorphisme structural $\varepsilon : C \to A$ définit un homomorphisme $\varepsilon_* : R_C(A) \to K_0(C)$. S'il existe un homomorphisme $\gamma : A \to C$ de C-algèbres, alors $\gamma_* : K_0(C) \to R_C(A)$ est un inverse à droite de ε_*.
c) Soit $\gamma : C \to C'$ un homomorphisme d'anneaux. Si E est un A-module de type $\mathrm{Rep}_C(A)$, alors $\gamma^*E = C' \otimes_C E$ est un $A_{C'}$-module de type $\mathrm{Rep}_{C'}(A_{C'})$, où $A_{C'} = C' \otimes_C A$, et $[E] \mapsto [\gamma^*E]$ définit un homomorphisme $\gamma^* : R_C(A) \to R_{C'}(A_{C'})$. Si $\gamma'_1 : C' \to C_1$ est un autre homomorphisme d'anneaux, on a $(\gamma_1 \circ \gamma)^* = \gamma_1^* \circ \gamma^*$.
d) Soient $E \xrightarrow{f} F \xrightarrow{g} G$ des homomorphismes de A-modules, et posons $h = g \circ f$. Construire une suite exacte de A-modules

$$(*) \quad 0 \to \mathrm{Ker}(f) \to \mathrm{Ker}(h) \to \mathrm{Ker}(g) \to \mathrm{Coker}(f) \to \mathrm{Coker}(h) \to \mathrm{Coker}(g) \to 0 .$$

Déduire de là que si f et g sont injectifs, et si $\mathrm{Coker}(f)$ et $\mathrm{Coker}(g)$ sont de type $\mathrm{Rep}_C(A)$, alors $\mathrm{Coker}(h)$ est de type $\mathrm{Rep}_C(A)$, et on a

$$[\mathrm{Coker}(h)] = [\mathrm{Coker}(f)] + [\mathrm{Coker}(g)]$$

dans $R_C(A)$.

55) Soit C un anneau. Soit G un monoïde et soit $C^{(G)}$ son algèbre sur C. Au lieu de $\mathrm{Rep}_C(C^{(G)})$ et $R_C(C^{(G)})$, on écrira $\mathrm{Rep}_C(G)$ et $R_C(G)$. Si $\alpha : G' \to G$ est un homomorphisme de monoïdes, on notera aussi α l'homomorphisme de C-algèbres $C^{(G')} \to C^{(G)}$ qu'il définit, et $\alpha_* : R_C(G) \to R_C(G')$ l'homomorphisme correspondant.

D'après A, VIII, § 10, nº 5, il existe sur $R_C(G)$ une structure d'anneau (commutatif) telle que

$$[E].[F] = [E \otimes_C F]$$

si E et F sont des modules de type $\mathrm{Rep}_C(G)$. L'élément neutre pour cette multiplication est la classe du module C_1, égal à C avec opération triviale de G.
a) L'anneau $R_C(G)$ admet une unique structure de pré-λ-anneau telle que

$$\lambda[E] = \sum_{n \geqslant 0} [\mathbf{\Lambda}^n(E)]\, T^n$$

pour tout module E de type $\mathrm{Rep}_C(G)$. (Observer tout d'abord que $\mathbf{\Lambda}^n(E)$ est encore un module de type $\mathrm{Rep}_C(G)$. Ensuite, si F est un sous-module tel que F et E/F sont de type $\mathrm{Rep}_C(G)$, montrer que

$$[\mathbf{\Lambda}^n(E)] = \sum_{p=0}^{n} [\mathbf{\Lambda}^p(F) \otimes_C \mathbf{\Lambda}^{n-p}(E/F)]$$

dans $R_C(G)$. Pour cela notons L_p l'image de $\mathbf{\Lambda}^p(F) \otimes_C \mathbf{\Lambda}^{n-p}(E)$, par la multiplication, dans $\mathbf{\Lambda}^n(E)$. On a $\mathbf{\Lambda}^n(E) = L_0 \supset L_1 \supset \ldots \supset L_n = \mathbf{\Lambda}^n(F) \supset L_{n+1} = 0$, et il existe un isomorphisme canonique de $C^{(G)}$-modules de L_p/L_{p+1} sur $\mathbf{\Lambda}^p(F) \otimes \mathbf{\Lambda}^{n-p}(E/F)$.)
b) Pour tout homomorphisme $\alpha : G' \to G$ de monoïdes, l'application $\alpha_* : R_C(G) \to R_C(G')$ est un λ-morphisme. En particulier $K_0(C)$ est un pré-λ-anneau et $\varepsilon_* : R_C(G) \to K_0(C)$ est un λ-morphisme. L'homomorphisme $G \to \{1\}$ en fournit un inverse à droite.
c) Soient G un monoïde et R un ensemble. Une fonction $f : G \to R$ sera dite *centrale* si $f(st) = f(ts)$ quels que soient $s, t \in G$. Notons FC(G, R) l'ensemble de ces fonctions. Si R est un λ-anneau, FC(G, R) est canoniquement muni d'une structure de λ-anneau telle que

$$(f + f')(s) = f(s) + f'(s)$$
$$(f.f')(s) = f(s).f'(s)$$
$$(\lambda_n f)(s) = \lambda_n(f(s))$$

quels que soient f, f' dans FC(G, R) et s dans G. Ceci s'applique notamment lorsque $R = \Lambda(C)$.

d) Soit E un module de type $\mathrm{Rep_C(G)}$. Pour tout $s \in G$, notons s_E l'homothétie de rapport s dans E, et posons

$$\overline{\chi}_E(s) = \det_{E[T]}(1 + s_E T) \in \Lambda(C)$$

(*cf.* p. 62, exerc. 49). Montrer que

$$\overline{\chi} : [E] \mapsto \overline{\chi}_E$$

définit un λ-morphisme

$$\overline{\chi} : R_C(G) \to FC(G, \Lambda(C)) .$$

e) Si C est un corps, alors $\overline{\chi}$ est injectif (A, VIII, § 10, nº 6, prop. 10). En déduire dans ce cas que $R_C(G)$ est un λ-anneau.

56) Soit G le monoïde libre engendré par un élément T, de sorte que $C^{(G)}$ s'identifie à C[T]. Notons C_0 le module C[T]/TC[T]. Alors $[C_0]$ est un élément idempotent de $R_C(C[T])$. Le noyau du λ-morphisme canonique $R_C(C[T]) \to K_0(C)$ est l'idéal engendré par $1 - [C_0]$. Posons

$$\tilde{R}_C(C[T]) = R_C(C[T])/[C_0].R_C(C[T]) .$$

a) Montrer que $[C_0].R_C(C[T])$ est un λ-idéal, donc que $\tilde{R}_C(C[T])$ admet une structure quotient de pré-λ-anneau.
b) Pour tout module E de type $\mathrm{Rep_C}(C[T])$, notons T_E l'homothétie de rapport T dans E. On a

$$\overline{\chi}_E(T) = \det_{E[T]}(1 + T_E T) \in \Lambda(C)$$

et

$$\chi_E(T) = \det_{E[T]}(T - T_E)$$

est le polynôme caractéristique de T_E (*cf.* exerc. 49, p. 62). Montrer que $[E] \mapsto \overline{\chi}_E(T)$ définit un λ-morphisme $R_C(C[T]) \to \Lambda(C)$ dont le noyau contient $[C_0]$. Par passage au quotient, on obtient un λ-morphisme

$$\overline{\chi} : \tilde{R}_C(C[T]) \to \Lambda(C) .$$

c) Notons $\Lambda_{rat}(C)$ le sous-groupe de $\Lambda(C)$ engendré par les éléments de $\Lambda(C)$ qui sont des polynômes en T. Montrer que l'image de $\overline{\chi}$ est $\Lambda_{rat}(C)$. En conclure que $\Lambda_{rat}(C)$ est un sous-λ-anneau de $\Lambda(C)$.
d) Pour tout $r \in \mathbf{Z}$, définissons $\sigma_r : C[T, T^{-1}] \to C[T, T^{-1}]$ par $(\sigma_r f)(T) = T^r f((-T)^{-1})$. On a $(\sigma_r(\sigma_s f))(T) = (-1)^s T^{r-s} f(T)$, en particulier $\sigma_r(\sigma_r f) = (-1)^r f$, et $(\sigma_r f).(\sigma_s g) = \sigma_{r+s}(f.g)$, quels que soient r, s dans **Z** et f, g dans $C[T, T^{-1}]$. Si f est un polynôme en T de degré $\leqslant r$ ($r \geqslant 0$), alors $\sigma_r f$ en est un aussi. Si de plus $f \in \Lambda(C)$ (i.e. $f(0) = 1$), alors $\sigma_r f$ est unitaire de degré r. Si E est un C[T]-module qui est un C-module libre de rang r, on a $\sigma_r(\overline{\chi}_E(T)) = \chi_E(T)$.
e) Si $f \in \Lambda(C)$ est un polynôme en T de degré $\leqslant r$, posons $E_{r,f} = C[T]/\sigma_r f.C[T]$; c'est un C-module libre de rang r. Si $f = 1$ on a $E_{r,1} = C[T]/T^r C[T]$. Si $g \in \Lambda(C)$ est un polynôme en T de degré $\leqslant s$, on a une suite exacte de C[T]-modules

$$(*) \quad 0 \to E_{s,g} \to E_{r+s,fg} \to E_{r,f} \to 0$$

(utiliser *d*)). Montrer que la classe $\tau(f)$ de $E_{r,f}$ dans $\tilde{R}_C(C[T])$ est indépendante de r ($\geqslant \deg(f)$). (En effet $\sigma_{r+s} f = (\sigma_s 1).(\sigma_r f) = T^s.(\sigma_r f)$, et la classe du module $C[T]/T^s C[T]$ dans $\tilde{R}_C(C[T])$ est nulle.) Montrer que si g est un polynôme dans $\Lambda(C)$, on a $\tau(fg) = \tau(f) + \tau(g)$. (Utiliser encore la suite exacte (*).) Déduire de là que τ s'étend en un homomorphisme de groupes

$$\tau : \Lambda_{rat}(C) \to \tilde{R}_C(C[T]) .$$

f) Montrer que $\overline{\chi} \circ \tau$ est l'application identique de $\Lambda_{rat}(C)$. (Utiliser le fait que si $f \in \Lambda(C)$ est un polynôme de degré $\leqslant r$, alors le polynôme caractéristique de $T_{E_{r,f}}$ est $\sigma_r f$.)
g) Montrer que tout élément de $\tilde{R}_C(C[T])$ est la classe d'un C[T]-module E qui est un C-module libre.

h) Soit E un C[T]-module, et notons $u \in \mathrm{End}_{\mathrm{C}}(\mathrm{E})$ l'homothétie de rapport T dans E ; soit $\bar{u} = \mathrm{Id}_{\mathrm{C[T]}} \otimes_{\mathrm{C}} u \in \mathrm{End}_{\mathrm{C[T]}}(\mathrm{E[T]})$. On a une suite exacte de C[T]-modules

$$0 \longrightarrow \mathrm{E[T]} \xrightarrow{\mathrm{T}-\bar{u}} \mathrm{E[T]} \longrightarrow \mathrm{E} \longrightarrow 0$$

(A, III, p. 106). Supposons que E soit un C-module libre de base $(e_1, \ldots, e_r)$. Alors E[T] est un C[T]-module libre de base $(1 \otimes e_i)$. Si la matrice de u pour la base (e_i) est (a_{ij}), la matrice de $\mathrm{T} - \bar{u}$ pour la base $(1 \otimes e_i)$ est $(\mathrm{T}\delta_{ij} - a_{ij})$.

i) Soit $f = (f_{ij})_{1 \leqslant i,j \leqslant r}$ une matrice à coefficients dans C[T]. On dira que f est *spéciale* si, quels que soient i, j dans $\{1, \ldots, r\}$, $i \neq j$, f_{ii} est un polynôme unitaire et $\deg(f_{ii}) > \deg(f_{ij})$. Montrer alors que $\det(f)$ est un polynôme unitaire (de degré $\deg(f_{11}) + \cdots + \deg(f_{rr})$) et que f définit un endomorphisme injectif de $\mathrm{C[T]}^r$. Déduire de *h*) que tout C[T]-module qui est un C-module libre de rang r est isomorphe au conoyau d'un tel endomorphisme de $\mathrm{C[T]}^r$.

j) Soit f une matrice spéciale comme dans *i*). Posons $f = \begin{pmatrix} f_{11} & f_+ \\ f_- & f' \end{pmatrix}$ où f_+, f_-, f' sont des matrices de types $(1, r-1)$, $(r-1, 1)$ et $(r-1, r-1)$ respectivement. Posons

$$g = \begin{pmatrix} 1 & 0 \\ -f_- & f_{11}\mathrm{I} \end{pmatrix} \quad \text{et} \quad h = gf = \begin{pmatrix} f_{11} & f_+ \\ 0 & \bar{f} \end{pmatrix} \quad \text{où} \quad \bar{f} = f_{11}f' - f_-f_+ .$$

Montrer que h est une matrice spéciale. De plus, en identifiant les matrices carrées aux endomorphismes correspondants, on obtient des suites exactes de C[T]-modules

$$0 \to \mathrm{Coker}(f) \to \mathrm{Coker}(h) \to \mathrm{Coker}(g) \to 0 ,$$

(où $\mathrm{Coker}(g)$ est isomorphe à $\mathrm{C[T]}^{r-1}/f_{11}\mathrm{C[T]}^{r-1}$) et

$$0 \to \mathrm{C[T]}/f_{11}\mathrm{C[T]} \to \mathrm{Coker}(h) \to \mathrm{Coker}(\bar{f}) \to 0 .$$

Déduire de là, par récurrence sur r, que $\mathrm{Coker}(f)$ est un C-module projectif dont la classe dans $\mathrm{R_C(C[T])}$ est combinaison **Z**-linéaire d'éléments de la forme $[\mathrm{C[T]}/p\mathrm{C[T]}]$ où p est un polynôme unitaire.

k) Utiliser les parties *f*), *g*), *i*) et *j*) précédentes pour montrer que $\tau : \Lambda_{\mathrm{rat}}(\mathrm{C}) \to \tilde{\mathrm{R}}_{\mathrm{C}}(\mathrm{C[T]})$ est surjectif, donc que $\tilde{\chi} : \tilde{\mathrm{R}}_{\mathrm{C}}(\mathrm{C[T]}) \to \Lambda_{\mathrm{rat}}(\mathrm{C})$ est un isomorphisme.

l) Montrer que $\Lambda_{\mathrm{rat}}(\mathrm{C})$ est stable par V_n et F_n pour chaque $n \in \mathbf{J}$. Il leur correspond donc des endomorphismes V_n et F_n de $\tilde{\mathrm{R}}_{\mathrm{C}}(\mathrm{C[T]})$, par l'isomorphisme précédent. Soit φ_n l'homomorphisme de C-algèbres de C[T] dans lui-même qui applique T sur T^n. Montrer que V_n (resp. F_n) se déduit de l'endomorphisme φ_n^* (resp. $(\varphi_n)_*$) de $\mathrm{R_C(C[T])}$ par passage aux quotients.

Dans les exercices ci-après, p est un nombre premier fixé, et les anneaux de vecteurs de Witt sont relatifs à ce nombre premier.

57) Soient m, n deux entiers $\geqslant 1$. Pour tout anneau A de caractéristique p, notons ${}_m\mathrm{W}_n(\mathrm{A})$ le noyau de l'endomorphisme F^m de $\mathrm{W}_n(\mathrm{A})$.

a) Pour $m \geqslant 2$ et $n \geqslant 1$, le diagramme suivant est commutatif

$$\begin{array}{ccc}
{}_m\mathrm{W}_n(\mathrm{A}) & \xrightarrow{\ \mathrm{V}\ } & {}_m\mathrm{W}_{n+1}(\mathrm{A}) \\
{\scriptstyle p\mathrm{I}}\big\downarrow & & \big\downarrow{\scriptstyle \mathrm{F}} \\
{}_{m-1}\mathrm{W}_n(\mathrm{A}) & \xleftarrow{\ \mathrm{R}\ } & {}_{m-1}\mathrm{W}_{n+1}(\mathrm{A})
\end{array}$$

où les applications V, F sont induites par les homomorphismes de décalage et de Frobenius respectivement, I est l'injection naturelle et R la projection naturelle.

b) Pour $n \geqslant 1$ et $\boldsymbol{a} = [a_0, \ldots, a_{n-1}]$ dans $\mathrm{W}_n(\mathrm{A})$, on note $\tilde{\boldsymbol{a}}$ l'élément $(a_0, \ldots, a_{n-1}, 0, \ldots)$ de W(A).

Soient $a \in {}_m W_n(A)$, $b \in {}_n W_m(A)$. On pose alors

$$\langle a, b \rangle = E(\omega_A(\tilde{a})\,\omega_A(\tilde{b}), 1)$$

(*cf.* p. 57, exerc. 43 pour la notation E, et p. 54, exerc. 40 pour la notation ω_A). Prouver que l'application $(a, b) \mapsto \langle a, b \rangle$ de ${}_m W_n(A) \times {}_n W_m(A)$ dans A^* est **Z**-bilinéaire.

c) Avec les notations de *a*), on a

$$\langle a, Vb \rangle = \langle Fa, b \rangle \quad \text{pour} \quad a \in {}_m W_n(A) \quad \text{et} \quad b \in {}_n W_{m-1}(A)$$

et

$$\langle Ra, b \rangle = \langle a, Ib \rangle \quad \text{pour} \quad a \in {}_m W_n(A) \quad \text{et} \quad b \in {}_{n-1} W_m(A).$$

58) *a*) Soit $\mathcal{E}(T)$ la série formelle $\exp(-\sum_{n=0}^{\infty} T^{p^n}/p^n)$ de $\mathbf{Q}[[T]]$. On a

$$\mathcal{E}(T) = \prod_{\substack{(n,p)=1 \\ n \text{ entier} \geqslant 1}} (1 - T^n)^{\mu(n)/n}$$

où μ est la fonction de Möbius. Les coefficients de $\mathcal{E}(T)$ appartiennent à $\mathbf{Z}_{(p)}$.

b) Soit $\mathbf{X} = (X_n)_{n \in \mathbf{N}}$ une famille d'indéterminées. Dans l'algèbre $\mathbf{Q}[(X_n)_{n \in \mathbf{N}}]$, on a l'égalité

$$\prod_{n=0}^{\infty} \mathcal{E}(X_n T^{p^n}) = \exp(-\sum_{n=0}^{\infty} \Phi_n(\mathbf{X})\, T^{p^n}/p^n).$$

c) Soit A une $\mathbf{Z}_{(p)}$-algèbre. On suppose que la multiplication par $p.1_A$ est injective dans A. Soit $a = (a_n)_{n \in \mathbf{N}} \in A^{\mathbf{N}}$. Pour que la série $\exp(\sum_{n=0}^{\infty} a_n T^{p^n}/p^n)$ de $A\left[\frac{1}{p}\right][[T]]$ ait ses coefficients dans A, il faut et il suffit que a appartienne à $\Phi_A(W(A))$.

d) Soit A une $\mathbf{Z}_{(p)}$-algèbre. L'application $E \circ \omega_A$ de W(A) dans $\Lambda(A)$ (*cf.* p. 54, exerc. 40 et p. 57, exerc. 43) associe à $a = (a_n)_{n \in \mathbf{N}}$ l'élément $\prod_{n=0}^{\infty} \mathcal{E}(a_n(-T)^{p^n})$ de $\Lambda(A)$.

e) Soit A une $\mathbf{Z}_{(p)}$-algèbre. Supposons que la multiplication par $p.1_A$ soit injective dans A. Soit σ un endomorphisme de A vérifiant $\sigma a \equiv a^p \bmod. pA$. Soit $s_\sigma : A \to W(A)$ l'homomorphisme associé à σ (p. 44, exerc. 14). Alors, pour tout $a \in A$, la série formelle

$$E_\sigma(a, T) = \exp(\sum_{i=0}^{\infty} \sigma^i(a)\, T^{p^i}/p^i)$$

a ses coefficients dans A, et on a

$$E \circ \omega_A \circ s_\sigma(a^{-1}) = \exp(\sum_{i=0}^{\infty} \sigma^i(a)\,(-T)^{p^i}/p^i) = E_\sigma(a, -T).$$

f) Soit $\mathcal{A}$ l'anneau $\mathbf{Z}_{(p)}[(X_n)_{n \in \mathbf{N}}]$ et soit $\mathbf{X} = (X_n)_{n \in \mathbf{N}} \in W(\mathcal{A})$. La série $E_{F_{\mathcal{A}}}(\mathbf{X}, T)$ a ses coefficients dans $W(\mathcal{A})$. Pour toute $\mathbf{Z}_{(p)}$-algèbre A et tout élément $a = (a_n)_{n \in \mathbf{N}}$ de W(A), on notera $E_F(a, T)$ la série obtenue en appliquant $W(\varphi)$ aux coefficients de $E_{F_{\mathcal{A}}}(\mathbf{X}, T)$ où $\varphi : \mathcal{A} \to A$ est l'application qui à X_n associe a_n. Alors $E_F(a, T)$ a ses coefficients dans W(A) et si s_A désigne l'homomorphisme $W(A) \to W(W(A))$ défini à l'exerc. 15, p. 44, on a

$$E \circ \omega_{W(A)} \circ s_A(a^{-1}) = E_F(a, -T) \quad \text{pour tout} \quad a \in W(A).$$

§ 2

Dans les exercices du § 2, p est un nombre premier fixé. Si $\mathfrak{a}$ est un idéal d'un anneau A, on note $\mathfrak{a}^p$ l'idéal engendré par les éléments a^p, où a parcourt $\mathfrak{a}$.

1) Soit $(C_n, \pi_{n,m})$ un système projectif d'anneaux relatif à l'ensemble d'indices **N**. On suppose que C_n est artinien pour tout $n \in \mathbf{N}$ et que les homomorphismes $\pi_{n,m}$ sont surjectifs. Soit π_n l'homomorphisme canonique de $C = \varprojlim C_n$ dans C_n. Montrer que pour tout $x \in C$, on a $xC = \varprojlim \pi_n(x)\, C_n$. (Raisonner comme dans la démonstration de la prop. 3 du § 2, nº 1.)

2) Soient A un anneau et $(J_n)_{n\in\mathbf{N}}$ une suite décroissante d'idéaux de A, telle que $pJ_n + J_n^p \subset J_{n+1}$ pour tout $n \in \mathbf{N}$.
a) Prouver que les assertions du lemme 1 et de la prop. 1 du § 1, nº 1 sont encore vraies sous cette hypothèse.
b) Soient i et n deux entiers positifs. Lorsque $i \leqslant n$ l'application $x \mapsto p^i x^{p^{n-i}}$ de A dans A définit, par passage aux quotients, une application

$$\rho_{n,i}^{\mathrm{A}} : \mathrm{A}/\mathrm{J}_0 \to \mathrm{A}/\mathrm{J}_n .$$

Pour $i > n$, on pose $\rho_{n,i}^{\mathrm{A}} = 0$. Pour $x \in \mathrm{A}/\mathrm{J}_n$ et $a \in \mathrm{A}/\mathrm{J}_0$, on a $x^{p^{n-i}}\rho_{n,i}^{\mathrm{A}}(a) = \rho_{n,i}^{\mathrm{A}}(\overline{x}a)$, où $\overline{x}$ est l'image de x dans A/J_0. Si j est un entier positif et que a, b sont deux éléments de A/J_n, on a

$$\rho_{n,i}^{\mathrm{A}}(a)\,\rho_{n,j}^{\mathrm{A}}(b) = \rho_{n,i+j}^{\mathrm{A}}(a^{p^j}b^{p^i}) .$$

c) Soit $(\mathrm{R}_n)_{n\in\mathbf{N}}$ la suite de polynômes construite dans l'exerc. 3, p. 42. Soient n et i deux entiers positifs, a et b deux éléments de A/J_0. On a alors, dans A/J_n, l'égalité

$$\rho_{n,i}^{\mathrm{A}}(a) + \rho_{n,i}^{\mathrm{A}}(b) = \sum_{m=0}^{n-i} \rho_{n,i+m}^{\mathrm{A}}(\mathrm{R}_m(a, b)) .$$

3) Soit n un entier positif. Soit C un p-anneau de Cohen, de corps résiduel k, et de longueur $n+1$. Soit $(x_\lambda)_{\lambda\in\Lambda}$ une famille d'éléments de C relevant une p-base $(\xi_\lambda)_{\lambda\in\Lambda}$ de k. On notera $\rho_i : k \to \mathrm{C}$ pour tout $i \in \mathbf{N}$, l'application $\rho_{n,i}^{\mathrm{C}}$ définie à l'exerc. 2, où l'on prend pour J_m l'idéal $p^{m+1}\mathrm{C}$.
a) Pour $r \in \mathbf{N}$, soit M_r l'ensemble des multi-indices $\boldsymbol{m} \in \mathbf{N}^{(\Lambda)}$ tels que, pour tout $\lambda \in \Lambda$, on ait $0 \leqslant m_\lambda < p^r$. Alors, pour tout élément α de C, il existe une unique famille à support fini $(a_{i,\boldsymbol{m}})$ $(0 \leqslant i \leqslant n,\ \boldsymbol{m} \in \mathrm{M}_{n-i})$ d'éléments de k, telle que

$$\alpha = \sum_{i=0}^{n} \sum_{\boldsymbol{m}\in\mathrm{M}_{n-i}} \rho_i(a_{i,\boldsymbol{m}})\, x^{\boldsymbol{m}} ,$$

où la notation $x^{\boldsymbol{m}}$ désigne le produit $\prod_{\lambda\in\Lambda} x_\lambda^{m_\lambda}$.
b) Considérons l'anneau U engendré par des générateurs $[x_\lambda]$, λ parcourant Λ, et $[\rho_i(a)]$, i parcourant $\mathbf{N}$ et a parcourant k, et soumis aux seules relations suivantes (où les polynômes R_i sont ceux introduits dans l'exerc. 3, p. 42).
(i) $[\rho_i(a)] = 0$ pour $a \in k$, $i > n$,
(ii) $[\rho_0(1)] = 1$ et $[\rho_0(0)] = 0$,
(iii) $[\rho_i(a)]\,[\rho_j(b)] = [\rho_{i+j}(a^{p^j}b^{p^i})]$ pour i, j dans $\mathbf{N}$ et a, b dans k,
(iv) $[\rho_i(a)] + [\rho_i(b)] = \sum_{m=0}^{n-i} [\rho_{i+m}(\mathrm{R}_m(a, b))]$ pour $i \in \mathbf{N}$ et a, b dans k,
(v) $[x_\lambda]^{p^{n-i}}[\rho_i(a)] = [\rho_i(\xi_\lambda a)]$ pour $0 \leqslant i \leqslant n$, $\lambda \in \Lambda$, $a \in k$.
Prouver qu'on a $[\rho_i(0)] = 0$ pour tout $i \in \mathbf{N}$.
Prouver, grâce à l'exerc. 3, *b*), p. 42, que si p est impair, on a $[\rho_0(-1)] = -1$; si p est pair, on a $\sum_{i=0}^{n} [\rho_i(1)] = -1$.

c) Il existe une seule application de U dans C, qui, pour toute famille à support fini $(a_{i,\boldsymbol{m}})_{0\leqslant i\leqslant n,\,\boldsymbol{m}\in\mathrm{M}_{n-i}}$ d'éléments de k, associe à l'élément

$$\langle (a_{i,\boldsymbol{m}}) \rangle = \sum_{i=0}^{n} \sum_{\boldsymbol{m}\in\mathrm{M}_{n-i}} [\rho_i(a_{i,\boldsymbol{m}})] \prod_{\lambda\in\Lambda} [x_\lambda]^{m_\lambda}$$

de U l'élément $\sum_{i=0}^{n} \sum_{\boldsymbol{m}\in\mathrm{M}_{n-i}} \rho_i(a_{i,\boldsymbol{m}})\, x^{\boldsymbol{m}}$ de C ; c'est un isomorphisme d'anneaux.
d) Déduire de ce qui précède une autre démonstration des résultats du § 2, nº 3.

4) Soient C un p-anneau de Cohen de longueur infinie, et k son corps résiduel. Soient A un anneau, et $(J_n)_{n \in \mathbf{N}}$ une suite décroissante d'idéaux de A vérifiant $pJ_n + J_n^p \subset J_{n+1}$ pour tout $n \in \mathbf{N}$. Soient enfin $\overline{\varphi} : k \to A/J_0$ un homomorphisme d'anneaux, $(\xi_\lambda)_{\lambda \in \Lambda}$ une p-base de k, $(x_\lambda)_{\lambda \in \Lambda}$ une famille d'éléments de C, relevant cette p-base, $(a_\lambda)_{\lambda \in \Lambda}$ une famille d'éléments de A, telle que l'image de a_λ dans A/J_0 soit $\overline{\varphi}(\xi_\lambda)$.

a) Pour tout $n \in \mathbf{N}$, il existe un unique homomorphisme φ_n de $C/p^{n+1}C$ dans A/J_n tel que $\varphi_n \circ \rho_{n,i}^{C} = \rho_{n,i}^{A} \circ \overline{\varphi}$ et que l'image par φ_n de la classe de x_λ soit la classe de a_λ. (Utiliser les exerc. 2 et 3.)

b) Supposons que A soit séparé et complet pour la topologie définie par la filtration $(J_n)_{n \in \mathbf{N}}$. Alors il existe un unique homomorphisme d'anneaux φ de C dans A, tel que $\varphi(x_\lambda) = a_\lambda$ pour $\lambda \in \Lambda$, et que φ induise $\overline{\varphi}$ par passage aux quotients. Cet homomorphisme est continu.

c) Supposons que l'anneau A soit local, séparé et complet, qu'on ait $J_n = \mathfrak{m}_A^{n+1}$ pour tout $n \in \mathbf{N}$, qu'on ait $A/J_0 = k$ et que $\overline{\varphi}$ soit l'application identique. Prouver que l'image par φ de C dans A est l'unique sous-anneau de Cohen de A contenant chacun des éléments a_λ, et donner ainsi une autre démonstration de la partie *a*) du th. 1 du § 2, nº 2; si k est parfait et que C est l'anneau W(k), on obtient une autre démonstration du th. 2 du § 2, nº 4.

5) Soient A un anneau et $(J_n)_{n \in \mathbf{N}}$ une suite décroissante d'idéaux de A, vérifiant $pJ_n + J_n^p \subset J_{n+1}$ pour tout entier $n \geqslant 0$. Soient R un anneau de caractéristique p et $\overline{\varphi}$ un homomorphisme d'anneaux de R dans A/J_0. On appelle relèvement de $\overline{\varphi}$ à A/J_n une application $\varphi_n : R \to A/J_n$ telle que $\varphi_n(x^p) = \varphi_n(x)^p$ pour $x \in R$, et qui redonne $\overline{\varphi}$ par passage au quotient.

a) Soient φ_n, $\tilde{\varphi}_n$ deux relèvements de $\overline{\varphi}$ à A/J_n. Alors φ_n et $\tilde{\varphi}_n$ coïncident sur R^{p^n}.

b) Si R est parfait, il existe un unique relèvement φ_n de $\overline{\varphi}$ à A/J_n. On a $\varphi_n(1) = 1$ et $\varphi_n(xy) = \varphi_n(x)\,\varphi_n(y)$ pour x, $y \in R$.

6) Soient A un anneau et $(J_n)_{n \in \mathbf{N}}$ une suite décroissante d'idéaux de A. On suppose que A est séparé et complet pour la topologie définie par la filtration $(J_n)_{n \in \mathbf{N}}$ et qu'on a $pJ_n + J_n^p \subset J_{n+1}$ pour tout entier $n \geqslant 0$. On note π_n l'application canonique de A sur A/J_n. Soient R un anneau parfait de caractéristique p et $\overline{\varphi}$ un homomorphisme d'anneaux de R dans A/J_0.

a) Il existe une application φ de R dans A, et une seule, telle que l'on ait $\overline{\varphi} = \pi_0 \circ \varphi$ et $\varphi(x^p) = \varphi(x)^p$ pour tout $x \in R$. De plus, on a $\varphi(1) = 1$ et $\varphi(xy) = \varphi(x)\,\varphi(y)$ pour x et y dans R. Lorsque A est un anneau de caractéristique p, φ est un homomorphisme d'anneaux. (On pourra utiliser l'exercice précédent.)

b) Pour tout $n \in \mathbf{N}$, il existe un unique homomorphisme d'anneaux $v_n : W_{n+1}(A/J_0) \to A/J_n$ rendant commutatif le diagramme

$$\begin{array}{ccc} W_{n+1}(A) & \xrightarrow{\Phi_n} & A \\ \big\downarrow{\scriptstyle W_{n+1}(\pi_0)} & & \big\downarrow{\scriptstyle \pi_n} \\ W_{n+1}(A/J_0) & \xrightarrow{v_n} & A/J_n\,. \end{array}$$

c) Posons $u_n = v_n \circ W_{n+1}(\overline{\varphi}) \circ F^{-n}$. Alors, pour tout $n \in \mathbf{N}$, le diagramme suivant, où les flèches verticales désignent les projections canoniques, est commutatif

$$\begin{array}{ccc} W_{n+2}(R) & \xrightarrow{u_{n+1}} & A/J_{n+1} \\ \big\downarrow & & \big\downarrow \\ W_{n+1}(R) & \xrightarrow{u_n} & A/J_n\,. \end{array}$$

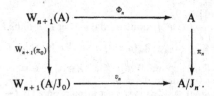

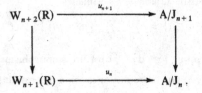

d) Il existe un unique homomorphisme d'anneaux u rendant commutatif le diagramme suivant

$$\begin{array}{ccc} W(R) & \xrightarrow{\quad u \quad} & A \\ \Big\downarrow{\scriptstyle \Phi_0} & & \Big\downarrow{\scriptstyle \pi_0} \\ R & \xrightarrow{\quad \overline{\varphi} \quad} & A/J_0 . \end{array}$$

L'homomorphisme u est continu quand on munit W(R) de la topologie p-adique, et pour tout $\boldsymbol{a} = (a_n)_{n \in \mathbf{N}} \in W(R)$, on a $u(\boldsymbol{a}) = \sum_{n=0}^{\infty} p^n \varphi(a_n^{p^{-n}})$.

(L'existence de u découle de ce qui précède. Pour prouver l'unicité de u, sa continuité et son expression explicite, utiliser l'égalité $\varphi = u \circ \tau$ où φ est l'application de R dans A construite en *a*) et $\tau : R \to W(R)$ l'application définie au § 1, n° 5.)

e) Donner du th. 2 du § 2, n° 4, une démonstration autre que celle du texte et que celle de l'exerc. 4, *c*).

7) *a*) Soient R un anneau parfait de caractéristique p, et R′ un anneau de caractéristique p. Soit f un homomorphisme de R dans R′. Alors l'homomorphisme $W(f) : W(R) \to W(R')$ est l'unique homomorphisme rendant commutatif le diagramme suivant

$$\begin{array}{ccc} W(R) & \xrightarrow{\quad W(f) \quad} & W(R') \\ \Big\downarrow{\scriptstyle \Phi_0} & & \Big\downarrow{\scriptstyle \Phi_0} \\ R & \xrightarrow{\quad f \quad} & R' . \end{array}$$

(Utiliser l'exercice précédent.)

En particulier, prenant pour f l'élévation à la puissance p-ième dans R, prouver que F_R est l'unique endomorphisme de W(R) tel que $\Phi_0 \circ F_R = f \circ \Phi_0$. Il est caractérisé par les égalités

$$F_R(\tau(x)) = \tau(x^p) \quad \text{pour tout} \quad x \in R .$$

b) Soit A un anneau séparé et complet pour la topologie p-adique. On suppose que la multiplication par $p.1_A$ dans A est injective et que A/pA est un anneau parfait. Alors il existe un unique endomorphisme σ de A tel que $\sigma(x) \equiv x^p \bmod. pA$ pour $x \in A$, et l'inverse de l'isomorphisme $t_\sigma : A \to W(A/pA)$ décrit dans l'exerc. 14, p. 44 est donné par

$$(a_i)_{i \in \mathbf{N}} \mapsto \sum_{i=0}^{\infty} \varphi(a_i)^{p^{-i}} p^i ,$$

où $\varphi : A/pA \to A$ est l'unique application qui donne l'identité de A/pA par passage au quotient et vérifie $\varphi(x^p) = \varphi(x)^p$ pour $x \in R$ (*cf.* exerc. 6, *a*)).

8) Soit C un p-anneau de longueur infinie, de corps résiduel k. Tout automorphisme de k se prolonge en un automorphisme de C. Pour que tout automorphisme de C induisant par passage aux quotients l'identité sur k soit l'identité, il faut et il suffit que k soit parfait.

9) Soient k un corps de caractéristique p, C_k un p-anneau de longueur infinie, et de corps résiduel k. Soient A un anneau local séparé et complet et $u : C_k \to A$ un homomorphisme local tel que l'homomorphisme déduit de u par passage aux quotients fasse du corps résiduel K de A une extension séparable de k. Soit C_K un p-anneau de longueur infinie, de corps résiduel K. Prouver qu'il existe des homomorphismes locaux $i : C_k \to C_K$ et $v : C_K \to A$ tels que $u = v \circ i$ et que v induise l'identité sur K par passage aux quotients.

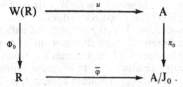

10) Soient k un corps de caractéristique p, $(\xi_\lambda)_{\lambda\in\Lambda}$ une p-base de k, et pour chaque entier $n \geqslant 1$, soit C_n le sous-anneau de $W_n(k)$ engendré par $W_n(k^{p^{n-1}})$ et les éléments $\tau(\xi_\lambda) = [\xi_\lambda, 0, ..., 0]$, pour $\lambda \in \Lambda$. Pour tout entier $n \geqslant 1$, la projection de $W_{n+1}(k)$ sur $W_n(k)$ applique C_{n+1} dans C_n. On note C le sous-anneau de $W(k)$ limite projective des C_n.
a) Soit n un entier $\geqslant 0$. Posons $A = W_{n+1}(k)$ et pour tout entier $i \geqslant 0$ soit $\rho_i = \rho^A_{n,i}$ l'application de k dans A définie à l'exerc. 2, p. 69. Prouver qu'on a, pour $a \in k$, $\rho_i(a) = V^i\tau(a^{p^n})$. En déduire que les éléments $\rho_i(a)$ pour $a \in k$, engendrent le sous-anneau $W_{n+1}(k^{p^n})$ de A.
b) Soit $\tilde{C}$ un p-anneau de corps résiduel k et de longueur infinie, et soit $(x_\lambda)_{\lambda\in\Lambda}$ une famille d'éléments de $\tilde{C}$ relevant la p-base $(\xi_\lambda)_{\lambda\in\Lambda}$. Utilisant l'exerc. 4, p. 70, prouver qu'il existe, pour chaque entier $n \geqslant 1$, un unique homomorphisme d'anneaux $\varphi_n : \tilde{C} \to W_n(k)$ induisant l'identité sur k par passage aux quotients, et envoyant x_λ sur $\tau(\xi_\lambda)$ pour tout $\lambda \in \Lambda$. Déduire de l'exerc. 3, p. 69 que l'image de φ_n est C_n.
c) Les applications $(\varphi_n)_{n\geqslant 1}$ forment un système projectif d'applications de $\tilde{C}$ dans les C_n et $\varphi = \varprojlim \varphi_n$ est un isomorphisme de $\tilde{C}$ sur C. Pour chaque $n \geqslant 1$, la projection canonique $C \to C_n$ identifie C_n à C/p^nC.

11) Soient k un corps de caractéristique p, $(\xi_\lambda)_{\lambda\in\Lambda}$ une p-base de k, C le sous-anneau de Cohen de $W(k)$ contenant $\tau(\xi_\lambda)$ pour tout $\lambda \in \Lambda$. Soit $(\varepsilon_j)_{j\in J}$ une base de $k^*/(k^{*p})$ comme $\mathbf{F}_p$-espace vectoriel. Soient n un entier $\geqslant 0$ et $(x_j)_{j\in J}$ une famille d'éléments de k^* telle que l'image de x_j dans k^*/k^{*p} soit ε_j, pour tout $j \in J$.
a) Le groupe k^*/k^{*p^n} est un $(\mathbf{Z}/p^n\mathbf{Z})$-module libre de base $(\overline{x}_j)_{j\in J}$, où $\overline{x}_j$ est la classe de x_j dans k^*/k^{*p^n}.
b) Pour tout $j \in J$, écrivons la décomposition de x_j suivant la base $(\xi^m)_{m\in M_n}$ de k sur k^{p^n} (avec les notations de l'exerc. 3, p. 69) :

$$x_j = \sum_{m\in M_n} a_{j,m}^{p^n}\xi^m, \quad a_{j,m} \in k.$$

Posons

$$\sigma_n(x_j) = \sum_{m\in M_n} \tau(a_{j,m}^{p^n}\xi^m) \quad \text{pour tout} \quad j \in J$$

et

$$\sigma_n(x) = \tau(x) \quad \text{pour} \quad x \in k^{*p^n}.$$

Alors σ_n s'étend, de façon unique, en une application multiplicative de k^* dans $C/p^{n+1}C$, encore notée σ_n, et qui par passage au quotient, détermine l'inclusion de k^* dans $k = C/pC$.
c) Soit σ'_n une autre application multiplicative de k^* dans $C/p^{n+1}C$ définissant l'inclusion de k^* dans k par passage au quotient. Alors pour tout $x \in k^*$, on a $\sigma_n(x) = v(x)\,\sigma'_n(x)$, où v est un homomorphisme de k^* dans le groupe multiplicatif $(1 + pC)/(1 + p^{n+1}C)$ trivial sur k^{*p^n}. Une famille quelconque $(\beta_j)_{j\in J}$ d'éléments de C/p^nC définit un tel homomorphisme par la formule

$$v(x_j) = 1 + p\beta_j \quad \text{pour tout} \quad j \in J.$$

d) Pour tout entier $n \geqslant 0$ et toute application multiplicative $s_n : k^* \to C/p^{n+1}C$ définissant l'inclusion de k^* dans k par passage au quotient, il existe une application multiplicative $s_{n+1} : k^* \to C/p^{n+2}C$ qui détermine s_n par passage au quotient.
e) Prouver qu'il existe une section multiplicative $s : k \to C$. On peut imposer à s de vérifier $s(\xi_\lambda) = \tau(\xi_\lambda)$ pour tout $\lambda \in \Lambda$.
f) Soit A un anneau local, séparé et complet. Soient k son corps résiduel, $(\xi_\lambda)_{\lambda\in\Lambda}$ une p-base de k, et pour $\lambda \in \Lambda$, a_λ un relèvement de ξ_λ dans A. Montrer qu'il existe une section multiplicative $k^* \to A$ qui vérifie $s(\xi_\lambda) = a_\lambda$.

12) Soit A un anneau local complet dont le corps résiduel soit de caractéristique p.
a) Soit $x \in \mathfrak{m}_A$. L'application $n \mapsto (1 + x)^n$ de $\mathbf{Z}$ dans $1 + \mathfrak{m}_A$ se prolonge de façon unique en une application continue de $\mathbf{Z}_p$ dans $1 + \mathfrak{m}_A$, notée $\alpha \mapsto (1 + x)^\alpha$. On définit ainsi une structure de $\mathbf{Z}_p$-module sur le groupe multiplicatif $1 + \mathfrak{m}_A$.
b) Soit $\mathcal{E}$ la série formelle $\exp(-\sum_{n=0}^{\infty} T^{p^n}/p^n)$ de l'exerc. 58, p. 68. L'application $x \mapsto \mathcal{E}(x)$ de $\mathfrak{m}_A$ dans $1 + \mathfrak{m}_A$ est bijective.

c) Soient k un corps parfait de caractéristique p, et φ un homomorphisme local de $W(k)$ dans A. Pour $\alpha \in W(k)$, considérons la série $\varphi E_F(\alpha, T)$ obtenue en appliquant φ aux coefficients de la série $E_F(\alpha, T)$ de l'exerc. 58, *f*), p. 68. Pour $\alpha \in W(k)$, $x \in 1 + \mathfrak{m}_A$, posons $x^\alpha = \varphi E_F(\alpha, \mathcal{E}^{-1}(x))$. Montrer qu'on définit ainsi une action du groupe additif $W(k)$ sur l'ensemble $1 + \mathfrak{m}_A$, qui prolonge l'action de $W(\mathbf{F}_p)$ (identifié à $\mathbf{Z}_p$) définie en *a*). Montrer qu'on a en outre, pour $a \in \mathbf{Z}_p$ et $\alpha \in W(k)$, $x \in 1 + \mathfrak{m}_A$, la relation $(x^\alpha)^a = x^{a\alpha}$.

d) Utilisant l'exerc. 15, p. 44, prouver qu'on n'a pas toujours, pour $a \in \mathbf{Z}_p$ et $\alpha \in W(k)$, $x \in 1 + \mathfrak{m}_A$, la relation $(x^a)^\alpha = x^{a\alpha}$. On n'a pas non plus toujours, pour $\alpha \in W(k)$ et x, y dans $1 + \mathfrak{m}_A$, la relation $(xy)^\alpha = x^\alpha y^\alpha$.

13) Soit A un anneau de valuation discrète complet de caractéristique nulle, dont le corps résiduel soit de caractéristique p. Soient K le corps de fractions de A, $\overline{K}$ une clôture algébrique de K, munie de l'unique valuation v prolongeant celle de K (VI, § 8, n° 7), $\hat{K}$ le complété de $\overline{K}$, $\hat{A}$ l'anneau de valuation de $\hat{K}$. Posons $e = v(p)$.

a) La série $\log(1 + x) = \sum_{i=1}^{\infty} (-1)^{i-1} x^i/i$ converge pour $v(x) > 0$ et définit des homomorphismes de $\mathbf{Z}_p$-modules (*cf.* exerc. 12)

$$\log : 1 + \mathfrak{m}_{\hat{A}} \to \hat{K},$$
$$\log : 1 + \mathfrak{m}_A \to K.$$

b) La série $\exp(x) = \sum_{i=0}^{\infty} x^i/i\,!$ converge sur l'idéal $\mathfrak{a}$ de $\hat{K}$ des éléments de valuation $> e/(p-1)$, et définit des homomorphismes de $\mathbf{Z}_p$-modules

$$\exp : \mathfrak{a} \to 1 + \mathfrak{m}_{\hat{A}}$$
$$\exp : \mathfrak{a} \cap K \to 1 + \mathfrak{m}_A .$$

c) Pour $x \in \mathfrak{a}$, on a $\log(\exp(x)) = x$, $\log(1 + x) \in \mathfrak{a}$ et $\exp(\log(1 + x)) = 1 + x$. Ainsi exp définit des isomorphismes de $\mathbf{Z}_p$-modules

$$\mathfrak{a} \to 1 + \mathfrak{a}$$
$$\mathfrak{a} \cap K \to 1 + (\mathfrak{a} \cap K)$$

d'inverses définis par log.

d) Le noyau de log sur $1 + \mathfrak{m}_{\hat{A}}$ est formé des racines de l'unité dont l'ordre est une puissance de p. L'image $\log(1 + \mathfrak{m}_{\hat{A}})$ est égale à $\mathfrak{m}_{\hat{A}}$.

14) Soit A un anneau de valuation discrète complet, de caractéristique nulle, dont le corps résiduel k soit parfait de caractéristique p. Soit K le corps des fractions de A. Soient n un entier $\geqslant 1$ et ζ une racine primitive p^n-ième de l'unité dans K. Soit $\overline{K}$ une clôture algébrique de K, munie de l'unique valuation v prolongeant celle de K.

a) Soit C le sous-anneau de Cohen de A, T son corps de fractions ; c'est un sous-corps de K. L'isomorphisme canonique de $W(k)$ sur C induit un isomorphisme de $W(k) \otimes_{\mathbf{Z}} \mathbf{Q}$ sur T. Pour toute extension l de degré fini de k, le corps $W(l) \otimes_{\mathbf{Z}} \mathbf{Q}$ est une extension de degré fini de $W(k) \otimes_{\mathbf{Z}} \mathbf{Q}$, galoisienne si l l'est. Si l est galoisienne, l'unique extension T_l de T dans $\overline{K}$ isomorphe à $W(l) \otimes_{\mathbf{Z}} \mathbf{Q}$ a un corps résiduel isomorphe à l. En particulier le corps T^∞, réunion des corps T_l quand l parcourt les extensions galoisiennes de degré fini de k (dans une clôture algébrique fixée de k), a pour corps résiduel une clôture algébrique $\overline{k}$ de k. Il en est de même de $\overline{K}$. Pour chaque extension l de k dans $\overline{k}$, on notera T_l l'unique extension de T dans T^∞ dont le corps résiduel soit le sous-corps l de k, et K_l l'extension composée de K et T_l. Alors, si l est galoisienne sur k, K_l est galoisienne sur K et son groupe de Galois s'identifie canoniquement au groupe de Galois de l sur k.

b) Soit k_n la plus grande extension abélienne de k dans $\overline{k}$ dont le groupe de Galois est annulé par p^n. Grâce à l'exerc. 19, p. 45, on a un isomorphisme canonique

$$\mathrm{Gal}(k_n/k) \to \mathrm{Hom}(W_n(k)/\wp W_n(k), \mathbf{Z}/p^n\mathbf{Z}) .$$

Par A, V, p. 85, th. 4, on a un isomorphisme canonique

$$\mathrm{Gal}(K_{k_n}/K) \to \mathrm{Hom}(H_n/K^{*p^n}, \mu_{p_n}(K))$$

où $H_n = (K_{k_n}^*)^{p^n} \cap K^*$.

Prouver qu'il existe une unique application

$$E^* : W_n(k)/\wp W_n(k) \to H_n/K^{*p^n}$$

telle que le diagramme suivant soit commutatif :

$$\begin{array}{ccc}
\mathrm{Gal}(K_{k_n}/K) & \longrightarrow & \mathrm{Hom}(H_n/K^{*p^n}, \mu_{p^n}(K)) \\
\downarrow & & \downarrow \\
\mathrm{Gal}(k_n/k) & \longrightarrow & \mathrm{Hom}(W_n(k)/\wp W_n(k), \mathbf{Z}/p^n\mathbf{Z}),
\end{array}$$

où la flèche verticale de droite désigne l'application qui à l'homomorphisme φ de H_n/K^{*p^n} dans $\mu_{p^n}(K)$ associe l'homomorphisme ψ de $W_n(k)/\wp W_n(k)$ dans $\mathbf{Z}/p^n\mathbf{Z}$ défini par $\zeta^{\psi(\alpha)} = \varphi(E^*(\alpha))$ pour $\alpha \in W_n(k)/\wp W_n(k)$. L'application E^* est un isomorphisme.

15) Conservons les hypothèses et notations de l'exercice précédent.

a) Soient $\alpha \in W(k)$ et $\bar\alpha \in W(\bar k)$ vérifiant $\wp(\bar\alpha) = \alpha$ (*cf.* p. 45, exerc. 19). Alors l'élément $\zeta^{p^n\bar\alpha}$ (p. 72, exerc. 12) du complété $\hat{\bar{K}}$ de $\bar K$ ne dépend que de α, il appartient à K, et on a

$$v(\zeta^{p^n\bar\alpha} - 1) \geqslant ep/(p-1) \quad (\text{avec } e = v(p)).$$

(On pourra prouver l'égalité

$$\log(\zeta^{p^n\bar\alpha}) = -p^n \sum_{j=1}^{\infty} \sum_{\sigma=0}^{j-1} (F^\sigma\alpha)\frac{\pi^{p^j}}{p^j}$$

où $\pi = \mathcal{E}^{-1}(\zeta)$ (*loc. cit.*) et où F désigne l'automorphisme de Frobenius de W(*k*).)

b) Pour $\alpha \in W(k)$, notons $E^{**}(\alpha)$ la classe dans K^*/K^{*p^n} de $\zeta^{p^n\bar\alpha}$. Alors $E^{**}(\alpha)$ vaut 1 si $\alpha \in \wp W(k)$ ou si $\alpha \in p^n W(k)$. L'application de $W_n(k)/\wp W_n(k)$ dans K^*/K^{*p^n} qui associe à la classe de $\alpha \in W(k)$ l'élément $E^{**}(\alpha)$, prend ses valeurs dans $H_n/(K^*)^{p^n}$ et vérifie les conditions de l'exerc. 14, *b*).

16) Soit A un anneau de valuation discrète complet, de corps résiduel *k*.

a) Prouver qu'il existe une section multiplicative $\varphi : k^* \to A$. (Si A contient un corps, utiliser le § 3. Sinon, utiliser l'exerc. 11, p. 72.)

b) Soient *t* une uniformisante de A, $\mathcal{T}$ le groupe engendré par *t*, et $\varphi : k^* \to A$ une section multiplicative. Le groupe multiplicatif du corps des fractions de A se décompose en un produit direct $\mathcal{T} \times \varphi(k^*) \times (1 + \mathfrak{m}_A)$.

c) Supposons A d'égales caractéristiques et soit K un corps de représentants. Alors A s'identifie à l'anneau K[[T]] des séries formelles à coefficients dans K, et le groupe $1 + \mathfrak{m}_A$ s'identifie au groupe $\Lambda(K) = 1 + TK[[T]]$ (*cf.* p. 56, exerc. 42). Si K est de caractéristique nulle, l'application $\varphi \mapsto \frac{1}{T}\log\varphi$ du groupe $\Lambda(K)$ dans le groupe additif K[[T]] est un isomorphisme. Si A est de caractéristique *p*, $1 + \mathfrak{m}_A$ s'identifie au groupe $W(A)^L$ où L est l'ensemble des entiers positifs premiers à *p* (utiliser les exerc. 40, *h*) p. 54 et 43, *b*), p. 57).

17) Soit A un anneau de valuation discrète complet, dont le corps résiduel *k* est parfait de caractéristique *p* et dont le corps des fractions est de caractéristique 0. Soit *f* l'unique homomorphisme de W(*k*) dans A qui induise l'identité sur le corps résiduel *k*. Soit enfin π une uniformisante de A.

a) Il existe un polynôme d'Eisenstein P à coefficients dans $f(\mathrm{W}(k))$ tel que $\mathrm{P}(\pi) = 0$ (utiliser VIII, § 5, nº 4).
b) Soit e la valuation de p. Pour tout entier $n \geqslant 0$, notons U_n le groupe multiplicatif $1 + \mathfrak{m}_{\mathrm{A}}^n$, et posons $\lambda(n) = \inf(np, n + e)$, $e_1 = e/(p-1)$. Soit u la classe dans k^* de $p\pi^{-e}$. Soit φ l'endomorphisme de U_1 qui à x associe x^p. On a alors pour tout entier $n \geqslant 1$, $\varphi(\mathrm{U}_n) \subset \mathrm{U}_{\lambda(n)}$, $\varphi(\mathrm{U}_{n+1}) \subset \mathrm{U}_{\lambda(n)+1}$ et l'homomorphisme induit $\varphi_n : \mathrm{U}_n/\mathrm{U}_{n+1} \to \mathrm{U}_{\lambda(n)}/\mathrm{U}_{\lambda(n)+1}$ est un isomorphisme si $n \neq e_1$. Si $n = e_1$, φ_n est injective si et seulement si l'équation $x^{p-1} + u = 0$ n'a pas de solution dans k, et surjective si et seulement si l'équation $x^p + ux = y$ a une solution dans k pour tout $y \in k$.
c) Les deux conditions suivantes sont équivalentes :
(i) A contient p racines p-ièmes de l'unité ;
(ii) e_1 est un entier et l'équation $x^{p-1} + u = 0$ a une solution dans k.
d) La topologie induite sur U_1 par celle de A coïncide avec la topologie p-adique de U_1.
e) Soit S l'ensemble des entiers $n \geqslant 1$ tels que A contienne p^n racines p^n-ièmes de l'unité. Alors $s = \mathrm{Card}(\mathrm{S})$ est fini.
f) Soit I l'ensemble des entiers i étrangers à p et vérifiant $1 \leqslant i < e + e_1$. Alors on a $\mathrm{Card}(\mathrm{I}) = e$ et l'image de $\mathbf{N} - \{0\}$ par λ est $\mathbf{N} - (\mathrm{I} \cup \{0\})$.
g) Si e_1 est entier et que φ_{e_1} n'est pas surjective, posons $\mathrm{I}' = \mathrm{I} \cup \{e + e_1\}$; sinon, posons $\mathrm{I}' = \mathrm{I}$. Pour chaque entier $i \in \mathrm{I}'$, soit π_i un élément de A de valuation i. Alors l'application de $\mathrm{W}(k)^{\mathrm{I}'}$ dans U_1 qui à $(a_i)_{i \in \mathrm{I}'}$ associe $\prod_{i \in \mathrm{I}'} (1 + \pi_i)^{a_i}$ est surjective ; c'est un homomorphisme de $\mathbf{Z}_p$-modules.
h) Soient n un entier $> e_1$ et $\mathrm{I}(n)$ l'intervalle $[n, \lambda(n) - 1]$ de $\mathbf{N}$. Pour tout entier $i \in \mathrm{I}(n)$, soit π_i un élément de A de valuation i. Alors l'application de $\mathrm{W}(k)^{\mathrm{I}(n)}$ dans U_n qui à $(a_i)_{i \in \mathrm{I}(n)}$ associe $\prod_{i \in \mathrm{I}(n)} (1 + \pi_i)^{a_i}$ est un isomorphisme de $\mathbf{Z}_p$-modules.
i) Supposons que k soit fini et notons d le degré sur $\mathbf{Q}_p$ du corps des fractions de A. Alors le $\mathbf{Z}_p$-module $1 + \mathfrak{m}_{\mathrm{A}}$ est isomorphe à $(\mathbf{Z}/p^s\mathbf{Z}) \times \mathbf{Z}_p^d$. (On pourra utiliser les questions précédentes, ou bien utiliser l'exerc. 13, p. 73.)

§ 3

1) Soient p un nombre premier, G le groupe libre à deux générateurs X et Y, $\mathbf{F}_p[\mathrm{G}]$ l'algèbre du groupe G sur $\mathbf{F}_p$. On pose $\mathrm{Z} = \mathrm{XY} - \mathrm{YX}$ et on note $\mathfrak{a}$ l'idéal bilatère de $\mathbf{F}_p[\mathrm{G}]$ engendré par les éléments $\mathrm{ZX} - \mathrm{XZ}$, $\mathrm{ZY} - \mathrm{YZ}$ et Z^2. Posant $\mathrm{A} = \mathbf{F}_p[\mathrm{G}]/\mathfrak{a}$, on note $\mathfrak{z}$ l'idéal bilatère de A engendré par l'image de Z dans A (on notera encore X, Y, Z les images dans A de X, Y et Z).
a) Soit a un élément de A. Prouver qu'il existe deux familles à support fini d'éléments de $\mathbf{F}_p$, soient $(p_{\alpha,\beta})_{(\alpha,\beta)\in\mathbf{Z}^2}$ et $(q_{\alpha,\beta})_{(\alpha,\beta)\in\mathbf{Z}^2}$, déterminées de manière unique par la condition

$$a = \sum_{(\alpha,\beta)\in\mathbf{Z}^2} (p_{\alpha,\beta} + q_{\alpha,\beta}\mathrm{Z})\,\mathrm{X}^\alpha\mathrm{Y}^\beta .$$

En déduire que l'algèbre quotient $\mathrm{A}/\mathfrak{z}$ est commutative et intègre, et que l'idéal $\mathfrak{z}$ est contenu dans le centre de A.
b) Pour tout couple (a, b) d'éléments de A, il existe un élément c de A tel qu'on ait

$$a^kb - ba^k = ka^{k-1}c\mathrm{Z} \quad \text{pour tout entier } k \geqslant 0 .$$

En déduire que l'ensemble A^p des puissances p-ièmes des éléments de A est contenu dans le centre de A.
c) La partie multiplicative $\mathrm{S} = \mathrm{A} - \mathfrak{z}$ de A permet un calcul de fractions à droite et à gauche (II, § 2, exerc. 22). On notera B l'anneau de fractions de A ainsi construit.
(Pour vérifier par exemple que pour tout a dans A et tout s dans S, il existe $b \in \mathrm{A}$ et $t \in \mathrm{S}$ tels que $at = sb$, prendre $b = s^{p-1}a$, $t = s^p$ et utiliser *b*).)
d) Prouver que l'application canonique de A dans B est injective. (Remarquer que le noyau de cette application est contenu dans $\mathfrak{z}$ et raisonner comme dans *a*).)

e) Le centre de B contient Z. Si $\mathfrak{m}$ est l'idéal bilatère de B engendré par Z, on a $\mathfrak{m}^2 = 0$.
f) L'idéal $\mathfrak{m}$ est l'ensemble des éléments non-inversibles de B, et le corps $B/\mathfrak{m}$ est isomorphe au corps $\mathbf{F}_p(X, Y)$.
g) Prouver qu'il n'existe pas de sous-corps de B dont l'image dans $B/\mathfrak{m}$ soit tout $B/\mathfrak{m}$.

Dans les exerc. 2 à 5, les anneaux topologiques (commutatifs) sont supposés linéairement topologisés. Si A et B sont deux anneaux topologiques et que B est une A-algèbre, on dit que B est une A-algèbre topologique si l'homomorphisme de A dans B qui définit la structure d'algèbre est continu.

2) Soient A un anneau topologique, B une A-algèbre topologique. On dit que B est une A-algèbre *formellement lisse* [1] si, pour toute A-algèbre topologique discrète C, tout idéal $\mathfrak{j}$ de C, de carré nul, et tout A-homomorphisme continu $u : B \to C/\mathfrak{j}$, il existe un A-homomorphisme continu $v : B \to C$ qui, par passage au quotient, induise u.

Soient A un anneau, B une A-algèbre. On dit que B est une A-algèbre *lisse* si B est une A-algèbre formellement lisse quand on munit A et B des topologies discrètes.
a) Soient A un anneau topologique et B une A-algèbre *formellement lisse*. Soient C un anneau et $\mathfrak{j}$ un idéal de C. Munissons C de la topologie $\mathfrak{j}$-adique, et supposons C séparé et complet pour cette topologie. Alors, pour tout A-homomorphisme continu $u : B \to C/\mathfrak{j}$, il existe un A-homomorphisme continu $v : B \to C$ qui, par passage au quotient, induise u.
b) Soit A un anneau. Toute algèbre de polynômes sur A est une A-algèbre lisse.
c) Soit A un anneau topologique. Si B est une A-algèbre formellement lisse et C une B-algèbre formellement lisse, alors C est une A-algèbre formellement lisse.
d) Soient A un anneau topologique, B une A-algèbre formellement lisse, A′ une A-algèbre topologique. Alors la A′-algèbre topologique $B \otimes_A A'$ (III, § 2, exerc. 28) est une A′-algèbre formellement lisse.
e) Soient A un anneau topologique, B une A-algèbre formellement lisse. Soit S (resp. T) une partie multiplicative de A (resp. B) telle que l'image de S dans B soit contenue dans T. Alors $T^{-1}B$ est une $S^{-1}A$-algèbre formellement lisse (voir III, § 2, exerc. 27 pour la topologie de $T^{-1}B$ et $S^{-1}A$).
f) Soient n un entier $\geqslant 1$, A un anneau topologique, $(B_i)_{1 \leqslant i \leqslant n}$ une famille de A-algèbres topologiques. Pour que $\prod_{i=1}^{n} B_i$ soit une A-algèbre formellement lisse, il faut et il suffit que B_i soit une A-algèbre formellement lisse pour $1 \leqslant i \leqslant n$.
g) Soient A un anneau topologique, B une A-algèbre topologique, $\hat{A}$ et $\hat{B}$ les séparés complétés respectifs de A et B. Alors les trois conditions suivantes sont équivalentes :
(i) B est une A-algèbre formellement lisse ;
(ii) $\hat{B}$ est une A-algèbre formellement lisse ;
(iii) $\hat{B}$ est une $\hat{A}$-algèbre formellement lisse.
h) Reprenons les notations et hypothèses de *e*). Alors $B\{T^{-1}\}$ est une $A\{S^{-1}\}$-algèbre formellement lisse.

3) Soient k un corps et A une k-algèbre commutative. Pour tout entier $i \geqslant 1$ posons $B_i = \underbrace{A \otimes_k A \otimes_k \cdots \otimes_k A}_{i \text{ termes}}$ et munissons B_i de la structure de A-algèbre obtenue en faisant agir A sur la première composante. Posons $C_1 = B_2$, $C_2 = B_3$, $C_3 = B_4 \oplus B_3$, et définissons des applications A-linéaires $d_2 : C_2 \to C_1$ et $d_3 : C_3 \to C_2$ par les formules

$$d_3((1 \otimes x \otimes y \otimes z, 1 \otimes \alpha \otimes \beta)) = x \otimes y \otimes z - 1 \otimes xy \otimes z + 1 \otimes x \otimes yz - z \otimes x \otimes y + {} + 1 \otimes \alpha \otimes \beta - 1 \otimes \beta \otimes \alpha$$

$$d_2(1 \otimes \alpha \otimes \beta) = \alpha \otimes \beta - 1 \otimes \alpha\beta + \beta \otimes \alpha,$$

[1] Si A est une algèbre locale, noethérienne et complète sur un corps (discret) k, cette définition coïncide avec celle donnée en VIII, p. 98, exerc. 30, d'après l'exerc. 5 ci-après.

pour tout choix d'éléments x, y, z, α, β de A. On obtient ainsi un complexe de A-modules

$$C_k(A) : C_3 \xrightarrow{d_3} C_2 \xrightarrow{d_2} C_1 .$$

Si N est un A-module, on dira qu'une application k-bilinéaire $f : A \times A \to N$ est un 2-cocycle si l'on a l'identité $xf(y, z) - f(xy, z) + f(x, yz) - zf(x, y) = 0$ pour x, y et z dans A, et qu'elle est symétrique si l'on a $f(x, y) = f(y, x)$ pour tout couple $(x, y) \in A \times A$.

a) Les conditions suivantes sont équivalentes :

(i) le complexe $\mathrm{Hom}_A(C_k(A), N)$ est acyclique pour tout A-module N ;

(ii) quel que soit le A-module N, tout 2-cocycle symétrique $f : A \times A \to N$ est un 1-cobord, c'est-à-dire de la forme $f(a, b) = ag(b) + bg(a) - g(ab)$ avec $g \in \mathrm{Hom}_k(A, N)$;

(iii) A est une algèbre lisse sur k.

b) Si A est un corps, les conditions précédentes sont aussi équivalentes à la condition que le complexe $C_k(A)$ soit acyclique.

4) *a*) Soient k un corps et K une extension de k. Si K est séparable sur k, alors K est une k-algèbre lisse. (Si K est une extension de type fini de k, utiliser la prop. 1 du § 3, nº 2. Dans le cas général, écrire K comme réunion d'extensions de type fini de k et utiliser l'exercice précédent.)

b) Soit A un anneau local séparé et complet contenant un corps k. Utilisant *a*), prouver que A possède un corps de représentants. Si le corps résiduel de A est une extension séparable de k, alors A possède un corps de représentants contenant k.

5) Soient A un anneau local noethérien contenant un corps k, et $\mathfrak{m}$ l'idéal maximal de A. On suppose que A est une k-algèbre formellement lisse (le corps k étant discret).

a) Soient K un corps de représentants de l'anneau $A/\mathfrak{m}^2$ (exerc. 4, *b*)), et $x_1, \ldots, x_d$ des éléments de $\mathfrak{m}$ dont les images forment une base du K-espace vectoriel $\mathfrak{m}/\mathfrak{m}^2$. Soient $K[X_1, \ldots, X_d]$ l'anneau des polynômes en d variables $X_1, \ldots, X_d$, $\mathfrak{n}$ son idéal engendré par $X_1, \ldots, X_d$, et φ l'homomorphisme de $K[X_1, \ldots, X_d]$ dans $A/\mathfrak{m}^2$ qui à X_i associe x_i pour $1 \leqslant i \leqslant d$ et induit l'identité sur K. Alors φ induit un isomorphisme $\overline{\varphi}$ de $K[X_1, \ldots, X_d]/\mathfrak{n}^2$ sur $A/\mathfrak{m}^2$.

b) Pour tout entier $n \geqslant 1$, il existe un homomorphisme $\psi_n : A \to K[X_1, \ldots, X_d]/\mathfrak{n}^{n+1}$ qui, par passage aux quotients induise $\overline{\varphi}^{-1}$. Un tel homomorphisme ψ_n est surjectif.

c) Pour tout entier $n \geqslant 1$, la longueur du A-module $A/\mathfrak{m}^{n+1}$ vaut au moins $\binom{d+n}{d}$ et l'on a $\dim(A) \geqslant d$.

d) Pour toute extension k' de degré fini de k, et tout idéal maximal $\mathfrak{m}'$ de l'anneau semi-local $A \otimes_k k'$, l'anneau local $(A \otimes_k k')_{\mathfrak{m}'}$ est régulier.

6) Soient k un corps et K une extension de k. On suppose que K est une k-algèbre lisse. Soit k' une extension algébrique de degré fini de k.

a) L'anneau $K \otimes_k k'$ est produit d'un nombre fini d'anneaux locaux artiniens, qui sont des k'-algèbres lisses (utiliser l'exerc. 2, p. 76).

b) L'anneau $K \otimes_k k'$ est réduit (utiliser l'exercice précédent).

c) Le corps K est séparable sur k.

7) Soient k un corps, P son sous-corps premier, K une extension de k. Alors les conditions suivantes sont équivalentes :

a) Toute dérivation de k dans un K-module M s'étend de façon unique en une dérivation de K dans M.

b) On a $\Omega_P(K) = \Omega_P(k) \otimes_k K$.

c) Le corps K est séparable sur k et $\Omega_k(K) = 0$.

Si k est de caractéristique 0, ces conditions sont aussi équivalentes à la condition :

d) Le corps K est une extension algébrique de k.

Si k est de caractéristique non nulle p, elles sont aussi équivalentes aux conditions :

e) $K = k \otimes_{k^p} K^p$.

f) Toute p-base de k est aussi une p-base de K.

8) Soient k un corps et K une extension de k. On dit que K est *formellement étale* sur k si, pour toute k-algèbre A, tout idéal $\mathfrak{a}$ de A, de carré nul, et tout k-homomorphisme u de K dans $A/\mathfrak{a}$, il existe un *unique* k-homomorphisme v de K dans A qui donne u par passage au quotient.
a) Si K est formellement étale sur k, les conditions équivalentes de l'exercice précédent sont vérifiées. (Si M est un K-module, considérer la k-algèbre dont le k-espace vectoriel sous-jacent est $K \oplus M$, M en étant un idéal de carré nul.)
b) Inversement, si les conditions équivalentes de l'exercice précédent sont vérifiées, alors K est formellement étale sur k. (Le corps K étant séparable sur k, l'exerc. 4 permet de prouver l'existence de v.)
c) Soit $B = (b_i)_{i \in I}$ une famille d'éléments de K telle que $(db_i)_{i \in I}$ soit une base de $\Omega_k(K)$ sur K. Si K est séparable sur k, alors $k(B)$ est une extension transcendante pure de k (utiliser le th. 2 de A, V, p. 125, le th. 1 de A, V, p. 97 et l'exerc. 6 de A, V, p. 165) et K est formellement étale sur $k(B)$.

9) Soient A un anneau local d'égales caractéristiques, $\mathfrak{m}_A$ son idéal maximal et k un sous-corps de A. Alors le corps résiduel κ_A est une k-algèbre. On dit que k est un *corps de représentants faible* de A si κ_A est formellement étale sur k (exerc. 8).
a) Si A possède un corps de représentants faible k, alors le séparé complété $\hat{A}$ de A possède un unique corps de représentants contenant l'image de k dans $\hat{A}$.
b) Soit B un anneau local inclus dans A, d'idéal maximal $\mathfrak{m}_B = \mathfrak{m}_A \cap B$. Si κ_A est une extension séparable du corps résiduel κ_B de B, tout corps de représentants faible de B est contenu dans un corps de représentants faible de A (utiliser l'exerc. 8, *c*)).
c) Soit B un anneau local inclus dans A, d'idéal maximal $\mathfrak{m}_B = \mathfrak{m}_A \cap B$. Supposons en outre que A soit de caractéristique p non nulle et contienne B^p. Alors il existe un corps de représentants faible de A qui contienne un corps de représentants faible de B.

§ 4

1) Soit A un anneau semi-local noethérien intègre de dimension 1.
a) La clôture intégrale de A est une A-algèbre finie si et seulement si le complété $\hat{A}$ de A est réduit. (Si $\hat{A}$ est réduit, utiliser le corollaire du th. 2 du § 4, n° 2. Pour l'implication dans l'autre sens, se ramener au cas où A est intégralement clos, et raisonner comme dans la démonstration du th. 3 du § 4, n° 4).
b) Les trois conditions suivantes sont équivalentes :
(i) A est un anneau japonais ;
(ii) A est un anneau de Nagata ;
(iii) $\hat{A}$ est réduit et si $\mathfrak{q}_1, \ldots, \mathfrak{q}_n$ sont les idéaux premiers minimaux de $\hat{A}$, alors les corps $\kappa(\mathfrak{q}_i)$ sont des extensions séparables du corps des fractions de A.

2) Soit A un anneau local noethérien de dimension 1. Alors les conditions suivantes sont équivalentes :
a) A est régulier ;
b) A est intégralement clos ;
c) A est un anneau de valuation discrète.

3) On dit qu'un anneau A est *normal* si l'anneau $A_\mathfrak{p}$ est intégralement clos pour tout idéal premier $\mathfrak{p}$ de A.
a) Un anneau normal A est réduit et tout idéal premier $\mathfrak{p}$ de A contient un seul idéal premier minimal de A. Pour tout idéal premier minimal $\mathfrak{p}$ de A, l'anneau $A/\mathfrak{p}$ est intégralement clos.
b) Un anneau noethérien normal A est isomorphe à un produit d'un nombre fini d'anneaux noethériens intégralement clos.
c) Soient A un anneau noethérien normal et a un élément de A. Alors $\mathrm{Ass}_A(A/aA)$ ne contient pas d'idéal premier immergé (IV, § 2, n° 3, remarque).

4) Soit A un anneau. On considère sur A les deux conditions suivantes :
(R1) Pour tout idéal premier $\mathfrak{p}$ de A de hauteur $\leqslant 1$, l'anneau $A_{\mathfrak{p}}$ est régulier.
(S2) L'ensemble $\mathrm{Ass}_A(A)$ et, pour tout élément simplifiable a de A, l'ensemble $\mathrm{Ass}_A(A/aA)$ ne contiennent pas d'idéal premier immergé.
Un anneau noethérien normal (exerc. 3) vérifie (R1) et (S2). (Utiliser les exerc. 2 et 3, *c*).)

5) Soit A un anneau noethérien vérifiant les conditions (R1) et (S2).
a) Montrer que A est réduit.
b) Soit a un élément simplifiable de A. Si un élément x de A est tel que son image dans $A_{\mathfrak{p}}$ appartienne à $aA_{\mathfrak{p}}$ pour tout $\mathfrak{p} \in \mathrm{Ass}_A(A/aA)$, alors x appartient à aA. (Utiliser IV, § 2, nº 3, prop. 5.)
c) Prouver que A est intégralement fermé dans son anneau total des fractions R. (Si $a, b, c_1, \ldots, c_n$ sont des éléments de A vérifiant
(i) b est simplifiable dans A,
(ii) $(b^{-1}a)^n + c_1(b^{-1}a)^{n-1} + \cdots + c_n = 0$ dans R,
alors prouver successivement qu'on a $a \in bA_{\mathfrak{p}}$ pour tout idéal premier $\mathfrak{p}$ de hauteur 1 de A, puis qu'on a $a \in bA$.)
d) Prouver que A est normal. (Remarquer qu'un idempotent de R est entier sur A.)

6) *a*) Soient A un anneau, M un A-module fidèle et noethérien. Montrer que A est un anneau noethérien.
b) Soient A un anneau et M un A-module fidèle de type fini. On suppose que pour toute suite croissante d'idéaux $(\mathfrak{a}_i)_{i \in \mathbf{N}}$ de A, la suite des sous-modules $(\mathfrak{a}_i M)_{i \in \mathbf{N}}$ de M est stationnaire. Alors A est un anneau noethérien. (Par *a*), il suffit de prouver que M est un A-module noethérien. Se ramener au cas où pour tout idéal non nul $\mathfrak{a}$ de A, le A-module $M/\mathfrak{a}M$ est noethérien et où, pour tout sous-module non nul N de M, le A-module M/N n'est pas fidèle.)
c) Soient B un anneau noethérien et A un sous-anneau de B tel que B soit une A-algèbre finie. Alors A est un anneau noethérien. (Ceci permet de supprimer l'hypothèse que A soit noethérien dans la prop. 2 du § 4, nº 1.)

7) Soient A un anneau de Krull et P l'ensemble de ses idéaux premiers de hauteur 1. On suppose que pour tout idéal premier $\mathfrak{p} \in P$, l'anneau $A/\mathfrak{p}$ est noethérien, et on note K le corps des fractions de A. Prouver que A est noethérien.
(Soient $\mathfrak{p} \in P$ et $x \in K$ tels que $v_{\mathfrak{p}}(x) = 1$ et $v_{\mathfrak{q}}(x) \leqslant 0$ pour $\mathfrak{q} \in P - \{\mathfrak{p}\}$. Posons $B = A[x]$. Alors on a les propriétés suivantes :
(i) $\mathfrak{p} = xB \cap A$;
(ii) l'inclusion de A dans B induit, par passage aux quotients, un isomorphisme de $A/\mathfrak{p}$ sur B/xB ;
(iii) pour tout entier $n \geqslant 0$, l'anneau B/x^nB est noethérien ;
(iv) pour tout entier $n \geqslant 0$, l'anneau $A/(x^nB \cap A)$ est noethérien (utiliser l'exerc. 6) ;
(v) pour tout entier $n \geqslant 0$, le A-module $A/\mathfrak{p}^{(n)}$ est noethérien. On rappelle qu'on pose $\mathfrak{p}^{(n)} = A \cap \mathfrak{p}^n A_{\mathfrak{p}}$, *cf.* IV, § 2, exerc. 18.)

8) Soient A un anneau intègre, K son corps des fractions. Soient B un anneau et $\varphi : A \to B$ un homomorphisme d'anneaux qui fasse de B un A-module fidèlement plat. On suppose que B n'a qu'un nombre fini d'idéaux premiers minimaux $\mathfrak{p}_1, \ldots, \mathfrak{p}_n$. Pour $1 \leqslant i \leqslant n$, on pose $B_i = B/\mathfrak{p}_i$, on note L_i le corps des fractions de B_i et L l'anneau produit des L_i. Enfin, on note $\overline{A}$ la clôture intégrale de A, $\overline{B}_i$ celle de B_i.
a) L'homomorphisme de A dans L déduit de φ est injectif, et se prolonge en un homomorphisme injectif ψ de K dans L.
b) On a $\overline{A} = \psi^{-1}(\prod_{i=1}^{n} \overline{B}_i)$. (On pourra prouver que si $x \in \psi^{-1}(\prod_{i=1}^{n} \overline{B}_i)$ et si x' est son image dans $K \otimes_A B$, il existe un polynôme unitaire P à coefficients dans B tel que $P(x')$ soit nilpotent dans $K \otimes_A B$.)

9) Soient A un anneau noethérien intègre, K son corps des fractions, E une extension finie de K, et $\overline{A}$ la fermeture intégrale de A dans E.
a) Si A est un anneau local de complété $\hat{A}$, alors $(\hat{A} \otimes_A \overline{A})_{red}$ est une $\hat{A}$-algèbre finie [1]. (Se ramener au cas où K = E. Utilisant III, § 3, nº 4, cor. 2 du th. 3, prouver que les éléments non nuls de A ne sont pas diviseurs de zéro dans $\hat{A}_{red}$. Prouver alors qu'il existe un $\hat{A}_{red}$-homomorphisme injectif de $(\hat{A} \otimes_A \overline{A})_{red}$ dans l'anneau total des fractions de $\hat{A}_{red}$. Conclure.)
b) Pour tout idéal premier $\mathfrak{p}$ de A, la $\kappa(\mathfrak{p})$-algèbre $(\overline{A} \otimes_A \kappa(\mathfrak{p}))_{red}$ est finie. (Se ramener au cas où A est local, d'idéal maximal $\mathfrak{p}$. Remarquer alors que $(\overline{A} \otimes_A \kappa(\mathfrak{p}))_{red}$ est un quotient de $(\overline{A} \otimes_A \hat{A})_{red} \otimes \kappa(\mathfrak{p})$.)

10) Soient A un anneau noethérien local intègre, $\hat{A}$ son complété, $\mathfrak{p}_1, \ldots, \mathfrak{p}_n$ les idéaux premiers minimaux de $\hat{A}$, et pour $1 \leqslant i \leqslant n$, posons $B_i = \hat{A}/\mathfrak{p}_i$.
a) L'anneau B_i est japonais.
b) La clôture intégrale $\overline{B}_i$ de B_i est un anneau de Krull.
c) La clôture intégrale $\overline{A}$ de A est un anneau de Krull. (Utiliser l'exerc. 8 et VII, § 1, nº 3, exemples 3 et 4.)
d) $\overline{A}$ n'a qu'un nombre fini d'idéaux maximaux et leurs corps résiduels sont des extensions finies de celui de A. (Utiliser l'exerc. 9, *b*).)
e) Pour tout idéal premier $\mathfrak{p}$ de A, il n'y a qu'un nombre fini d'idéaux premiers $\mathfrak{P}$ de $\overline{A}$ au-dessus de $\mathfrak{p}$, et les corps $\kappa(\mathfrak{P})$ sont des extensions finies de $\kappa(\mathfrak{p})$. (Se ramener au cas où A est local d'idéal maximal $\mathfrak{p}$.)

11) Soient A un anneau noethérien intègre, K son corps des fractions, E une extension finie de K, $\overline{A}$ la fermeture intégrale de A dans E.
a) Pour tout idéal premier $\mathfrak{p}$ de A, il n'y a qu'un nombre fini d'idéaux premiers $\mathfrak{P}$ de $\overline{A}$ au-dessus de $\mathfrak{p}$ et les corps $\kappa(\mathfrak{P})$ sont des extensions finies de $\kappa(\mathfrak{p})$. (Se ramener au cas où A est local d'idéal maximal $\mathfrak{p}$ et où E = K, et utiliser l'exerc. 10.)
b) Soit P l'ensemble des idéaux premiers de hauteur 1 de $\overline{A}$. Si $\mathfrak{p} \in P$, alors $\overline{A}_\mathfrak{p}$ est un anneau de valuation discrète.
c) On a $\overline{A} = \bigcap_{\mathfrak{p} \in P} \overline{A}_\mathfrak{p}$ (dans E).

12) Soient A un anneau intègre, $\overline{A}$ sa clôture intégrale. Soient $a_1, \ldots, a_r$ des éléments non nuls de $\overline{A}$, $\mathfrak{b}$ l'idéal fractionnaire $\sum_{i=1}^{r} Aa_i$ de A.
a) Il existe un idéal fractionnaire $\mathfrak{a}$ de A tel que $\mathfrak{a}a_i \subset \mathfrak{a}$ pour $1 \leqslant i \leqslant r$. On a aussi $\tilde{\mathfrak{a}}a_i \subset \tilde{\mathfrak{a}}$ pour $1 \leqslant i \leqslant r$; on rappelle (VII, § 1, nº 1) que $\tilde{\mathfrak{a}}$ est l'intersection des idéaux principaux fractionnaires contenant $\mathfrak{a}$.
b) Soit y un élément non nul de $\tilde{\mathfrak{b}}$. Alors

$$Ay^{-1} \supset \bigcap_{i=1}^{r} Aa_i^{-1} \quad \text{et} \quad \tilde{\mathfrak{a}} \subset \tilde{\mathfrak{a}}y^{-1}.$$

c) On a $\tilde{\mathfrak{b}} \subset \overline{A}$.
d) Soit z un élément de $\overline{A} : \overline{A}\mathfrak{b}$. Alors $\overline{A}$ contient $\tilde{\mathfrak{b}}z$.
e) On a $\mathfrak{b} \subset \overline{A} : (\overline{A} : \overline{A}\mathfrak{b})$.
f) Soient $\mathfrak{P}$ un idéal divisoriel de $\overline{A}$ et $\mathfrak{p} = \mathfrak{P} \cap A$. Alors $\mathfrak{p}$ est divisoriel dans A. (Par *e*), on obtient $\tilde{\mathfrak{p}} \subset \mathfrak{P}$. Mais on a aussi $\tilde{\mathfrak{p}} \subset A$.)

13) Soient A un anneau noethérien intègre, K son corps des fractions, $\overline{A}$ sa clôture intégrale, f un élément non nul de A, $\mathfrak{P}$ un idéal premier de hauteur 1 de $\overline{A}$ contenant f, $\mathfrak{p}$ l'idéal premier

[1] Pour tout anneau B, on note B_{red} le quotient de B par l'idéal des éléments nilpotents de B.

$A \cap \mathfrak{P}$ de A. Prouver qu'on a $\mathfrak{p} \in \mathrm{Ass}_A(A/fA)$ en se ramenant au cas où A est local, d'idéal maximal $\mathfrak{p}$ et en établissant successivement sous cette hypothèse les assertions suivantes :
a) $\mathfrak{P}$ est divisoriel (utiliser l'exerc. 10, *c*)).
b) $\mathfrak{p}$ est divisoriel (utiliser l'exerc. 12, *f*)).
c) Si $a_1, \ldots, a_r$ sont des éléments non nuls de K tels que

$$A : \mathfrak{p} = A + \sum_{i=1}^{r} Aa_i, \quad \text{on a} \quad \mathfrak{p} = \bigcap_{i=1}^{r} (A \cap a_i^{-1}A)$$

et il existe un indice i tel que $\mathfrak{p} = A \cap a_i^{-1}A$.
d) Il existe un élément non nul g de A tel que $\mathfrak{p} \in \mathrm{Ass}_A(A/gA)$.
e) $\mathfrak{p} \in \mathrm{Ass}_A(A/fA)$.

14) Soient A un anneau noethérien intègre, K son corps des fractions, $\overline{A}$ sa fermeture intégrale dans une extension finie E de K. Alors $\overline{A}$ est un anneau de Krull. (Utiliser l'exerc. 11, *c*) et, pour prouver que tout élément f de $\overline{A}$, non nul, n'appartient qu'à un nombre fini d'idéaux premiers de hauteur 1, se ramener au cas où $f \in A$, $E = K$, et utiliser les exerc. 13, *b*) et 11, *a*).)

15) Soient A un anneau noethérien, B une A-algèbre entière n'ayant qu'un nombre fini d'idéaux premiers minimaux $\mathfrak{p}_1, \ldots, \mathfrak{p}_n$. Pour $1 \leqslant i \leqslant n$, notons $\mathfrak{q}_i$ l'image réciproque de $\mathfrak{p}_i$ dans A et supposons que $\kappa(\mathfrak{p}_i)$ soit une extension finie de $\kappa(\mathfrak{q}_i)$. Alors, pour tout élément x de B, le sous-espace topologique $V(x)$ de Spec(B) n'a qu'un nombre fini de composantes irréductibles. (Se ramener au cas où B est intégralement clos et contient A, et utiliser l'exerc. 14.)

16) Soient A un anneau noethérien intègre, $\overline{A}$ sa fermeture intégrale dans une extension finie de son corps des fractions, B un anneau contenant A et contenu dans $\overline{A}$. On pose Y = Spec(B) et X = Spec(A). On se propose de prouver que Y est un espace noethérien. Soit $(f_n)_{n \in \mathbf{N}}$ une suite d'éléments de B. Pour $n \in \mathbf{N}$, soit $U_n = \mathrm{Spec}(B_{f_n})$ l'ouvert de Y défini par f_n. Posons $U = \bigcup_{n \in \mathbf{N}} U_n$, $F_n = U - \bigcup_{0 \leqslant m \leqslant n} U_m$. On notera $\overline{F}_n$ l'adhérence de F_n dans Y, G_n l'image de F_n dans X, $\overline{G}_n$ l'adhérence de G_n dans X, B_n l'anneau réduit quotient de B tel que $\mathrm{Spec}(B_n) = \overline{F}_n$, $\overline{f}_n$ l'image de f_n dans B_n.
a) On a $F_n = V(\overline{f}_n B_n) \cap U$ pour tout $n \in \mathbf{N}$.
b) Supposons que pour un entier $n \in \mathbf{N}$, $\overline{F}_n$ n'ait qu'un nombre fini de composantes irréductibles. Alors $V(\overline{f}_n B_n)$ n'a qu'un nombre fini de composantes irréductibles. (Appliquer le résultat de l'exerc. 15 en utilisant aussi l'exerc. 11, *a*).)
c) Pour tout $n \in \mathbf{N}$, F_n n'a qu'un nombre fini de composantes irréductibles.
d) Si A_n est l'anneau réduit quotient de A tel que $\mathrm{Spec}(A_n) = \overline{G}_n$, alors les idéaux premiers minimaux de A_n appartiennent à G_n.
e) Soient $n \in \mathbf{N}$ et $\mathfrak{x}$ un tel idéal premier minimal de A_n. Alors il existe un entier $n' > n$ tel que $F_{n'}$ ne contienne aucun point de Y au-dessus de $\mathfrak{x}$, et $\mathfrak{x}$ n'appartient pas à $\overline{G}_{n'}$. (Utiliser l'exerc. 11, *a*).)
f) Pour n assez grand, F_n est vide.

17) Soient A un anneau noethérien intègre et $a \neq 0$ un élément du radical de A. On fait les hypothèses suivantes :
(i) $\mathrm{Ass}_A(A/aA)$ contient un seul élément minimal $\mathfrak{p}$;
(ii) $aA_\mathfrak{p} = \mathfrak{p}A_\mathfrak{p}$;
(iii) $A/\mathfrak{p}$ est intégralement clos ;
(iv) la clôture intégrale $\overline{A}$ de A est une A-algèbre finie ;
(v) si $\mathfrak{q}$ est un idéal premier de hauteur 1 de $\overline{A}$, alors $\mathfrak{q} \cap A$ est un idéal premier de hauteur 1 de A.

Prouver que l'on a $\overline{A} = A$ (A est intégralement clos) et $aA = \mathfrak{p}$ (donc A/aA est intégralement clos). Pour cela, établir successivement les assertions suivantes :
a) $A_\mathfrak{p}$ et $\overline{A}_\mathfrak{p}$ sont isomorphes et $\overline{\mathfrak{p}} = \mathfrak{p}\overline{A}$ est l'unique idéal premier de $\overline{A}$ au-dessus de $\mathfrak{p}$.
b) De plus $\overline{\mathfrak{p}}$ est l'unique élément minimal de $\mathrm{Ass}_A(\overline{A}/a\overline{A})$.

c) En fait $\bar{\mathfrak{p}}$ est le seul élément de $\mathrm{Ass}_{\mathrm{A}}(\bar{\mathrm{A}}/a\bar{\mathrm{A}})$.
d) $\bar{\mathrm{A}}/a\bar{\mathrm{A}}$ est intègre et $a\bar{\mathrm{A}} = \bar{\mathfrak{p}}$.
e) $\mathrm{A}/\mathfrak{p}$ et $\bar{\mathrm{A}}/\bar{\mathfrak{p}}$ sont isomorphes et l'homomorphisme canonique de $\mathrm{A}/a\mathrm{A}$ dans $\bar{\mathrm{A}}/a\bar{\mathrm{A}}$ est surjectif.

18) Soient A un anneau noethérien intègre, x un élément non nul de A. On suppose que A est séparé et complet pour la topologie xA-adique et que pour tout idéal premier $\mathfrak{p} \in \mathrm{Ass}_{\mathrm{A}}(\mathrm{A}/x\mathrm{A})$, l'anneau $\mathrm{A}/\mathfrak{p}$ est japonais. Prouver que A est japonais. (Soit $\bar{\mathrm{A}}$ la fermeture intégrale de A dans une extension finie de son corps des fractions.
a) L'anneau $\bar{\mathrm{A}}$ étant de Krull (p. 81, exerc. 14), soient $\mathfrak{P}_1, \ldots, \mathfrak{P}_n$ les idéaux premiers de hauteur 1 de $\bar{\mathrm{A}}$ contenant x.
b) Soit $\mathfrak{p}_i = \mathfrak{P}_i \cap \mathrm{A}$. Alors on a $\mathfrak{p}_i \in \mathrm{Ass}_{\mathrm{A}}(\mathrm{A}/x\mathrm{A})$ et $\kappa(\mathfrak{P}_i)$ est une extension finie de $\kappa(\mathfrak{p}_i)$. (Utiliser les exerc. 11 et 13, p. 80.)
c) $\bar{\mathrm{A}}/\mathfrak{P}_i$ est un $\mathrm{A}/\mathfrak{p}_i$-module de type fini.
d) $\bar{\mathrm{A}}/x\bar{\mathrm{A}}$ est un $\mathrm{A}/x\mathrm{A}$-module de type fini.
e) $\bar{\mathrm{A}}$ est séparé pour la topologie $x\bar{\mathrm{A}}$-adique.
Conclure comme dans la démonstration du th. 1 du § 4, n° 2.)

19) Soient A un anneau noethérien, $\mathfrak{a}$ un idéal non nul de A. On suppose que A est séparé et complet pour la topologie $\mathfrak{a}$-adique et que $\mathrm{A}/\mathfrak{a}$ est un anneau de Nagata. Prouver que A est un anneau de Nagata. On pourra raisonner comme suit :
a) On suppose que A est intègre et que pour tout idéal premier non nul $\mathfrak{p}$ de A, l'anneau $\mathrm{A}/\mathfrak{p}$ est japonais. Soit $\bar{\mathrm{A}}$ la fermeture intégrale de A dans une extension finie de son corps des fractions. Alors, pour tout idéal premier non nul $\mathfrak{P}$ de $\bar{\mathrm{A}}$, l'anneau $\bar{\mathrm{A}}/\mathfrak{P}$ est une algèbre finie sur l'anneau $\mathrm{A}/(\mathfrak{P} \cap \mathrm{A})$. (Utiliser l'exerc. 11, *a*), p. 80.)
b) Avec les mêmes hypothèses et notations qu'en *a*), prouver que $\bar{\mathrm{A}}$ est noethérien. (Utiliser les exerc. 7, p. 79 et 14, p. 81.) Puis, raisonnant comme dans l'exercice précédent, prouver que $\bar{\mathrm{A}}/\mathfrak{a}\bar{\mathrm{A}}$ est un A-module de type fini, que $\bar{\mathrm{A}}$ est séparé pour la topologie $\mathfrak{a}\bar{\mathrm{A}}$-adique et que $\bar{\mathrm{A}}$ est un A-module de type fini.

20) Soient A un anneau noethérien, $\mathfrak{a}$ un idéal de A distinct de A, $\hat{\mathrm{A}}$ le séparé complété de A pour la topologie $\mathfrak{a}$-adique. Si $\mathrm{A}/\mathfrak{a}$ est un anneau de Nagata, alors $\hat{\mathrm{A}}$ est un anneau de Nagata. (Utiliser l'exerc. 19.)

21) *a*) Soient A un anneau intègre, K son corps des fractions. Si K est de caractéristique non nulle p et si E est une extension finie radicielle du corps des fractions rationnelles K(X), il existe une extension finie radicielle F de K et une puissance q de p telle que $\mathrm{F}(\mathrm{X}^{1/q})$ soit une extension de E.
b) Soit A un anneau de Nagata intégralement clos. Alors l'anneau de polynômes A[X] est japonais.
c) Soit A un anneau de Nagata intégralement clos. Alors tout anneau de polynômes $\mathrm{A}[\mathrm{X}_1, \ldots, \mathrm{X}_n]$ en un nombre fini d'indéterminées est un anneau de Nagata.

22) Soient A un anneau noethérien, $\mathfrak{a}$ un idéal de A distinct de A. On suppose que A est séparé et complet pour la topologie $\mathfrak{a}$-adique et que $\mathrm{A}/\mathfrak{a}$ est un anneau de Nagata. Alors tout anneau de séries formelles restreintes en un nombre fini d'indéterminées est un anneau de Nagata. (Utiliser III, § 4, exerc. 7, et les exerc. 20 et 21 ci-dessus.)

23) Soient A un anneau semi-local noethérien réduit, R son anneau total des fractions, $\hat{\mathrm{A}}$ le complété de A. Pour que $\hat{\mathrm{A}}$ soit réduit, il faut et il suffit que $\mathrm{R} \otimes_{\mathrm{A}} \hat{\mathrm{A}}$ soit réduit.

24) Soient A un anneau semi-local noethérien, $\hat{\mathrm{A}}$ son complété, x un élément non nul du radical de A. On suppose que $\mathrm{Ass}_{\mathrm{A}}(\mathrm{A}/x\mathrm{A})$ ne contient pas d'idéal premier immergé et que, pour tout $\mathfrak{p} \in \mathrm{Ass}_{\mathrm{A}}(\mathrm{A}/x\mathrm{A})$, l'anneau $\mathrm{A}_{\mathfrak{p}}$ est régulier et l'anneau $\kappa(\mathfrak{p}) \otimes_{\mathrm{A}} \hat{\mathrm{A}}$ réduit. Alors $\hat{\mathrm{A}}$ est réduit. (Raisonner comme dans la démonstration du th. 3, (i) $\Rightarrow$ (ii) du § 4, n° 4.)

25) Soient A un anneau noethérien intègre, X l'espace topologique Spec(A), Nor(X) l'ensemble des points $\mathfrak{p}$ de A tels que l'anneau local $A_{\mathfrak{p}}$ soit intégralement clos. (Si la clôture intégrale de A est une A-algèbre finie, alors Nor(X) est ouvert dans X, *cf.* V, § 1, nº 5, cor. 5.)
Soit f un élément non nul de A tel que l'anneau $A[f^{-1}]$ soit intégralement clos.
a) Si un idéal premier $\mathfrak{p}$ de A ne contient pas f, alors $\mathfrak{p}$ appartient à Nor(X).
b) Soit E l'ensemble des idéaux premiers $\mathfrak{p}$ de A, associés à A/fA, de hauteur > 1 ou bien de hauteur 1 et tels que $A_{\mathfrak{p}}$ ne soit pas régulier. Alors on a

$$\mathrm{Nor}(X) = X - \bigcup_{\mathfrak{p} \in E} V(\mathfrak{p}).$$

(Utiliser les exerc. 4 et 5, p. 79.)
c) Nor(X) est ouvert dans X.

26) Soient A un anneau noethérien intègre, X l'espace topologique Spec(A), Nor(X) le sous-espace de X introduit à l'exerc. 25, $\overline{A}$ la clôture intégrale de A. On suppose qu'il existe un élément non nul f de A tel que l'anneau $A[f^{-1}]$ soit intégralement clos, et que pour tout idéal maximal $\mathfrak{m}$ de A, l'anneau $\overline{A}_{\mathfrak{m}}$ est une $A_{\mathfrak{m}}$-algèbre finie. Considérons $\overline{A}$ comme limite inductive filtrante croissante de sous-A-algèbres finies, $\overline{A} = \varinjlim (A_j)_{j \in J}$. Posons $X_j = \mathrm{Spec}(A_j)$ et soit G_j l'image dans X de $X_j - \mathrm{Nor}(X_j)$.
a) $\mathrm{Nor}(X_j)$ est ouvert dans X_j. (Utiliser l'exerc. 25.)
b) G_j est fermé dans X.
c) Il existe un indice $j_0 \in J$ tel que l'on ait $G_{j_0} = \bigcap_{j \in J} G_j$.
d) Soit $\mathfrak{p} \in \mathrm{Spec}(A)$. Alors pour $j \in J$ assez grand, G_j ne contient pas $\mathfrak{p}$.
e) $\overline{A}$ est une A-algèbre finie.

27) Soit A un anneau local noethérien intégralement clos. On suppose en outre que A est un anneau de Nagata. Soit x un élément du corps des fractions K de A, n'appartenant pas à A. Soient B l'anneau $A[x]$ et $\mathfrak{p}$ un idéal maximal de B contenant x. Posons $I = xA \cap A$.
a) Soient X une indéterminée et Q le noyau de l'homomorphisme de A[X] dans B qui applique X sur x. Alors Q est engendré par les polynômes de la forme $aX - b$, où a et b sont des éléments de A tels que $ax = b$, et $I = xA \cap A$ est engendré par les termes constants b de ces polynômes. De plus l'inclusion de A dans B induit un isomorphisme de A/I sur B/xB.
b) L'idéal I de A est divisoriel.
c) $\mathrm{Ass}_B(B/xB)$ ne contient aucun idéal premier immergé.
d) Soit $\mathfrak{q}$ un idéal premier de $B_{\mathfrak{p}}$ associé à $B_{\mathfrak{p}}/xB_{\mathfrak{p}}$. Alors $\mathfrak{q} \cap A$ est associé à A/I et les anneaux $A_{\mathfrak{q} \cap A}$ et $(B_{\mathfrak{p}})_{\mathfrak{q}}$ sont des anneaux de valuation discrète.
e) $B_{\mathfrak{p}}/\mathfrak{q}$ est un anneau de Nagata. (Remarquer que $B/(\mathfrak{q} \cap B)$ est isomorphe à $A/(\mathfrak{q} \cap A)$.)
f) Le complété de $B_{\mathfrak{p}}/\mathfrak{q}$ est réduit.
g) Le complété de $B_{\mathfrak{p}}$ est réduit et la clôture intégrale de $B_{\mathfrak{p}}$ est finie sur $B_{\mathfrak{p}}$. (Utiliser l'exerc. 24.)

28) Soient A un anneau local noethérien intégralement clos, K son corps des fractions, x un élément de $K - A$, B l'anneau $A[x]$ et $\mathfrak{p}$ un idéal maximal de B. Soient a, b des éléments non nuls de A tels que $bx = a$.
a) L'anneau $B\left[\frac{1}{b}\right]$ est intégralement clos.
b) Il existe un polynôme unitaire f à coefficients dans A tel que $f(x) \in \mathfrak{p}$.
c) Soient E le corps obtenu en adjoignant les racines de $f(X)$ à K, A′ la fermeture intégrale de A dans E, B′ l'anneau $A'[x]$. Soit $\mathfrak{p}'$ un idéal maximal de B′ au-dessus de $\mathfrak{p}$. Alors la clôture intégrale de $B'_{\mathfrak{p}'}$ est finie sur $B'_{\mathfrak{p}'}$. (Utiliser l'exercice précédent.)
d) La clôture intégrale de $B'_{\mathfrak{p}}$ est finie sur $B'_{\mathfrak{p}}$. (Utiliser l'exerc. 26.)
e) La clôture intégrale de $B_{\mathfrak{p}}$ est finie sur $B_{\mathfrak{p}}$.

29) Soient A un anneau de Nagata intégralement clos, et x un élément du corps des fractions de A, n'appartenant pas à A. Soient B l'anneau $A[x]$ et a, b deux éléments non nuls de A tels que $bx = a$.

a) L'anneau $B\left[\frac{1}{b}\right]$ est intégralement clos.

b) Pour tout idéal maximal $\mathfrak{m}$ de B, la clôture intégrale de $B_{\mathfrak{m}}$ est une $B_{\mathfrak{m}}$-algèbre finie. (Utiliser l'exercice précédent.)
c) La clôture intégrale de B est une B-algèbre finie. (Utiliser l'exerc. 26.)

30) Soit A un anneau de Nagata. Alors toute algèbre de type fini sur A est un anneau de Nagata. (Utiliser les exerc. 21, p. 82 et 29.)

31) Soient A un anneau noethérien intègre et $\overline{A}$ la fermeture intégrale de A dans une extension finie de son corps des fractions. Si A est de dimension au plus 2, alors $\overline{A}$ est un anneau noethérien. (Utiliser l'exerc. 7, p. 79, l'exerc. 14, p. 81 et le théorème de Krull-Akizuki (*cf.* VII, § 2, nº 5).)

32) Soient A un anneau local noethérien intègre et K son corps des fractions. On suppose K de caractéristique p non nulle. On suppose que A est un anneau de Nagata et on note $\hat{A}$ le complété de A. Soient $\mathfrak{p}$ un idéal premier minimal de $\hat{A}$ et L le corps des fractions de $\hat{A}/\mathfrak{p}$. Soient k un corps de représentants faible de A, k' le corps de représentants de $\hat{A}$ contenant l'image de k dans $\hat{A}$ (p. 78, exerc. 9, *a*)). Alors K est séparable sur k si et seulement si L est séparable sur k'. (Remarquer que L est séparable sur K puisque A est un anneau de Nagata. Si K est séparable sur k, prouver que toute dérivation de k' dans L s'étend en une dérivation de L dans L.)

APPENDICE

1) Soit I un ensemble préordonné non vide filtrant à droite et soit $(A_\alpha, \varphi_{\beta\alpha})$ un système inductif d'anneaux relatif à I. Pour chaque indice α dans I, on se donne un idéal $\mathfrak{q}_\alpha$ de A_α. On suppose qu'on a $\varphi_{\beta\alpha}(\mathfrak{q}_\alpha) A_\beta = \mathfrak{q}_\beta$ pour $\beta \geqslant \alpha$. On note A la limite inductive des A_α, et pour $\alpha \in I$, on note $\varphi_\alpha : A_\alpha \to A$ l'homomorphisme canonique. On pose

$$\mathfrak{q} = \varinjlim \mathfrak{q}_\alpha .$$

a) Si pour tout $\alpha \in I$, $\mathfrak{q}_\alpha$ est un idéal maximal de A_α, alors $\mathfrak{q}$ est un idéal maximal de A.
b) Si pour tout $\alpha \in I$, $\mathfrak{q}_\alpha$ est contenu dans le radical de A_α, alors $\mathfrak{q}$ est contenu dans le radical de A.
c) Si pour tout $\alpha \in I$ et tout $\beta \in I$, tels que $\beta \geqslant \alpha$, l'homomorphisme $\varphi_{\beta\alpha}$ est fidèlement plat, alors pour tout $\alpha \in I$, φ_α est fidèlement plat.
Nous supposerons désormais que l'hypothèse de *c*) est vérifiée.
d) Si pour tout $\alpha \in I$, A_α est séparé pour la topologie $\mathfrak{q}_\alpha$-adique, alors A est séparé pour la topologie $\mathfrak{q}$-adique.
e) Si pour tout $\alpha \in I$, A_α est noethérien et si $A/\mathfrak{q}$ est noethérien, alors $(1 + \mathfrak{q})^{-1}A$ est noethérien. (Raisonner comme dans la démonstration de la prop. 1 de l'Appendice en utilisant en outre le résultat suivant, qu'on démontrera :

Soient B un anneau commutatif, $\mathfrak{p}$ un idéal de B, $\hat{B}$ le séparé complété de B pour la topologie $\mathfrak{p}$-adique, et $i : B \to \hat{B}$ l'application canonique. Alors il existe un et un seul homomorphisme d'anneaux $j : (1 + \mathfrak{p})^{-1}B \to \hat{B}$ qui prolonge i. Pour tout idéal maximal $\mathfrak{m}$ de $(1 + \mathfrak{p})^{-1}B$, on a $j(\mathfrak{m})\,\hat{B} \neq \hat{B}$.)

2) Soient A un anneau local, B un gonflement de A. Si A est séparé (pour la topologie définie par l'idéal maximal $\mathfrak{m}_A$), B est séparé (pour la topologie définie par l'idéal maximal $\mathfrak{m}_B$).

3) Soient k un corps imparfait de caractéristique $p > 0$ et $R = k[T]_{(T)}$. Soit a un élément de k qui n'est pas une puissance p-ième. Montrer que l'anneau $A = R[X]/(X^p - aT^p)$ est local, intègre, et de corps résiduel k. Montrer que l'anneau $B = A[Y]/(Y^p - a)$, qui est un gonflement de A, n'est pas réduit.

4) Soit A un anneau local muni d'une valuation v_A. Soit B un gonflement de A. Montrer que la valuation v_A se prolonge, de manière unique, en une valuation v_B de B, et que les groupes de valeurs $v_A(A)$ et $v_B(B)$ coïncident. Si A est un anneau de valuation discrète, d'uniformisante π, B est aussi un anneau de valuation discrète, dont une uniformisante est l'image de π dans B.

5) Soit A un anneau local, de corps résiduel $\kappa(A)$. Soit B un gonflement de A, de corps résiduel $\kappa(B)$.
a) Si $\kappa(B) = \kappa(A)$, on a $A = B$.
b) Si $\kappa(B)$ est algébrique sur $\kappa(A)$, la A-algèbre B est entière.
c) Si $\kappa(B)$ est de degré fini sur $\kappa(A)$, B est un A-module libre ayant pour rang le degré de $\kappa(B)$ sur $\kappa(A)$.

6) Soit A un anneau local de corps résiduel k. Soit I un ensemble d'indices. Montrer que l'anneau $A](X_i)_{i\in I}[$ (*cf.* App., exemple 2) qui est un gonflement de A, a pour corps résiduel l'extension transcendante pure $k((X_i)_{i\in I})$ de k.

Index des notations

Chapitre VIII

Chapitre IX

Index terminologique

Table des matières

MASSON, Editeur.
120, boulevard Saint-Germain
75280 Paris Cedex 06
Dépôt légal : Juin 1983

JOUVE
18,rue Saint-Denis
75001 Paris
Dépôt légal : Juin 1983
N° d'impression : 10714